U0182501

智能制造领域高级应用型人才培养系列教材

工业机器人技术应用

主编　邓三鹏　许怡赦　吕世霞
参编　田海一　高月辉　王　哲　周　宇　万鸾飞
　　　徐琬婷　陈中哲　阚献书　何用辉　张建新
　　　卓书芳　权利红　薛　强　王　帅
主审　黄　麟

本书由长期从事工业机器人技术教学的一线教师和企业工程师依据其在工业机器人教学、科研、职业技能评价和竞赛方面的丰富经验编写而成，结合全国职业院校技能大赛“工业机器人技术应用”赛项（高职组）竞赛任务，基于竞赛平台（BNRT-RCPS-C10），从码垛机器人的编程与调试、AGV的编程与调试、智能视觉系统的编程与调试、自动流水线的编程与调试、六轴工业机器人的编程与调试、工业机器人系统集成的编程与调试六个项目进行讲述，按照“项目导入、任务驱动”的理念精选内容，内容系统、综合，实操性强。每个项目均含有典型案例的讲解，兼顾自动化成套装备中工业机器人技术应用的实际情况和发展趋势。本书在编写过程中力求做到“理论先进，注重实践，操作性强，学以致用”，突出实践能力和创新素质的培养，是一本从理论到实践，再从实践到理论全面介绍工业机器人技术应用的图书。

本书可作为高等院校工业机器人、自动化类、机械制造类专业用教材，也可作为工业机器人技术的培训教材，还可作为从事工业机器人操作、编程、设计和维修的工程技术人员的参考书。

图书在版编目（CIP）数据

工业机器人技术应用/邓三鹏，许怡赦，吕世霞主编．—北京：机械工业出版社，2020.4（2025.1重印）

智能制造领域高级应用型人才培养系列教材

ISBN 978-7-111-65290-8

Ⅰ.①工…　Ⅱ.①邓…　②许…　③吕…　Ⅲ.①工业机器人-高等学校-教材　Ⅳ.①TP242.2

中国版本图书馆CIP数据核字（2020）第063306号

机械工业出版社（北京市百万庄大街22号　邮政编码100037）
策划编辑：薛　礼　责任编辑：薛　礼
责任校对：潘　蕊　封面设计：鞠　杨
责任印制：单爱军
北京虎彩文化传播有限公司印刷
2025年1月第1版第3次印刷
184mm×260mm·16.25印张·401千字
标准书号：ISBN 978-7-111-65290-8
定价：49.00元

电话服务	网络服务
客服电话：010-88361066	机　工　官　网：www.cmpbook.com
010-88379833	机　工　官　博：weibo.com/cmp1952
010-68326294	金　　书　　网：www.golden-book.com
封底无防伪标均为盗版	机工教育服务网：www.cmpedu.com

智能制造领域高级应用型人才培养系列教材
编审委员会

序

制造业是实体经济的主体，是推动经济发展、改善人民生活、参与国际竞争和保障国家安全的根本所在。纵观世界强国的崛起，都是以强大的制造业为支撑的。在虚拟经济蓬勃发展的今天，世界各国仍然高度重视制造业的发展。制造业始终是国家富强、民族振兴的坚强保障。

当前，新一轮科技革命和产业变革在全球范围内蓬勃兴起，创新资源快速流动，产业格局深度调整，我国制造业迎来“由大变强”的难得机遇。实现制造强国的战略目标，关键在人才。在全球新一轮科技革命和产业变革中，世界各国纷纷将发展制造业作为抢占未来竞争制高点的重要战略，把人才作为实施制造业发展战略的重要支撑，加大人力资本投资，改革创新教育与培训体系。当前，我国经济发展进入新时代，制造业发展面临着资源环境约束不断强化、人口红利逐渐消失等多重因素的影响，人才是第一资源的重要性更加凸显。

《中国制造 2025》第一次从国家战略层面描绘建设制造强国的宏伟蓝图，并把人才作为建设制造强国的根本，对人才发展提出了新的更高要求。提高制造业创新能力，迫切要求培养具有创新思维和创新能力的拔尖人才、领军人才；强化工业基础能力，迫切要求加快培养掌握共性技术和关键工艺的专业人才；信息化与工业化深度融合，迫切要求全面增强从业人员的信息技术运用能力；发展服务型制造业，迫切要求培养更多复合型人才进入新业态、新领域；发展绿色制造，迫切要求普及绿色技能和绿色文化；打造“中国品牌”“中国质量”，迫切要求提升全员质量意识和素养等。

哈尔滨工业大学在 20 世纪 80 年代研制出我国第一台弧焊机器人和第一台点焊机器人，30 多年来为我国培养了大量的机器人人才；苏州大学在产学研一体化发展方面成果显著；天津职业技术师范大学从 2010 年开始培养机器人职教师资，秉承“动手动脑，全面发展”的办学理念，进行了多项教学改革，建成了机器人多功能实验实训基地，并开展了对外培训和职业技能评价工作。智能制造领域高级应用型人才培养系列教材是结合这些院校人才培养特色以及智能制造类专业特点，以“理论先进，注重实践，操作性强，学以致用”为原则精选教材内容，依据在机器人、数控机床的教学、科研、竞赛和成果转化等方面的丰富经验编写而成的。其中有些书已经出版，具有较高的质量，即将出版的作为讲义在教学和培训中经过多次使用和修改，亦收到了很好的效果。

我们深信，本套丛书的出版发行和广泛使用，不仅有利于加强各兄弟院校在教学改革方面的交流与合作，而且对智能制造类专业人才培养质量的提高也会起到积极的促进作用。

当然，由于智能制造技术发展非常迅速，编者掌握材料有限，本套丛书还需要在今后的改革实践中获得进一步检验、修改、锤炼和完善，殷切期望同行专家及读者们不吝赐教，多加指正，并提出建议。

苏州大学教授、博导
教育部长江学者特聘教授
国家杰出青年基金获得者
国家万人计划领军人才
机器人技术与系统国家重点实验室副主任
国家科技部重点领域创新团队带头人
江苏省先进机器人技术重点实验室主任

2018 年 1 月 6 日

Preface 前言

机器人被誉为“制造业皇冠顶端的明珠”，其研发、制造、应用是衡量一个国家科技创新和高端制造业水平的重要标志。2016年，教育部、人社部和工信部联合印发的《制造业人才发展规划指南》指出，高档数控机床和机器人行业到2025年需求人才总量900万人，人才缺口450万人。基于产业对于机器人技术领域人才的迫切需要，中、高职院校和本科院校纷纷开设机器人相关专业。

本书由长期从事工业机器人技术教学、工程应用、技能竞赛和职业技能评价方面工作的一线教师和企业工程师编写而成。本书以工业机器人柔性生产线为例，结合全国职业院校技能大赛“工业机器人技术应用”赛项（高职组）竞赛任务，基于竞赛平台（BNRT-RCPS-C10），对码垛机器人的编程与调试、AGV的编程与调试、智能视觉系统的编程与调试、自动流水线的编程与调试、六轴工业机器人的编程与调试以及工业机器人系统集成的编程与调试六个项目进行讲述，按照“项目导入、任务驱动”的理念精选内容，内容系统、综合，实操性强。每个项目均含有典型案例的讲解，兼顾自动化成套装备中工业机器人技术应用的实际情况和发展趋势。本书在编写过程中力求做到“理论先进，注重实践，操作性强，学以致用”，突出实践能力和创新素质的培养。

本书由天津职业技术师范大学邓三鹏、湖南机电职业技术学院许怡赦、北京电子科技职业学院吕世霞主编，参与编写工作的还有天津现代职业技术学院田海一、高月辉、王哲，武汉船舶职业技术学院周宇，芜湖职业技术学院万鸾飞、徐琬婷，金华职业技术学院陈中哲、阙献书，福建信息职业技术学院何用辉、卓书芳，天津中德应用技术大学张建新，天津博诺智创机器人技术有限公司权利红、薛强，安徽博皖机器人有限公司王帅。天津职业技术师范大学机器人及智能装备研究所的研究生王振、郭文鑫、邓茜、王文、赵丹丹等参与了素材收集、文字图片处理、实验验证和学习资源制作等辅助编写工作。

本书得到了天津市人才发展特殊支持计划“智能机器人技术及应用”高层次创新创业团队项目和中国留学人员回国创业启动支持计划（人社厅函［2018］191号）的资助。本书在编写过程中得到了全国机械职业教育教学指导委员会、天津市机器人学会、天津职业技术师范大学机器人及智能装备研究所与机电工程系、天津博诺智创机器人技术有限公司、安徽博皖机器人有限公司和湖北博诺机器人有限公司的大力支持和帮助，以及全国职业院校技能大赛“工业机器人技术应用”赛项专家组和支持企业的大力支持，特别是天津博诺智创机器人技术有限公司提供的验证设备及技术支持，在此深表谢意！本书承蒙全国职业院校技能大赛“工业机器人技术应用”赛项专家、无锡职业技术学院黄麟教授细心审阅，提出许多宝贵意见，在此表示衷心的感谢！

由于编者水平所限，书中难免存在不妥之处，恳请同行专家和读者不吝赐教，多加批评指正。联系邮箱：37003739@qq.com。教学资源网站：www.dengsanpeng.com。

邓三鹏

2019年于天津

Contents 目录

项目一
码垛机器人的编程与调试

学习目标

1. 掌握码垛机器人立体仓库系统的基本知识。
2. 能正确连接立体仓库与码垛机器人的机械电气系统。
3. 能按照要求进行立体仓库与码垛机器人的编程与调试。

工作任务

一、任务描述

编写立体仓库系统调试程序，能够实现立体仓库的基本运动和状态显示，包括手动控制码垛机器人每一个运动轴、码垛机器人复位功能、码垛机器人停止功能，显示码垛机器人各个轴的限位、定位和原点传感器状态，显示立体仓库中有无托盘信息。码垛机器人具有出库和入库两种模式：

出库模式：码垛机器人从指定库位取出托盘并放置于自动引导运输车（Automated Guided Vehicle，AGV）上部输送线上。

入库模式：码垛机器人能从 AGV 上部输送线上取回托盘并送入指定的立体仓库仓位。

立体仓库码垛机器人调试界面如图 1-1 所示。

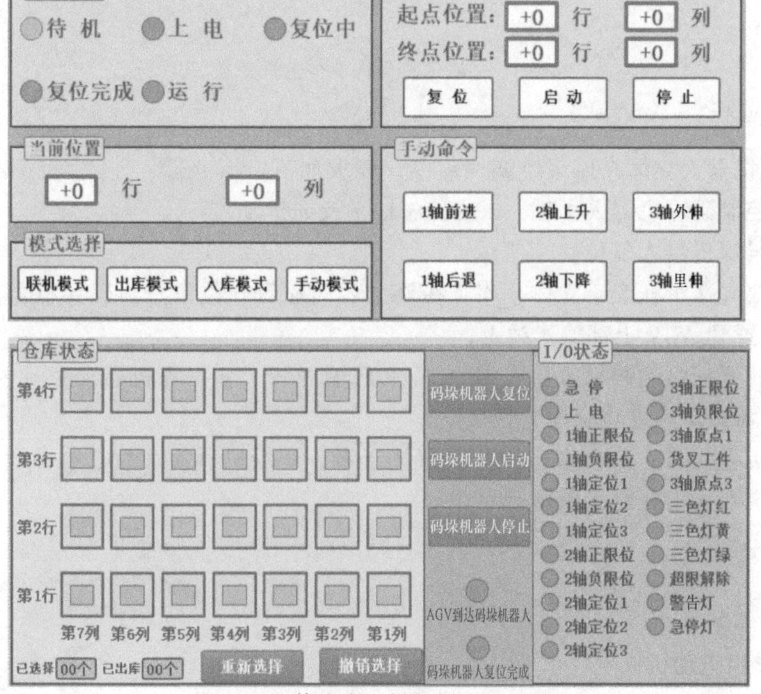

图 1-1　立体仓库码垛机器人调试界面

二、所需设备和材料

码垛机器人立体仓库系统（BNRT-ISW-28）如图 1-2 所示。基础底板由型材和钢板组成。码垛机器人和货架都直接安装在底板上。码垛机器人、立体仓库和底板组成了一个相对独立的整体。底板用 8 个避振脚支撑在地面上。立体仓库包含 28 个仓位，每个仓位具有空位检测开关。码垛机器人 X 轴方向的运动采用蜗轮减速装置，具有一定的自锁性。X、Z 轴方向留有工业级定位系统接口。X、Z 轴驱动电动机带有制动装置，保证机器断电后立即停车。X、Z 轴运动都带有防撞装置。X、Y、Z 轴均采用变频控制。

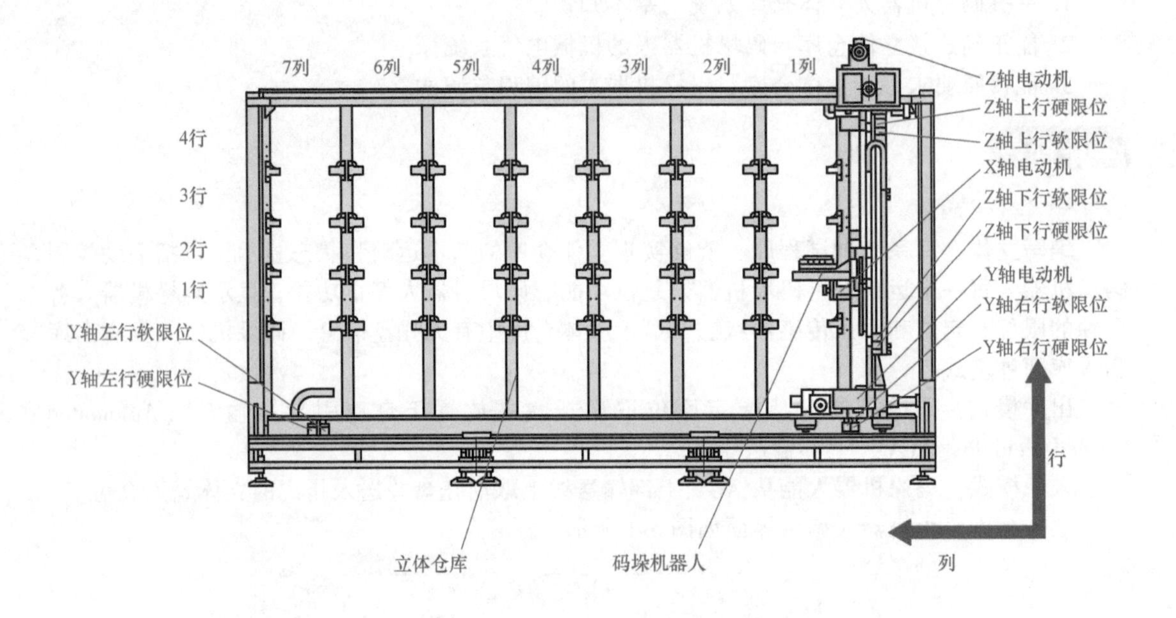

图 1-2　码垛机器人立体仓库系统

三、技术要求

编写码垛机器人立体仓库系统调试程序，要求如下：

1）手动控制码垛机器人 1 轴、2 轴和 3 轴正反向运动。

2）实现码垛机器人复位。

3）手动放置 2 个托盘于立体仓库，在调试界面显示仓位信息，码垛机器人正确从立体仓库取托盘放置到 AGV 上部输送线上。

4）手动放置托盘到码垛机器人端 AGV 上部输送线上，码垛机器人正确从 AGV 上部输送线上取回托盘并送入立体仓库仓位。

5）码垛机器人与立体仓库、AGV 无碰撞干涉，码垛机器人 X 轴、Y 轴和 Z 轴无超程。

6）码垛机器人上托盘无跌落现象。

实践操作

一、知识储备

1. 三相异步电动机

三相异步电动机是同时接入 380V 三相交流电源（相位差 120°）供电的一类电动机，由于三相异步电动机的转子与定子旋转磁场以相同的方向、不同的转速旋转，存在转差率，所以叫三相异步电动机。当电动机的三相定子绕组通入三相对称交流电后，将产生一个旋转磁场，该旋转磁场切割转子绕组，从而在转子绕组中产生感应电流（转子绕组是闭合通路），载流的转子导体在定子旋转磁场的作用下将产生电磁力，从而在电动机转轴上形成电磁转矩，驱动电动机旋转，并且电动机旋转方向与旋转磁场方向相同。当导体在磁场内切割磁力线时，在导体内产生感应电流，“感应电动机”的名称由此而来。感应电流和磁场的联合作用向电动机转子施加驱动力。电动机的外形如图 1-3 所示，1 轴、2 轴和 3 轴的电动机参数见表 1-1 和表 1-2。

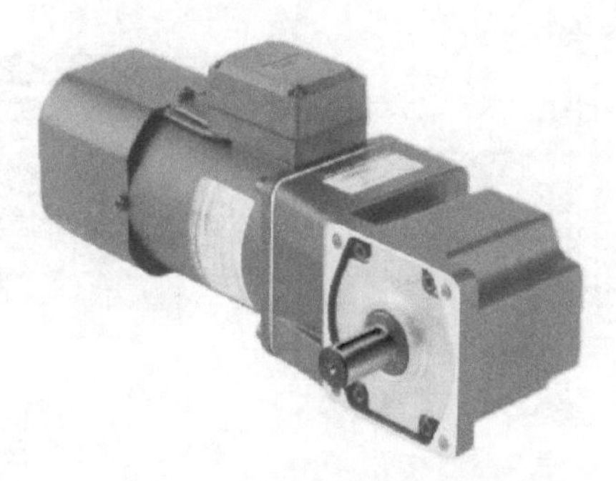

图 1-3　电动机的外形

表 1-1　1 轴、2 轴电动机参数

项目	参数	项目	参数	项目	参数
额定功率	200W	工作电压	380V	相位	3
工作频率	50Hz	额定电流	0.86A	转速	1300r/min
工作制	20min	绝缘等级	B		

表 1-2　3 轴电动机参数

项目	参数	项目	参数
额定功率	120W	工作电压	AC 220/380V
转速	1200/1500r/min	工作频率	50/60Hz

2. SINAMICS G120 型变频器

（1）变频器简介　通常把电压和频率固定不变的工频交流电变换为电压或频率可变的交流电的装置称作变频器。一般逆变器是把直流电源逆变为一定频率和一定电压的交流电源。交流电源频率和电压可调的逆变器称为变频器。变频器输出的波形是模拟正弦波，主要用于三相异步电动机调速，因此又叫变频调速器。

变频器主要采用交-直-交方式（VVVF 方式或矢量控制方式），先把工频交流电源通过整流器转换成直流电源，然后再将直流电源转换成频率、电压均可控制的交流电源供给电动机。变频器主要由整流（交流变直流）、滤波、逆变（直流变交流）、制动单元、驱动单元、检测单元和微处理单元等组成。变频器单元介绍如图 1-4 所示。

（2）模块拆装　模块拆装如图 1-5 所示。

（3）拆装 BOP-2　BOP-2 的拆装如图 1-6 所示。

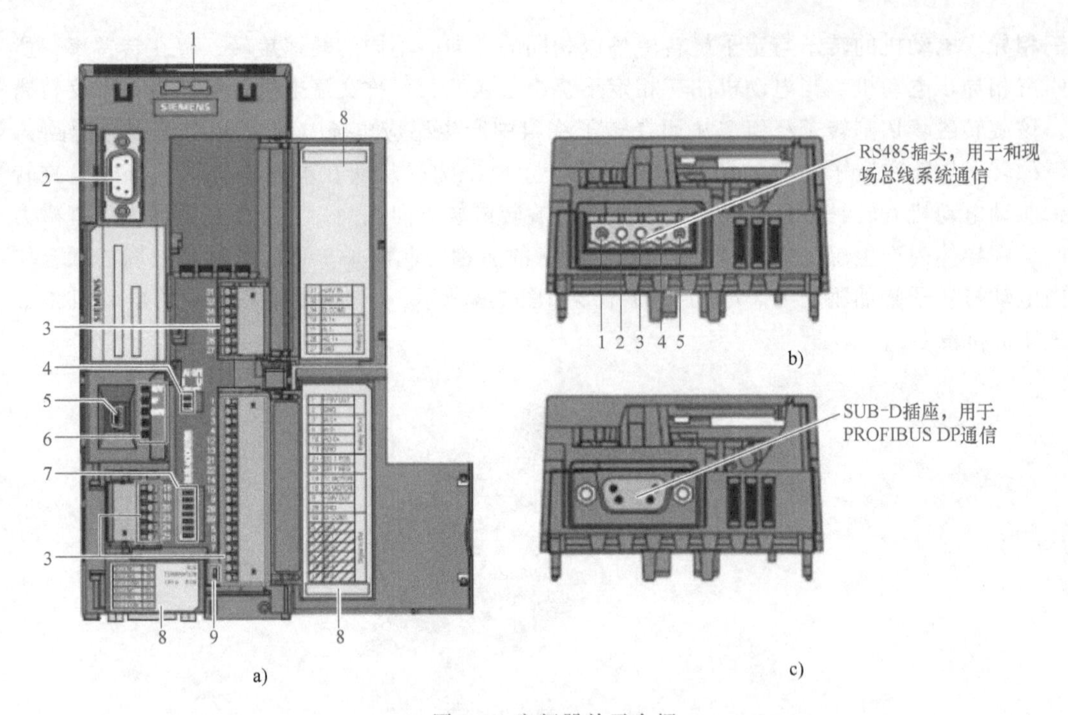

图 1-4　变频器单元介绍

a）变频器

1—存储卡插槽　2—操作面板接口　3—端子排　4—用于设置 AI0 和 AI1（端子 3/4 和 10/11 的 DIP 开关）

5—用于连接 STARTER 的 USB 接口　6—用于显示状态的 LED　7—用于设置现场总线地址的 DIP 开关　8—端子名称

9—取决于现场总线：CU240B-2，CU240E-2，CU240E-2F，CU240B-2　DP，CU240E-2　DP　CU240E-2　DP-F

b）RS485 插头

1—0V 参考电位　2—RS485P，接收和发送（+）　3—RS485N，接收和发送（-）

4—电线屏蔽　5—未连接

c）SUB-D 插座

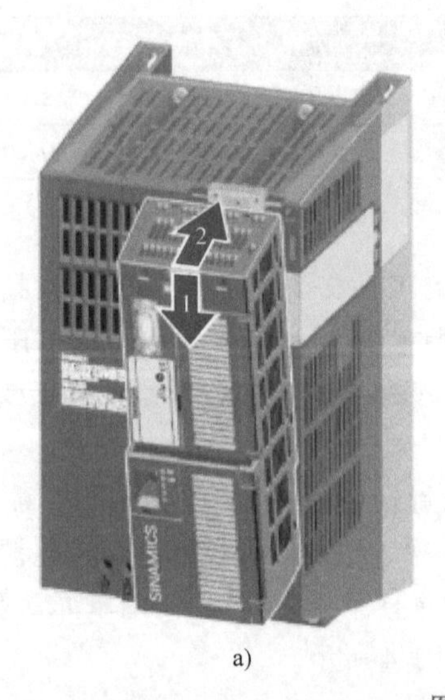

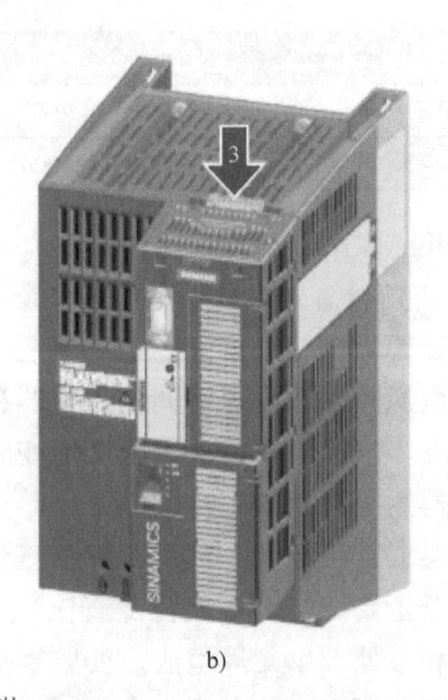

图 1-5　模块拆装

a）装上控制单元　b）取下控制单元

3. 传感器基本知识

（1）传感器的定义　传感器是能够感受规定的被测量并按照一定规律转换成可用输出信号的器件或装置。

（2）传感器的组成

1）敏感元件是传感器中直接感受被测量并输出与被测量成确定关系的其他量的元件。其作用是检测感应被测物体信息。

2）转换元件是只感受由敏感元件输出的与被测量成确定关系的其他量并将其转换成电量输出的元件。其作用是把被测物体信息转换为可用输出信号（电量）。

3）辅助元件：包括辅助电源，固定和支撑件等。

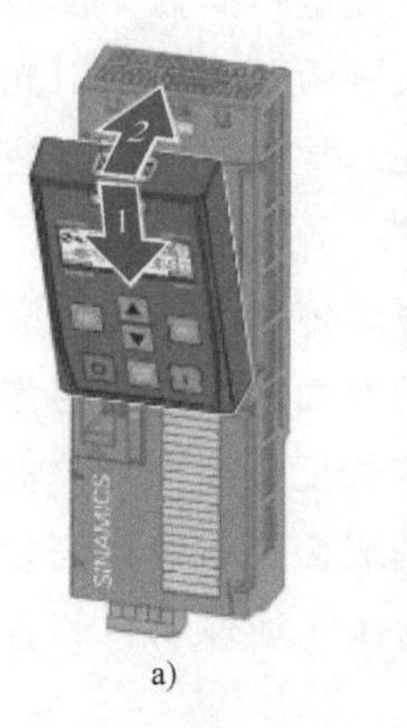

a)

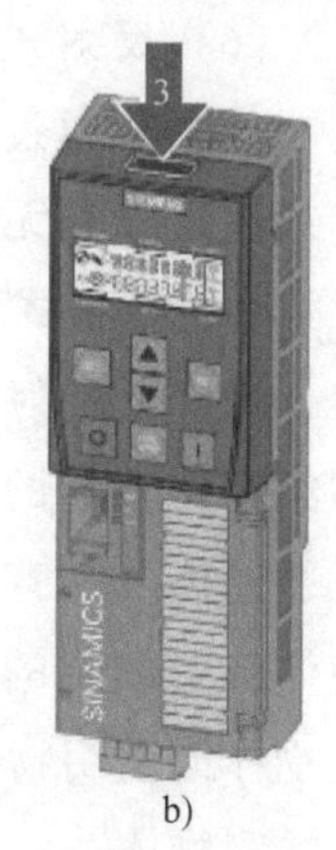

b)

图 1-6　BOP-2 的拆装

a）插入 BOP-2　b）取出 BOP-2

（3）光电传感器　光电传感器（图 1-7）发射出来自其发光元件的光线（可见光或红外线）。反射式光电传感器被用于探测来自目标物的反射光线，而透射式光电传感器被用于测量目标物穿过光轴引起的光通量的变化。

（4）滚动式行程开关　滚动式行程开关如图 1-8 所示。当运动机械的撞块（挡铁）压到行程开关的滚轮上时，传动杠连同转轴一同转动，使凸轮推动撞块；当撞块碰压到一定位置时，推动微动开关快速动作；当滚轮上的撞块移开后，复位弹簧就使行程开关复位。这种是单轮自动恢复式行程开关。双轮旋转式行程开关不能自动复原，它依靠运动机械反向移动时撞块碰撞另一滚轮将其复原。

图 1-7　光电传感器

图 1-8　滚动式行程开关

（5）检测开关　当托盘置于仓位中间时，托盘自身重力会压动检测开关，使之为 1，否则为 0。检测开关如图 1-9 所示。

(6) 反射式光电传感器　反射式光电传感器通过被检测物体反射光大小判别信号有无。常用的形式有漫反射式和镜反射式。

对于漫反射式传感器，被检测物体经过传感器的对面。被检测物体的反射光信号与背景反差要大，被检测物体有关部位的表面反射率要高。黑色物体或透明物体（如玻璃）不宜作为被测物体。

对于镜反射式传感器，传感器对面设置一个表面反射率高的镜反射面。被检测物体经过传感器和镜反射面之间。透明物体不宜作为被测物体。

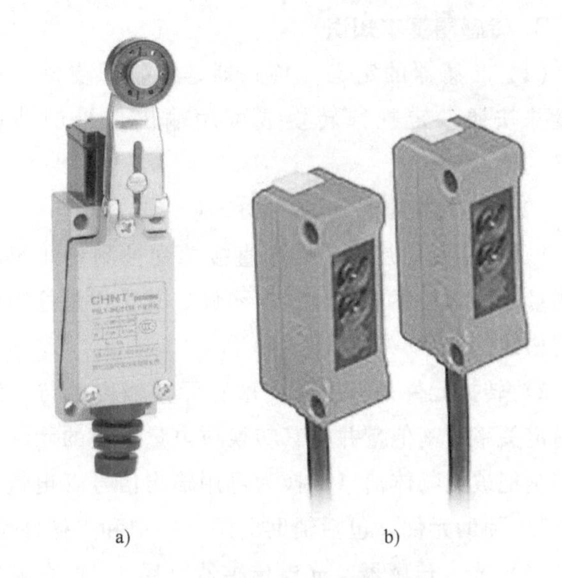

a)　　　　b)

图 1-9　检测开关

a) 仓位托盘检测开关　b) 货叉内部检测开关

若接收端接收到反射光信号：对输出特性为 PNP 型的，则输出一个电平“1”信号；对输出特性为 NPN 型的，则输出一个电平“0”信号。输出信号可作为 PLC 的输入信号。

有效工作距离与发射端（发光器件）发射的光强度大小有关。注意：工作距离越大，受外部光线干扰越大，一般工作距离≤1m。

4. S7-1200 PLC 简介

(1) S7-1200 PLC 的特点　S7-1200 PLC 设计紧凑、组态灵活且具有功能强大的指令集，这些特点的组合使它成为控制各种应用的完美解决方案。

PLC 将中央处理器（CPU）、集成电源、输入和输出电路、内置基于工业以太网的现场总线（PROFINET）、高速运动控制 I/O 以及板载模拟量输入组合到一个设计紧凑的外壳中来，形成功能强大的控制器。下载用户程序后，CPU 模块将包含监控应用中的设备所需的逻辑。CPU 模块根据用户程序逻辑监视输入并更改输出，用户程序可以包含布尔逻辑、计数、定时、复杂数学运算以及与其他智能设备的通信。

CPU 模块提供一个 PROFINET 端口用于 PROFINET 网络通信，也可使用附加模块通过过程现场总线（Process Field Bus，PROFIBUS）、通用分组无线服务技术（General Packet Radio Service，GPRS）、RS485、RS232、国际电工委员会（International Electrotechnical Commission，IEC）标准、分布式网络协议（Distributed Network Protocol，DNP）和网络数据中心（Web Data Center，WDC）进行通信。

(2) CPU 扩展功能　S7-1200 系列提供了各种模块和插入式板，用于通过附加 I/O 或其他通信协议来扩展 CPU 的功能。S7-1200 控制器的外形如图 1-10a 所示，其扩展模块如图 1-10b 所示。

(3) OB、FC、FB、DB 介绍　这些块的类型及简要描述见表 1-3。

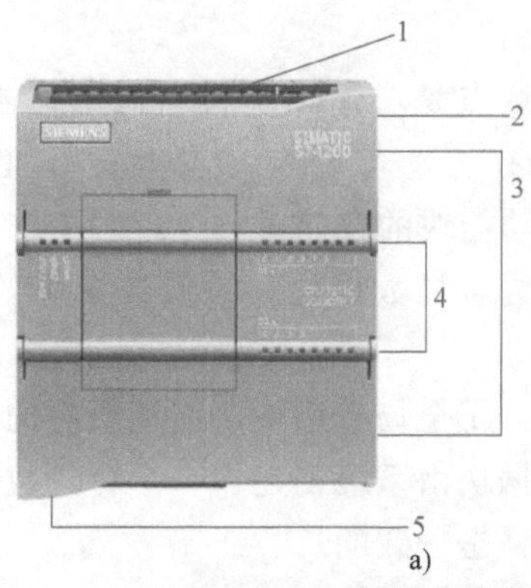

a)

1—电源接口 2—存储卡插槽(上部保护盖的下面)
3—可拆卸用户接线连接器(保护盖下面)
4—板载I/O的状态LED显示
5—PROFINET连接器(CPU的底部)

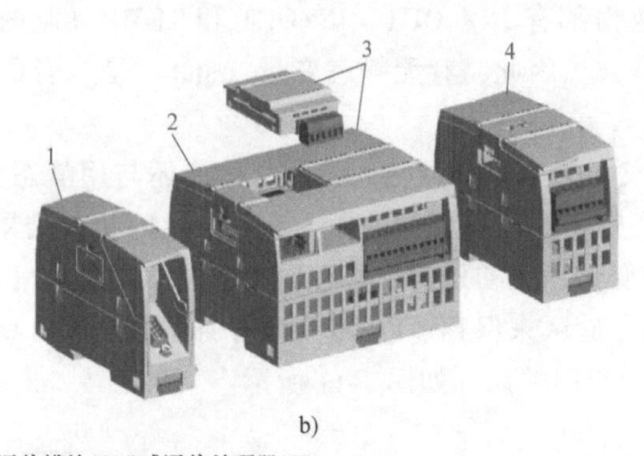

b)

1—通信模块(CM)或通信处理器(CP)
2—CPU(CPU 1211C、CPU 1212C、CPU 1214C、CPU 1215C、CPU 1217C)
3—信号板(SB)(数字SB、模拟SB)，通信板(CB)或电池板(BB)CPU(CPU1211C、CPU 1212C、CPU 1214C、CPU 1215C、CPU 1217C)
4—信号模块(SM)(数字SM、模拟SM、热电偶SM、RTD SM、工艺SM)

图 1-10 S7-1200 控制器的外形及扩展模块
a) S7-1200 控制器的外形 b) 扩展模块

表 1-3 块的类型及简要描述

块类型		简要描述
组织块(OB)		组织块用于定义用户程序的结构
功能(FC)		功能包含用于处理重复任务的程序例程。功能没有“存储器”
功能块(FB)		功能块是一种代码块,它将值永久地存储在背景数据块中,即使在块执行完后,这些值仍然可用
数据块 DB	背景数据块	调用背景数据块来存储数据时,该背景数据块将分配给功能块
	全局数据块	全局数据块用于存储数据的数据区,任何块都可以使用这些数据

1）组织块（OB）。组织块上有操作系统和用户程序的接口，可以通过对组织块编程来控制PLC的动作。下列事件会使用到组织块：①启动；②循环程序执行；③中断程序执行；④时间错误。

2）功能（FC）。功能（FC）的特点是：没有存储器的代码块；经常需要使用复杂函数的编程过程；在函数执行完以后，临时变量里的数据将会丢失；如果要永久保存数据，程序需要使用数据块。

3）功能块（FB）。功能块（FB）的特点是：代码块将它们的值永久地存储在数据块中，在块执行以后代码块值仍然有效，所有的输入（IN）、输出（OUT）、输入/输出（IN/OUT）参数都存储在数据块中，数据块是功能块的存储器。

4）数据块（DB）。数据块（DB）分为全局数据块和背景数据块，用于存储用户数据，最大容量取决于PLC的工作存储器。

全局数据块与背景数据块的区别如下：①全局数据块可以从所有的程序块中存取；②全局数据块的结构是用户定义的；③背景数据块由系统创建，一个背景数据块对应于一个功能块，背景数据块的结构和功能块的接口规格是一致的。

5）FC与FB的区别如下：

① FB有背景数据块，FC没有背景数据块，这是最本质的区别。背景数据块是每个被控对象的专用存储区。

② FB和FC的局部数据都有IN、OUT、IN/OUT和TEMP（临时）参数，FC的返回值RET_VAL实际上是输出参数。因此，有无静态变量（stat）是二者的局部变量的本质区别。FC没有静态变量。

③ FB的输出参数不仅与来自外部的输入参数有关，还与用静态变量保存的内部状态数据有关。FC因为没有静态变量，所以相同的输入参数产生的执行结果是相同的。

④ 不能给FC的局部变量设置初始值，可以给FB的局部变量（不包括TEMP）设置初始值。初始值需要专用的存储区来保存。FC因为没有背景数据块，所以不能设置初始值。

6）S7-1200程序结构/调用关系，如图1-11所示。

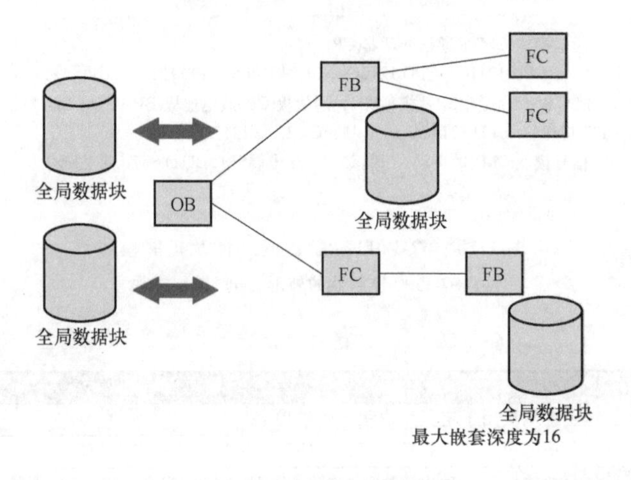

图1-11　程序结构/调用关系

（4）S7-1200集成PROFINET接口（图1-12）　SIMATIC S7-1200的新CPU固件2.0版本支持与作为PROFINET IO控制器的PROFINET IO设备之间的通信。利用集成的Web服务器，可以通过CPU调用信息，通过标准网络浏览器处理数据，也可以在运行时间从用户程序中对数据进行归档。

图1-12　集成PROFINET接口

利用已建立的TCP/IP标准，SIMATIC S7-1200集成的

PROFINET 接口可用于编程或者与人机界面（Human Machine Interface，HMI）设备和额外的控制器之间的通信。作为 PROFINET IO 控制器，SIMATIC S7-1200 现在支持与 PROFINET IO 设备之间的通信。该接口包含一个具有自动交叉功能的抗噪声的 RJ45 连接器，它支持以太网网络，其数据传输速率达 10～100Mbit/s。

1）可与第三方设备之间通信，在 SIMATIC S7-1200 上采用集成 PROFINET 接口可以实现与其他制造商生产的设备之间的无缝集成。利用所支持的本地开放式以太网协议 TCP/IP 和 TCP 上的 ISO，可以与多个第三方设备进行连接和通信。

西门子 PLC 编程软件 SIMATIC STEP 7 Basic 提供了标准 T-Send/T-Receive 指令，为设计自动化解决方案提供更高水平的灵活性。

2）拥有简易通信模块，在 SIMATIC S7-1200 的 CPU 上最多可以增加 3 个通信模块，如图 1-13 所示。

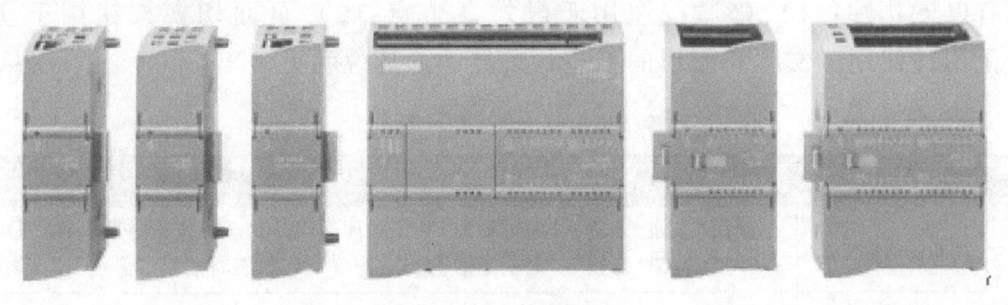

图 1-13　通信模块

RS485 和 RS232 通信模块适用于串行、基于字符的点到点连接。在 SIMATIC STEP 7 Basic 工程系统内部已经包含了 USS 驱动器协议以及 Modbus RTU 主、从协议的库函数。

5. 人机界面

本项目的人机界面所使用的 TP700 精致面板触摸屏如图 1-14 所示。

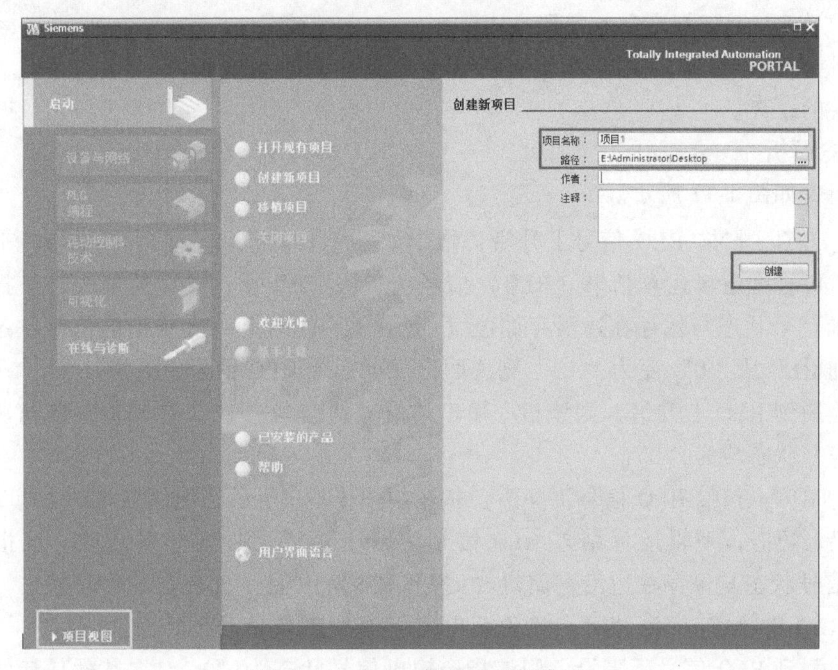

图 1-14　TP700 精致面板触摸屏

人机界面常用的基本对象、元素包括：

(1) 输入输出域　其形式如图 1-15a 所示。

(2) 按钮　其形式如图 1-15b 所示。

图 1-15　人机界面常用基本对象、元素
a) 输入输出域　b) 按钮

按钮有以下几种：1) 普通按钮用于触发某个点；2) 页面切换按钮用于切换页面；3) 文本/图形按钮用于文本和图形的相应状态显示，其说明见表 1-4。

表 1-4　文本/图形按钮说明

类型	选项	说明
图形	图形	使用"按钮'未按下'时的图形"指定关闭(OFF)状态时按钮中显示的图形 使用"按钮'已按下'时的图形"指定打开(ON)状态时按钮中显示的图形
	图形列表	按钮的图形取决于状态。根据状态显示图形列表中的相应条目
文本	文本	使用"按钮'未按下'时的文本"指定关闭(OFF)状态时按钮中显示的文本 使用"按钮'已按下'时的文本"指定打开(ON)状态时按钮中显示的文本
	文本列表	按钮的文本取决于状态。根据状态显示文本列表中的条目

(3) 文本字段　文本字段的形式如图 1-16 所示。

1) "文本"：用于指定文本字段文本。

2) "文本字段大小"：用于指定是否将对象尺寸调整到最长列表项所需要的距离。

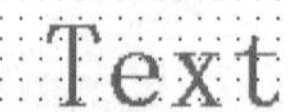

图 1-16　文本字段的形式

6. 指令解析

常用指令如图 1-17 所示。

1) P_TRIG：扫描 RLO 信号上升沿，指令如图 1-17a 所示。使用 P_TRIG 扫描 RLO 信号上升沿，可查询逻辑运算结果（RLO）信号状态从"0"到"1"的更改。该指令将比较 RLO 的当前信号状态与保存在边沿存储位（<操作数>）中上一次查询的信号状态。如果该指令检测到 RLO 从"0"变为"1"，则说明出现了一个 RLO 信号上升沿。

如果检测到 RLO 上升沿，则该指令输出的信号状态为"1"。在其他任何情况下，该指令输出的信号状态均为"0"。

2) N_TRIG：扫描 RLO 信号下降沿，指令如图 1-17b 所示。使用 N_TRIG 指令扫描 RLO 信号下降沿，可查询逻辑运算结果 RLO 信号状态从"1"到"0"的更改。该指令将比较 RLO 当前信号状态与保存在边沿存储位（<操作数>）中上一次查询的信号状态。如果该指令检测到 RLO 从"1"变为"0"，则说明出现了一个 RLO 信号下降沿。

如果检测到 RLO 信号下降沿，则该指令输出信号状态为"1"。在其他任何情况下，该

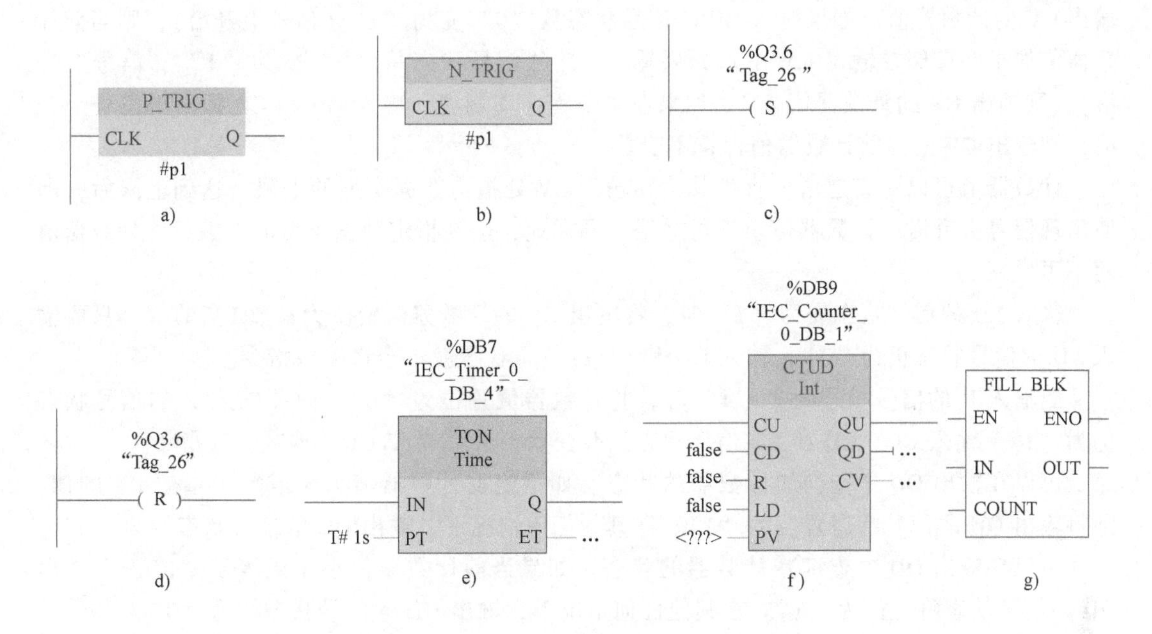

图 1-17 常用指令

a）P_TRIG b）N_TRIG c）—S— d）—R— e）TON f）CTUD g）FILL_BLK

指令输出信号状态均为“0”。

3）—(S)—：置位输出，指令如图 1-17c 所示。使用—(S)—置位输出指令可将指定操作数信号状态置位为“1”。

仅当线圈输入的逻辑运算结果 RLO 为“1”时，才执行该指令。如果信号流通过线圈（RLO 为“1”），则指定的操作数置位为“1”。如果线圈输入的 RLO 为“0”（没有信号流过线圈），则指定操作数的信号状态将保持不变。

4）“—(R)—：复位输出，指令如图 1-17d 所示。可以使用—(R)—复位输出指令将指定操作数的信号状态复位为“0”。

仅当线圈输入的逻辑运算结果 RLO 为“1”时，才执行该指令。如果信号流通过线圈（RLO 为“1”），则指定的操作数复位为“0”。如果线圈输入的 RLO 为“0”（没有信号流过线圈），则指定操作数的信号状态将保持不变。

5）TON：接通延时，指令如图 1-17e 所示。可以使用 TON 指令接通延时将输出 Q 的设置延时 PT 指定的一段时间。当输入 IN 的逻辑运算结果 RLO 从“0”变为“1”（信号上升沿）时，启动该指令。指令启动时，预设的时间 PT 即开始计时。当持续时间 PT 计时结束后，输出 Q 的信号状态为“1”。只要启动输入 IN 仍为“1”，输出 Q 就保持置位。启动输入 IN 的信号状态从“1”变为“0”时，将复位输出 Q。在启动输入 IN 检测到新的信号上升沿时，该定时器功能将再次启动。

可以在输出 ET 查询当前的时间值。时间值从 T#0s 开始，达到 PT 时间值时结束。只要输入 IN 的信号状态变为“0”，ET 输出就复位。

每次调用 TON：接通延时指令，必须将其分配给存储指令数据的 IEC 定时器。

6）CTUD：加减计数，指令如图 1-17f 所示。可以使用 CTUD 指令加减计数递增和递减输出 CV 的计数器值。如果输入 CU 的信号状态从“0”变为“1”（信号上升沿），则当前计数器值加 1 并存储在输出 CV 中。如果输入 CD 的信号状态从“0”变为“1”（信号上升沿），则输出 CV 的计数器值减 1。如果在一个程序周期内，输入 CU 和 CD 都出现信号上升沿，则输出 CV 的当前计数器值保持不变。

计数器值可以一直递增，直到其达到输出 CV 处指定数据类型的上限。达到上限后，即使出现信号上升沿，计数器值也不再递增。同样地，达到指定数据类型的下限后，计数器值便不再递减。

输入 LD 的信号状态变为“1”时，将输出 CV 的计数器值置位为参数 PV 的值。只要输入 LD 的信号状态仍为“1”，输入 CU 和 CD 的信号状态就不会影响该指令。

当输入 R 的信号状态变为“1”时，将计数器值置位为“0”。只要输入 R 的信号状态仍为“1”，输入 CU、CD 和 LD 信号状态的改变就不会影响 CTUD：加减计数指令。

可以在输出 QU 中查询加计数器的状态。如果当前计数器值大于或等于参数 PV 的值，则将输出 QU 的信号状态置位为“1”。在其他任何情况下，输出 QU 的信号状态均为“0”。

可以在输出 QD 中查询减计数器的状态。如果当前计数器值小于或等于“0”，则输出 QD 的信号状态将置位为“1”。在其他任何情况下，输出 QD 的信号状态均为“0”。

7）FILL_BLK：填充块，指令如图 1-17g 所示。

用输入 IN 的输入值填充一个存储区域（目标区域）。从输出 OUT 指定地址开始填充目标区域。可以使用参数 COUNT 指定移动操作的重复次数。执行该指令时，将选择输入 IN 中的值并将其复制到目标区域，重复次数由参数 COUNT 值指定。

仅当源区域和目标区域的数据类型相同时，才能执行该指令。

如果满足下列条件之一，则使能输出 ENO 的信号状态为“0”，使能输入 EN 的信号状态为“0”。即移动数据量超出输入 IN 或输出 OUT 所能容纳的数据量。

二、伺服驱动器参数设置

根据表 1-5，通过操作面板对码垛机器人驱动电动机的 3 个伺服驱动器进行参数设置。

表 1-5　相关参数设置

参数号	参数描述	设定值	设定说明
P0700	命令源选择	6	现场总线
P0730	端子 D02 的信号源（端子 19/20 常开）	52.2	变频器运行使能
P0732	端子 D02 的信号源（端子 23/25 常开）	52.3	变频器故障
P0845	停止命令指令源 2	722.1	数字量输入 DI1 定义为 OFF2 命令的输入
P0922	PROFINET 通信报文格式	1	报文互联
P1000	频率设定值来源	6	现场总线
P2030	通信方式设置	7	PROFINET 通信
P1080	最低频率	0Hz	根据实际寻求
P1082	最高频率	1500Hz	根据实际寻求
P1120	加速时间	2.0s	根据实际寻求
P1121	减速时间	2.0s	根据实际寻求

三、控制程序流程图

根据任务描述，托盘及其上工件的出库流程控制过程，绘制控制程序流程图如图 1-18 所示。

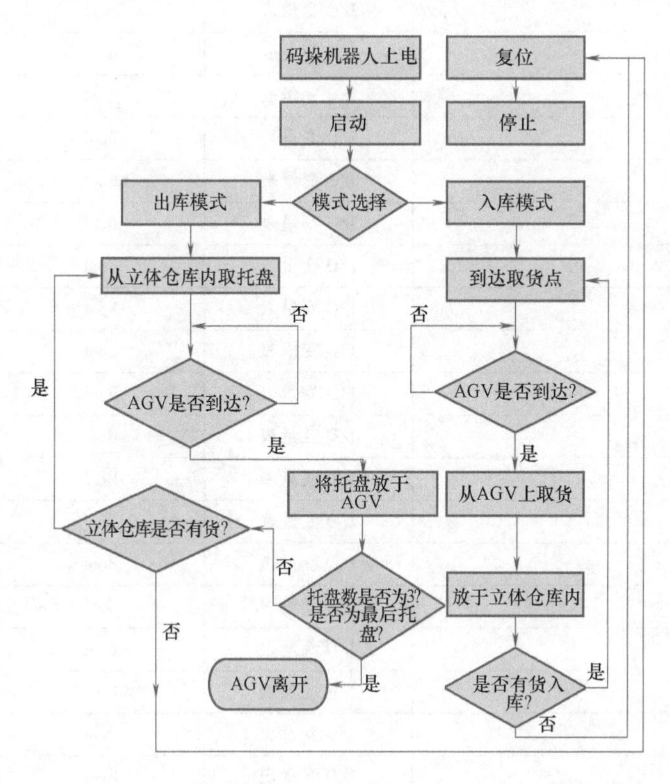

图 1-18 流程图

四、码垛机器人 PLC I/O 表

根据控制要求，列出硬件设备接线中输入输出信号与码垛机器人 PLC 地址编号对照表，码垛机器人 PLC I/O 分配表见表 1-6。

表 1-6 码垛机器人 PLC I/O 分配表

名　　称	路径	数据类型	变量地址
急停按钮	I/O 变量表	Bool	%I0.0
启动按钮	I/O 变量表	Bool	%I0.1
超出最大限位	I/O 变量表	Bool	%I0.2
放货限位	I/O 变量表	Bool	%I0.3
放货中间位	I/O 变量表	Bool	%I0.4
取货中间位	I/O 变量表	Bool	%I0.6
取货限位	I/O 变量表	Bool	%I0.7
Y 轴最大限位	I/O 变量表	Bool	%I1.0
货叉上检测托盘有无光电	I/O 变量表	Bool	%I0.5
Y 轴上位传感器	I/O 变量表	Bool	%I1.1

（续）

名　　称	路径	数据类型	变量地址
Y 轴中间位传感器	I/O 变量表	Bool	%I1.2
Y 轴下位传感器	I/O 变量表	Bool	%I1.3
Y 轴最小限位	I/O 变量表	Bool	%I1.4
X 轴最小限位	I/O 变量表	Bool	%I1.5
X 轴右位传感器	I/O 变量表	Bool	%I2.2
X 轴中间位传感器	I/O 变量表	Bool	%I2.1
X 轴左位传感器	I/O 变量表	Bool	%I2.0
X 轴最大限位	I/O 变量表	Bool	%I2.3
仓位托盘监测信号	I/O 变量表	Bool	%I3.0
仓位托盘监测信号	I/O 变量表	Bool	%I3.1
仓位托盘监测信号	I/O 变量表	Bool	%I3.2
仓位托盘监测信号	I/O 变量表	Bool	%I3.3
仓位托盘监测信号	I/O 变量表	Bool	%I3.4
仓位托盘监测信号	I/O 变量表	Bool	%I3.5
仓位托盘监测信号	I/O 变量表	Bool	%I3.6
仓位托盘监测信号	I/O 变量表	Bool	%I3.7
仓位托盘监测信号	I/O 变量表	Bool	%I4.0
仓位托盘监测信号	I/O 变量表	Bool	%I4.1
仓位托盘监测信号	I/O 变量表	Bool	%I4.2
仓位托盘监测信号	I/O 变量表	Bool	%I4.3
仓位托盘监测信号	I/O 变量表	Bool	%I4.4
仓位托盘监测信号	I/O 变量表	Bool	%I4.5
仓位托盘监测信号	I/O 变量表	Bool	%I4.6
仓位托盘监测信号	I/O 变量表	Bool	%I4.7
仓位托盘监测信号	I/O 变量表	Bool	%I5.0
仓位托盘监测信号	I/O 变量表	Bool	%I5.1
仓位托盘监测信号	I/O 变量表	Bool	%I5.2
仓位托盘监测信号	I/O 变量表	Bool	%I5.3
仓位托盘监测信号	I/O 变量表	Bool	%I5.4
仓位托盘监测信号	I/O 变量表	Bool	%I5.5
仓位托盘监测信号	I/O 变量表	Bool	%I5.6
仓位托盘监测信号	I/O 变量表	Bool	%I5.7
仓位托盘监测信号	I/O 变量表	Bool	%I6.0
仓位托盘监测信号	I/O 变量表	Bool	%I6.1
仓位托盘监测信号	I/O 变量表	Bool	%I6.2
仓位托盘监测信号	I/O 变量表	Bool	%I6.3

（续）

名　　称	路径	数据类型	变量地址
AGV 到达立库侧光电	I/O 变量表	Bool	%I6.4
红色指示灯	I/O 变量表	Bool	%Q0.0
绿色指示灯	I/O 变量表	Bool	%Q0.2
黄色指示灯	I/O 变量表	Bool	%Q0.1
上电	I/O 变量表	Bool	%Q0.3
断电	I/O 变量表	Bool	%Q0.4
解除超限	I/O 变量表	Bool	%Q0.5
紧急停止灯	I/O 变量表	Bool	%Q0.7
蜂鸣器	I/O 变量表	Bool	%Q0.6
变频器使能	I/O 变量表	Bool	%Q1.0
AGV 离开信号	I/O 变量表	Bool	%Q1.1

五、设备组态

1. 打开博途软件并创建新项目

双击打开博途软件，进入软件后，选择“启动”→“创建新项目”，在“创建新项目”对话框中输入项目名称，选择“保存路径”，添加作者和注释信息，单击“创建”按钮完成新项目建立，如图 1-19 所示。为方便后续操作，可以单击左下角“项目视图”切换到项目视图。

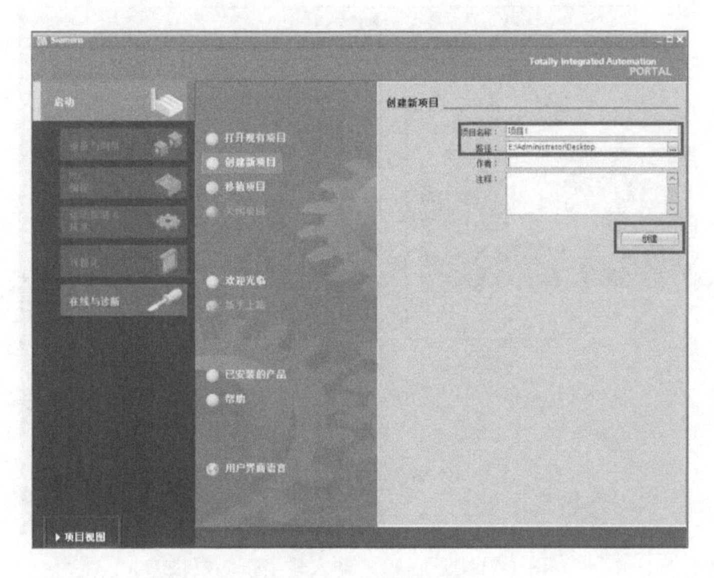

图 1-19　创建新项目

2. 添加 PLC 及输入输出拓展模块，并设置相关参数

（1）PLC 型号及版本的选择　双击“项目 1”→“添加新设备”。本项目选择西门子 SIMATIC S7-1200 系列中 1215C 的 DC/DC/DC 型 CPU，订货号为 6ES7 215-1AG40-0XB0，版本为 4.0，单击“确定”按钮，如图 1-20 所示。

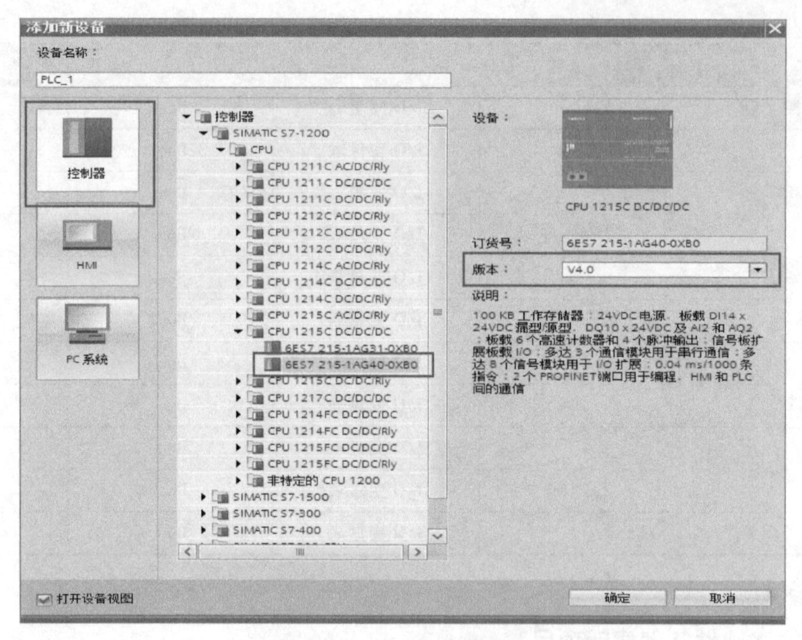

图 1-20 添加 PLC 控制器

（2）PLC 输入输出拓展模块的添加　选择“设备视图”选项卡，单击“硬件目录”菜单，在输入拓展模块选择“DI 16×24VDC”（订货号：6ES7 221-1BH32-0XB0）2 个和“DI 8×24VDC”（订货号：6ES7 221-1BF32-0XB0）1 个，如图 1-21 所示，双击“添加”按钮。

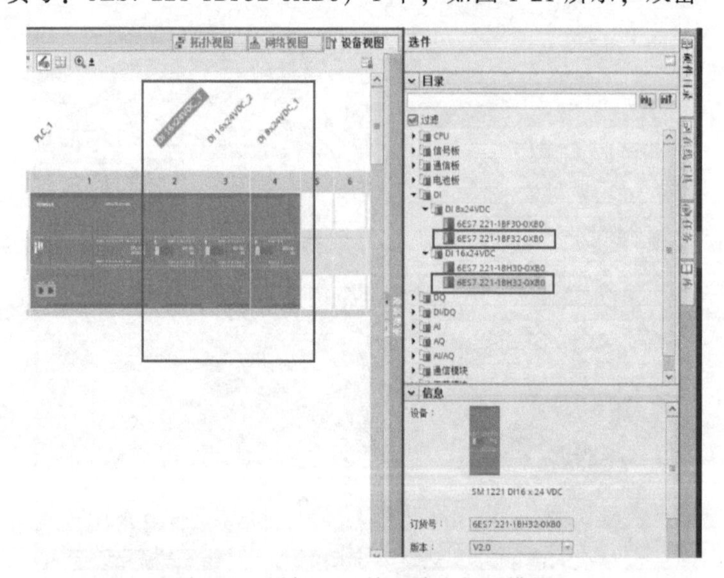

图 1-21 添加 PLC 输入输出拓展模块

（3）以太网地址的设置　右键单击“PLC-1”，选择“属性”，或双击“PLC-1”，在下方常规栏中，单击“以太网地址”选项，修改 IP 地址（注意：与本地 IP 在同一网段，本项目为 192. 168. 8. 12），子网掩码采用默认值，如图 1-22 所示。

（4）脉冲发生器的设置　在“常规”选项卡下，单击“系统和时钟存储器”，勾选“启用系统储存器字节”和“启用时钟储存器字节”复选框，进行起始地址设置，这里设置

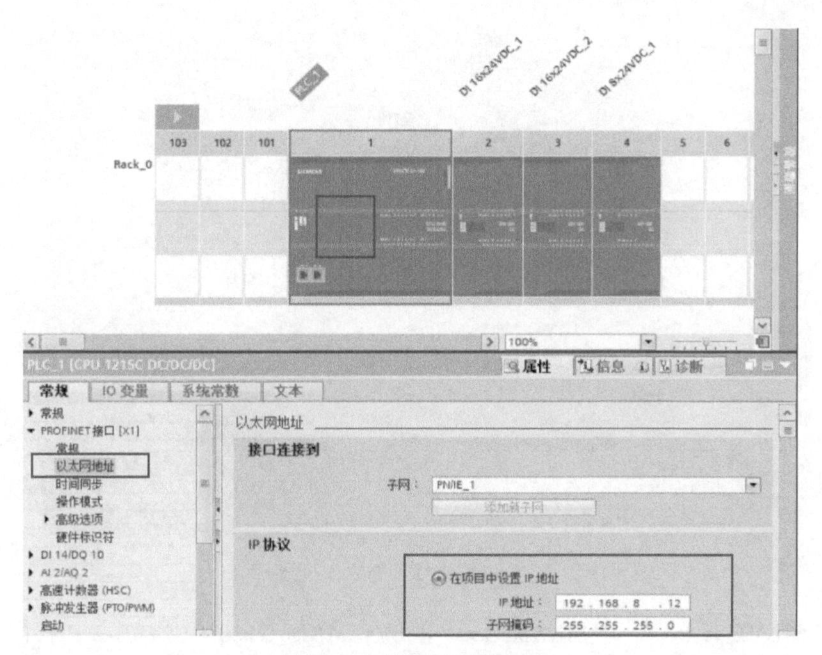

图 1-22　设置以太网地址

从“M1”和“M0”开始，如图 1-23 所示。

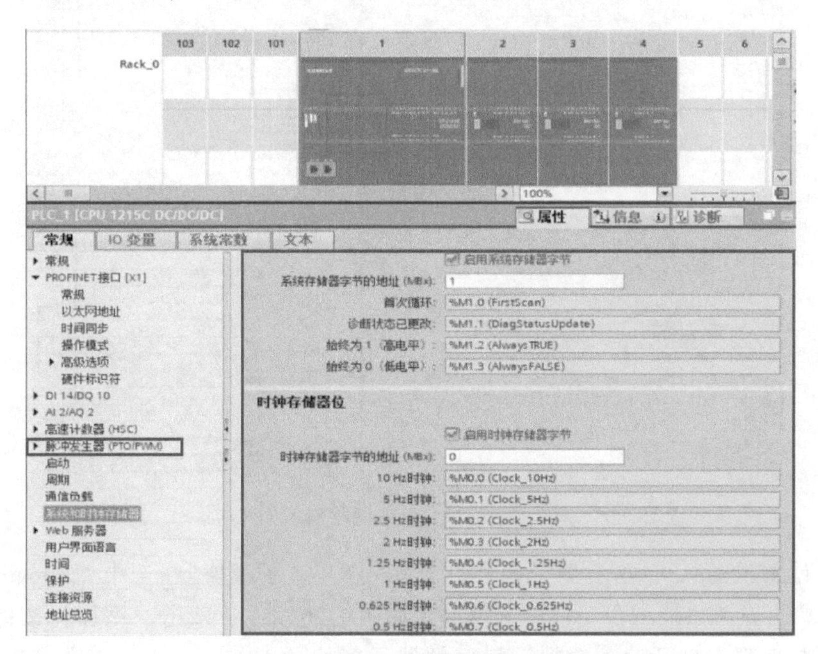

图 1-23　启用系统和时钟储存器

（5）扩展模块 I/O 地址的设置　在设备概览框中，修改拓展模块的“I 地址”，将“DI 16×24VDC_1”“DI 16×24VDC_2”和“DI 8×24VDC_1”分别设为“2...3”“4...5”和“6”，如图 1-24 所示。至此，PLC 设备相关参数设置完成。

3. 添加变频器及其子模块

选择“网络视图”，单击右侧“硬件目录”→“其他现场设备”→“PROFINET IO”→

	103				
	102				
	101				
▼ PLC_1	1			CPU 1215C DC/DC/DC	6ES7 215
DI 14/DQ 10_1	1 1	0...1	0...1	DI 14/DQ 10	
AI 2/AQ 2_1	1 2	64...67	64...67	AI 2/AQ 2	
	1 3				
HSC_1	1 16	1000...10...		HSC	
HSC_2	1 17	1004...10...		HSC	
HSC_3	1 18	1008...10...		HSC	
HSC_4	1 19	1012...10...		HSC	
HSC_5	1 20	1016...10...		HSC	
HSC_6	1 21	1020...10...		HSC	
Pulse_1	1 32		1000...10...	脉冲发生器 (PTO/PWM)	
Pulse_2	1 33		1002...10...	脉冲发生器 (PTO/PWM)	
Pulse_3	1 34		1004...10...	脉冲发生器 (PTO/PWM)	
Pulse_4	1 35		1006...10...	脉冲发生器 (PTO/PWM)	
▶ PROFINET接口_1	1 X1			PROFINET接口	
DI 16x24VDC_1	2	2...3		SM 1221 DI16 x 24 VDC	6ES7 22
DI 16x24VDC_2	3	4...5		SM 1221 DI16 x 24 VDC	6ES7 22
DI 8x24VDC_1	4	6		SM 1221 DI8 x 24 VDC	6ES7 22

图 1-24　拓展模块 I/O 起始地址设置

“Drives”→“SIEMENS AG”→“SINAMICS”→“SINAMICS G120 CU240E-2 PN（-F）V4.5”，拖拽或者双击“SINAMICS G120 CU240E-2 PN（-F）V4.5”进行添加，如图 1-25 所示。

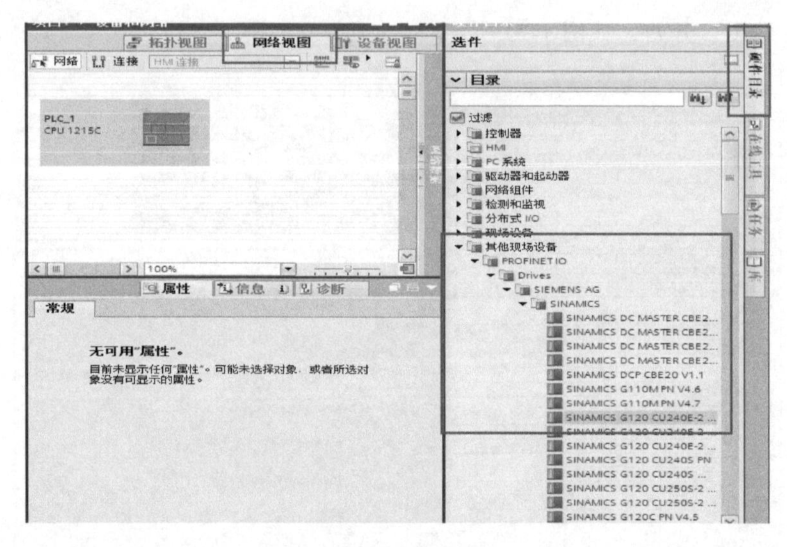

图 1-25　添加变频器

选择“设备视图”，单击右侧“硬件目录”，打开“子模块”，选中“Supplementary data，PZD-2/2”，在此添加三个变频器子模块，如图 1-26 所示，双击“添加”按钮。

单击向右小箭头打开设备数据，将变频器子模块“Supplementary data，PZD-2/2”的 I 地址及 Q 地址均设为“68...71”，如图 1-27 所示。此地址为程序所控制的变频器报文寄存器地址，也可以自定义。

电动机名称若需更改，在“网络视图”中右击“电动机设备”，选择“分配设备名称”，对名称进行分配。若已经分配名称，再次修改时，可在“网络视图”中右击“电动机设备”→“属性”→“常规”修改设备名称，如图 1-28 所示。

图 1-26　添加变频器子模块

O ▸ PROFINET IO-System (100): PN/IE_1 ▸ SINAMICS-G120-CU240E-2PN

拓扑视图　网络视图　设备视图

设备概览

模块	...	机架	插槽	I 地址	Q 地址	类型
▾ SINAMICS-G120-CU240E-2PN		0	0			SINAMICS G120 C...
▸ PN-IO		0	0 X150			SINAMICS-G120-...
▾ Drive_1		0	1			Drive
Module Access Point		0	1 1			Module Access P...
		0	1 2			
		0	1 3			
Supplementary data, PZ...		0	1 4	68...71	68...71	Supplementary d...

图 1-27　设置变频器子模块参数

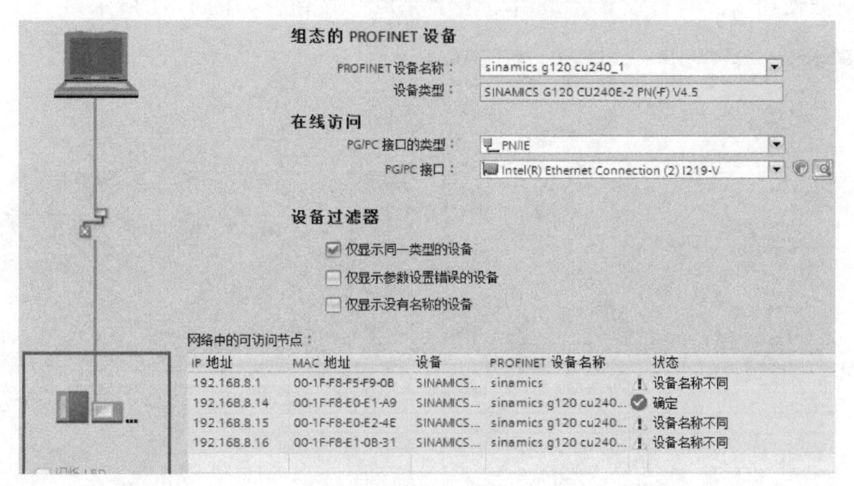

图 1-28　修改电动机名称

双击“变频器”进入“变频器设备视图”，在“常规”→“PROFINET 接口”→“以太网地址”中设置 IP 地址，这里设置变频器的 IP 地址分别为 192.168.8.1（图 1-29）、192.168.8.2 和 192.168.8.3。

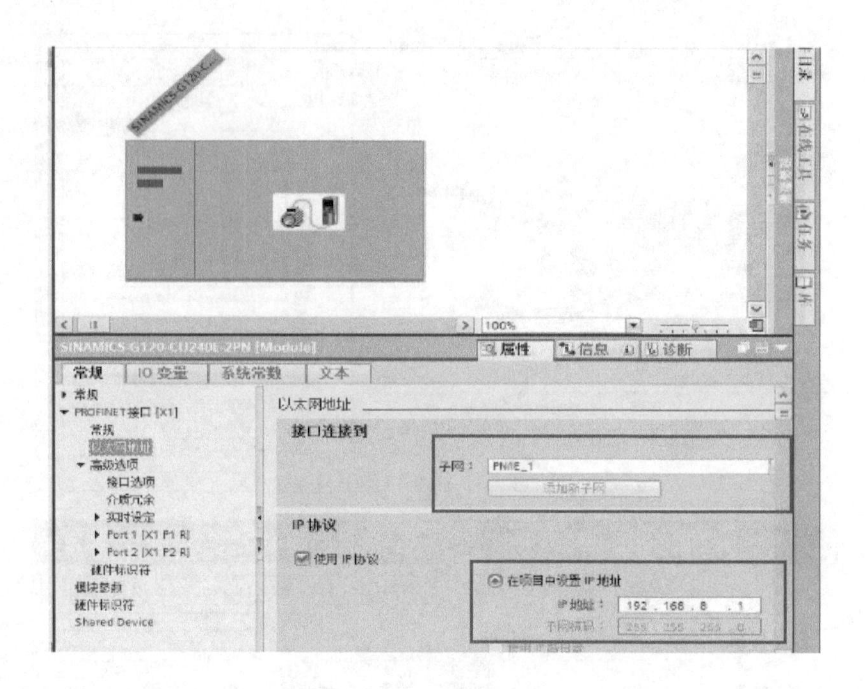

图 1-29 设置变频器 IP 地址

4. 添加触摸屏（HMI）并连接 PLC

选择“网络视图”，单击右侧“硬件目录”→“HMI”→“SIMATIC 精智面板”→“7″显示屏”→“TP700 精智面板”→“6AV2 124-0GC01-0AX0”，拖拽或者双击“6AV2 124-0GC01-0AX0”，添加触摸屏，如图 1-30 所示。单击“确定”按钮进入设备向导。

在设备向导中，必须将触摸屏连接到 PLC，否则不能访问 PLC 变量，推荐在添加设备时勾选左下角“启用设备向导”。在“PLC 连接”项单击“浏览”，选择所要连接的 PLC，其他设置根据使用情况自行设置，最后单击“完成”按钮，如图 1-31 所示。

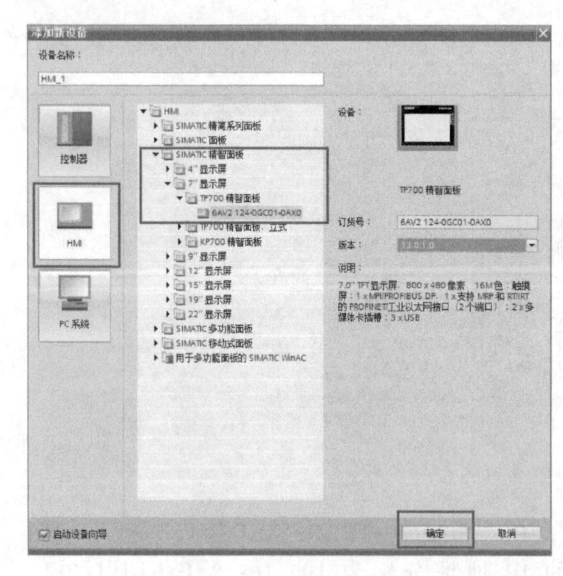

图 1-30 添加 HMI

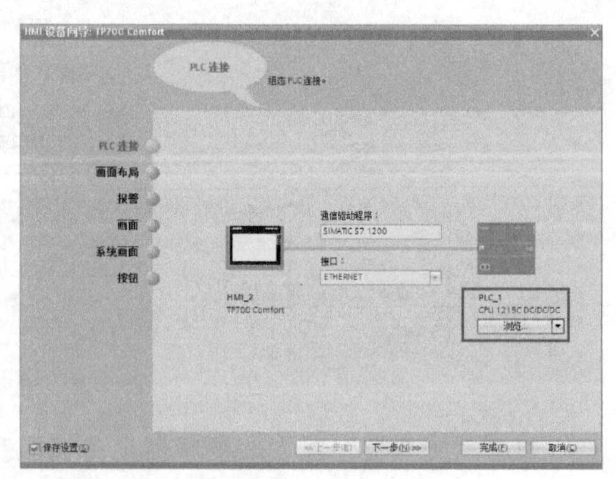

图 1-31 连接 PLC

与修改 PLC IP 地址一样，将触摸屏的 IP 地址更改为 192.168.8.14。

5. PLC 与变频器组网

在“网络视图”中，单击 PLC 模块的绿色小点，按住鼠标不放，拖拽到变频器的小绿点上，松开鼠标，建立逻辑连接。至此，完成创建 PLC、HMI 和 3 个电动机设备的连接以及设备组态，如图 1-32 所示。

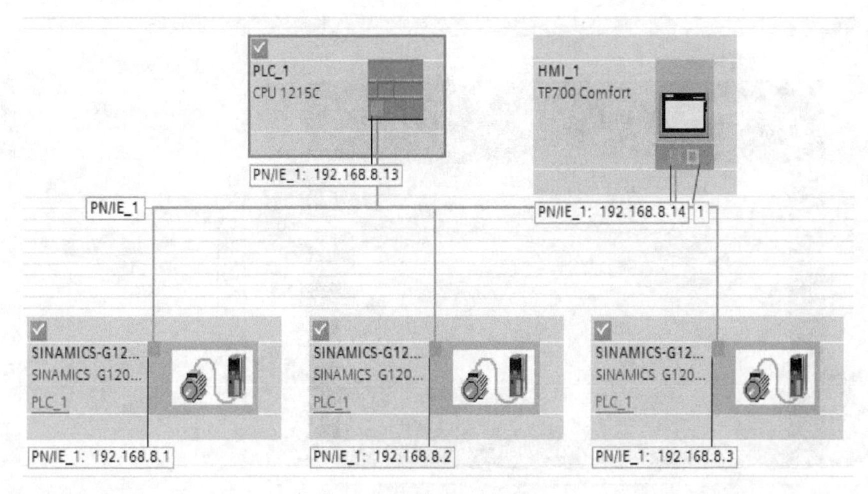

图 1-32　设备组网

六、触摸屏界面编制

1. 编写触摸屏画面

添加触摸屏后可在“项目树”中看到“HMI_1”。打开“画面”文件夹，双击“添加新画面”添加一个新画面，右击新建画面可以进行“重命名”和“定义为启动画面”等操作。双击打开画面后，可以在右侧“工具箱”中添加所需元素，如“按钮”和“文字功能”等，如图 1-33 所示。

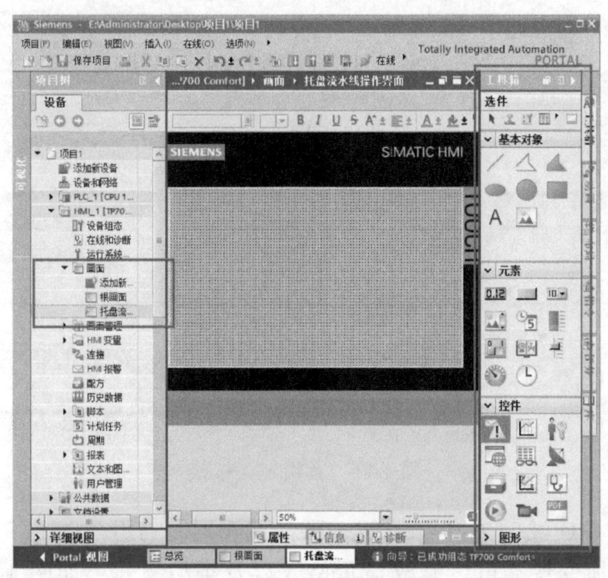

图 1-33　HMI 新建画面

下面以按钮为例，示范 HMI 编程。首先打开右侧“工具箱”，选择“元素”下第二个元件“按钮”，在画面中拖拽添加，并命名“测试按钮”，如图 1-34 所示。然后打开属性页对按钮进行编辑定义，在“事件”选项卡下添加“按下”动作事件，例如“置位位”，接着连接变量，选择需要连接的变量，如图 1-35 所示。“置位位”效果是将连接的变量置 1，配合“释放”动作添加“复位位”事件可以形成点动按钮效果。

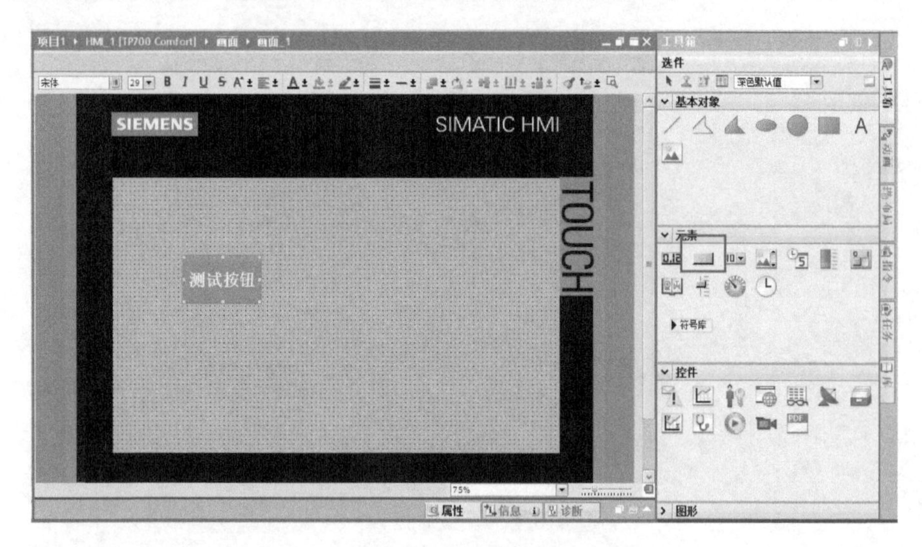

图 1-34　创建按钮

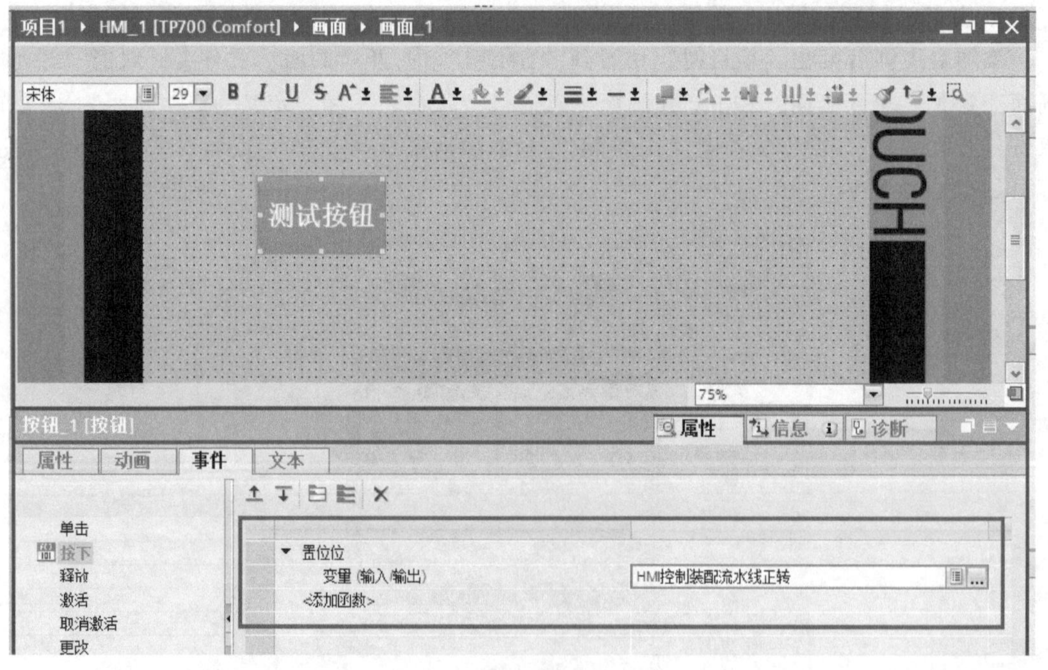

图 1-35　编辑定义按钮

添加数字显示“I/O 域”方法与按钮一致。编辑时，打开“属性”页“常规”项，在“过程”选项组中添加变量，可以修改显示格式以及类型模式，如图 1-36 所示。“输入/输出”模式表示可以在画面中点选设定的值，对数值进行人工更改，“输出”模式表示仅显示数值，不可更改。

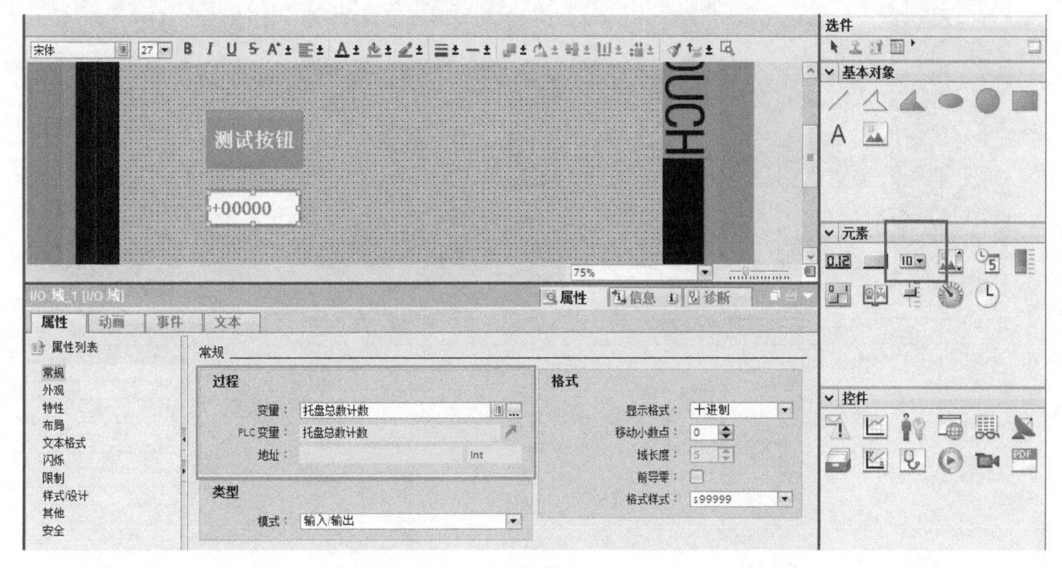

图 1-36　编辑定义 I/O 域

2. 编写立体仓库 HMI 界面

HMI 界面可实现码垛机器人启动、停止、暂停、复位以及重新选择等，能够手动控制码垛机器人 X 轴前进后退，Z 轴上升下降，Y 轴外伸里伸，可以监控 28 个仓位状态，参考界面如图 1-37 和图 1-38 所示。

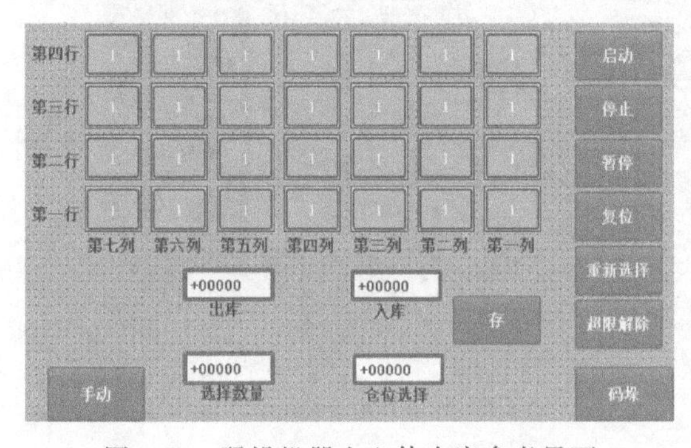

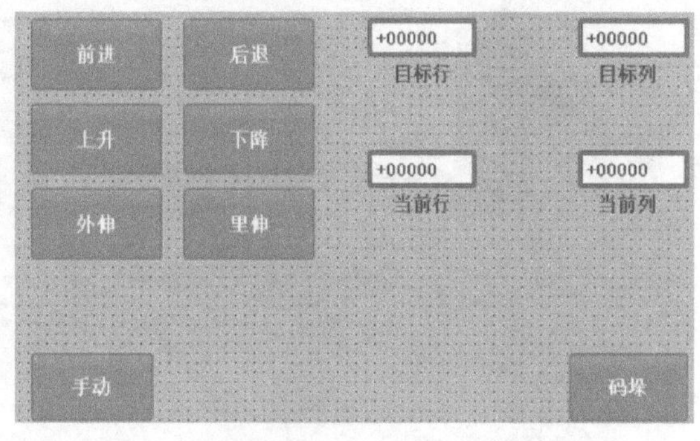

图 1-37　码垛机器人立体仓库参考界面

图 1-38　码垛机器人控制参考界面

选中图 1-39a 中右下角第一个按钮，对“按下”按钮事件添加函数“置位位”，建立输入输出变量：“GVL_Choice”；再添加函数“设置变量”，建立输出变量：“GVL_Button. Number”，变量值设置为 11，变量值中的十位数的 1 表示行，个位数的 1 表示列；再添加函数“设置变量”，建立输出变量：“GVL_Display. Number”，输出变量值为 1 表示按键数（显示数）。设置顺序为右下角第一个开始从右至左，从下往上分别为 1~28。同样选中图 1-39b 中为第 28 个按钮的事件进行设置为：“置位位”：“GVL_Choice”；“设置变量”：“GVL_Button. Number”为 47；“设置变量”：“GVL_Display. Number”为 28，其他 26 个仓位根据逻辑依次设置事件。

选中图 1-40a 中右下角第一个按钮“属性”，对按钮释放事件添加函数：“复位位”，建

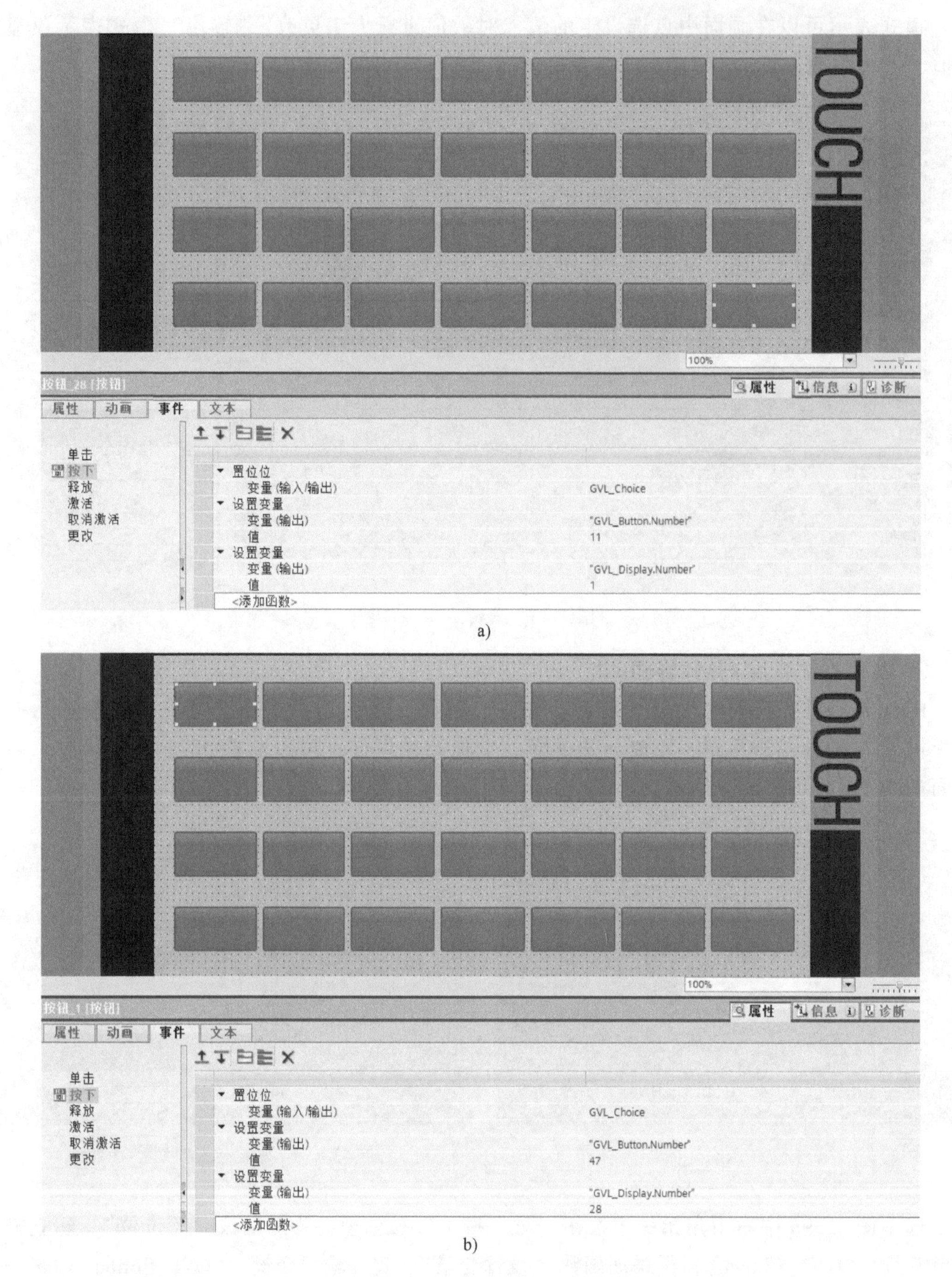

图 1-39　按钮按下参数设置参考界面

a）第 1 个按钮　b）第 28 个按钮

立输入输出变量：“GVL_Choice”，完成右下角第一个“属性”按钮的设置，其他按钮类似，即对其他 27 个仓位依次设置复位。

选中图 1-40b 中右下角第一个按钮“属性”，对按钮“动画”属性中的“显示”进行设置，单击“显示”，选择“可见性”，设置“过程变量”为：1，单选按钮“范围”从 0 至 0

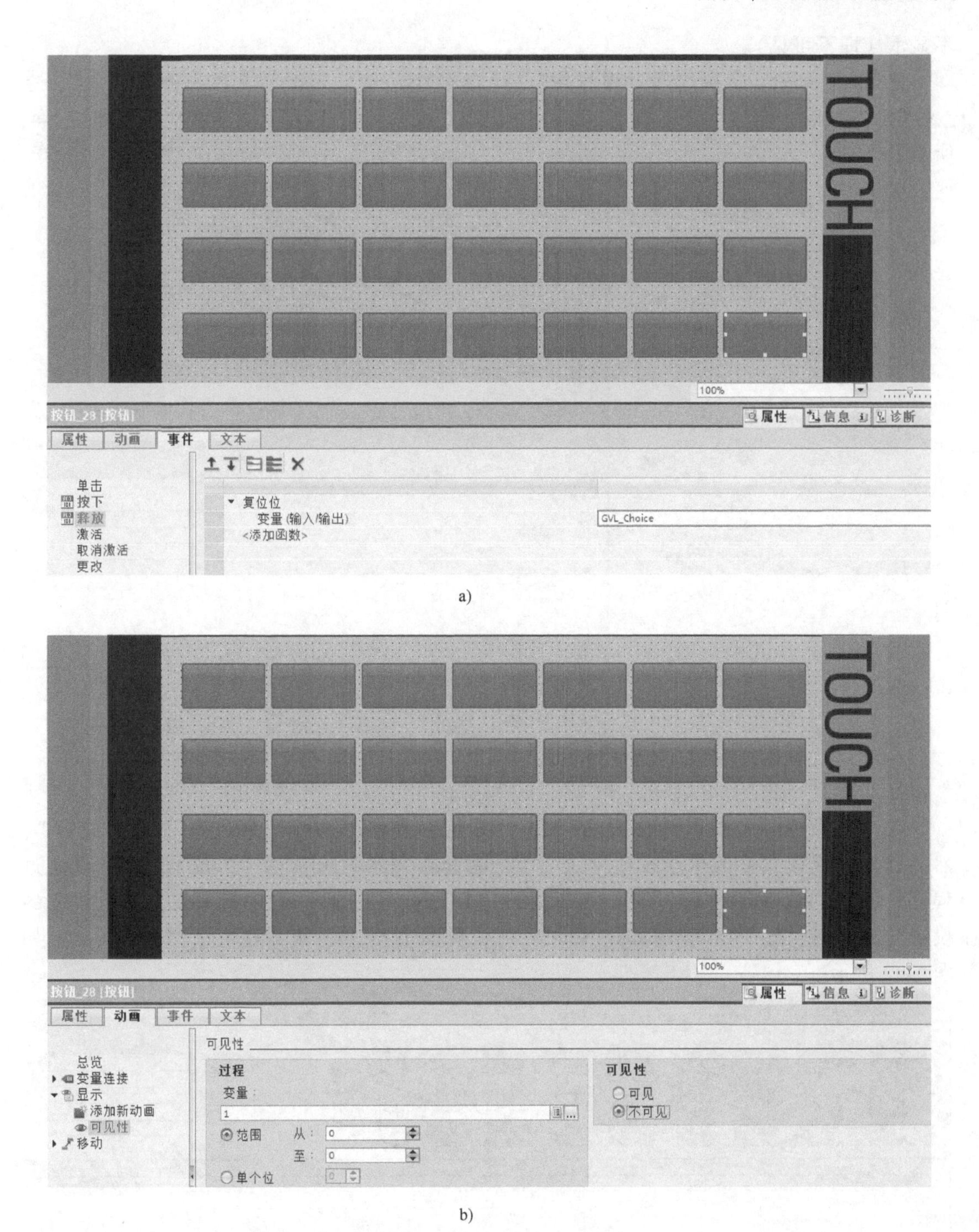

图 1-40　所示按钮的参数设置

a）按钮释放参数设置　b）按钮可见性设置

为不可见。其他按钮的动画设置类似，变量设置为 2～28，即硬件地址从右下角开始从右到左，从下往上的顺序依次排列为 1～28。此处，动画设置用于显示码垛机器人仓位有无托盘信息，有托盘时变量值为 1，触摸屏“码垛机器人画面”仓位显示 1（即可见的），否则为不显示（即不可见）。

建立文本列表：依次选择“项目树”，单击“HM_1”，双击“文本和图形列表”，在“文本列表”的“名称”下选择TextList_1，出现“文本列表条目”，设定相应数值如图1-41所示。

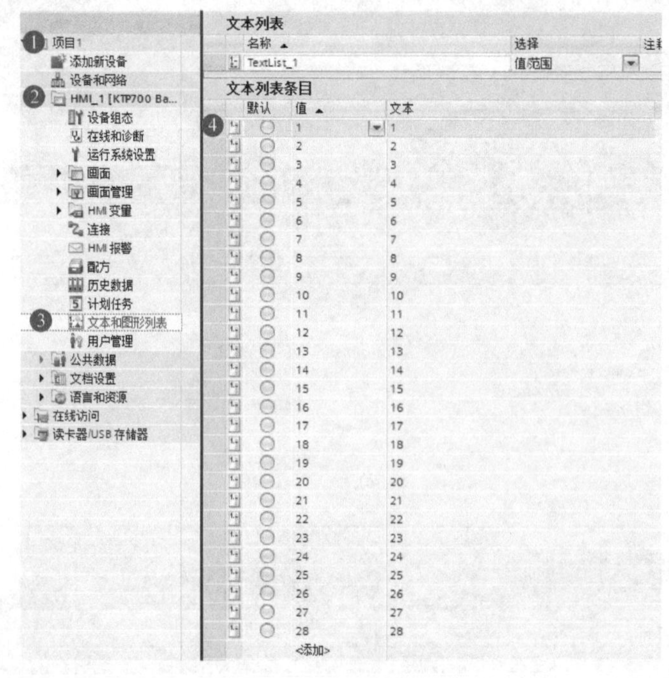

图1-41　文本列表的设定

在“码垛机器人画面”修改右下角“属性”按钮，选择“属性”中的“常规”，然后选择常规模式下的单选按钮“文本”，设置“文本列表”为“TextList_1”，设置过程变量为“GVL_ARR｛1｝”，“1”与“GVL_Display Number”中的值一致。其他按钮的设置与此类似，与“GVL_Display Number”一样从右至左，从下往上n对应1~28，如图1-42所示。

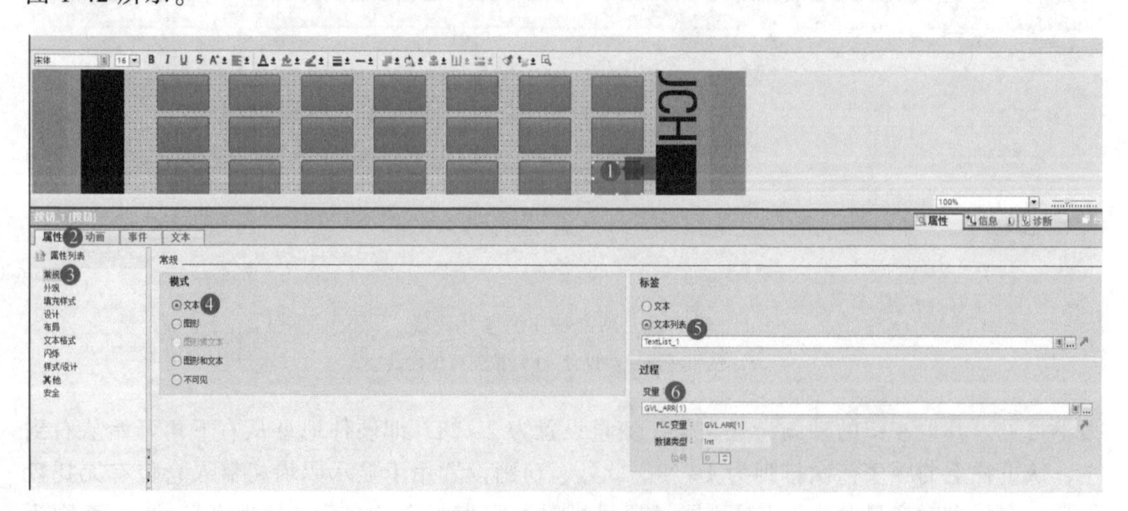

图1-42　文本变量的设定

全部仓库设置完以后，对控制按钮“停止”“复位”“回原点”和“启动”等进行参数设置，例如：在“启动”按钮事件中的“按下”添加函数“置位位”，建立输入输出变量“d_qid”，其他按钮进行类似设置，设置变量见表1-7。

表1-7 元件、事件、PLC变量对应表

HMI变量	元件	数据类型	PLC变量	对应事件
d_cxxz	重新选择(按钮)	Int	“d.”重新选择	在选择性出库模式下,重新选择仓位
d_fw	复位(按钮)	Int	“d.”复位	码垛机器人复位数据清空
d_mos	模式(I/O域)	Int	“d.”模式	模式1:出库;模式2:选择性出库;模式3:入库
d_qid	启动(按钮)	Int	“d.”启动	启动码垛机器人
d_rk	入库(I/O域)	Int	“d.”入库	入库
d_tz	停止(按钮)	Int	“d.”停止	停止码垛机器人
d_xzsl	选择数量(I/O域)	Int	“d.”选择数量	在选择性出库模式下,选择仓位数量
s_cxjc	超限解除(按钮)	Int	“s.”超限解除	解除码垛机器人最大限位
s_dqh	当前行(I/O域)	Int	“s.”当前行	码垛机器人当前行位置
s_dql	当前列(I/O域)	Int	“s.”当前列	码垛机器人当前列位置
s_li	里伸(按钮)	Int	“s.”里运动	码垛机器人Z轴里运动
s_mbh	目标行(I/O域)	Int	“s.”目标行	码垛机器人要去的行位置
s_mbl	目标列(I/O域)	Int	“s.”目标列	码垛机器人要去的列位置
s_shang	上升(按钮)	Int	“s.”上运动	码垛机器人Y轴上运动
s_wai	外伸(按钮)	Int	“s.”外运动	码垛机器人Z轴外运动
s_xia	下降(按钮)	Int	“s.”下运动	码垛机器人Y轴下运动
s_you	后退(按钮)	Int	“s.”右运动	码垛机器人X轴右运动
s_zuo	前进(按钮)	Int	“s.”左运动	码垛机器人X轴左运动
biaoh	仓位号(1~28个按钮)	Int	“d.”仓位号	自定义输入仓位号
cun	存(按钮)	Int	“d.”存	将自定义输入仓位号存入数组
1	仓位(灯)	Bool	1	仓位托盘监测信号
10	仓位(灯)	Bool	10	仓位托盘监测信号
11	仓位(灯)	Bool	11	仓位托盘监测信号
12	仓位(灯)	Bool	12	仓位托盘监测信号
13	仓位(灯)	Bool	13	仓位托盘监测信号
14	仓位(灯)	Bool	14	仓位托盘监测信号
15	仓位(灯)	Bool	15	仓位托盘监测信号
16	仓位(灯)	Bool	16	仓位托盘监测信号
17	仓位(灯)	Bool	17	仓位托盘监测信号
18	仓位(灯)	Bool	18	仓位托盘监测信号
19	仓位(灯)	Bool	19	仓位托盘监测信号
2	仓位(灯)	Bool	2	仓位托盘监测信号
20	仓位(灯)	Bool	20	仓位托盘监测信号
21	仓位(灯)	Bool	21	仓位托盘监测信号
22	仓位(灯)	Bool	22	仓位托盘监测信号
23	仓位(灯)	Bool	23	仓位托盘监测信号
24	仓位(灯)	Bool	24	仓位托盘监测信号
25	仓位(灯)	Bool	25	仓位托盘监测信号

（续）

HMI 变量	元件	数据类型	PLC 变量	对应事件
26	仓位(灯)	Bool	26	仓位托盘监测信号
27	仓位(灯)	Bool	27	仓位托盘监测信号
28	仓位(灯)	Bool	28	仓位托盘监测信号
3	仓位(灯)	Bool	3	仓位托盘监测信号
4	仓位(灯)	Bool	4	仓位托盘监测信号
5	仓位(灯)	Bool	5	仓位托盘监测信号
6	仓位(灯)	Bool	6	仓位托盘监测信号
7	仓位(灯)	Bool	7	仓位托盘监测信号
8	仓位(灯)	Bool	8	仓位托盘监测信号
9	仓位(灯)	Bool	9	仓位托盘监测信号

码垛机器人 HMI 界面功能说明如下：

1）“出库”有两种模式：一键出库和选择性出库。在码垛机器人运行时按下“停止”“暂停”或“复位”按钮即可实现码垛机器人停止、暂停或复位功能。

2）“出库”中输入 1 即模式 1，按下“启动”按钮可实现一键出库。

3）“出库”中输入 2 即模式 2，按下“启动”按钮可实现选择仓位出库，选择出库的仓位数量在“选择数量”中显示，在仓位信息中显示取货顺序。

4）按下“前进”“后退”“上升”“下降”“外伸”或“里伸”按钮可实现码垛机器人单步动作，松开按钮则不动作。

5）仓库监控中 28 个微动开关状态能实时显示在屏幕中，操作者可以直观地监控到仓位信息。码垛机器人位置信息包括显示码垛机器人所在当前行、列，目标行、列为码垛机器人待取货位置。

触摸屏添加元件、相关事件及对应 PLC 变量见表 1-7。

过程变量表与文本列表关系见表 1-8，示例如图 1-43 所示。

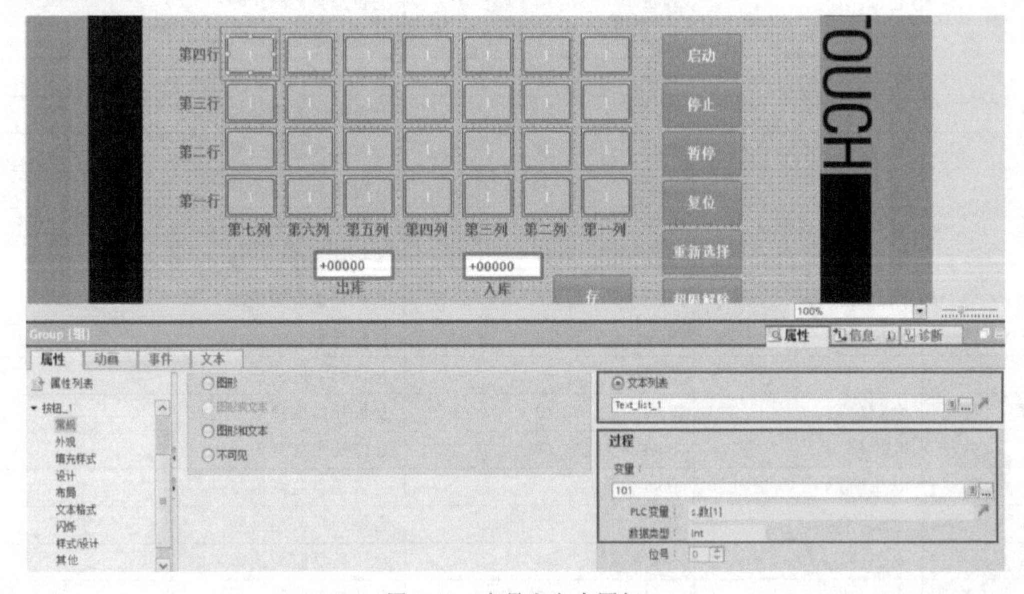

图 1-43　变量和文本图解

表 1-8 HMI 过程变量

HMI 触摸屏变量	元件	数据类型	PLC 变量	对应事件
101	过程变量	Int	“s.”数[1]	数组“标”[1]
102	过程变量	Int	“s.”数[2]	数组“标”[2]
103	过程变量	Int	“s.”数[3]	数组“标”[3]
104	过程变量	Int	“s.”数[4]	数组“标”[4]
105	过程变量	Int	“s.”数[5]	数组“标”[5]
106	过程变量	Int	“s.”数[6]	数组“标”[6]
107	过程变量	Int	“s.”数[7]	数组“标”[7]
108	过程变量	Int	“s.”数[8]	数组“标”[8]
109	过程变量	Int	“s.”数[9]	数组“标”[9]
110	过程变量	Int	“s.”数[10]	数组“标”[10]
111	过程变量	Int	“s.”数[11]	数组“标”[11]
112	过程变量	Int	“s.”数[12]	数组“标”[12]
113	过程变量	Int	“s.”数[13]	数组“标”[13]
114	过程变量	Int	“s.”数[14]	数组“标”[14]
115	过程变量	Int	“s.”数[15]	数组“标”[15]
116	过程变量	Int	“s.”数[16]	数组“标”[16]
117	过程变量	Int	“s.”数[17]	数组“标”[17]
118	过程变量	Int	“s.”数[18]	数组“标”[18]
119	过程变量	Int	“s.”数[19]	数组“标”[19]
120	过程变量	Int	“s.”数[20]	数组“标”[20]
121	过程变量	Int	“s.”数[21]	数组“标”[21]
122	过程变量	Int	“s.”数[22]	数组“标”[22]
123	过程变量	Int	“s.”数[23]	数组“标”[23]
124	过程变量	Int	“s.”数[24]	数组“标”[24]
125	过程变量	Int	“s.”数[25]	数组“标”[25]
126	过程变量	Int	“s.”数[26]	数组“标”[26]
127	过程变量	Int	“s.”数[27]	数组“标”[27]
128	过程变量	Int	“s.”数[28]	数组“标”[28]

注：此变量在 HMI 触摸屏变量里作为过程变量在选择性出库模式下用于显示取货顺序。

七、码垛机器人 PLC 出入库流程编程

1. PLC 变量设定

根据任务要求设定 PLC 变量，见表 1-9。

表 1-9 PLC 系统变量表内容

内容	变量定义	内容	变量定义
启动	“d”DB 块启动变量	仓位号	“d”DB 块仓位号变量
停止	“d”DB 块停止变量	重新选择	“d”DB 块重新选择变量
复位	“d”DB 块复位变量	模式	“d”DB 块模式变量
存	“d”DB 块存变量	入库	“d”DB 块入库变量
当前状态	“d”DB 块当前变量	入库开始	“d”DB 块入库开始变量
发给主控仓位	“d”DB 块仓库 1 变量	发给主控仓位	“d”DB 块仓库 2 变量
选择托盘 数量显示	“d”DB 块选择数量变量	X 轴左运动	“s”DB 块左运动变量
X 轴右运动	“s”DB 块右运动变量	Y 轴上运动	“s”DB 块上运动变量
Y 轴下运动	“s”DB 块下运动变量	Z 轴外运动	“s”DB 块外运动变量
Z 轴里运动	“s”DB 块里运动变量	码垛机器人目标列	“s”DB 块目标列变量
码垛机器人目标行	“s”DB 块目标行变量	码垛机器人当前列	“s”DB 块当前列变量
码垛机器人当前行	“s”DB 块当前行变量	列差	“s”DB 块列差变量
行差	“s”DB 块行差变量	仓位序号	“s”DB 块标数组变量
中间变量	“s”DB 块数数组变量	行	“s”DB 块行数组变量
列	“s”DB 块列数组变量	解除限位	“s”DB 块超限解除变量

2. 主程序

1）程序段1：目标列等于x，当前列等于y，在减指令（SUB）下，若列差（x-y）等于1或-1，传送“16#1000”给X轴速度；若列差大于1或小于-1，传送“16#3500”给X轴速度。行差同理，如图1-44所示。

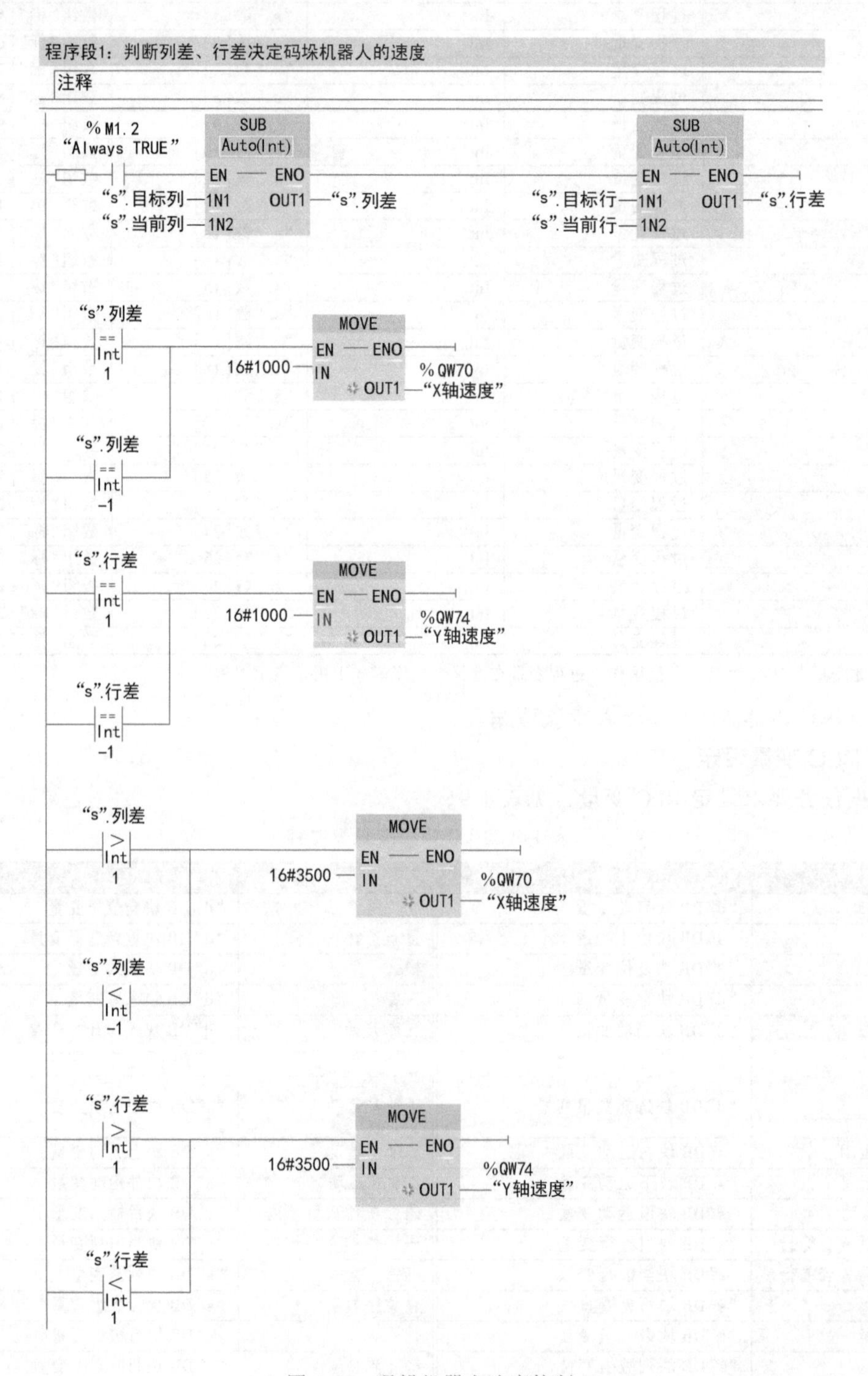

图1-44 码垛机器人速度控制

2）程序段2：PLC上电后，M1.2始终为高电平，通信块、手动块和复位块等程序块被调用，如图1-45所示。

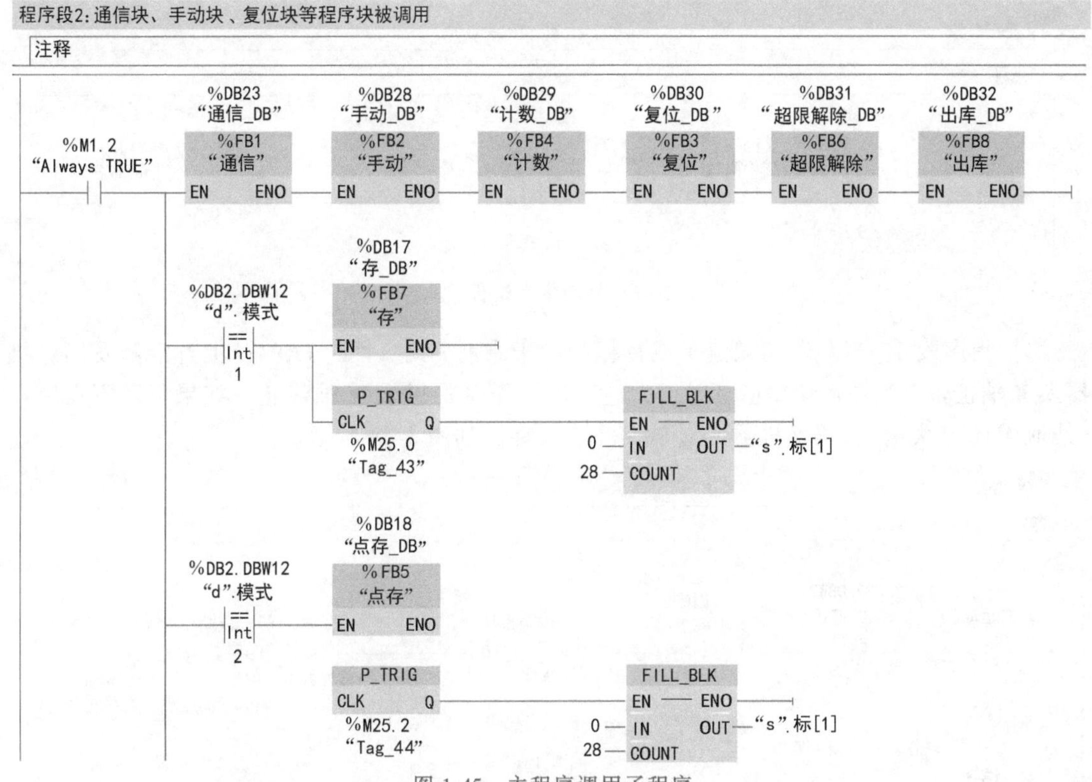

图1-45 主程序调用子程序

3. 手动控制程序块编程

1）程序段1~程序段8：通过给HMI触摸屏按钮赋值，将控制字通过PLC输入变频器。当上、下、左、右、里、外运动赋值1时，“P_TPIG”指令上升沿触发传送控制字，将启动字传送给PLC；当上、下、左、右、里、外运动赋值0时，“N_TPIG”指令下降沿触发传送控制字，将停止字传送给PLC。“16#047f”是反转控制字，“16#0c7f”是正转控制字，“16#047e”“16#0c7e”都是停止字。当停止赋值1时，码垛机器人X、Y、Z轴会停止。

2）程序段1：上电后，I0.1接通，“P_TRIG”上升沿触发，给码垛机器人Z轴传送初始速度“16#3000”，Y轴和X轴传送初始速度“16#1200”，并先给变频器传送停止字，后给启动字，使电动机使能，如图1-46所示。

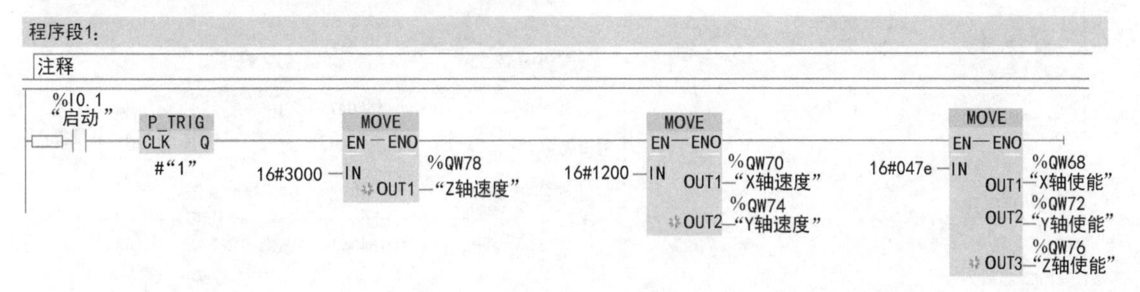

图1-46 赋X、Y、Z轴初始速度和停止字

3）程序段 2：由取货中间位和放货中间位两个传感器判断码垛机器人货叉是否处于原点，线圈 M10.0 得电表示货叉在原点，反之货叉不在原点，如图 1-47 所示。

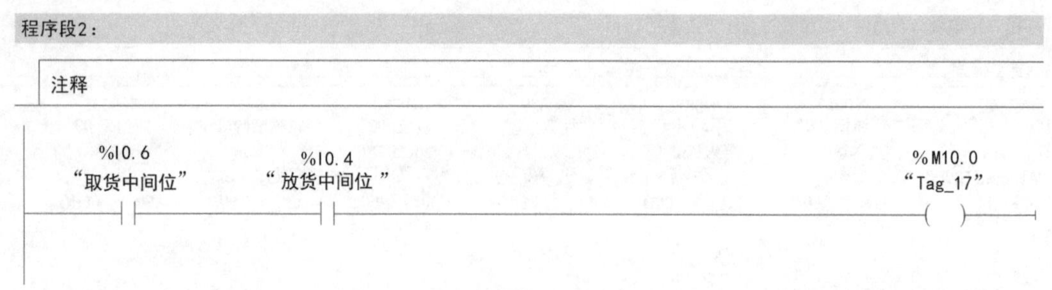

图 1-47　判断货叉是否在原点

4）程序段 3：当左运动赋值 1 或目标列大于当前列时，"P_TRIG" 上升沿触发码垛机器人 X 轴正转；当左运动赋值 0 时，"N_TRIG" 下降沿触发 X 轴停止。如果货叉不在原点(线圈 M10.0 失电)，码垛机器人 X 轴将不会使能，如图 1-48 所示。

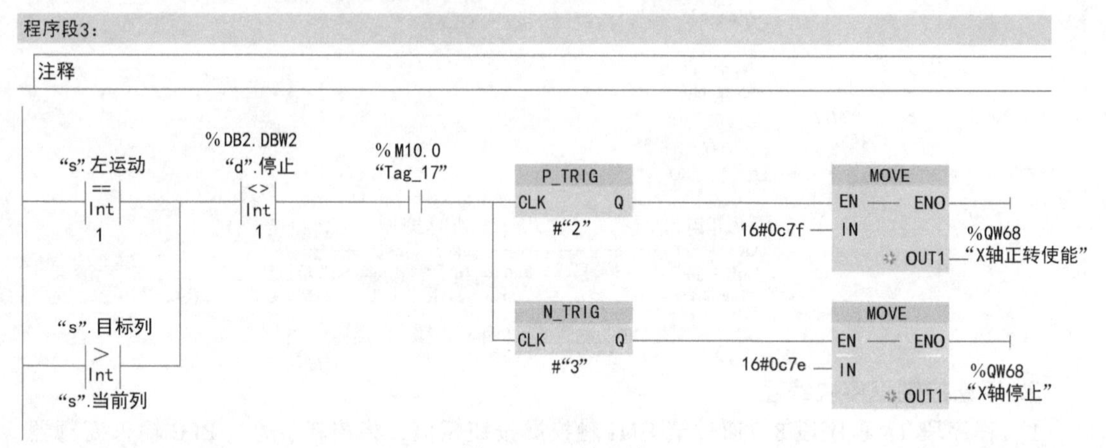

图 1-48　X 轴正转

5）程序段 4：当右运动赋值 1 或目标列小于当前列时，"P_TRIG" 上升沿触发 X 轴反转；当右运动赋值 0 时，"N_TRIG" 下降沿触发 X 轴停止。如果货叉不在原点（线圈 M10.0 失电），码垛机器人 X 轴将不会使能，如图 1-49 所示。

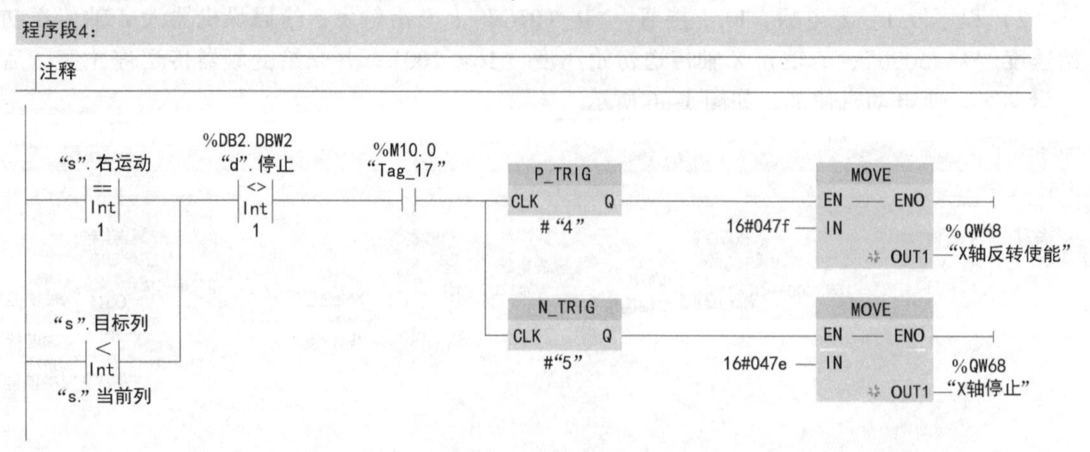

图 1-49　X 轴反转

6）程序段 5：当上运动赋值 1 或目标行大于当前行时，“P_TRIG” 上升沿触发 Y 轴上升；当上运动赋值 0 时，“N_TRIG” 下降沿触发 Y 轴停止，如图 1-50 所示。

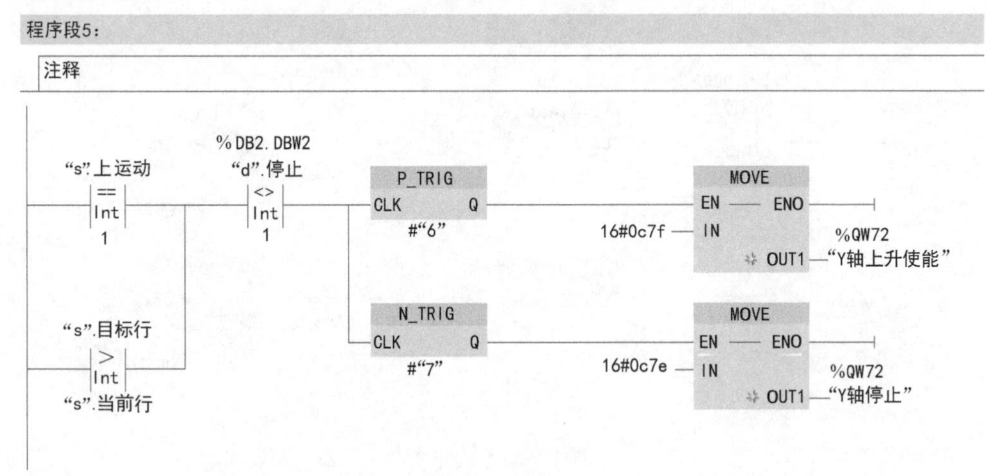

图 1-50　Y 轴上升

7）程序段 6：当下运动赋值 1 或目标行小于当前行时，“P_TRIG” 上升沿触发 Y 轴下降；当下运动赋值 0 时，“N_TRIG” 下降沿触发 Y 轴停止，如图 1-51 所示。

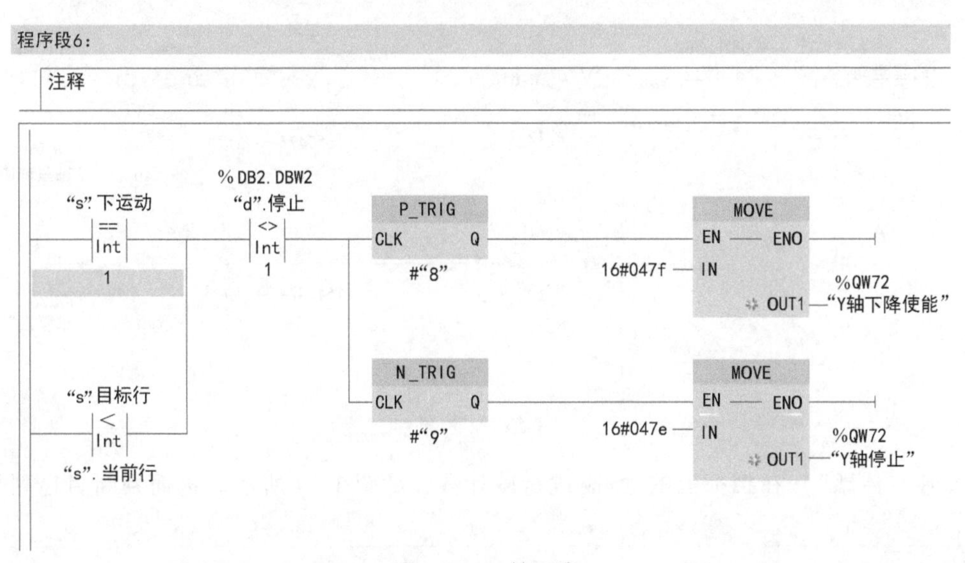

图 1-51　Y 轴下降

8）程序段 7：当外运动赋值 1 时，“P_TRIG” 上升沿触发 Z 轴外伸；当外运动赋值 0 时，“N_TRIG” 下降沿触发 Z 轴停止，如图 1-52 所示。

9）程序段 8：当里运动赋值 1 时，“P_TRIG” 上升沿触发 Z 轴里伸；当里运动赋值 0 时，“N_TRIG” 下降沿触发 Z 轴停止，如图 1-53 所示。

4. 计算程序块编程

1）程序段 1：当目标列大于当前列时，码垛机器人向左运动，通过 X 轴的 3 个传感器（“X 轴左传感” “X 轴中传感” 和 “X 轴右传感”）在挡板上通/断进行加计数。当目标列小于当前列时，码垛机器人右运动，通过 X 轴的 3 个传感器（“X 轴左传感” “X 轴中传感”

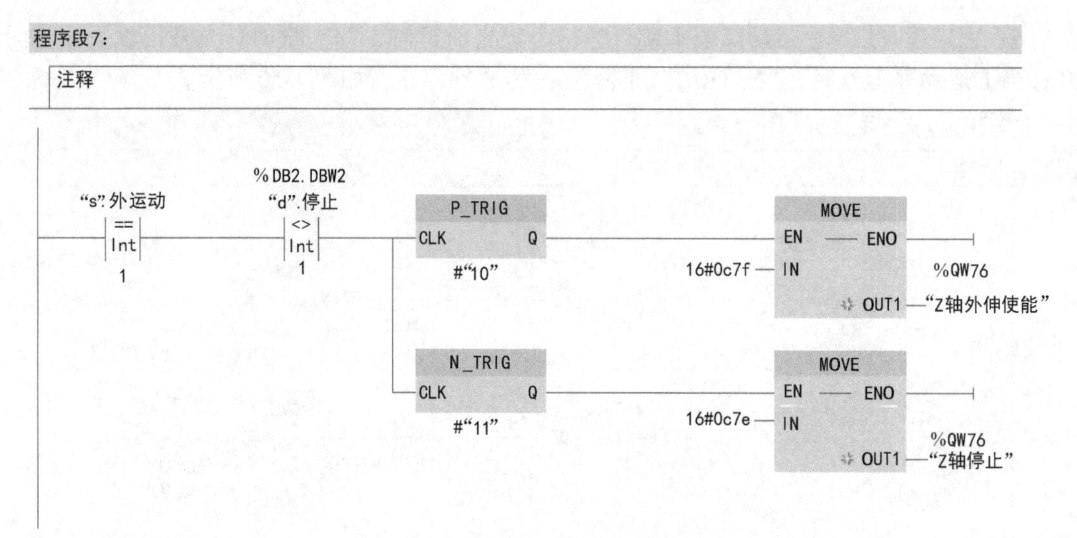

图 1-52　Z 轴外伸

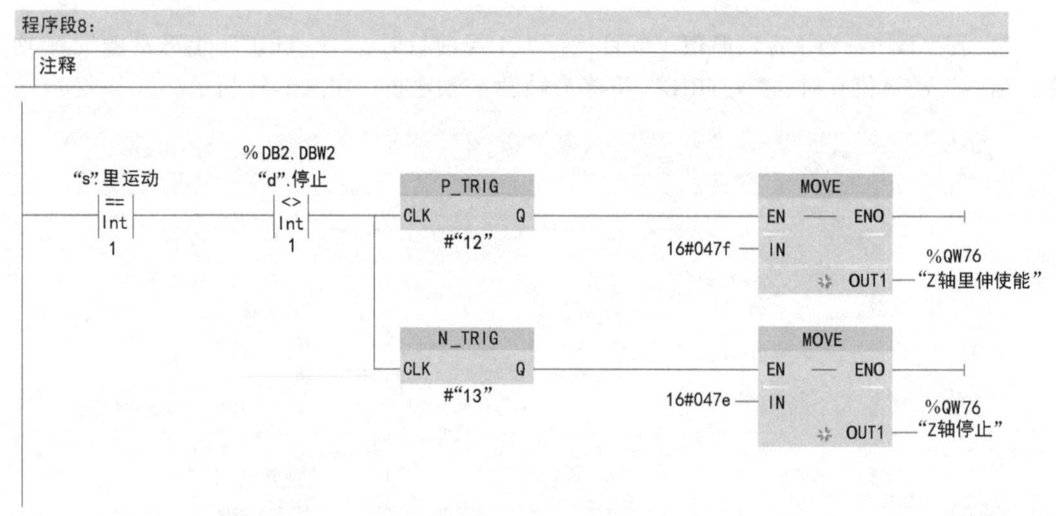

图 1-53　Z 轴里伸

和“X 轴右传感”）在挡板上的通/断进行减计数，如图 1-54 所示。进而判断目标列与当

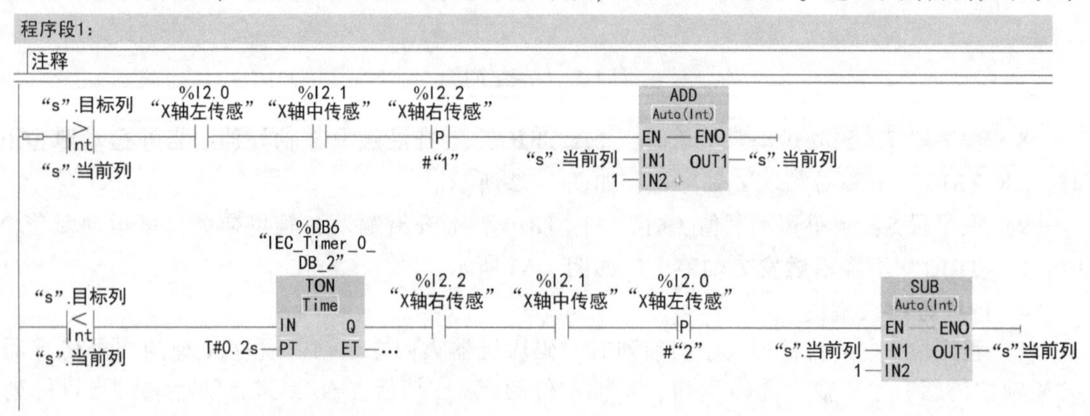

图 1-54　列计数

前列的大小，决定当前列是加 1 还是减 1，当目标列等于当前列时不再计数。

2）程序段 2：当目标行大于当前行时，码垛机器人向上运动，通过 Y 轴的 3 个传感器（“Y 轴上传感”“Y 轴中传感”和“Y 轴下传感”）在挡板上通/断进行加计数。当目标行小于当前行时，码垛机器人上运动，通过 Y 轴的 3 个传感器（“Y 轴上传感”“Y 轴中传感”和“Y 轴下传感”）在挡板上通/断进行减计数，如图 1-55 所示。进而判断目标行与当前行的大小，决定当前行是加 1 还是减 1，当目标行等于当前行时不再计数。

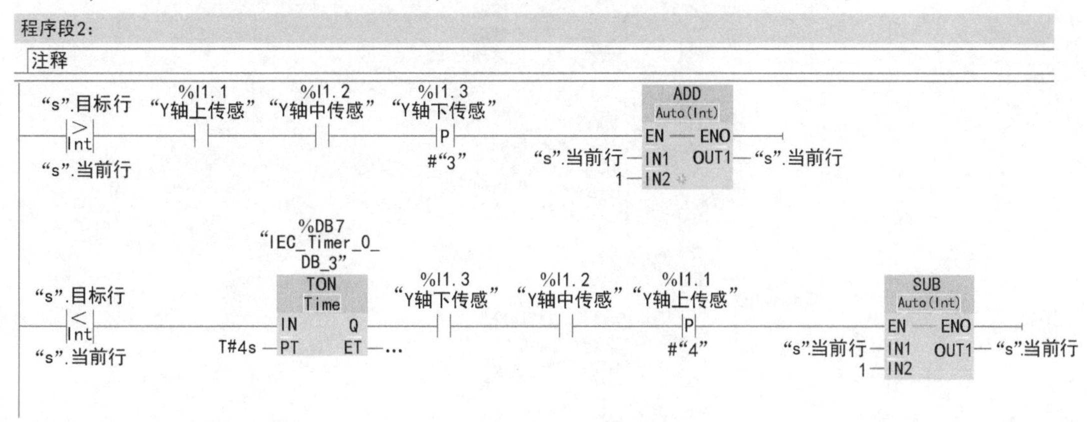

图 1-55 行计数

5. 复位程序块编程

1）程序段 1：“d.”复位赋值 1，“P_TRIG”上升沿触发时，给#q 赋值 1，如图 1-56 所示，#q 为步数，所以复位开始即执行第一步。

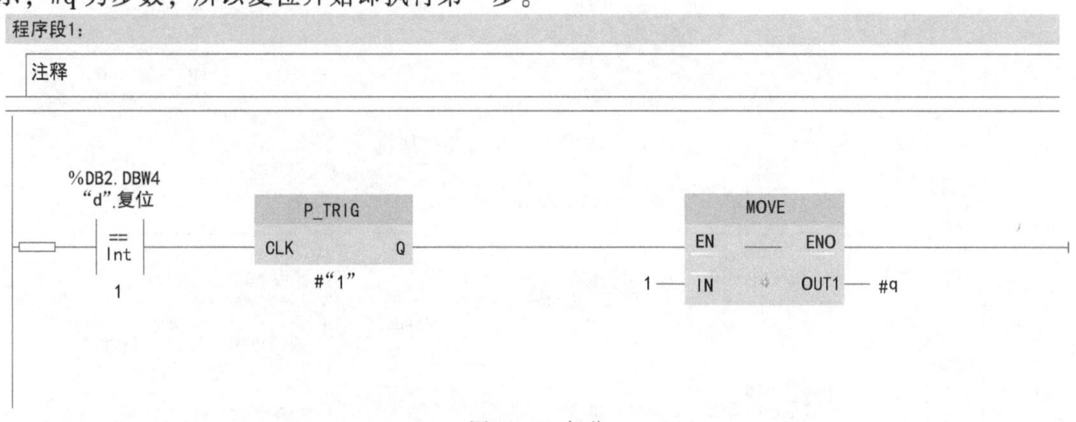

图 1-56 复位

2）程序段 2：第一步将上、下、左、右、外、里运动赋值 0，将目标行列和当前行列赋 1，码垛机器人复位速度为“16#1200”，延时 0.2s 执行下一步，如图 1-57 所示。

3）程序段 3：码垛机器人 2 轴复位。如果货叉在外面，Z 轴做里运动（16#0c7f = QW76）；如果货叉在里面，Z 轴做外运动（16#047f = QW76）。只要货叉回到原点位置，就停止 Z 轴复位，然后执行下一步，如图 1-58 所示。

4）程序段 4：将右、下运动赋值为 1。当 X 轴右运动至右限位，将右运动赋值为 0；Y 轴下运动至下限位，将下运动赋值为 0。码垛机器人到右限位和下限位时再执行下一步，如图 1-59 所示。

5）程序段 5：延时 0.5s，将左、上运动赋值为 1。当 X 轴左运动至一个传感器位置时，左运动赋 0；Y 轴上运动至一个传感器位置时，上运动赋 0。码垛机器人回原点，清空步数

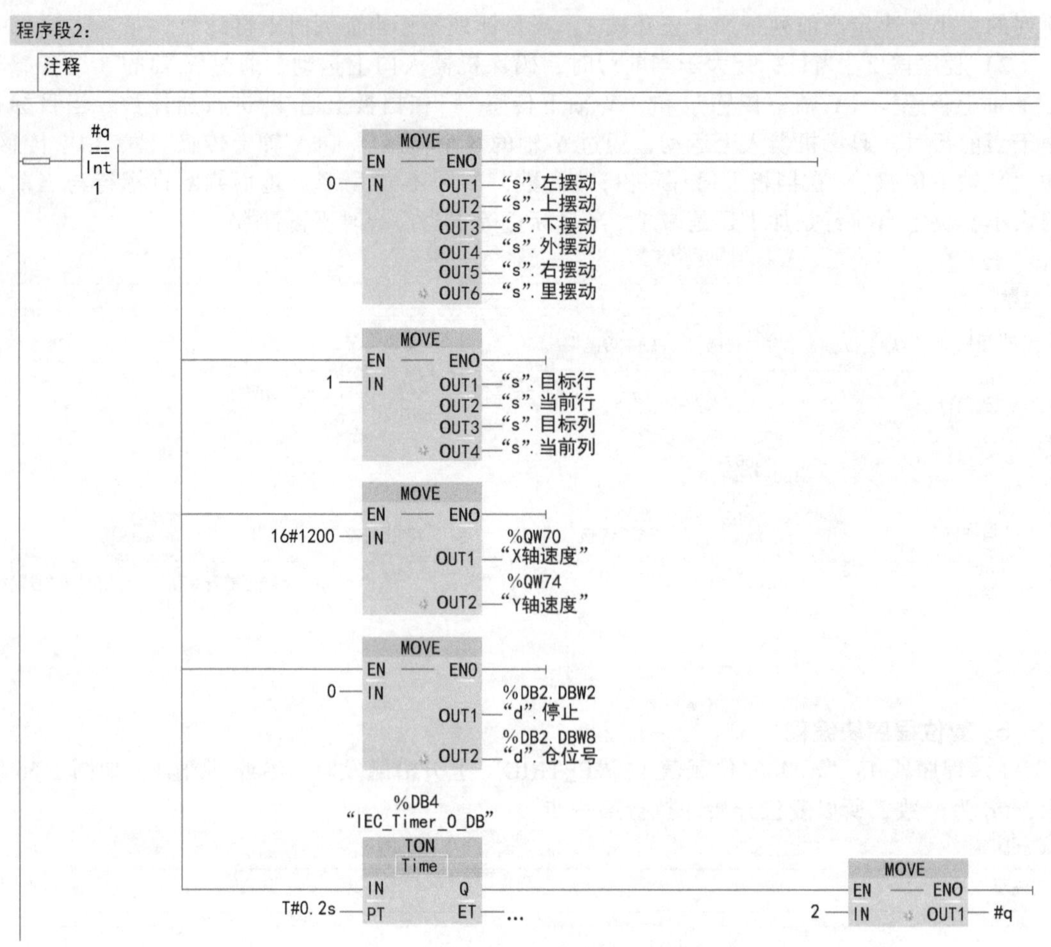

图 1-57 数据清空并给复位速度

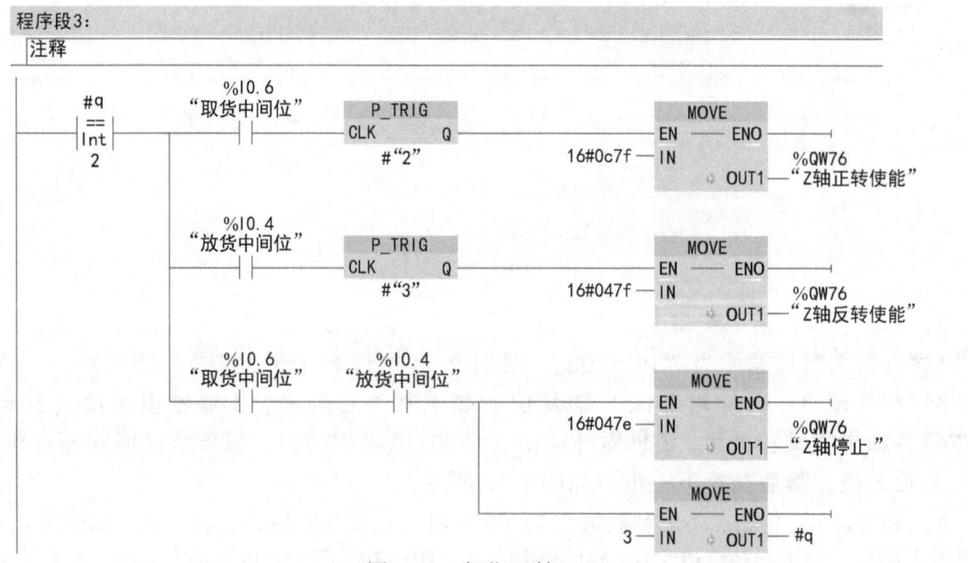

图 1-58 复位 Z 轴

和状态，如图 1-60 所示。

程序段4:
注释
#q
==
Int
3
MOVE
EN
ENO
1
IN
OUT1
"s". 右运动
OUT2
"s". 下运动
%I2.3
"右限位"
MOVE
EN
ENO
0
IN
OUT1
"s". 右运动
%I1.4
"下限位"
MOVE
EN
ENO
0
IN
OUT1
"s". 下运动
%I2.3
"右限位"
%I1.4
"下限位"
MOVE
EN
ENO
4
IN
OUT1
#q

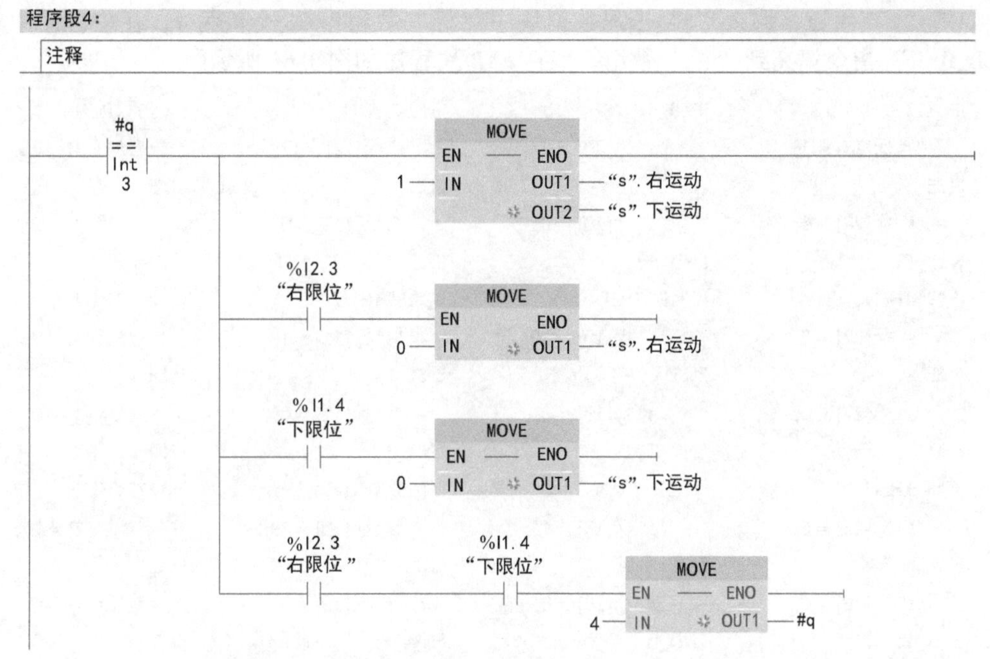

图 1-59　找原点位置

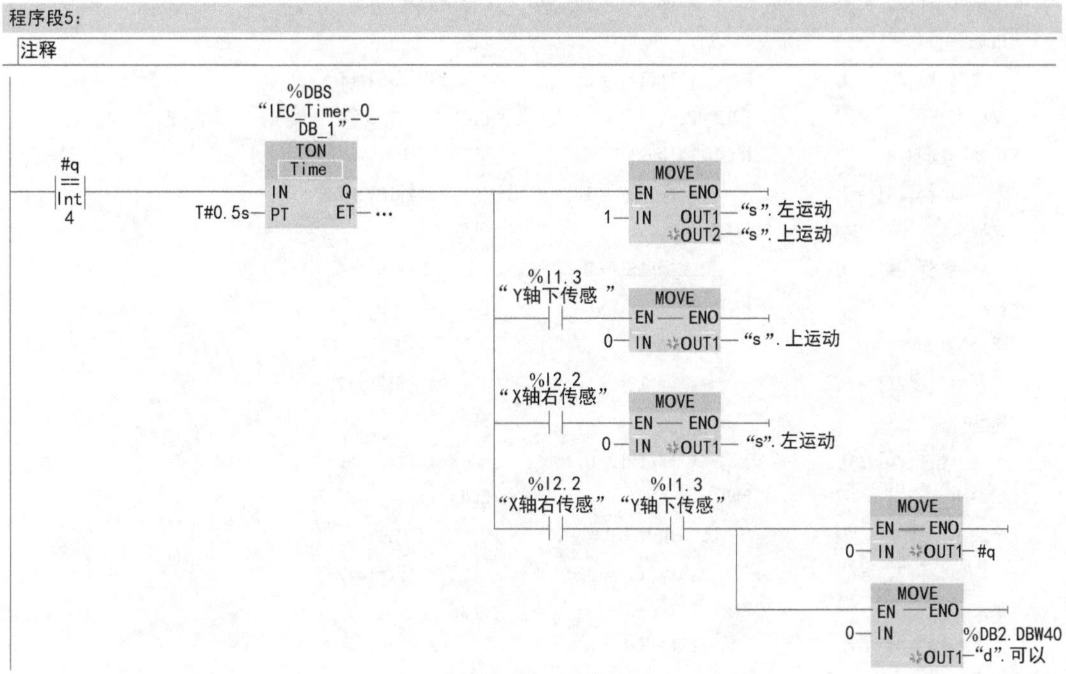

程序段5:
注释
%DBS
"IEC_Timer_0_DB_1"
TON
Time
#q
==
Int
4
IN
Q
T#0.5s
PT
ET
MOVE
EN
ENO
1
IN
OUT1
"s". 左运动
OUT2
"s". 上运动
%I1.3
"Y轴下传感"
MOVE
EN
ENO
0
IN
OUT1
"s". 上运动
%I2.2
"X轴右传感"
MOVE
EN
ENO
0
IN
OUT1
"s". 左运动
%I2.2
"X轴右传感"
%I1.3
"Y轴下传感"
MOVE
EN
ENO
0
IN
OUT1
#q
MOVE
EN
ENO
0
IN
%DB2.DBW40
OUT1
"d". 可以

图 1-60　回原点

6. 存程序块编程

存程序块用于记录 28 个仓位信息，同时用于一键出库，而非选择性出库，采用 SCL 语言编写。

IF “1” THEN　“s”. 标［28］：=1;

ELSE　“s”. 标［28］：= 0;

END_IF;（“1” 为 I 变量的自定义名称，仓位的 I 口）

如果“1”接通，那么“s”全局数据块中“标”数组第 28 个值为 1，在主程序中利用“FILL_BLK”指令填充到“标”数组。“存”FB 块程序如图 1-61 所示。

```
IF "1" THEN
    "s"标[28] := 1;
ELSE
    "s"标[28] := 0;
END_IF;
IF "2" THEN
    "s"标[27] := 2;
ELSE
    "s"标[27] := 0;
END_IF;
IF "3" THEN
    "s"标[26] := 3;
ELSE
    "s"标[26] := 0;
END_IF;
IF "4" THEN
    "s"标[25] := 4;
ELSE
    "s"标[25] := 0;
END_IF;
IF "5" THEN
    "s"标[24] := 5;
ELSE
    "s"标[24] := 0;
END_IF;
IF "6" THEN
    "s"标[23] := 6;
ELSE
    "s"标[23] := 0;
END_IF;
IF "7" THEN
    "s"标[22] := 7;
ELSE
    "s"标[22] := 0;
END_IF;
IF "8" THEN
    "s"标[21] := 8;
ELSE
    "s"标[21] := 0;
END_IF;
IF "9" THEN
    "s"标[20] := 9;
ELSE
    "s"标[20] := 0;
END_IF;
IF "10" THEN
    "s"标[19] := 10;
ELSE
    "s"标[19] := 0;
END_IF;
IF "11" THEN
    "s"标[18] := 11;
ELSE
    "s"标[18] := 0;
END_IF;
IF "12" THEN
    "s"标[17] := 12;
ELSE
    "s"标[17] := 0;
END_IF;
IF "13" THEN
    "s"标[16] := 13;
ELSE
    "s"标[16] := 0;
END_IF;
IF "14" THEN
    "s"标[15] := 14;
ELSE
    "s"标[15] := 0;
END_IF;
IF "15" THEN
    "s"标[14] := 15;
ELSE
    "s"标[14] := 0;
END_IF;
IF "16" THEN
    "s"标[13] := 16;
ELSE
    "s"标[13] := 0;
END_IF;
IF "17" THEN
    "s".标[12] := 17;
ELSE
    "s".标[12] := 0;
END_IF;
IF "18" THEN
    "s".标[11] := 18;
ELSE
    "s".标[11] := 0;
END_IF;
IF "19" THEN
    "s".标[10] := 19;
ELSE
    "s".标[10] := 0;
END_IF;
IF "20" THEN
    "s".标[9] := 20;
ELSE
    "s".标[9] := 0;
END_IF;
IF "21" THEN
    "s".标[8] := 21;
ELSE
    "s".标[8] := 0;
END_IF;
IF "22" THEN
    "s".标[7] := 22;
ELSE
    "s".标[7] := 0;
END_IF;
IF "23" THEN
    "s".标[6] := 23;
ELSE
    "s".标[6] := 0;
END_IF;
IF "24" THEN
    "s".标[5] := 24;
ELSE
    "s".标[5] := 0;
END_IF;
IF "25" THEN
    "s"标[4] := 25;
ELSE
    "s"标[4] := 0;
END_IF;
IF "26" THEN
    "s"标[3] := 26;
ELSE
    "s"标[3] := 0;
END_IF;
IF "27" THEN
    "s"标[2] := 27;
ELSE
    "s"标[2] := 0;
END_IF;
IF "28" THEN
    "s"标[1] := 28;
ELSE
    "s"标[1] := 0;
END_IF;
```

图 1-61 “存”FB 块程序

7. 出库程序块编程

1）程序段1：当“d”. 启动赋值为1时，“P_TRIG”上升沿触发，将1赋值到#q和#w，执行下一步（#q为步数），如图1-62所示。

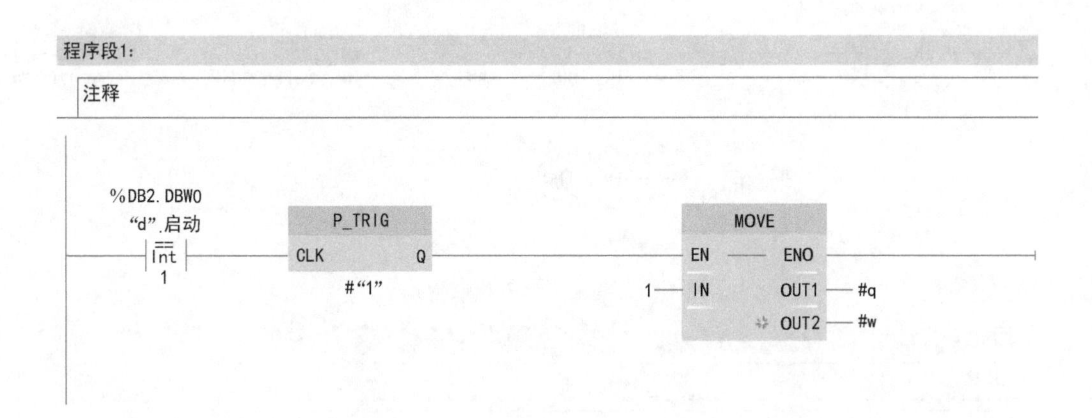

图1-62　赋值并执行下一步

2）程序段2：将数组“s”. 标中的第#w个（#w为1）数值赋给#e，0.2s后将#w加1，并执行下一步，“P_TRIG”使得后续程序只接通一次，如图1-63所示。

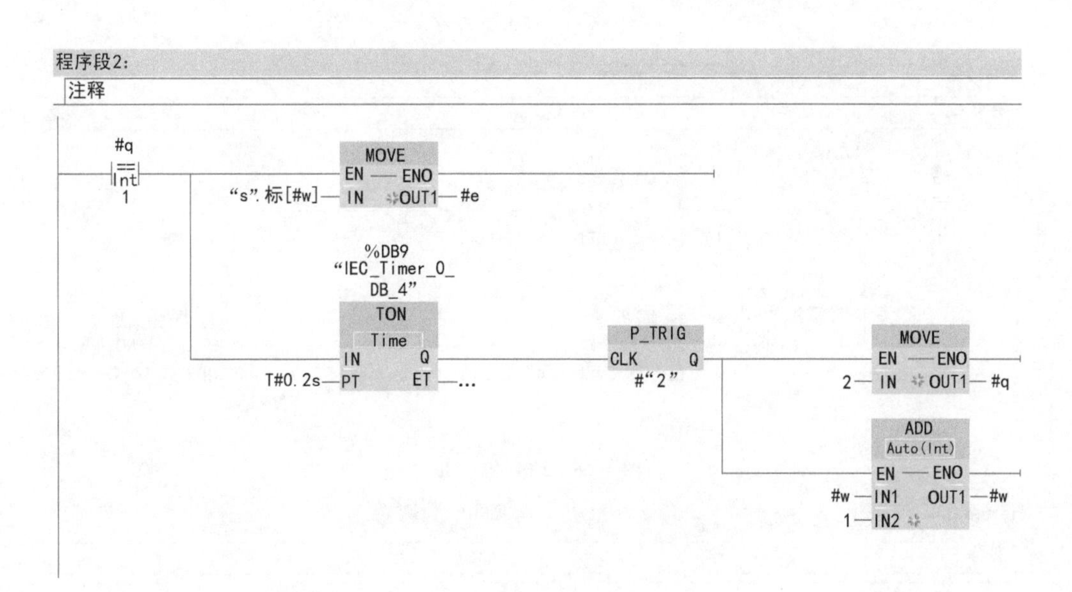

图1-63　码垛机器人找取货点1

3）程序段3：如果#e为0，程序将返回到第一步执行；不为0，则将#e赋给列数组和行数组，得到目标行列，并执行下一步，如图1-64所示。

4）程序段4：码垛机器人到达目标行列，并执行下一步，如图1-65所示。

5）程序段5：Z轴向里运动至取货限位，停止，并执行下一步，如图1-66所示。

6）程序段6：Y轴向上运动至Y轴中间传感器停止，并执行下一步，如图1-67所示。

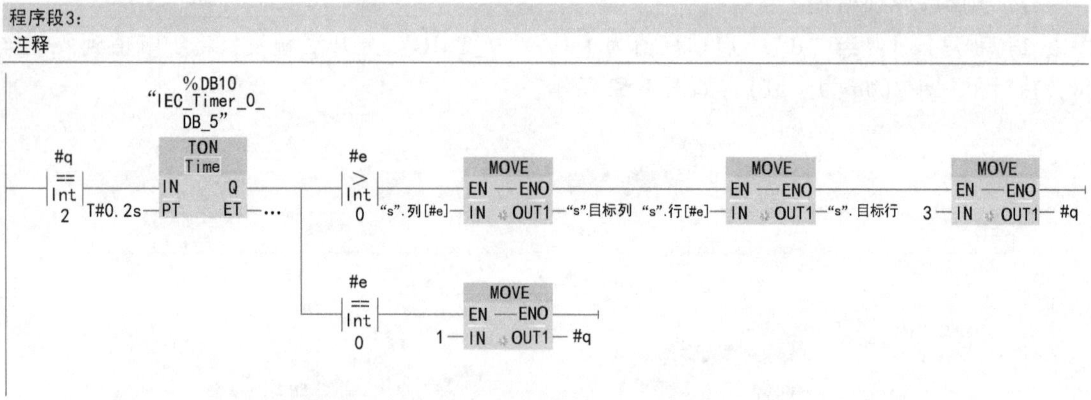

程序段3:
注释

%DB10
"IEC_Timer_0_DB_5"
TON
Time
#q == Int 2
IN Q
T#0.2s — PT ET —...
#e > Int 0
MOVE EN — ENO
"s".列[#e] — IN OUT1 — "s".目标列
MOVE EN — ENO
"s".行[#e] — IN OUT1 — "s".目标行
MOVE EN — ENO
3 — IN OUT1 — #q
#e == Int 0
MOVE EN — ENO
1 — IN OUT1 — #q

图 1-64 码垛机器人找取货点 2

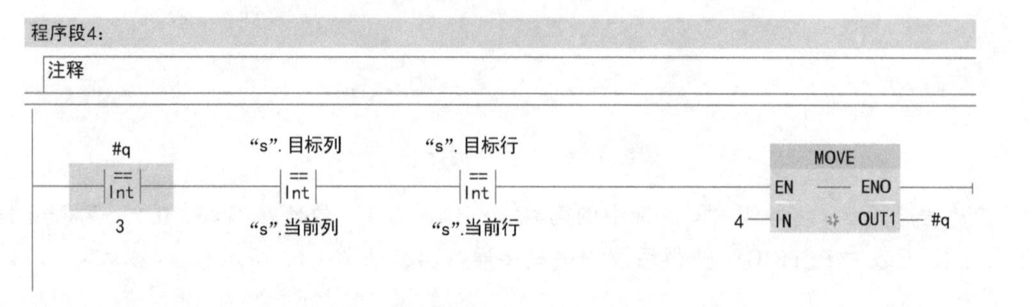

图 1-65 到达取货点

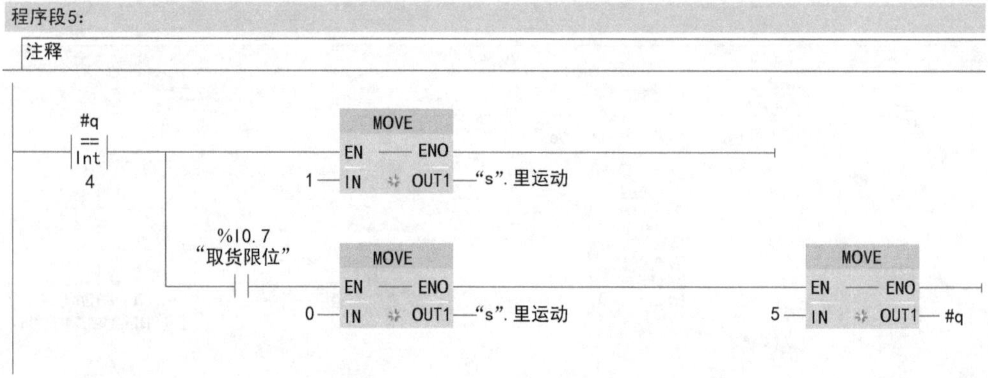

程序段5:
注释

#q == Int 4
MOVE EN — ENO
1 — IN OUT1 — "s". 里运动
%I0.7
"取货限位"
MOVE EN — ENO
0 — IN OUT1 — "s". 里运动
MOVE EN — ENO
5 — IN OUT1 — #q

图 1-66 取货第一步

程序段6:...
注释

#q == Int 5
MOVE EN — ENO
1 — IN OUT1 — "s".上运动
%I1.2
"Y轴中传感"
MOVE EN — ENO
0 — IN OUT1 — "s".上运动
MOVE EN — ENO
6 — IN OUT1 — #q

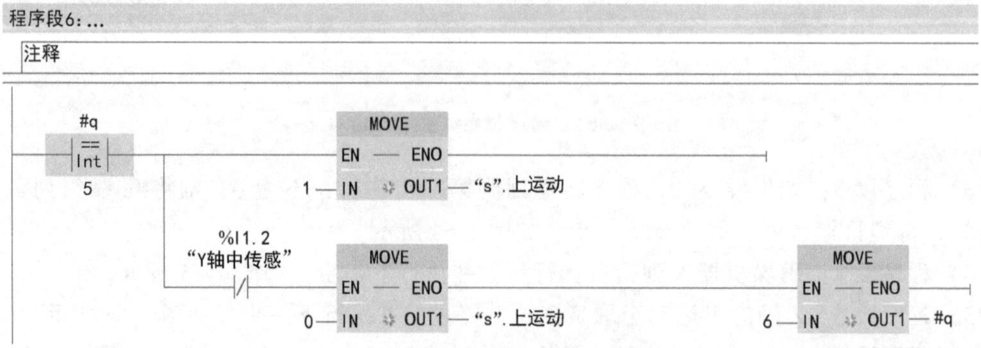

图 1-67 取货第二步

7）程序段 7：Z 轴向外运动至原点停止，并执行下一步，如图 1-68 所示。

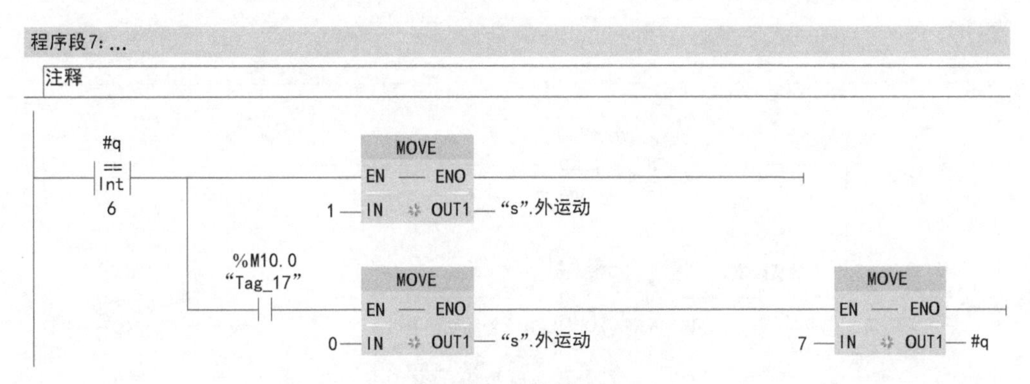

图 1-68　取货第三步

8）程序段 8：码垛机器人到达出库点（仓库第 7 列、第 1 行），并判断 AGV 是否到达，如果 AGV 到达则执行下一步，如图 1-69 所示。

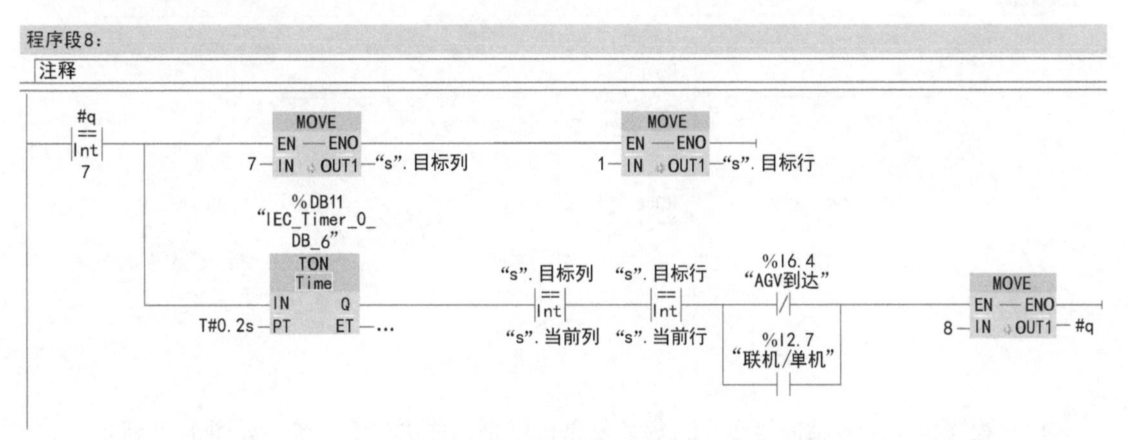

图 1-69　到达出库点并等待出货

9）程序段 9：出货时，Y 轴向上运动至 Y 轴中传感器停止，并执行下一步，如图 1-70 所示。

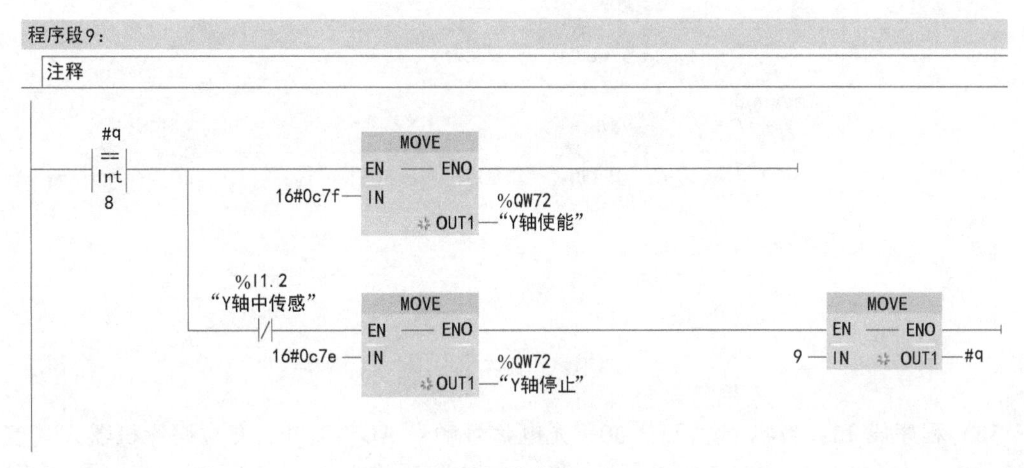

图 1-70　放货第一步

10）程序段 10：Z 轴外伸运动，至放货中间位停止，并执行下一步，如图 1-71 所示。

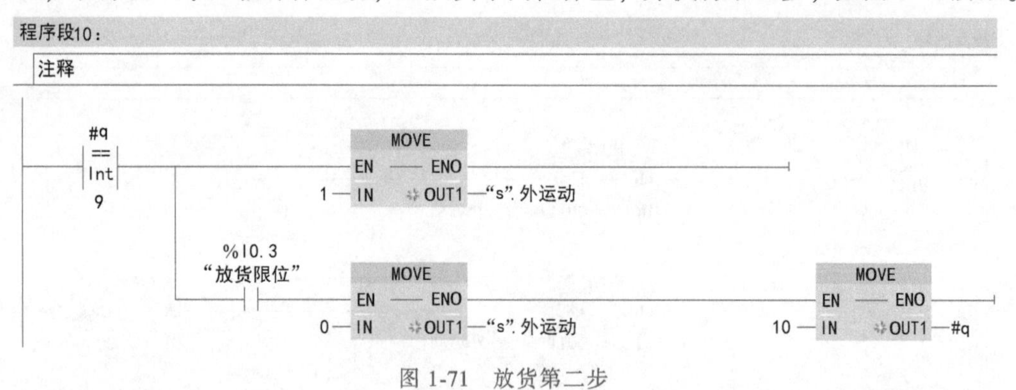

图 1-71　放货第二步

11）程序段 11：Y 轴向下运动，至 Y 轴传感器停止，并执行下一步，如图 1-72 所示。

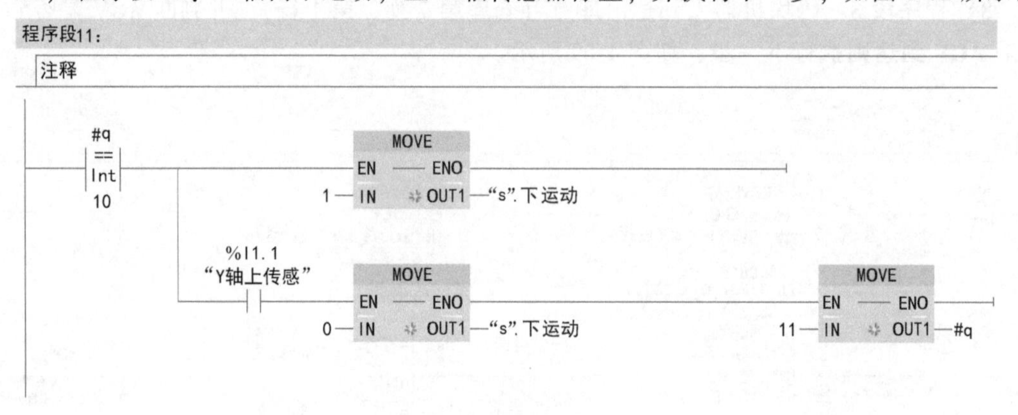

图 1-72　放货第三步

12）程序段 12：Z 轴向里运动，货叉复原，停止，并执行下一步，如图 1-73 所示。

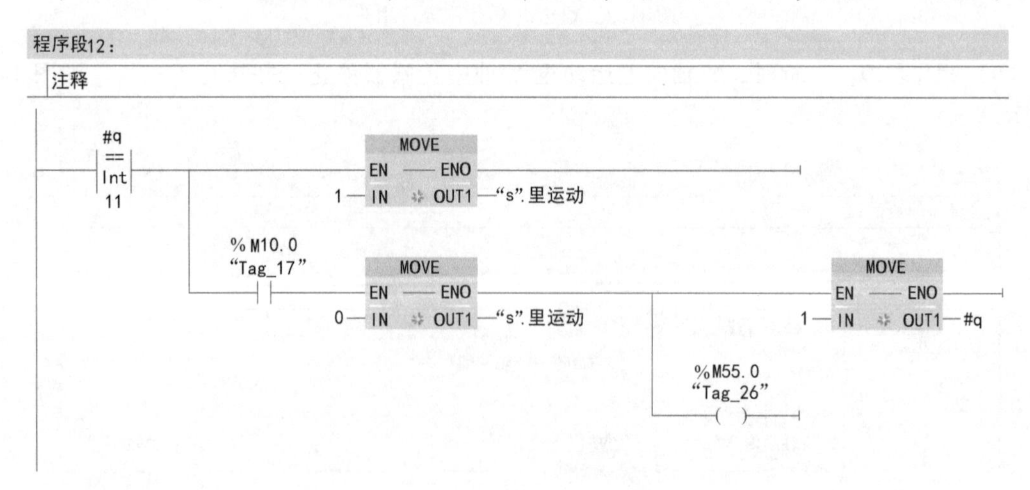

图 1-73　放货第四步

13）程序段 13：当#w 数值到达 30，光电信号触发 AGV 离开，复位码垛机器人（复位开始，#w = 0，“N_TRIG”下降沿触发，将“复位”赋值为 0）如图 1-74 所示。

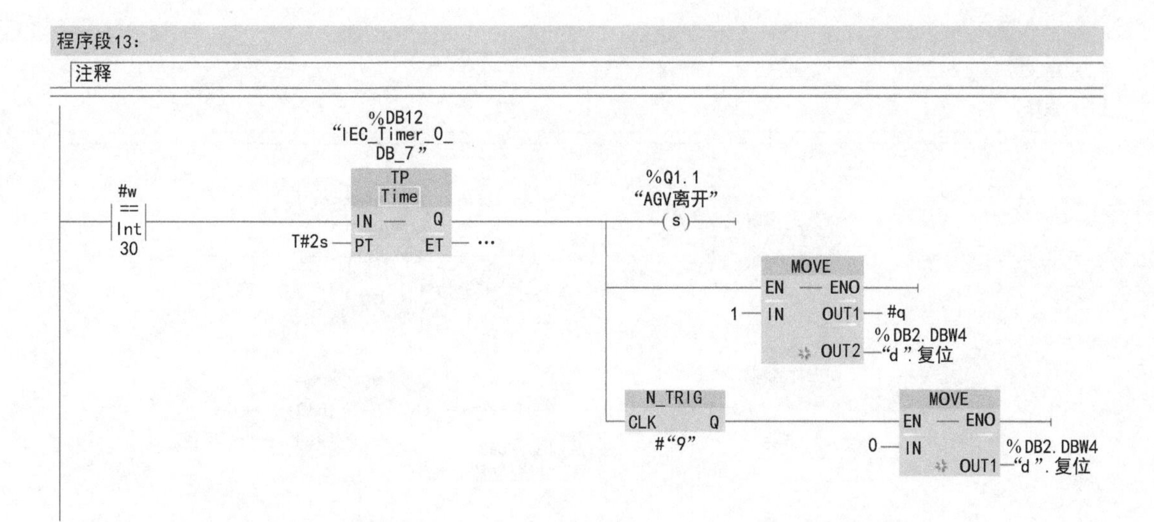

图 1-74　当"标"数组的值取到#w = 30 时码垛机器人复位

14）程序段 14：当码垛机器人"复位"时，将步数赋值为 0。AGV 离开。当 AGV 到达目标点时发出信号，对 AGV 光电信号进行复位，如图 1-75 所示。

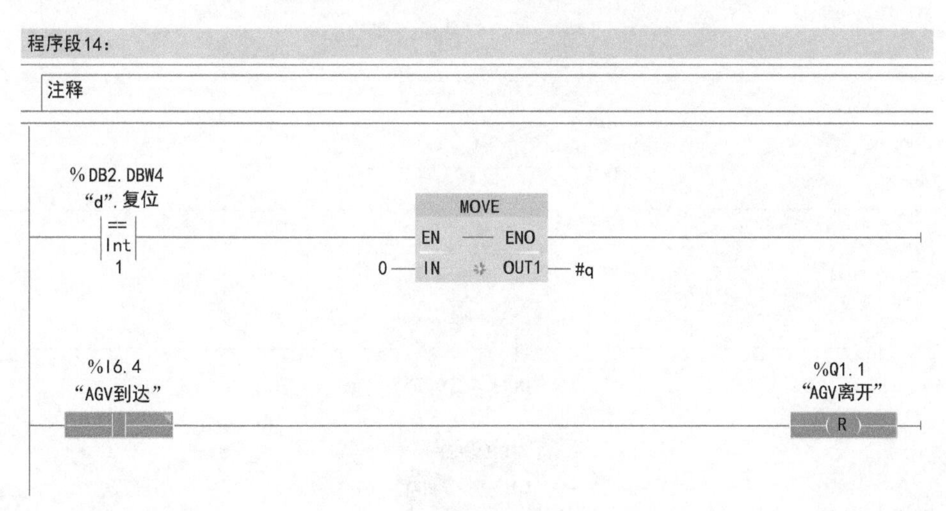

图 1-75　复位步数和 Q1.1

8. 点存程序块编程

1）程序段 1：如果"d". 存为 1，则"P_TRIG"上升沿触发，#q+1 = #q（#q 默认值为 0）；如果"d". 存为 0，则"N_TRIG"下降沿触发，将仓位号保存到数组"s". 标［#q］，"s". 数［"d". 仓位号］ = ［#q］，如图 1-76 所示。

2）程序段 2：当"复位"或"重新选择"赋值为 1 时，将#q 赋值为 0，从"数"数组和"标"数组的第 1～28 个仓位全部赋#w 为 0，第 1 个仓位赋#w 为 0 如图 1-77 所示。

9. 入库程序块编程

1）程序段 1：入库模式下，AGV 到达码垛机器人后，"d". 入库赋值为 1，"P_TRIG"上升沿触发，将 7 赋值给目标列，1 赋值给目标行，延时 0.2s。如果当前列等于 7，当前行等于 1，那么"P_TRIG"上升沿触发，将 1 赋值给#q，执行下一步，如图 1-78 所示。

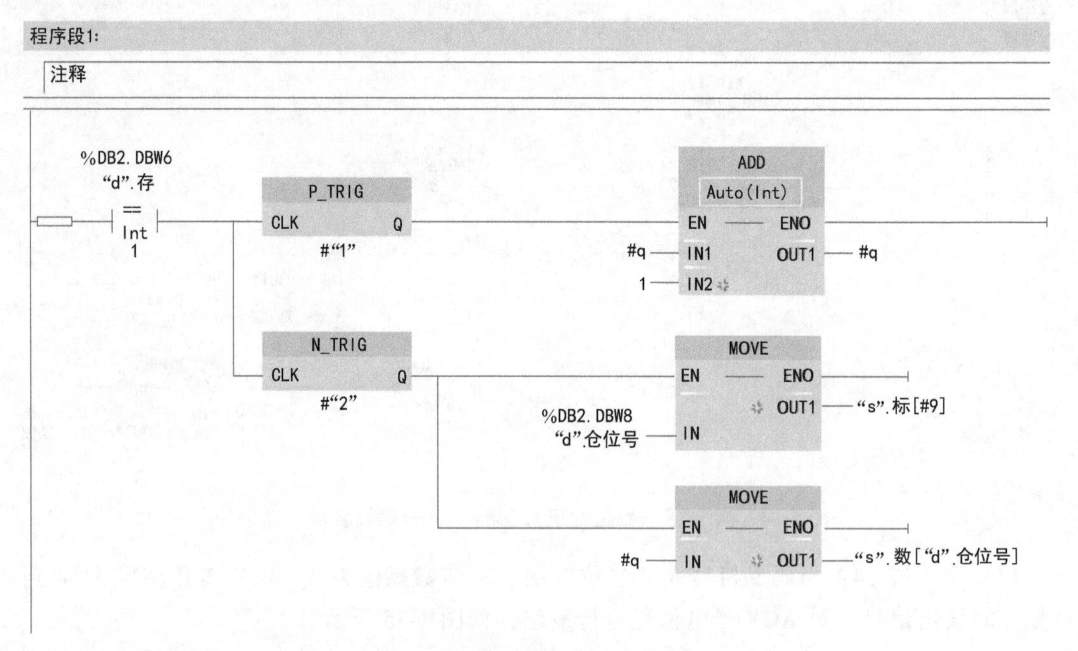

图 1-76　将仓位号保存在数组

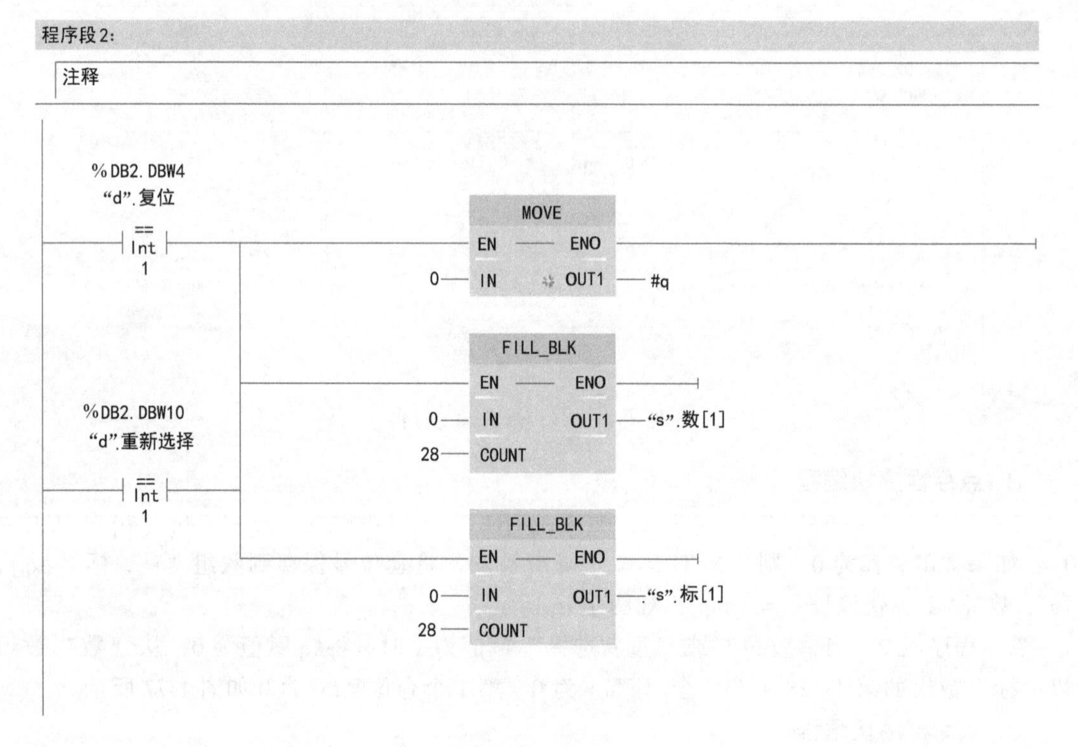

图 1-77　清空

2）程序段 2：Z 轴向外运动至取货限位，停止，执行下一步，如图 1-79 所示。

▼程序段1:
注释
%I6.4
“AGV到达”
%DB2.DBW14
“d”.入库
==
Int
1
P_TRIG
CLK Q
#“1”
MOVE
EN ENO
7 IN OUT1 “s”.目标列
MOVE
EN ENO
1 IN OUT1 “s”.目标行
%DB13
“IEC_Timer_0_DB_8”
TON
Time
IN Q
T#0.2s PT ET …
“s”.当前列
==
Int
7
“s”.当前行
==
Int
1
P_TRIG
CLK Q
#“2”
MOVE
EN ENO
1 IN OUT1 #q

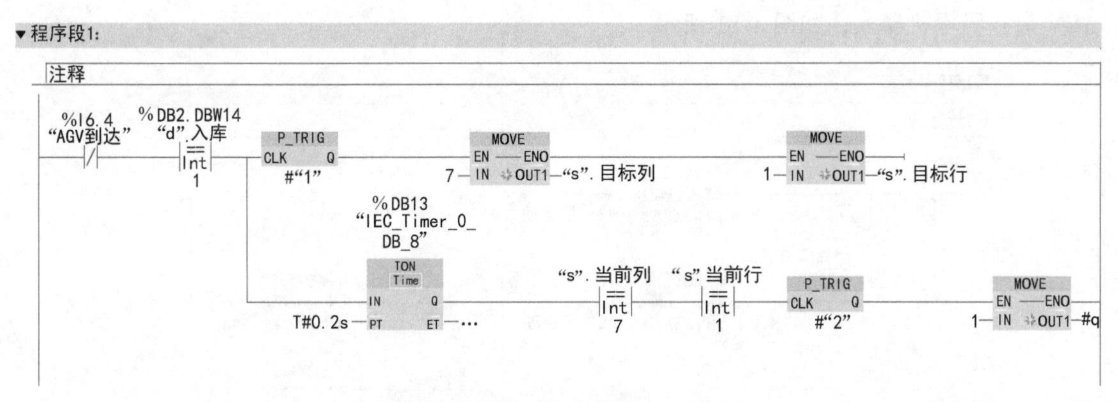

图 1-78　赋值并到达取货点（7 列 1 行）

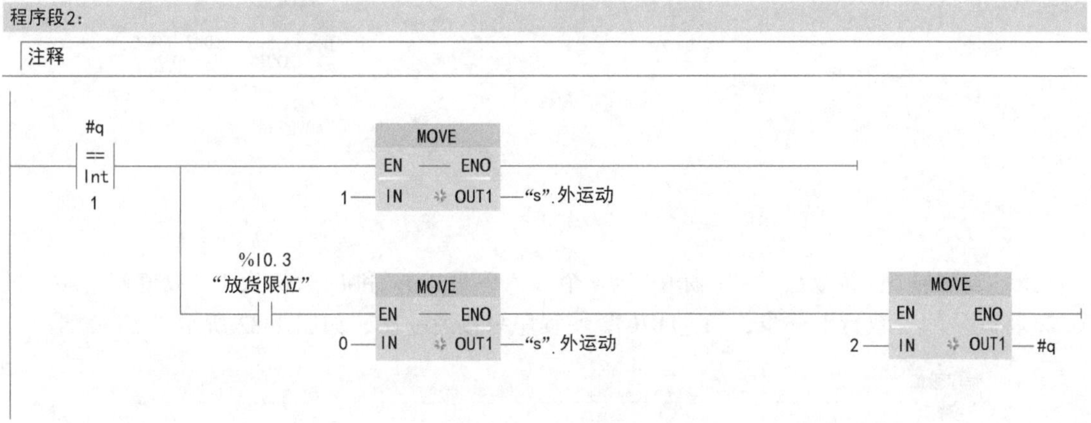

程序段2:
注释
#q
==
Int
1
MOVE
EN ENO
1 IN OUT1 “s”.外运动
%I0.3
“放货限位”
MOVE
EN ENO
0 IN OUT1 “s”.外运动
MOVE
EN ENO
2 IN OUT1 #q

图 1-79　Z 轴外伸，准备取货

3）程序段 3：Y 轴向上运动至 Y 轴中传感器断开，取货，执行下一步，如图 1-80 所示。

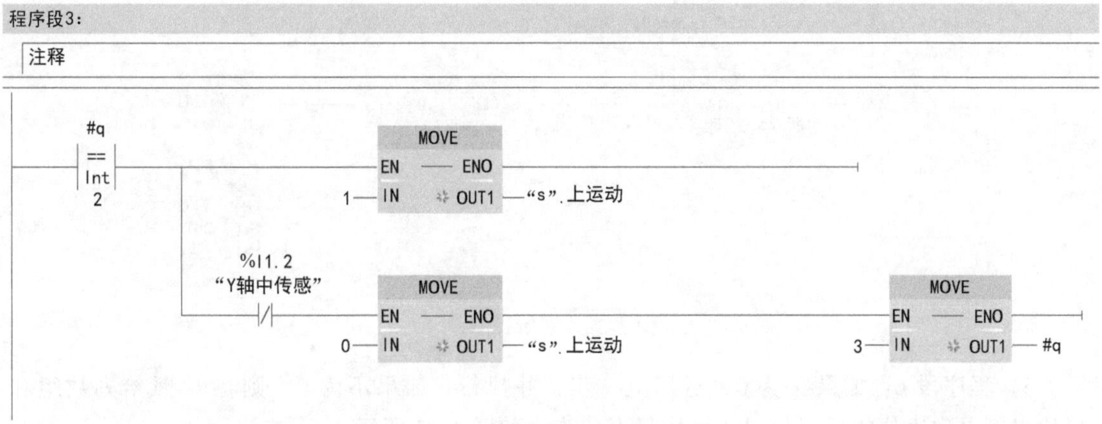

程序段3:
注释
#q
==
Int
2
MOVE
EN ENO
1 IN OUT1 “s”.上运动
%I1.2
“Y轴中传感”
MOVE
EN ENO
0 IN OUT1 “s”.上运动
MOVE
EN ENO
3 IN OUT1 #q

图 1-80　取货

4）程序段 4：三轴向里运动至货叉再到原点时停止，发送“d”．“状态”和“d”．“开始”并赋值为 1（“d”．状态赋值为 1 表示码垛机器人准备入库，“d”．开始赋值为 1

表示码垛机器人开始动作)，#w 默认值为 1，#w 不等于 8 时，线圈 Q1.1 得电，发送信号让 AGV 离开码垛机器人，如图 1-81 所示。

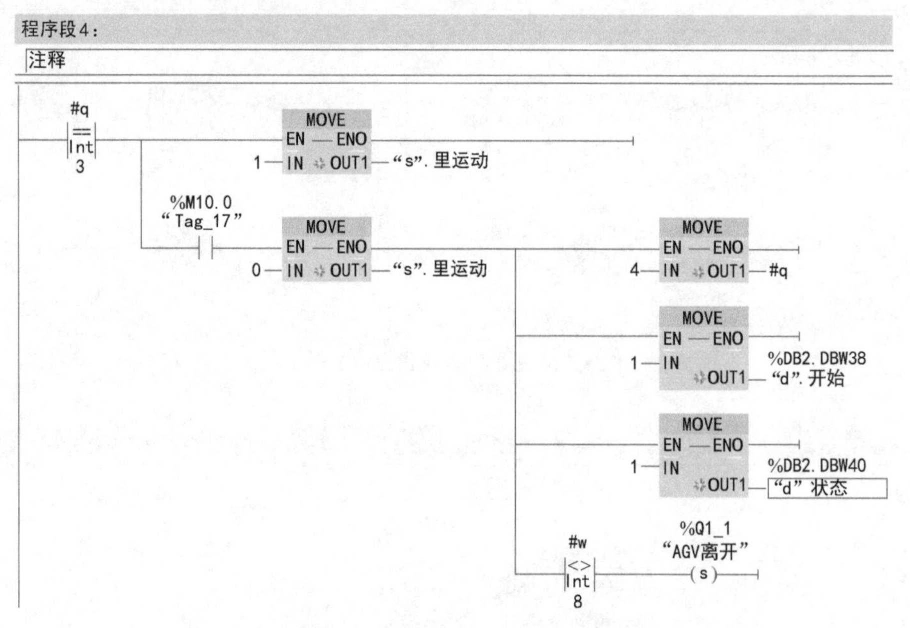

图 1-81　取货完毕，发送状态、AGV 离开码垛机器人

5）程序段 5：将数组“s”. 标中第#w 个（入库模式#w 和#e 默认为 1）数值赋给#e。过 0.2s 将#w 加 1，执行下一步，“P_TRIG”使程序只接通一次，如图 1-82 所示。

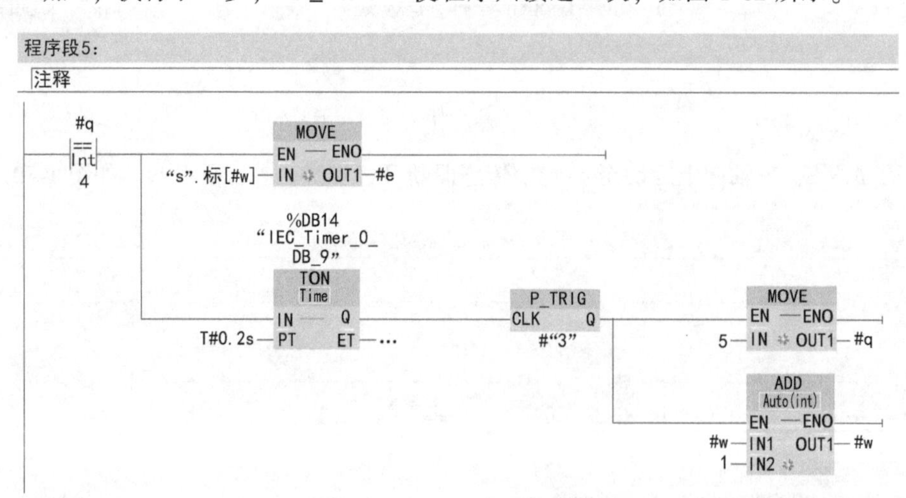

图 1-82　开始找库位

6）程序段 6：如果#e 为 0，返回上一步，并执行；如果不为 0，则将#e 赋给列数组和行数组，得到库位的目标行列，再执行下一步，如图 1-83 所示。

7）程序段 7：码垛机器人到达目标行列，即入库仓位，执行下一步，如图 1-84 所示。

8）程序段 8：Y 轴向上运动至 Y 轴中传感器，停止，执行下一步，如图 1-85 所示。

9）程序段 9：码垛机器人 Z 轴向里运动至放货限位，停止，执行下一步，如图 1-86

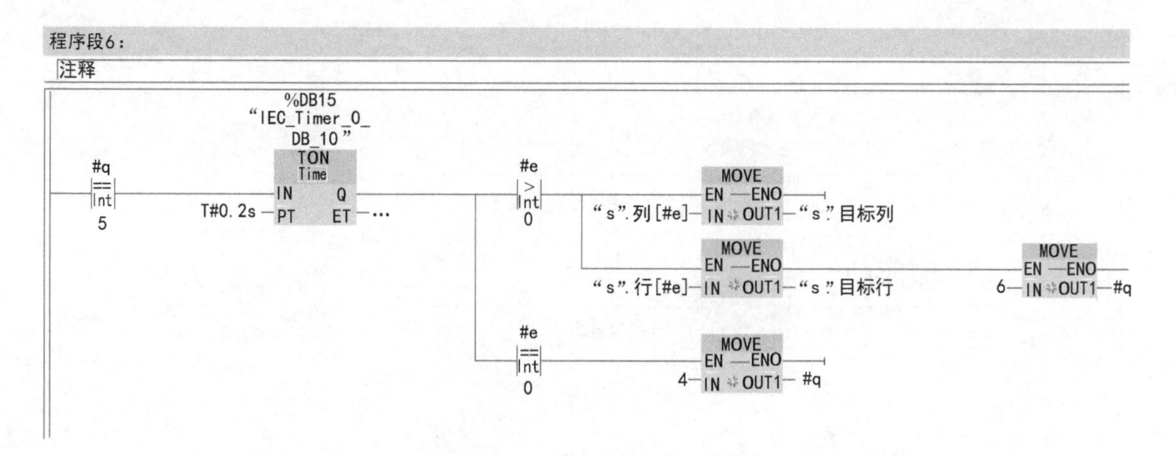

图 1-83 找到库位的目标行列

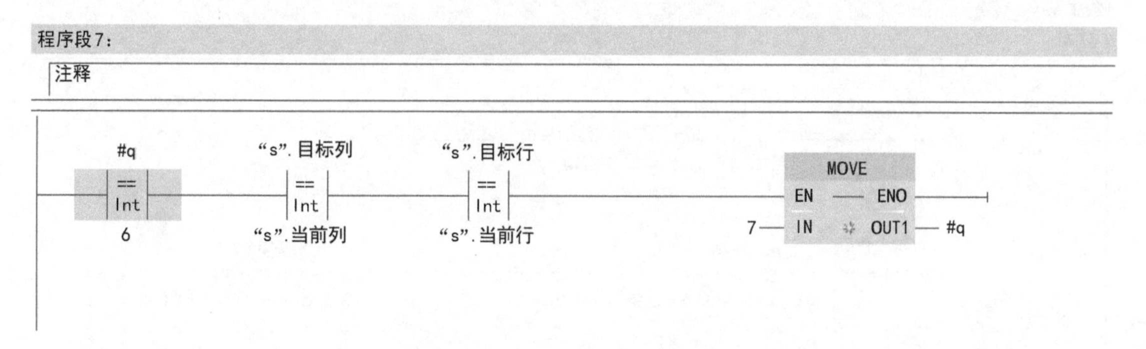

图 1-84 码垛机器人到达入库仓位

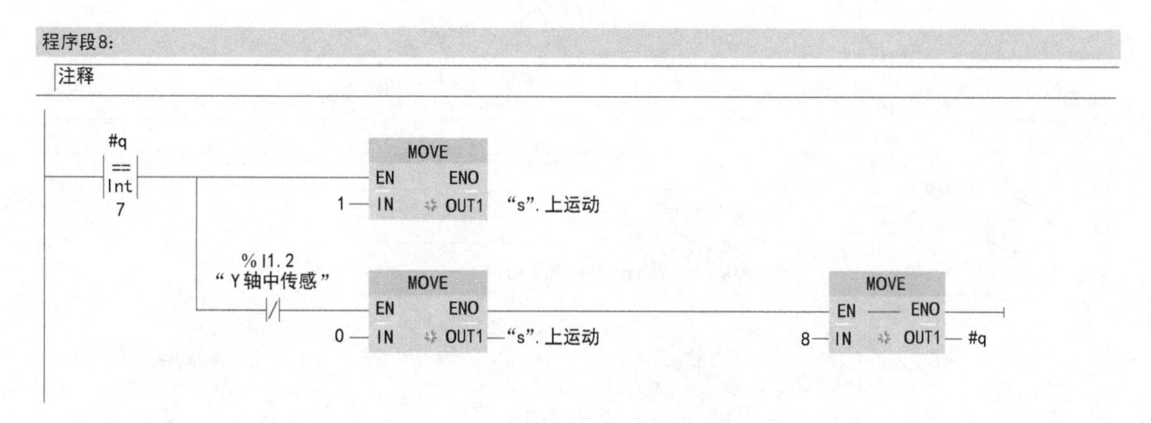

图 1-85 Y 轴上升、准备放货

所示。

10）程序段 10：Y 轴向下运动至 Y 轴上传感器，停止，完成放货，执行下一步，如图 1-87 所示。

11）程序段 11：放货完毕，Z 轴复位，执行下一步，如图 1-88 所示。

12）程序段 12~14：放货完毕，Y 轴复位，将"s". 目标行、"s". 目标列赋值为 1，

程序段9:
注释
#q
==
Int
8
MOVE
EN ENO
1 IN OUT1 "s".里运动
%I0.7
"取货限位"
MOVE
EN ENO
0 IN OUT1 "s".里运动
MOVE
EN ENO
9 IN OUT1 #q

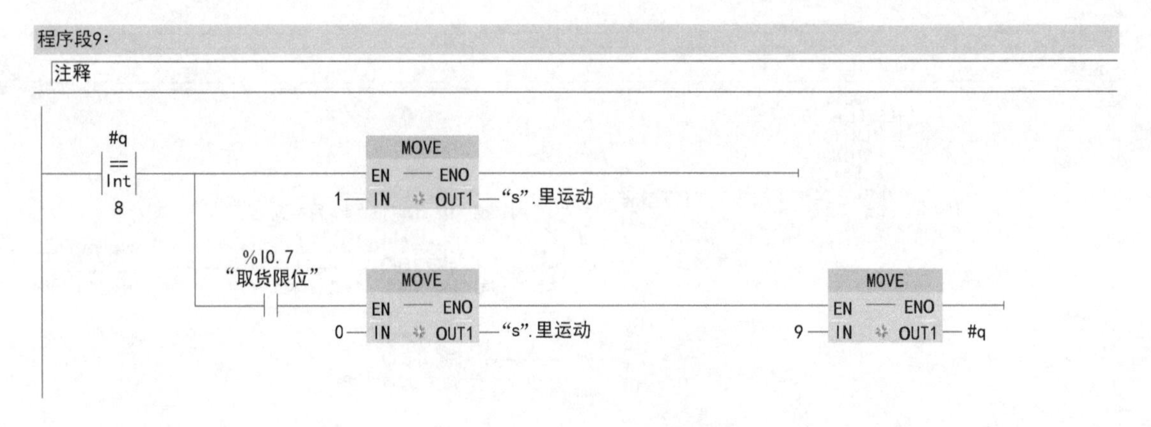

图 1-86 Z 轴向里运动，准备放货

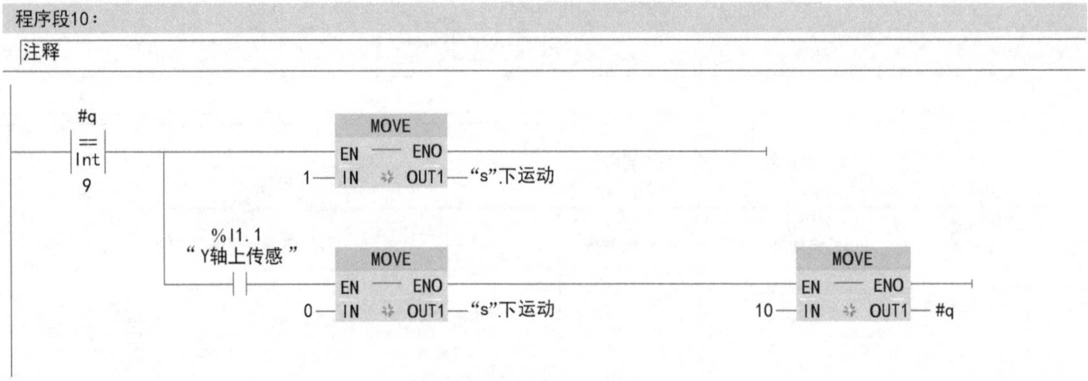

程序段10:
注释
#q
==
Int
9
MOVE
EN ENO
1 IN OUT1 "s".下运动
%I1.1
"Y轴上传感"
MOVE
EN ENO
0 IN OUT1 "s".下运动
MOVE
EN ENO
10 IN OUT1 #q

图 1-87 放货

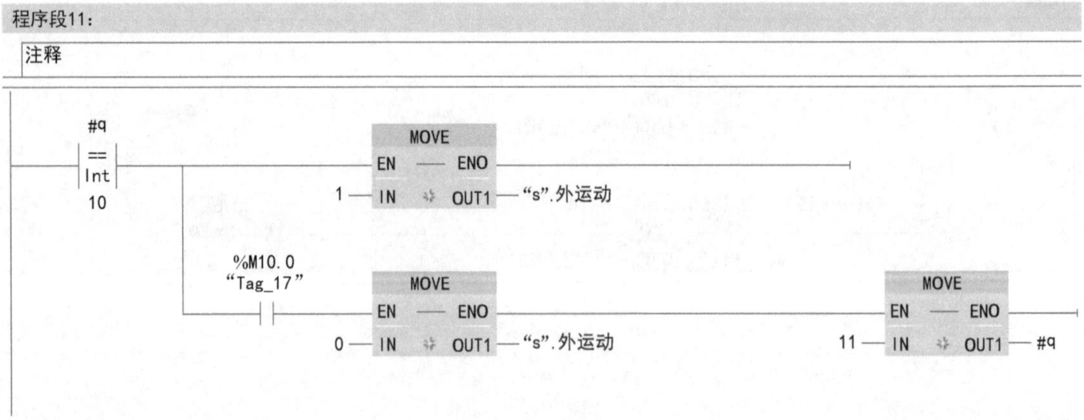

程序段11:
注释
#q
==
Int
10
MOVE
EN ENO
1 IN OUT1 "s".外运动
%M10.0
"Tag_17"
MOVE
EN ENO
0 IN OUT1 "s".外运动
MOVE
EN ENO
11 IN OUT1 #q

图 1-88 Z 轴复位

“d”. 开始赋 0，执行下一步，如图 1-89 所示。

13）程序段 15：“s”. AGV［#w］为 1，状态为 2；#w 为 8 复位码垛机器人状态为 3。绿灯以 2s/次的频率闪烁，如图 1-90 所示。

程序段12：

注释

#q == Int 11

MOVE EN ENO 1 IN OUT1 “s”.上运动

%I1.2 “Y轴中传感” MOVE EN ENO 0 IN OUT1 “s”.上运动 MOVE EN ENO 12 IN OUT1 #q

程序段13：

注释

#q == Int 12

MOVE EN ENO 1 IN OUT1 “s”.下运动

%I1.4 “下限位” MOVE EN ENO 0 IN OUT1 “s”.下运动 MOVE EN ENO 13 IN OUT1 #q

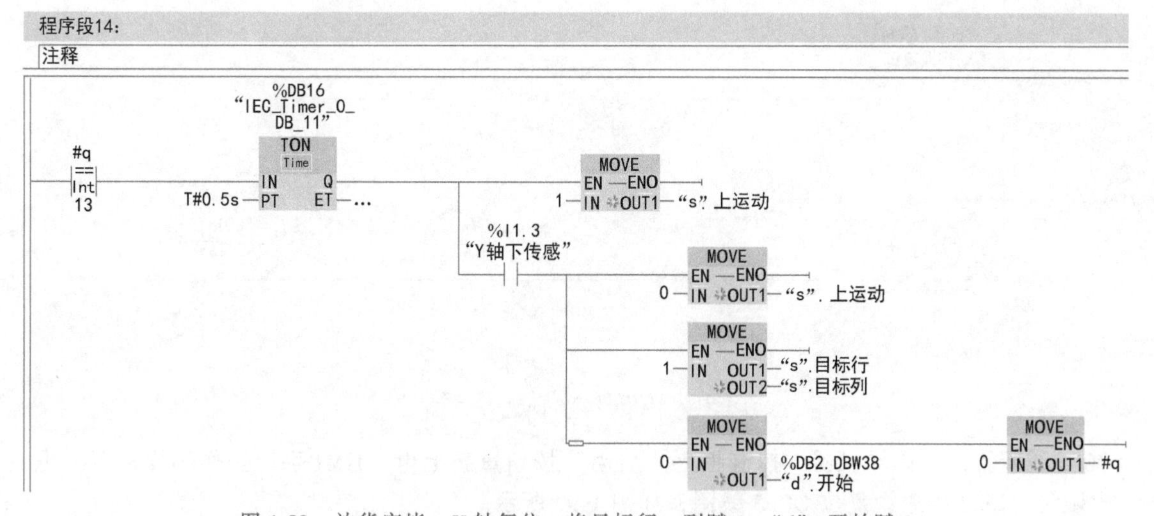

图 1-89 放货完毕，Y 轴复位，将目标行、列赋 1，“d”. 开始赋 0

14）程序段 16：当码垛机器人的“d”. 复位等于 1 时，步数赋值为 0。AGV 离开，当 AGV 到达目标点时发出信号，对 AGV 离开光电信号进行复位，如图 1-91 所示。

10. 超限解除程序块编程

1）程序段 1：码垛机器人超出最大限位时失电，I0.2 断开，赋值“s”. 超限解除为 1，

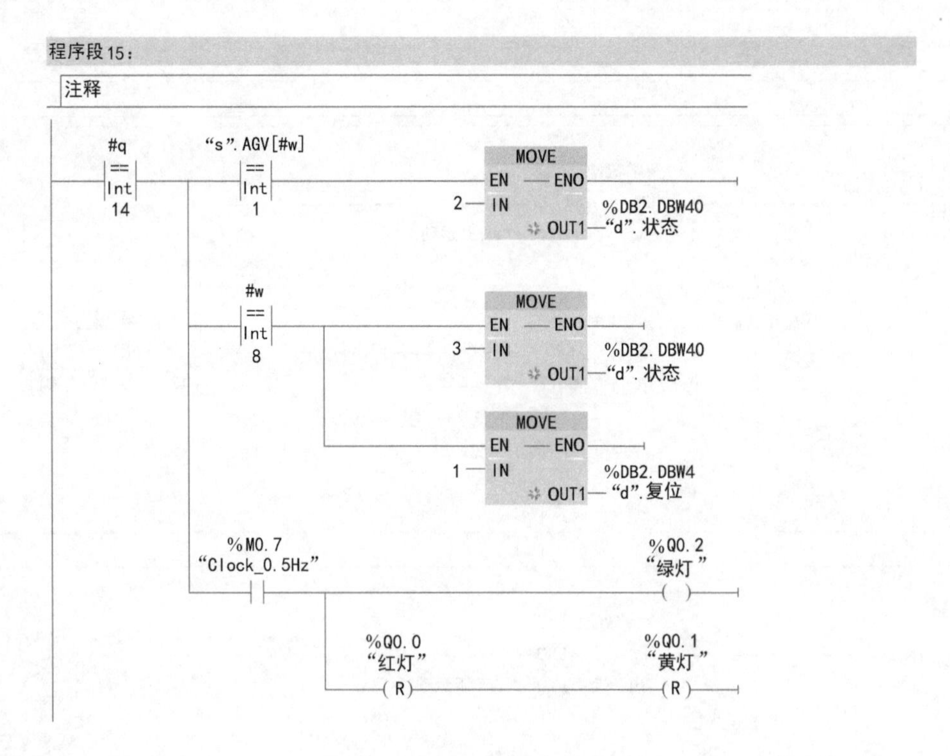

图 1-90　复位码垛机器人状态

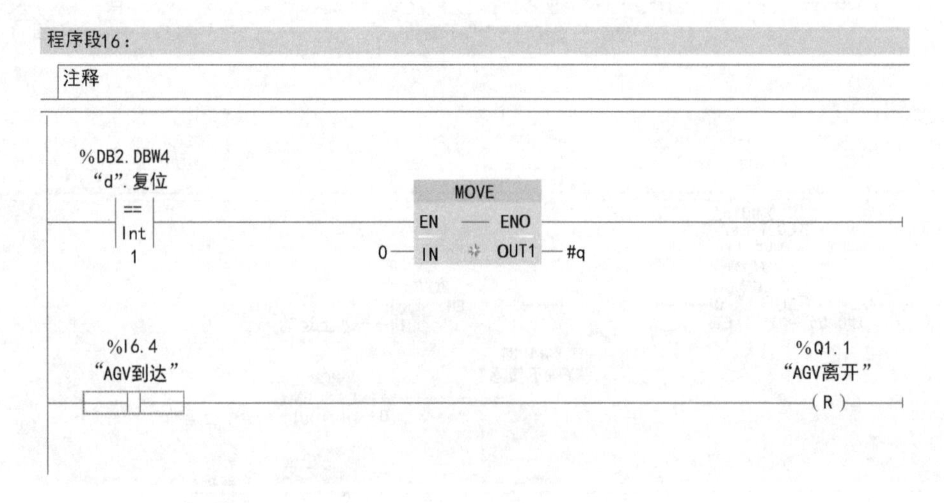

图 1-91　AGV 到达，准备下一次入库

Q0.5 线圈置位，码垛机器人控制柜上“启动”按钮重新上电，HMI 手动操作码垛机器人退出限位，I0.2 接通，复位 Q0.5 线圈，如图 1-92 所示。

2）程序段 2：在正常状态下，I2.4、I2.5 和 I2.6 是接通状态，否则变频器会断开。在取反线圈（NOT）指令作用下把解除变频器报警控制字“16#04fe”传给变频器，解除变频器报警，如图 1-93 所示。

3）程序段 3：“d”. 启动赋值 1 时，复位 Q0.0、Q0.1 线圈，置位 Q0.2 线圈，如图 1-94 所示。

图 1-92　超限解除

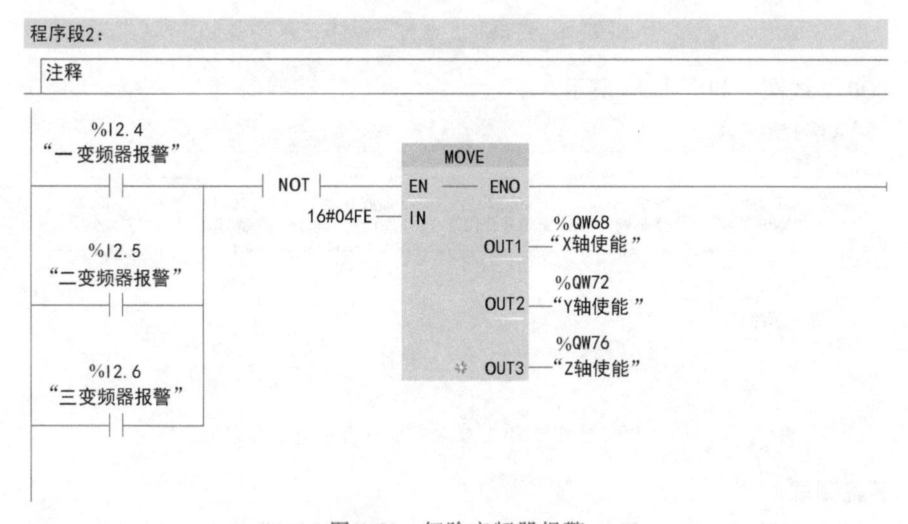

图 1-93　解除变频器报警

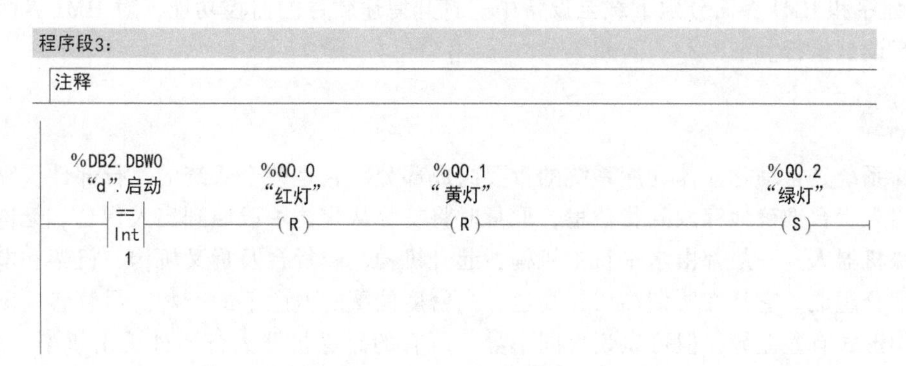

图 1-94　启动时指示灯为常绿

4）程序段 4："d". 复位赋值 1 和上电时，复位 Q0.0、Q0.2 线圈，置位 Q0.1 线圈，如图 1-95 所示。

5）程序段 5：失电和超出最大限位时，蜂鸣器响，紧急停止灯亮，置位 Q0.0 线圈，复

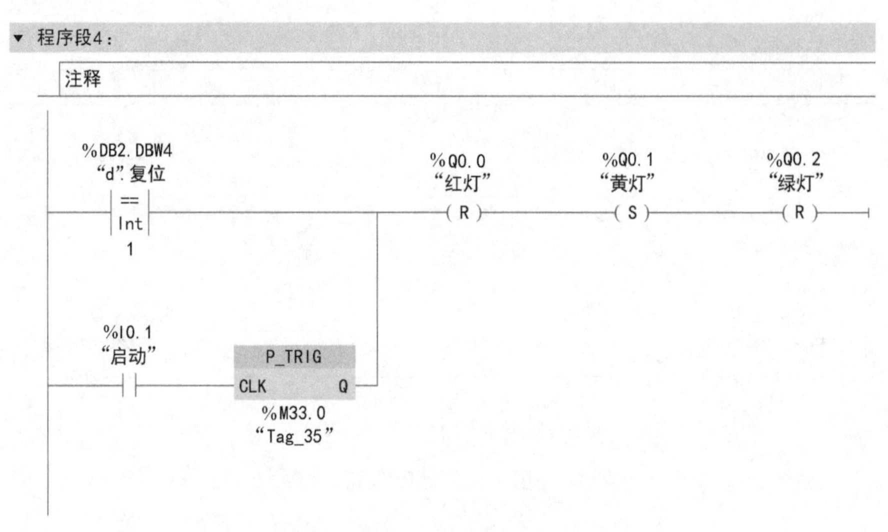

图 1-95　复位和上电时指示灯变黄

位 Q0.1、Q0.2 线圈，如图 1-96 所示。

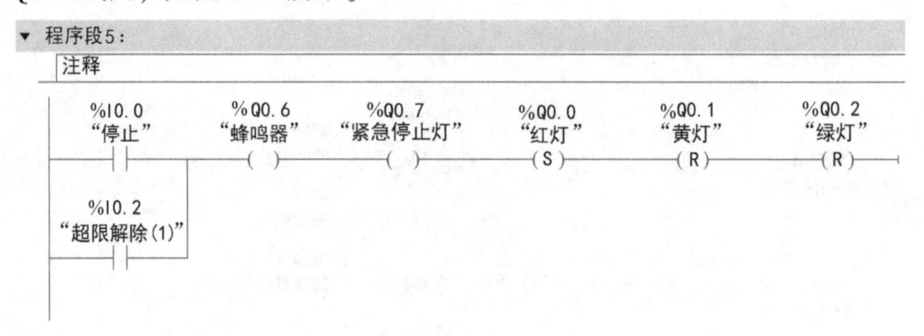

图 1-96　失电和超出最大限位时指示灯为红灯

11. 下载调试

完成程序编写后，保存项目。打开设备电源，将编程计算机与 PLC 及 HMI 建立连接。将 PLC 程序和 HMI 界面分别下载至设备中。打开博途软件的监控功能，对 HMI 界面中各个功能进行调试运行。

问题探究

码垛系统是自动化立体仓库系统的重要组成部分，它是整个系统的执行部件，存货时将货物从出入货台准确地存放到货位里，取货时将货物从货位中取回到出入货台。无论何种类型的码垛机器人，一般都由水平行走机构、起升机构、载货台及货叉机构、机架和电气设备等基本部分组成。它是在所谓高层、高速、高密度储藏的概念下的产物。尽管各厂家各有独创，结构形式有些差异，但可以说大同小异，所有的码垛机器人都不外乎由机架、载货台、伸缩货叉、轨道和控制系统等部分组成。随着科学技术的不断进步，自动化立体仓库的技术水平和仓储机械设备的动态性能也在不断提高。

一、变频器组态时报警

变频器通常分为 4 个部分：整流单元、高容量电容、逆变器和控制器。变频器组态时的报警问题及解决方法见表 1-10。

表 1-10　变频器组态时的报警问题及解决方法

报警名称	报警问题	解决方法
名称报警	变频器名称设置不合理	设置相对应的名称，否则易与变频器匹配失败，造成报警
型号报警	变频器型号设置不正确	设置符合硬件实际的型号，避免无法控制或系统报警
IP 地址报警	变频器 IP 地址与可编程序控制器 IP 地址匹配设置错误	设置正确的、匹配的 IP 地址
子模块（控制端口）报警	缺失子模块（控制端口）导致系统报警	创建控制变频器端口的子模块，以免出现系统报警

二、行列式的计算

码垛系统对于处理数目庞大的货物有一套特有的运算方式——行列式。行列式的计算主要通过轴的运动方向和传感器的反馈，再由增减计数器来计数，形成闭环运算。例如对仓库从下往上、从右往左的第二行、第三行进行闭环计算，在做运算前需要建立新的变量见表 1-11 和图 1-97、图 1-98 所示。

表 1-11　变量表

变量名称（全局）	数据类型	说　明
Grab Done	Bool	出库完成信号
变量名称（行列号计算）	**数据类型**	**说明**
F	Bool	局部参数
E	Int	局部参数
PLC 变量	**数据类型**	**说明**
Q0.0	Bool	三色灯红
Q0.1	Bool	三色灯黄
Q0.2	Bool	三色灯绿

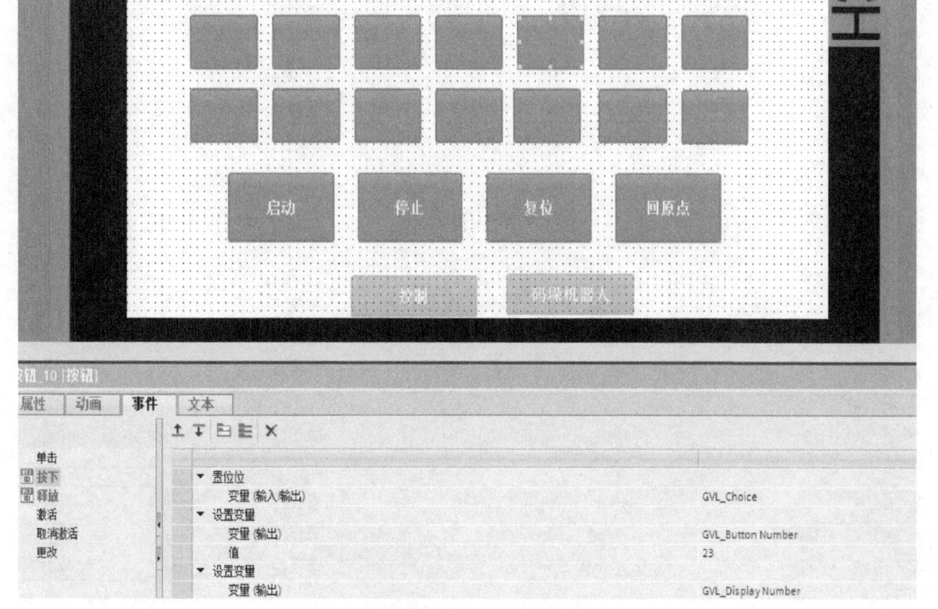

图 1-97　2 行 3 列

GVL							
	名称	数据类型	启动值	保持性	可从 HMI ...	在 HMI ...	设置值
1	▼ Static			☐	☐	☐	☐
2	start	Bool	false	☐	☑	☑	☐
3	start HMI	Bool	false	☐	☑	☑	☐
4	stopHMI	Bool	false	☐	☑	☑	☐
5	RstHMI	Bool	false	☐	☑	☑	☐
6	Homming	Bool	false	☐	☑	☑	☐
7	Homming Done	Bool	false	☐	☑	☑	☐
8	X-Forward	Bool	false	☐	☑	☑	☐
9	X-Backward	Bool	false	☐	☑	☑	☐
10	Y-Backward	Bool	false	☐	☑	☑	☐
11	Y-Forward	Bool	false	☐	☑	☑	☐
12	Z-Forward	Bool	false	☐	☑	☑	☐
13	Z-Backward	Bool	false	☐	☑	☑	☐
14	Done	Bool	false	☐	☑	☑	☐
15	Grab Done	Bool	false	☐	☑	☑	☐
15	Choice	Bool	false	☐	☑	☑	☐
17	Velociey	Int	0	☐	☑	☑	☐
18	Line ZB	Int	0	☐	☑	☑	☐
19	Colnmn ZB	Int	0	☐	☑	☑	☐
20	Line	Int	0	☐	☑	☑	☐
21	Colnmn	Int	0	☐	☑	☑	☐
22	Button Number	Int	0	☐	☑	☑	☐
23	Display Number	Int	0	☐	☑	☑	☐
24	▶ ARR	Array[0..56] of Int		☐	☑	☑	☐

图 1-98　新增变量

1）按钮中的文字可以进行双击更改。在按钮“属性”中选择“事件”→“按下”→“设置变量”→“值”，设置与码垛机器人立体仓库相对应的行列号。例如 23，将在下面程序叙述中运算得到 2 行 3 列（图 1-97）。

2）新增变量表（表 1-11）。

3）在 GVL 中加入新增变量（图 1-98）。

4）在“行列号计算”中加入局部变量（图 1-99）。

行列号计算						
	名称	数据类型	默认值	保持性	可从 HMI ...	在 HMI ...
1	▼ Input				☐	☐
2	start	Bool	false	非保持	☑	☑
3	shu	Int	0	非保持	☑	☑
4	▼ Output				☐	☐
5	<新增>				☐	☐
6	▼ InOut				☐	☐
7	<新增>				☐	☐
8	▼ Static				☐	☐
9	F	Bool	false	非保持	☑	☑
10	A	Int	0	非保持	☑	☑
11	B	Int	0	非保持	☑	☑
12	C	Int	0	非保持	☑	☑
13	D	Int	0	非保持	☑	☑
14	E	Int	0	非保持	☑	☑
15	I	Int	0	非保持	☑	☑
16	▶ ARR	Array[0..56] of Int		非保持	☑	☑
17	▶ ARR1	Array[0..56] of Int		非保持	☑	☑

图 1-99　新增局部变量

在获取前文提到的例子“按钮 23 的值”后，程序进行除十取余，得到行、列号，赋值在数组 ARR1 中，如图 1-100～图 1-102 所示。

行列号计算

IF... CASE... OF... FOR... TO DO... WHILE.. DO... (*...*)

```
1  IF "FirstScan" OR "GVL".RstHMI THEN //PLC第一个扫描周期或点击复位时 清零
2      #A := 0;
3      #B := 0;
4      #C := 0;
5      #D := 0;
6     #E := 1;
7      #F := 0;
8      "GVL"."Display Number" := 0;
9      "GVL"."Button Number" := 0;
10     FOR #I := 0 TO 56 DO
11         #ARR[#I] := 0;
12         #ARR1[#I] := 0;
13         "GVL".ARR[#I] := 0;
14     END_FOR;
15
16 END_IF;
17 IF "GVL".Choice THEN    //当选择为1时
18     FOR #A := 0 TO 27 DO  //循环28次
19         IF #shu<>#ARR[#A] THEN   //比较shu是否在数组中 功能：一个库位只能选择一次
20             #B := #B + 1;
21         ELSE
22             #B := 200;
23         END_IF;
24
25     END_FOR;
```

图 1-100　行列号计算程序部分 1

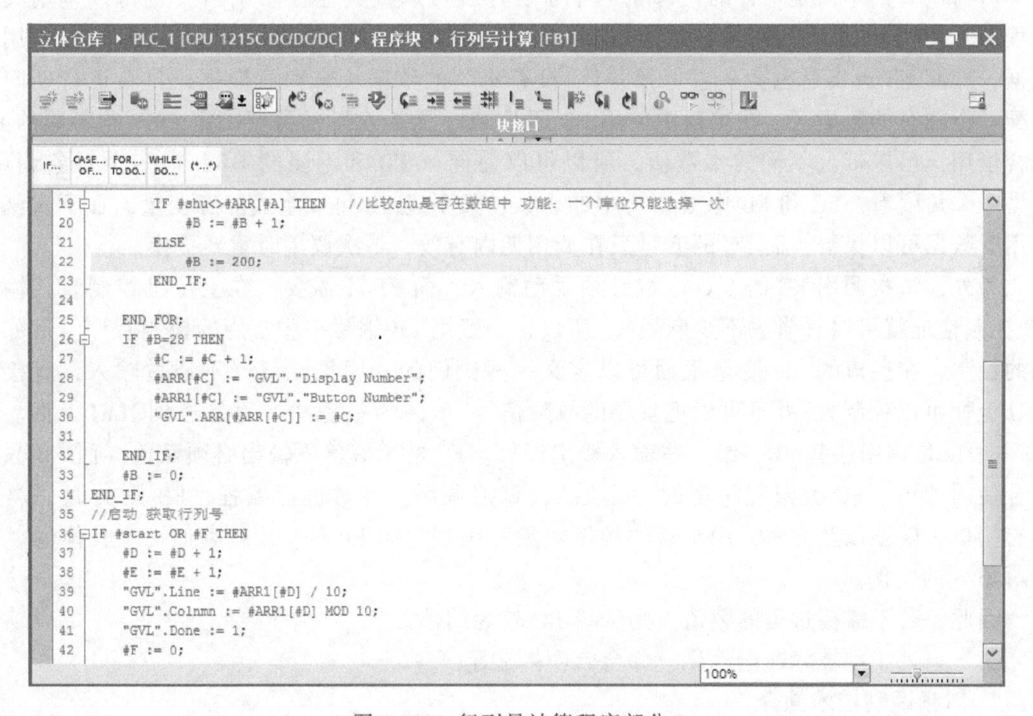

立体仓库 ▸ PLC_1 [CPU 1215C DC/DC/DC] ▸ 程序块 ▸ 行列号计算 [FB1]

块接口

IF... CASE... OF... FOR... TO DO... WHILE.. DO... (*...*)

```
19         IF #shu<>#ARR[#A] THEN   //比较shu是否在数组中 功能：一个库位只能选择一次
20             #B := #B + 1;
21         ELSE
22             #B := 200;
23         END_IF;
24
25     END_FOR;
26     IF #B=28 THEN
27         #C := #C + 1;
28         #ARR[#C] := "GVL"."Display Number";
29         #ARR1[#C] := "GVL"."Button Number";
30         "GVL".ARR[#ARR[#C]] := #C;
31
32     END_IF;
33     #B := 0;
34 END_IF;
35 //启动 获取行列号
36 IF #start OR #F THEN
37     #D := #D + 1;
38     #E := #E + 1;
39     "GVL".Line := #ARR1[#D] / 10;
40     "GVL".Colnmn := #ARR1[#D] MOD 10;
41     "GVL".Done := 1;
42     #F := 0;
```

100%

图 1-101　行列号计算程序部分 2

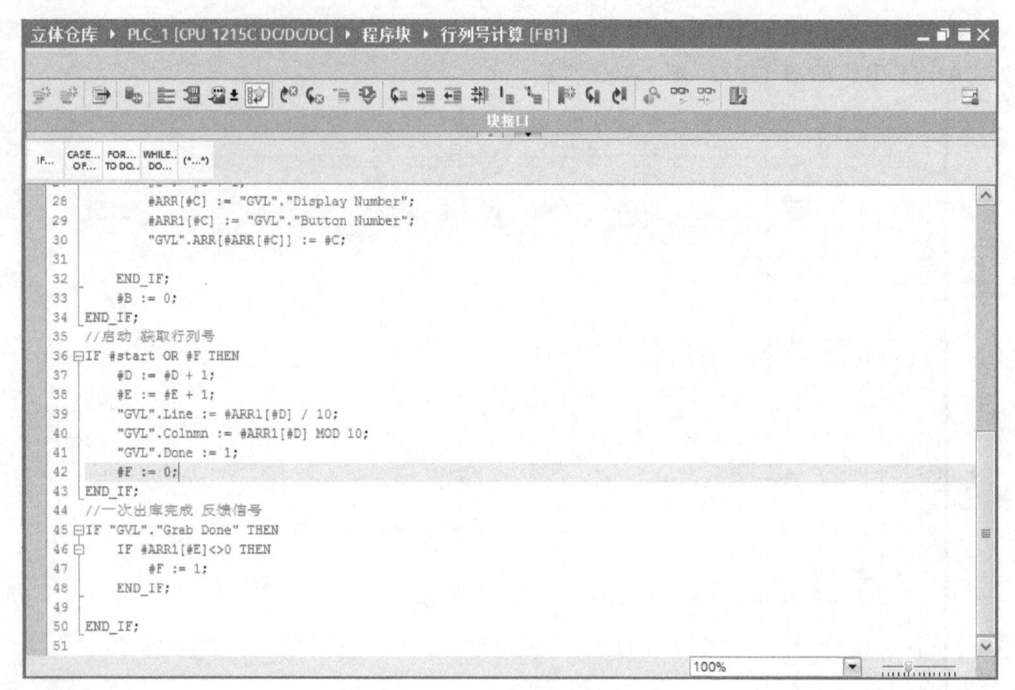

图 1-102　行列号计算程序部分 3

知识拓展

一、FB 和 FC 的区别

FB 和 FC 的本质是一样的，都相当于子程序，可以被其他程序调用（也可以调用其他子程序）。它们的最大区别是：FB 与 DB（背景数据块）配合使用，DB 中保存着 FB 使用的数据，即使 FB 退出后也会一直保留；FC 没有永久的数据块来存放数据，只在运行期间被分配一个临时的数据区。在编程中使用 FB 还是 FC，要由实际的需要决定。FB 与不同的 DB 配合使用，可以带上不同的参数值。所以可以使同一 FB 和不同的 DB，被多个对象调用。从另一个角度看，FC 和 FB 像 C 语言中的函数，只不过 FB 可以生成静态变量，在下次函数调用时数据可以保留，而 FC 的变量只在调用期内有效，下次调用时重新更换。

另外，每次调用 FC 的 I/O 区域必须手动输入，而 FB 不需要，在上位机控制直接输入 DB 控制地址就可以（省去不少麻烦）。所以，一般用 FB 编写一些常用的控制程序。例如阀泵的控制，在接口的 stat 变量里面可以定义一些阀门的开度预设值（不通过输入，直接在 HMI 上面可以控制），并且可以把现场的故障信号写入 stat 变量中，直接送到 HMI 上面。而 FC 一般就是调用这些 FB，给一些输入输出即可。FC 的所有输入输出必须赋值，而 FB 只要配合使用即可。FC 类似程序里的“函数”，直接调用，针对过程编程；FB 则类似“类”，具有接口、属性以及方法，用于对“控制对象”编程，而 FB 的 DB 就类似一个具体的“控制对象”的实例。

因此，若不需要过程的数值，则选择 FC 较为简单。

二、射频识别技术在自动化立体仓库中的应用

1. 射频识别技术简介

射频识别（Radio Frequency Identification，RFID）技术是一项利用射频信号通过空间耦

合（即通过交变磁场或电磁场作用）实现无接触信息传递，并通过所传递的信息达到识别目的的技术。基本的 RFID 系统一般由电子标签、天线和阅读器等组成。

1）电子标签（Tag）。每个电子标签由耦合元件及芯片组成，具有全球的识别号（ID），无法修改和仿造，具有较高的安全性。电子标签都要附着在物体上，以标示目标对象。电子标签中一般保存有约定格式的电子数据，如保存了待识别物体的种类、生产批次、数量以及所在货架的库位编号等信息。

2）天线（Antenna）。天线的作用是：在标签和阅读器间传递射频信号，即标签的数据信息和阅读器发出的命令信息。

3）阅读器（Reader）。阅读器是读取或写入电子标签信息的设备，包括手持式和固定式。阅读器可无接触地读取并识别电子标签中所保存的电子数据，从而达到自动识别物体的目的。与计算机相连，可以对所读取的标签信息进行处理。RFID 系统的构成如图 1-103 所示。

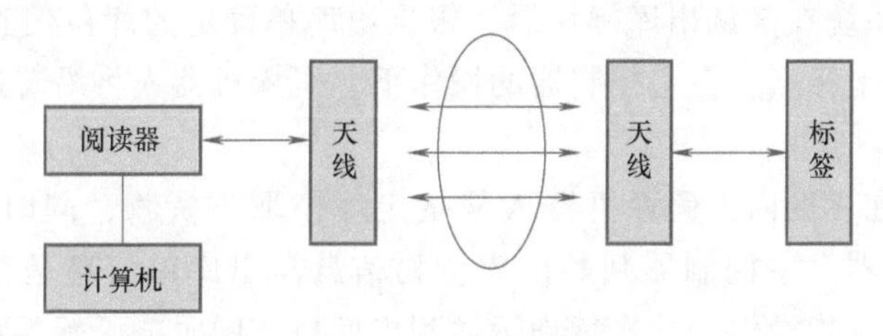

图 1-103　RFID 系统的构成

与传统识别技术相比，RFID 有以下优势：处理速度快；体积小，形状多样化；抗污染能力强，经久耐用；可重复使用；穿透性强，可实现无屏障阅读；数据的记忆容量大；安全性高。

2. 射频识别技术的工作原理

阅读器通过其天线在一定区域内发射能量形成电磁场，区域大小取决于发射功率、工作频率和天线尺寸。标签进入磁场后，如果接收到阅读器发出的特殊射频信号，就能凭借感应电流所获得的能量发送出存储在芯片中的产品信息（即 Passive Tag，无源标签或被动标签），或者主动发送某一频率的信号（即 Active Tag，有源标签或主动标签），阅读器读取信息并解码后，送至中央信息系统进行有关数据处理。

3. 立体仓库系统的组成及出入库流程

自动化立体仓库系统主要由主控制器、检测装置、码垛机器人、输送系统和 RFID 系统组成。

（1）入库作业流程

1）入库准备。系统的入库准备包括系统状态的初始化和数据初始化，此时码垛机器人处于初始状态，ID 控制器做好检测货物的准备。

2）下达入库单。入库单可以通过手动方式或电子版形式送达主控制器。主控制器根据入库单的信息，识别出货物的种类，同时还需要处理阅读器反馈的被检测货物的 ID 信息，将二者信息进行比对。当货物信息与入库单一致时，系统自动分配一个库位号给入库货物，由阅读器写入电子标签。

3）入库进入。入库进入是指码垛机器人由入库口转移到载货台。系统根据货物分配的库位号，给码垛机器人分配一个空间坐标点，此时码垛机器人由初始状态运行到入库口，将货物由载货台转移至码垛机器人的取货台，为下一步上架做准备。

4）入库上架。入库上架为入库的最后一个操作步骤，码垛机器人将取货台上的货物放到指定的库位。码垛机器人根据系统分配的空间坐标点，自动寻找一条最优路径，将货物从入库口位置送到立体仓库中。

5）入库结束。货物上架后，码垛机器人返回到待命状态，系统更新库位数据并完成相应的记录。

（2）出库作业流程

1）出库准备。系统的出库准备与入库准备相同。

2）下达出库单。出库单可以通过手动方式或电子版形式送达主控制器。主控制器根据出库单的信息，识别出货物的种类，同时还需要处理阅读器反馈的被检测货物的ID信息，将二者信息进行比对。当货物信息与出库单一致时，系统准备出库。

3）出库进入。系统在确认出库操作后，根据出库单确定的库位信息，码垛机器人将会得到一个确定的空间坐标点。在主控制器的操作下，码垛机器人将沿着最优路径从当前位置到达指定库位。

4）出库下架。在库区内，码垛机器人从指定库位取下货物，同时阅读器读取货物ID信息并反馈到主控制器。主控制器判断出库货物信息与出库单信息是否一致，当信息确认后，码垛机器人执行取货操作，并将货物运送到出库口。同时电子标签系统将出库信息写入电子标签，更新存储数据。

5）出库结束。码垛机器人返回到待命状态，系统数据更新，并完成相应的记录。

评价反馈

表1-12 评价表

基本素养(30分)				
序号	评估内容	自评	互评	师评
1	纪律(无迟到、早退、旷课)(10分)			
2	安全规范操作(10分)			
3	团结协作能力、沟通能力(10分)			
理论知识(30分)				
序号	评估内容	自评	互评	师评
1	以太网的应用(5分)			
2	传感器信息(5分)			
3	电动机信息及触发方式(5分)			
4	触摸屏信息(5分)			
5	西门子可编程控制器的认知(5分)			
6	码垛机器人立体仓库应用领域的认知(5分)			

（续）

技能操作（40 分）				
序号	评估内容	自评	互评	师评
1	触摸屏程序编写（10 分）			
2	码垛机器人立体仓库程序编写（10 分）			
3	码垛机器人立体仓库调试（20 分）			
综合评价				

练习与思考题

一、填空题

1. 变频器主要由整流、________、________、________、________、检测单元和微处理单元等组成。

2. 反射型光电式传感器通过被检测物体反射光大小判别信号有无，常用的形式有________和________。

3. 对于反射型光电式传感器输出“1”信号为________型的传感器，输出“0”信号为________型的传感器。

4. PLC 程序中所使用的变量分为________和________。

5. PLC S7-1200 功能块包括________、________、________、________和________。

二、简答题

1. 简述触摸屏的工作原理。

2. 什么是射频识别技术？

三、操作题

编写码垛机器人立体仓库系统调试程序，要求如下：

1）可以手动控制码垛机器人 X 轴、Y 轴和 Z 轴的正反向运动。

2）可以实现码垛机器人的复位功能。

3）可以显示立体仓库每个仓位中有无托盘信息。

4）可以实现选择安放托盘的仓位，并对该仓位托盘进行取出，同时将其放置于立体仓库端 AGV 上的功能。

按照上述要求放置 2 个托盘，在调试界面上可以显示正确的仓位信息，并要求码垛机器人从立体仓库取托盘放置到 AGV 上部输送线上，测试仓位信息显示和码垛机器人正确放置托盘于 AGV 上的正确性。

项目二
AGV的编程与调试

学习目标

1）掌握AGV（自动导引运输车）的基本知识。

2）掌握AGV（自动导引运输车）的机械电气连接及调试。

3）能按照要求进行AGV编程与调试。

工作任务

一、任务描述

在仓库与托盘流水线之间正确铺设磁条，使AGV上部输送线与托盘流水线和码垛机器人Y轴实现正常对接。编写PLC控制程序，手动控制AGV往返于立体仓库与托盘流水线之间。

二、所需设备

AGV（BNRT-AGV-1400）如图2-1所示，它由三色显示灯、触摸屏、传送带、传送带松紧调节器、光电传感器、顶升磁铁和控制系统等组成。

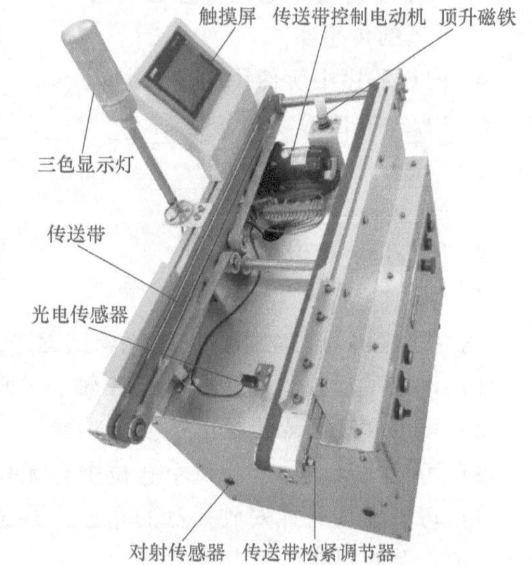

图2-1　AGV整体图

三、技术要求

1. 铺设磁条，调整AGV姿态，准确对接码垛机器人和托盘流水线。

2. 编写AGV控制程序，要求如下：

1）可以手动控制AGV自动往返于托盘流水线与立体仓库之间。

2）AGV在靠近托盘流水线或仓库时可以减速运行。

3）当传送带上有托盘时，顶升磁铁使阻挡杆伸出，阻挡托盘。

4）当AGV在立体仓库侧，传送带自动开启，并计数传送带上托盘个数；当AGV在托盘流水线侧，顶升磁铁缩回，传送带自动开启。

实践操作

一、知识储备

1. AGV的结构

AGV是Automated Guided Vehicle的缩写，即“自动导引运输车”，是装备有电磁或光学等自动导引装置，能够沿规定的导引路径行驶，具有安全保护以及各种移载功能的运输车，

AGV 属于轮式移动机器人（Wheeled Mobile Robot，WMR）的范畴。AGV 主要有三项技术：铰链结构、发动机分置技术和能量反馈。

AGV 系统的长为 820mm，宽为 480mm，高为 774mm，总质量约为 70kg，载重力为 200N，采用磁导式寻线方式，行走电动机采用两台带电磁抱闸装置的步进电动机，可实现差速控制，最高速度为 0.72m/s，定位精度为±5mm。

AGV 上的元器件的名称及功能见表 2-1。

表 2-1　AGV 上的元器件的名称及功能

名称	功能
三色显示灯	急停时红色灯亮，正常运行时绿色灯亮，等待时黄色灯亮
触摸屏	显示 AGV 的工作及运行数据
光电传感器	检查 AGV 上托盘的数量
顶升磁铁	防止 AGV 上的托盘滑落
传送带控制电动机	运载托盘移动
电控板	AGV 控制中心
步进电动机	装在轮内侧，用于驱动小车运动
对射传感器	接收 AGV 启动信号与发射 AGV 到达信号
传送带松紧调节器	调节传送带的张紧度

2. 光电传感器的应用

光电传感器是利用光电效应制成的开关量传感器，它是通过检测被检测物体上有无反射光的原理制成的。被检测物体不限于金属，所有能反射光线的物体均可被检测。

它主要由光发射器和光接收器组成。光发射器和光接收器有一体式和分体式两种。光发射器用于发射红外光或可见光。光接收器用于接收发射器发射的光，并将光信号转换为电信号并以开关量形式输出，光电接近开关电气图形符号图如图 2-2 所示。

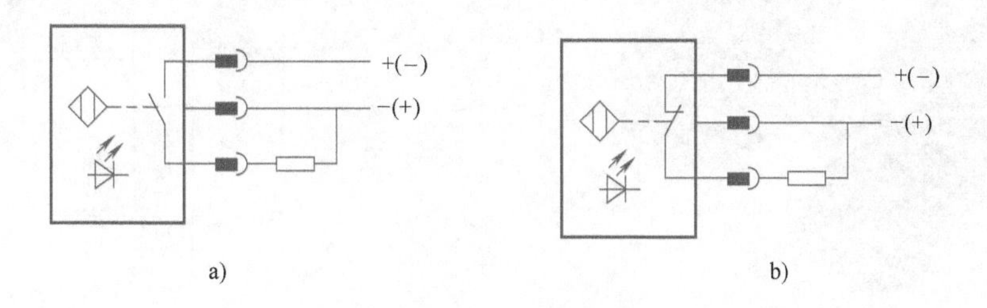

图 2-2　光电接近开关电气图形符号图
a）常开型　b）常闭型

（1）漫反射式光电接近开关　漫反射式光电接近开关是一种集光发射器和光接收器于一体的传感器。当有被检测物体经过时，物体将光电接近开关发射器发射的足够量的光线反射到光接收器，于是光电接近开关就产生了开关信号。开关信号的调节性很好，其灵敏度可通过侧面旋钮进行调节。实物图如图 2-3 所示。

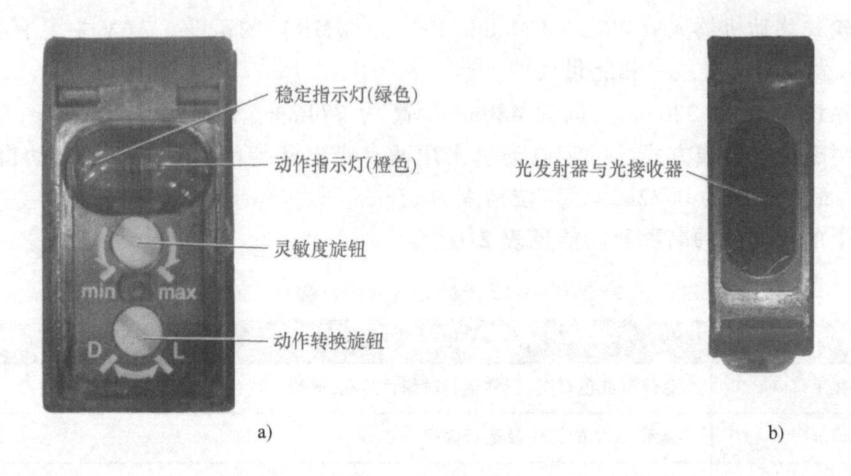

图 2-3　漫反射式光电接近开关实物图

a）侧面　b）正面

检测原理：物体表面凹凸不平，相当于无数角度不同的小平面镜，而阳光看作平行光，入射方向相同，但因为各个小平面镜角度不一，所以反射光线角度不一，在各个方向上都可见反射光线。其检测原理图如图 2-4 所示。

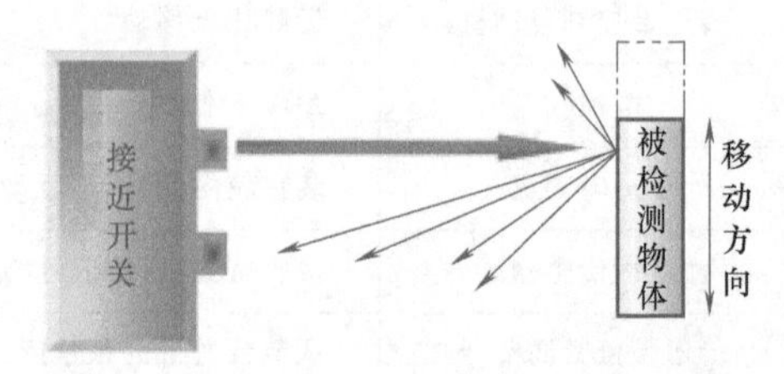

图 2-4　漫反射式光电接近开关检测原理图

（2）对射式光电接近开关　对射式光电接近开关的光发射器与光接收器分别处于相对的位置上工作，根据光线信号的有无来判断物体是否进行位置改变。此开关最常用于检测不透明物体，对射式光电接近开关有一体式和分体式两种。其实物图如图 2-5 所示，检测原理图如图 2-6 所示。

图 2-5　对射式光电接近开关实物图

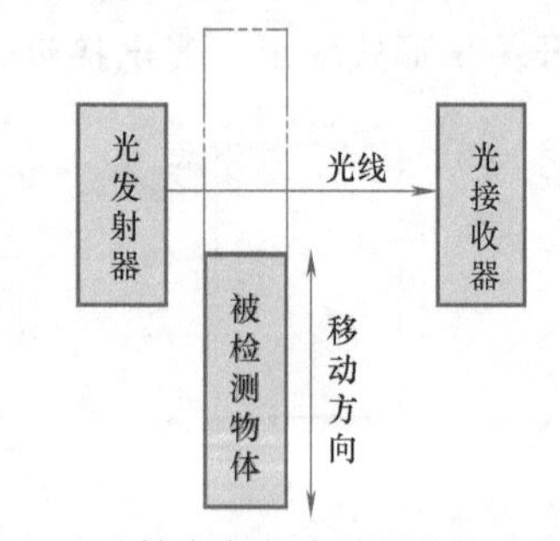

图 2-6　对射式光电接近开关检测原理图

3. XGS19006 型磁导航传感器

XGS19006 型磁导航传感器主要应用于磁导航方式的 AGV、自动手推车 AGV 和无轨移动货架，采用 8 路采样点输出。XGS19006 型磁导航传感器实物图如图 2-7 所示。

XGS19006 型磁导航传感器特性见表 2-2。

磁导航方式的 AGV 沿着地面铺设的磁条行驶。AGV 磁导航传感器安装在 AGV 车体前方的底部，距离磁条表面 10~30mm，磁条宽度为 30~50mm，厚度为 1mm。依据磁条信号可

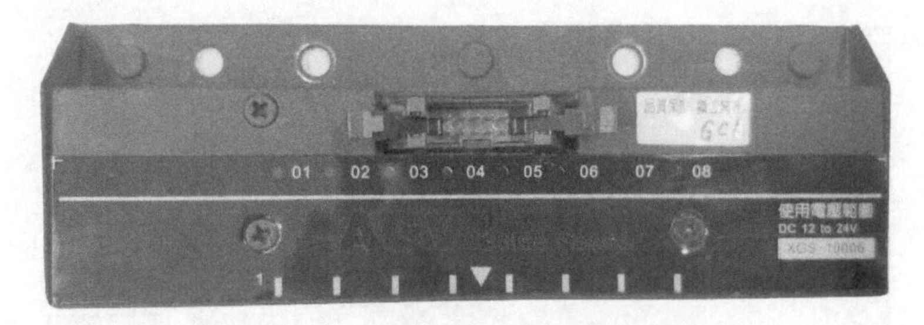

图 2-7 XGS19006 型磁导航传感器实物图

表 2-2 XGS19006 型磁导航传感器特性表

项 目	参 数
供电电压范围	DC 11～30V
最大消耗电流	80mA
输出电气方式	OC 门(NPN 集电极开路输出)
输出通道数量	N 极检测 8 通路
输出开关电压	DC 3～30V
输出开关电流	最大 100mA
输出通道电压	最大 0.6V
检测灵敏度	0.5mT
检测有效距离	5～55mm
建议安装距离	20～40mm
使用温度范围	-10～50℃

设定 AGV 减速位置及停车位置，磁条铺设示意图如图 2-8 所示。

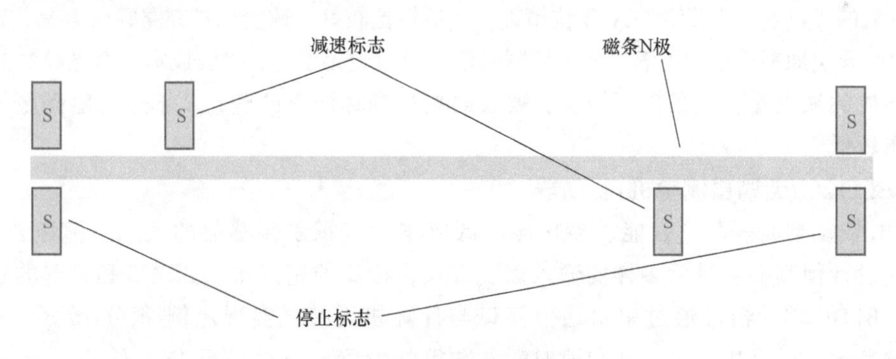

图 2-8 磁条铺设示意图

组合地标磁条贴在导航磁条旁边，由多块 S 极磁条按顺序组合而成，代表减速、停车等不同指令。

XGS19006 型磁导航传感器利用其内部间隔 10mm 平均排布的 8 个采集点，能够检测出磁条上方 0.01T 以下的微弱磁场。每一个采集点都有一路信号对应输出，输入输出原理图如图 2-9 所示。AGV 运行时，磁导航传感器内部垂直于磁条上方的连续 1～3 个采集点会输出信号，依靠输出的这几路信号可以判断磁条相对于磁导航传感器的偏离位置，据此 AGV 会自动做出调整，确保沿磁条前行。

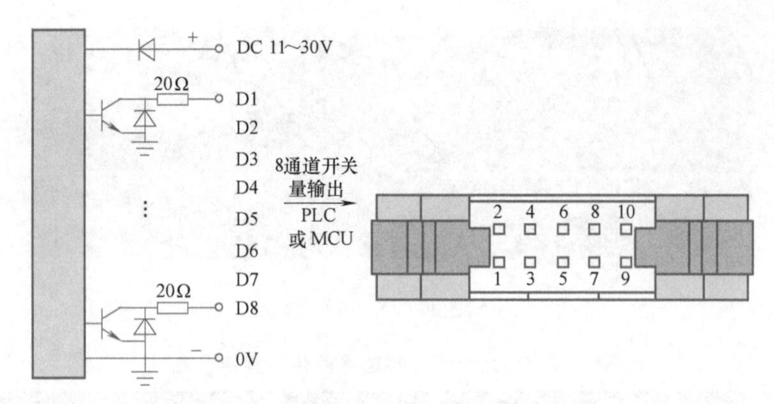

图 2-9 输入/输出原理图

XGS19006 型磁导航传感器接线端子定义见表 2-3。

表 2-3 接线端子定义表

端子编号	功能定义	端子编号	功能定义
1	D1	6	D6
2	D2	7	D7
3	D3	8	D8
4	D4	9	0V
5	D5	10	DC 11~30V

磁导航技术与电磁导航相近，不同之处在于磁导航采用了在路面上贴磁条替代在地面下埋设金属线，通过磁条感应信号实现导引。

磁导航的优点是：能够使 AGV 定位精确；灵活性比较好，改变或扩充路径较容易；磁条铺设相对简单；导引原理简单而可靠，便于控制通信；对声光无干扰；投资成本比激光导航低很多。

磁导航的缺点是：磁条需要维护，要及时更换损坏严重的磁条。不过，磁条更换简单方便，成本较低。

4. BLDC（无刷直流电机）驱动器

BLDC 驱动器是一款高性能、多功能、低成本的带霍尔传感器的无刷直流电机驱动器。全数字式设计使其拥有灵活多样的输入控制方式，极高的调试比，低噪声和完善的软硬件保护功能。BLDC 驱动器可通过串口通信接口与计算机连接，实现比例-积分-微分（PID）参数、保护参数、电动机参数、加减速时间参数等的设置，还可进行 IN（输入）状态、模拟量输入、报警状态及母线电压的监视。

1）BLDC 驱动器的参数，见表 2-4。

表 2-4 BLDC 驱动器参数表

项目	参数或说明
输入电压	DC18~50V
工作电流	≤10A
电动机霍尔类型	60°、120°、240°、300°

（续）

项目	参数或说明
工作模式	霍尔速度闭环
调速方式	0~5V 模拟量输入 0%~100%PWM 输入（PWM 频率范围：1kHz~20kHz） 内部给定 多段速 1 多段速 2
调速范围	0~6000r/min
保护功能	① 短路：当异常电流大于 50A 时，产生短路保护 ② 过电流：当电流超过工作电流设置值并持续至设定时间后产生过电流保护 ③ 过电压：当电压超过 55V 时产生过电压保护 ④ 欠电压：当电压低于 18V 时产生欠电压保护 ⑤ 霍尔异常：包括相位异常及值异常
工作环境	场合：无腐蚀性、易燃、易爆、导电的气体、液体、粉尘 温度：-10~55℃（无冻霜） 湿度：小于 90%RH（不结露） 海拔：小于 1000m 振动：小于 0.5g，10~60Hz（非连续运行） 防护等级：IP21
散热方式	自然风冷
尺寸大小	120mm×76mm×33mm
重量	250g

2）BLDC 驱动器的特点：

① 霍尔速度 PID 闭环控制，低速转矩大。

② 调速范围宽（0~6000r/min）。

③ 运行加减速时间可由软件设定，实现平滑柔和运行。

④ 驱动器自身损耗小、效率高、温升低、体积小，因此易安装。

⑤ 多种速度控制方式，由软件设定。

⑥ 使能、方向、制动输入信号的极性可由软件设定。

⑦ 多种完善的保护功能。

⑧ 内置制动电阻及控制电路（可选），用于消耗再生能量，防止过电压。

3）各个接口在面板上的位置如图 2-10 所示。

控制信号输入/输出端引脚排列及相关名称如图 2-11 所示。

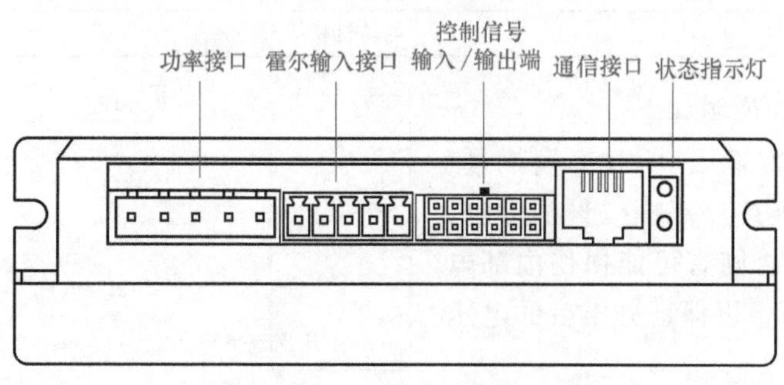

图 2-10 接口定义与连接示意图

BK	GND	SV	5V	PG	ALM
12	10	8	6	4	2
11	9	7	5	3	1
EN	FR	X1	X2	X3	GND

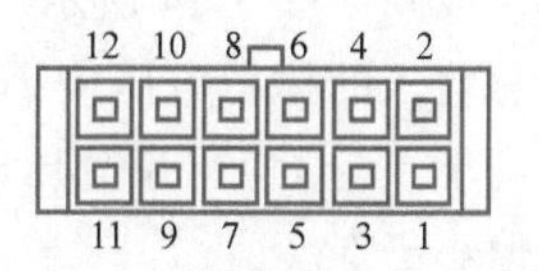

图 2-11 控制信号输入/输出端引脚排列及相关名称

控制信号输入/输出端引脚定义表见表 2-5。

表 2-5　控制信号输入/输出端引脚定义表

端子引脚号	引脚名	定义说明
1	GND	信号接地
2	ALM	报警输出(开漏)电流应限制在 20mA 内
3	X1	多段速输入 1
4	PG	霍尔信号异或输出(开漏)电流应限制在 20mA 内
5	X2	多段速输入 2
6	5V	5V 电源输出,输出电流应小于 20mA(内部为线性电源,过大电流会导致过热)
7	X3	多段速输入 3
8	SV	模拟量输入
9	FR	正反转方向控制信号
10	GND	信号接地
11	EN	电动机使能信号,低电平有效
12	BK	制动信号,高电平有效,正常应接 GND

霍尔信号输入端的引脚排列及相关名称如图 2-12 所示。

功率端子的引脚排列图如图 2-13 所示，定义说明表见表 2-6。

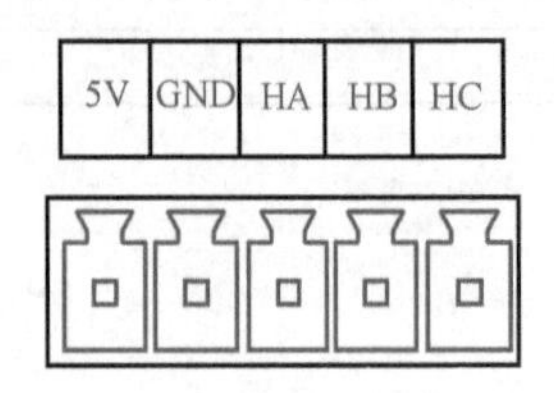

图 2-12　霍尔信号输入端的引脚排列及相关名称

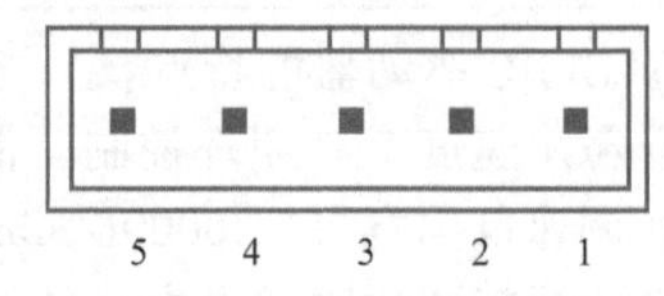

图 2-13　功率端子的引脚排列图

表 2-6　功率端子的引脚定义说明表

端子引脚号	引脚名	定义说明
1	GND	电源输入负端
2	VDC	电源输入正端(DC 18~50V)
3	W	电动机相线 W
4	V	电动机相线 V
5	U	电动机相线 U

4）控制信号输入/输出端引脚的说明如下：

① SV 模拟量输入引脚：SV 外部输入 0~10V 模拟量，输入接线图如图 2-14 所示。当 SV 连接外部模拟量输入时，应注意输入的模拟电压应小于 5V，否则有可能损伤内部电路；高于 5V 时应采用分压电阻分压，以保证分压后的电压最大值小于 5V。

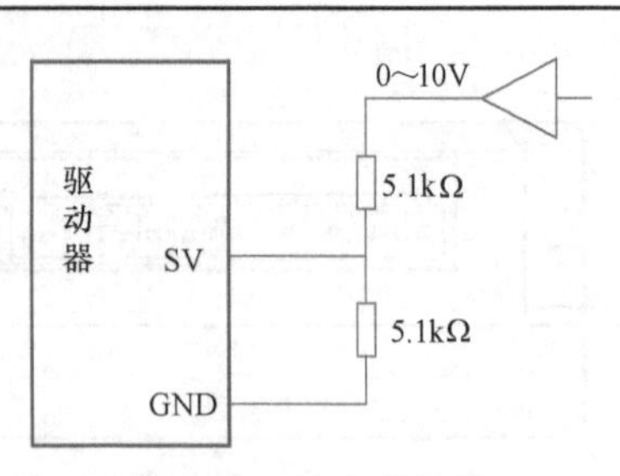

图 2-14　输入接线图

② EN 电动机使能信号输入引脚：EN 引脚与 GND 的

接通与断开可控制电动机的运行与停止。只有当 EN 引脚与 GND 连通时，其他的操作才能被允许；若 EN 引脚与 GND 断开，则电动机处于自由状态，其他的操作被禁能。当电动机出现故障时，可以先断开 EN 引脚，然后再接通来清除故障。

③ FR 正反转方向控制引脚：FR 引脚用于控制电动机转动方向。FR 引脚不同，电平切换时会根据加减速时间设定值，先减速到 0，然后切换方向再从 0 速度加到给定值。如果电动机拖动的负载惯量大，应适当加大加减速时间，否则方向切换时有电流或者电压过高的情况出现。

④ PWR/ALM 报警指示灯：驱动器上有两个 LED 指示灯，分别为红色及绿色。红色为 ALM 错误类型指示灯，绿色为电源指示灯。上电后正常情况为绿灯常亮，如果绿灯灭，应确认电源是否正常。红色指示灯通过不同的闪烁次数可指示出不同的状态，见表 2-7。

表 2-7　红色指示灯状态表

红色指示灯状态	表示含义
一直亮	外部或软件禁能
隔 1s,闪烁 1 次	短路保护
隔 1s,连续闪烁 2 次	霍尔值异常
隔 1s,连续闪烁 3 次	霍尔相位异常
隔 1s,连续闪烁 4 次	过电流
隔 1s,连续闪烁 5 次	母线电压过低
隔 1s,连续闪烁 6 次	母线电压过高

二、系统程序与上位机的设计与调试

本章所涉及的 PLC 控制程序是在博途软件里进行编写的，该软件采用模块化的编程思想。使用过程中，其采用典型的块式结构，不同块完成不同的功能，使程序的调试者对整个程序的控制功能和控制顺序有清晰的概念。

1. 设备组态

组态步骤参考项目一，添加 CPU、步进电动机和触摸屏，并进行参数设置，组态结果如图 2-15 所示。

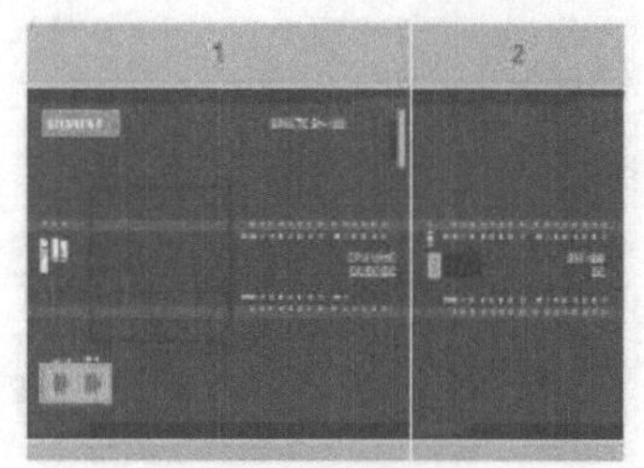

图 2-15　组态结果

2. AGV 程序总体架构的设计

编写 AGV 中央控制系统程序之前，需要详细了解某中央控制系统所需实现的各项功能，使得在程序编写过程中不会遗漏某一项功能。通过总结，可归纳如下：

1）AGV 的启动与停止的控制。

2）AGV 三色显示灯的控制。

3）AGV 速度控制。

4）AGV 自动寻迹运动的控制。

5）AGV 地标识别控制。

AGV 的传感器接线图和磁导航接线图如图 2-16 和图 2-17 所示。

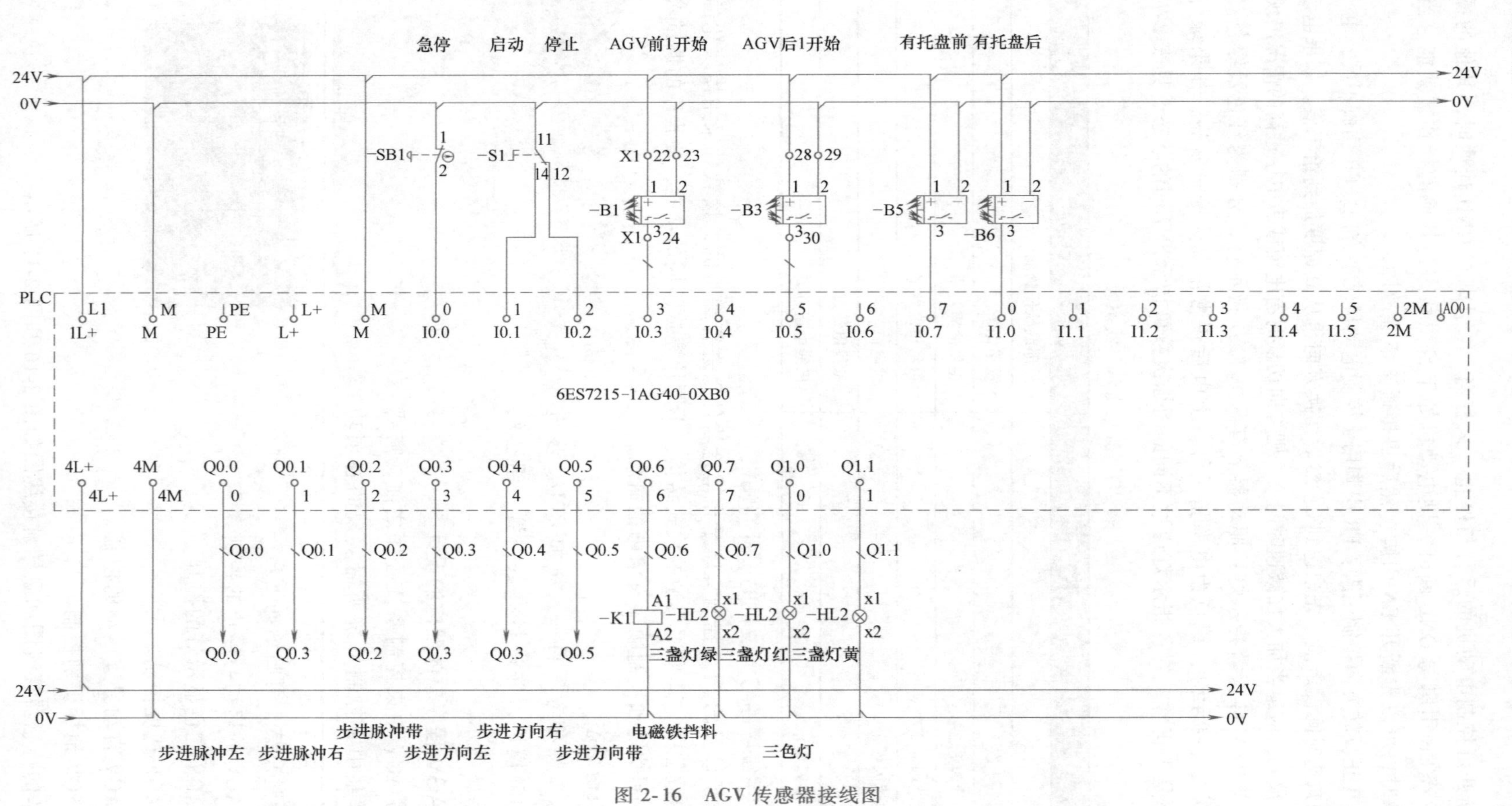

图 2-16　AGV 传感器接线图

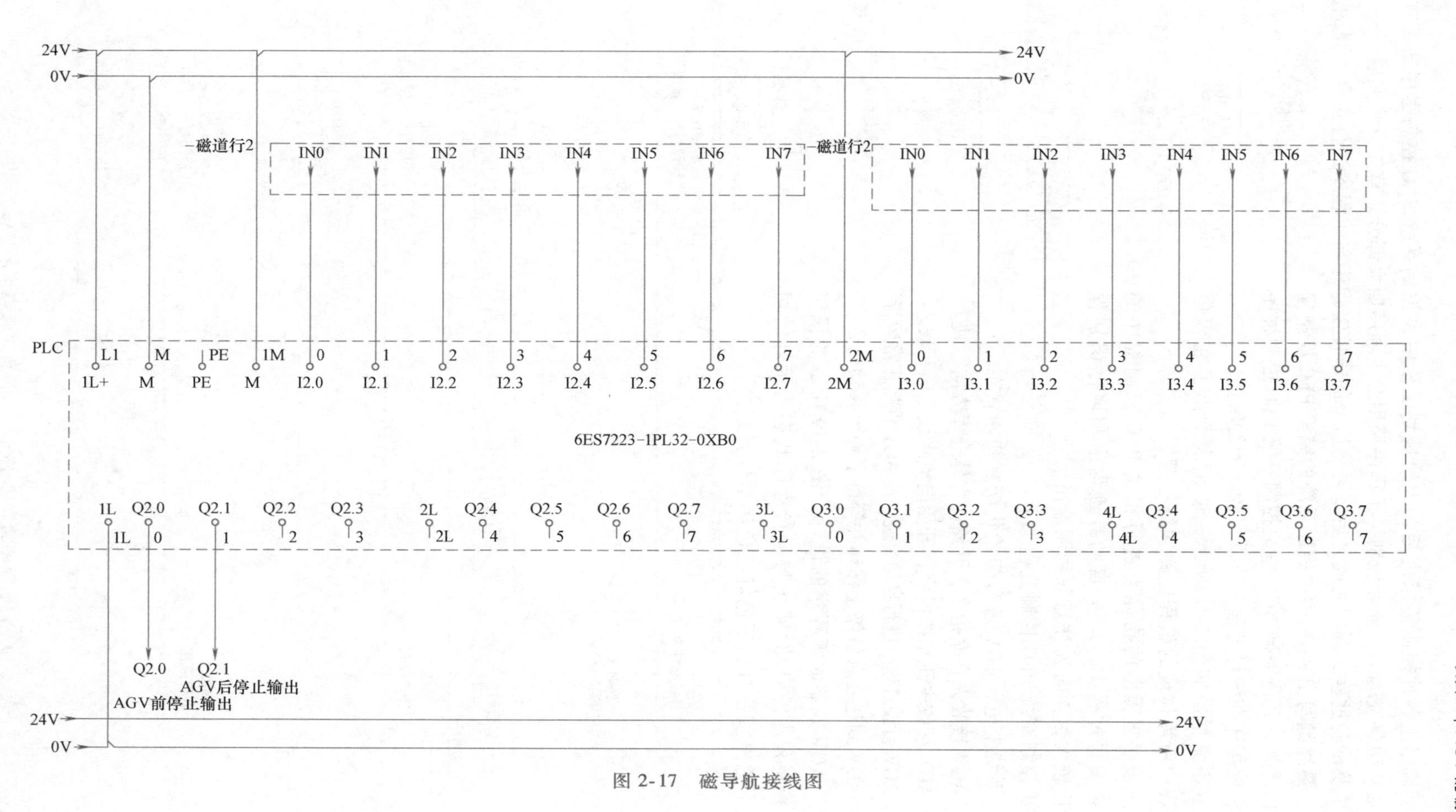
24V
0V
PLC
6ES7223-1PL32-0XB0
-磁道行2
IN0
IN1
IN2
IN3
IN4
IN5
IN6
IN7
L1
M
PE
1M
2M
1L+
I2.0
I2.1
I2.2
I2.3
I2.4
I2.5
I2.6
I2.7
I3.0
I3.1
I3.2
I3.3
I3.4
I3.5
I3.6
I3.7
1L
2L
3L
4L
Q2.0
Q2.1
Q2.2
Q2.3
Q2.4
Q2.5
Q2.6
Q2.7
Q3.0
Q3.1
Q3.2
Q3.3
Q3.4
Q3.5
Q3.6
Q3.7
AGV后停止输出
AGV前停止输出

图 2-17 磁导航接线图

在明确以上各种控制需求之后，大致规划出该中央控制系统 PLC 控制程序的基本框架，主要包括自动寻迹运动、地标识别、子程序调用及主程序四大部分。首先分步完成每一个子程序的调试及试验过程。调试完成之后，再将所有的子控制程序与主程序进行整合、调试、修改和完善，最终编写出 AGV 中央控制系统的完整 PLC 控制程序。除此之外，还需明确 AGV 中央控制系统 PLC 控制程序的流程，使程序在编写过程中体现出较强的逻辑性。

主程序流程图如图 2-18 所示，明确表示出了在程序编写过程中所需体现的编程思路和编程逻辑。

在主程序流程图的指导下进行相关 PLC 控制程序的编写。在编写过程中，AGV 自动寻迹程序和地标识别程序难度比较大，同时要注意双线圈输出。

中央控制系统 PLC 控制流程如下：

1）系统上电，AGV 进行初始化恢复初始状态。

2）AGV 接收去仓库指令，开始向立体仓库方向行驶。

3）AGV 接收去流水线指令，开始向流水线方向行驶。

4）AGV 行驶过程中进行自动寻迹，使 AGV 保持正常运行。

5）AGV 到达终点后停止移动并等待下一个移动命令。

（1）AGV 控制面板程序的设计　图 2-19 所示的程序段用于控制程序的启动/停止与运行程序状态指示灯的切换，按下急停按钮时，三色灯红色指示灯亮起。

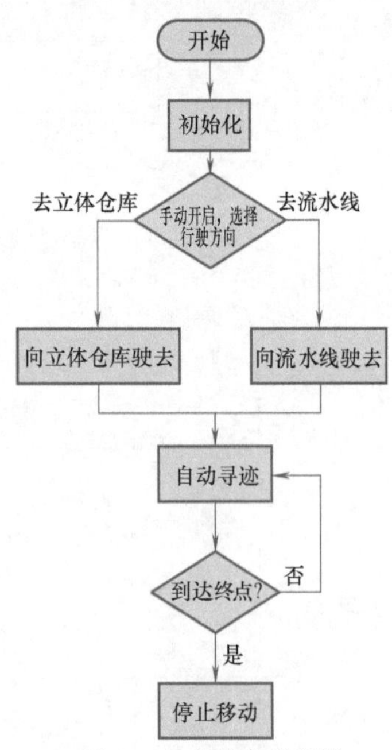

图 2-18　主程序流程图

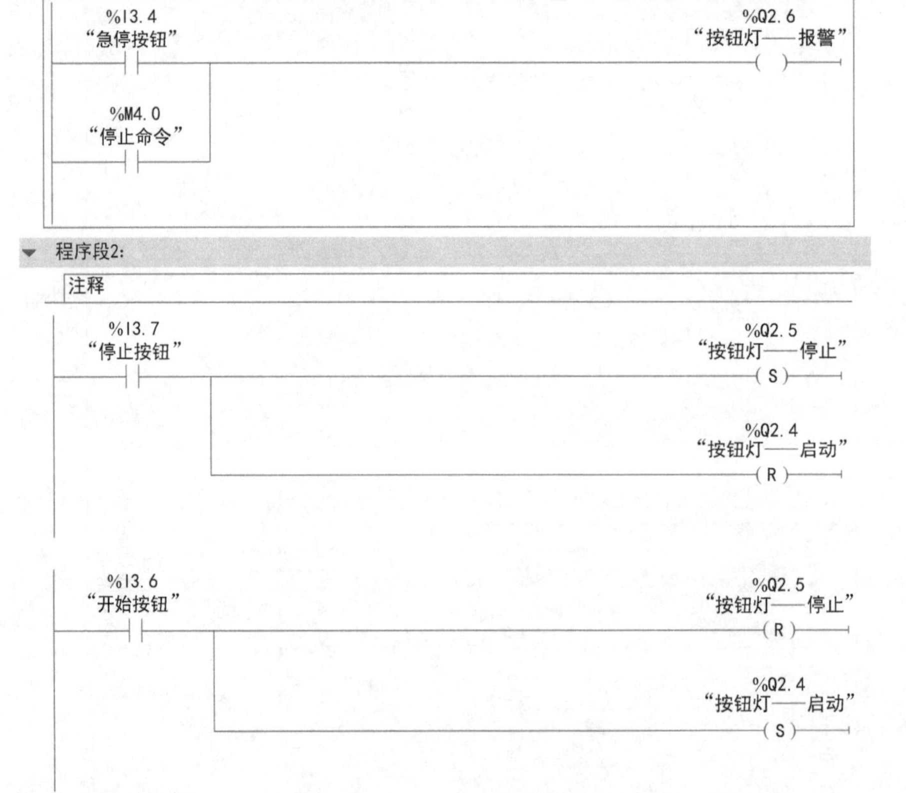

图 2-19　控制程序的启动/停止及运行程序状态指示灯按钮灯的控制

（2）AGV 自动寻迹程序的设计　AGV 自动寻迹系统是非常重要的一个环节，其主要功能是使 AGV 在磁条和磁导航传感器的作用下，能使 AGV 沿粘贴于地面上的磁条稳定准确地运行。该程序编写的关键是利用磁导航传感器各个感应点的位置来判断 AGV 的偏转方向，AGV 自动寻迹程序流程图如图 2-20 所示。

开始
正常运行
否
是否偏移?
是
偏移矫正

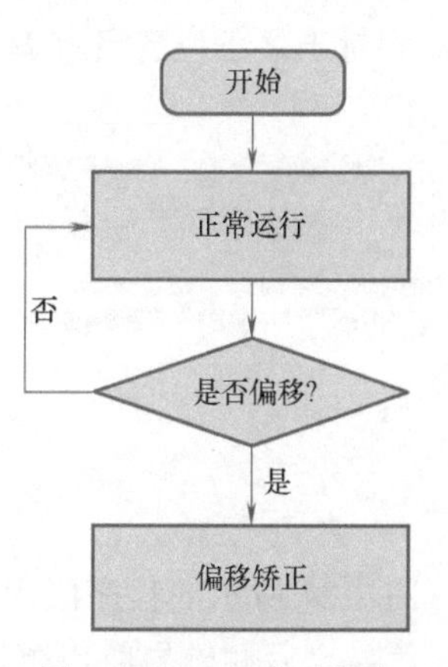

图 2-20　AGV 自动寻迹程序流程图

AGV 自动寻迹步骤如下：

1）接收移动指令后，AGV 开始正常运行。

2）当检测到 AGV 发生偏移时，不断矫正偏移来恢复 AGV 的正常运行。

图 2-21 所示的程序段用于 AGV 右偏检测。AGV 前侧磁导航传感器右侧第 4、5、6 点感应到磁条磁场信号，后侧磁导航传感器右侧第 3、4、5 点感应到磁条磁场信号，说明 AGV 相对于磁条位置向右偏离。

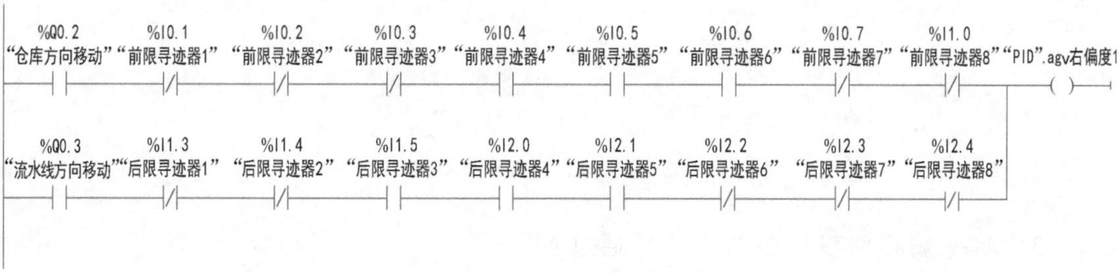

%Q0.2 "仓库方向移动"
%I0.1 "前限寻迹器1"
%I0.2 "前限寻迹器2"
%I0.3 "前限寻迹器3"
%I0.4 "前限寻迹器4"
%I0.5 "前限寻迹器5"
%I0.6 "前限寻迹器6"
%I0.7 "前限寻迹器7"
%I1.0 "前限寻迹器8"
"PID".agv右偏度1
%Q0.3 "流水线方向移动"
%I1.3 "后限寻迹器1"
%I1.4 "后限寻迹器2"
%I1.5 "后限寻迹器3"
%I2.0 "后限寻迹器4"
%I2.1 "后限寻迹器5"
%I2.2 "后限寻迹器6"
%I2.3 "后限寻迹器7"
%I2.4 "后限寻迹器8"

图 2-21　AGV 右偏检测

图 2-22 所示的程序段用于 AGV 左偏检测。AGV 前侧磁导航传感器右侧第 3、4、5 点感应到磁条磁场信号，后侧磁导航传感器右侧第 4、5、6 点也感应到磁条磁场信号，说明 AGV 相对于磁条位置向左偏离。

%Q0.3 "流水线方向移动"
%I1.3 "后限寻迹器1"
%I1.4 "后限寻迹器2"
%I1.5 "后限寻迹器3"
%I2.0 "后限寻迹器4"
%I2.1 "后限寻迹器5"
%I2.2 "后限寻迹器6"
%I2.3 "后限寻迹器7"
%I2.4 "后限寻迹器8"
"PID".agv左偏度1
%Q0.2 "仓库方向移动"
%I0.1 "前限寻迹器1"
%I0.2 "前限寻迹器2"
%I0.3 "前限寻迹器3"
%I0.4 "前限寻迹器4"
%I0.5 "前限寻迹器5"
%I0.6 "前限寻迹器6"
%I0.7 "前限寻迹器7"
%I1.0 "前限寻迹器8"

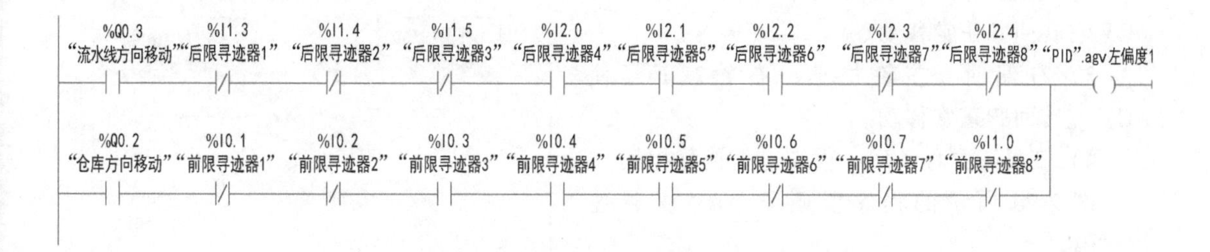

图 2-22　AGV 左偏检测

图 2-23 所示的程序段用于 AGV 正常行驶检测。AGV 前侧磁导航传感器第 3、4、5、6 点感应到磁条磁场信号，后侧磁导航传感器第 3、4、5、6 点也感应到磁条磁场信号，说明

AGV 相对于磁条位置没有偏离。

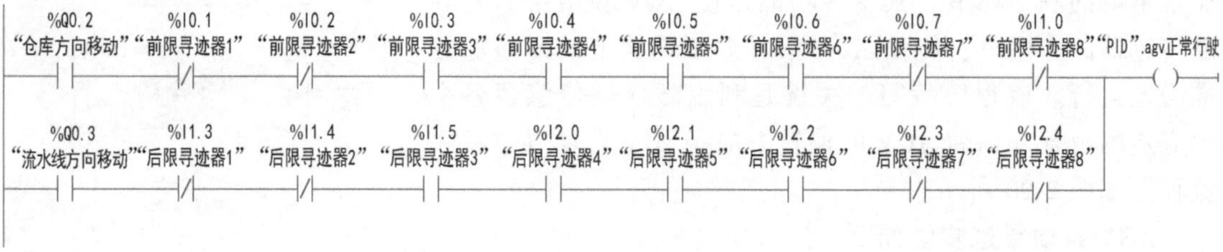

%Q0.2
"仓库方向移动"
%I0.1
"前限寻迹器1"
%I0.2
"前限寻迹器2"
%I0.3
"前限寻迹器3"
%I0.4
"前限寻迹器4"
%I0.5
"前限寻迹器5"
%I0.6
"前限寻迹器6"
%I0.7
"前限寻迹器7"
%I1.0
"前限寻迹器8"
"PID".agv正常行驶
%Q0.3
"流水线方向移动"
%I1.3
"后限寻迹器1"
%I1.4
"后限寻迹器2"
%I1.5
"后限寻迹器3"
%I2.0
"后限寻迹器4"
%I2.1
"后限寻迹器5"
%I2.2
"后限寻迹器6"
%I2.3
"后限寻迹器7"
%I2.4
"后限寻迹器8"

图 2-23　AGV 正常行驶检测

图 2-24 所示的程序段用于 AGV 脱离轨道检测。AGV 前侧磁导航传感器都没感应到磁条磁场信号，后侧磁导航传感器也没有感应到磁条磁场信号，说明 AGV 相对于磁条位置已经脱离轨迹。

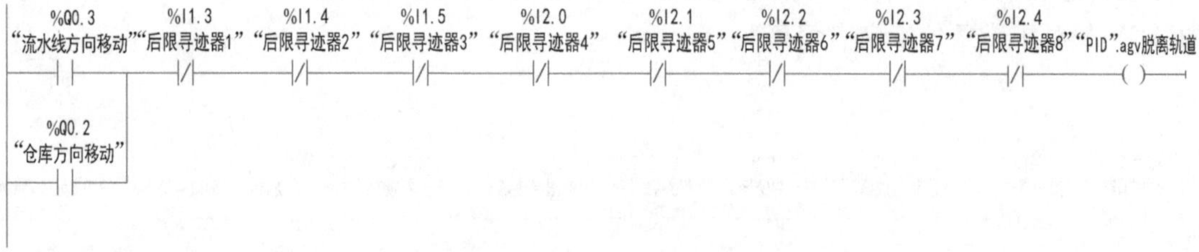

%Q0.3
"流水线方向移动"
%I1.3
"后限寻迹器1"
%I1.4
"后限寻迹器2"
%I1.5
"后限寻迹器3"
%I2.0
"后限寻迹器4"
%I2.1
"后限寻迹器5"
%I2.2
"后限寻迹器6"
%I2.3
"后限寻迹器7"
%I2.4
"后限寻迹器8"
"PID".agv脱离轨道
%Q0.2
"仓库方向移动"

图 2-24　AGV 脱离轨道检测

（3）AGV 偏移调整程序的设计　通过对 AGV 驱动单元左右两轮电动机转速的差速控制来实现对 AGV 偏转方向的纠正，使其磁导航传感器中间检测点趋近磁条正上方，从而完成 AGV 的自动寻迹运动，如图 2-25 所示。

AGV 的偏移调整程序的设计步骤如下：

1）开始检测 AGV 偏移方向。

2）左偏时，右轮加速、左轮减速，使 AGV 右转回归正常移动。

3）右偏时，左轮加速、右轮减速，使 AGV 左转回归正常移动。

4）恢复正常移动后，重新进行偏移检测。

图 2-26 所示的程序段用于 AGV 偏移速度赋值。

图 2-27 所示的程序段用于 AGV 右偏速度赋值。当 AGV 右偏时，给中间偏移速度赋正值，偏离度越大，偏移速度所乘倍数越大，使其左转回归正确轨迹。

开始
是否偏移?
否
是
是否左偏?
是
否
右轮加速
左轮减速
左轮加速
右轮减速
回归轨迹?
否
是
正常移动

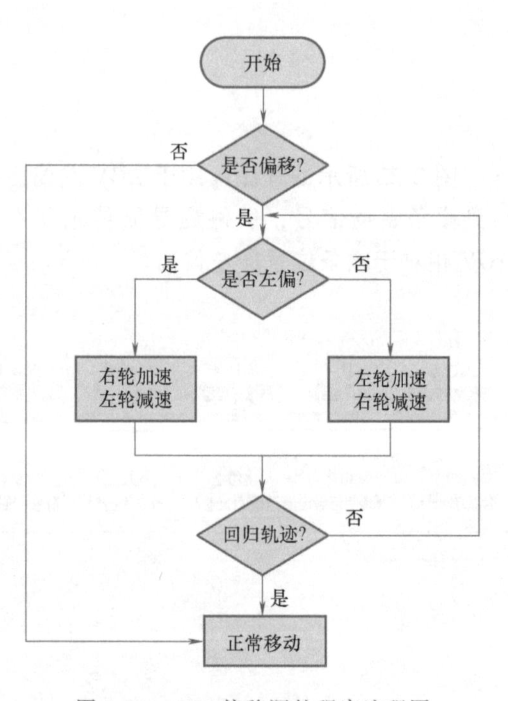

图 2-25　AGV 偏移调整程序流程图

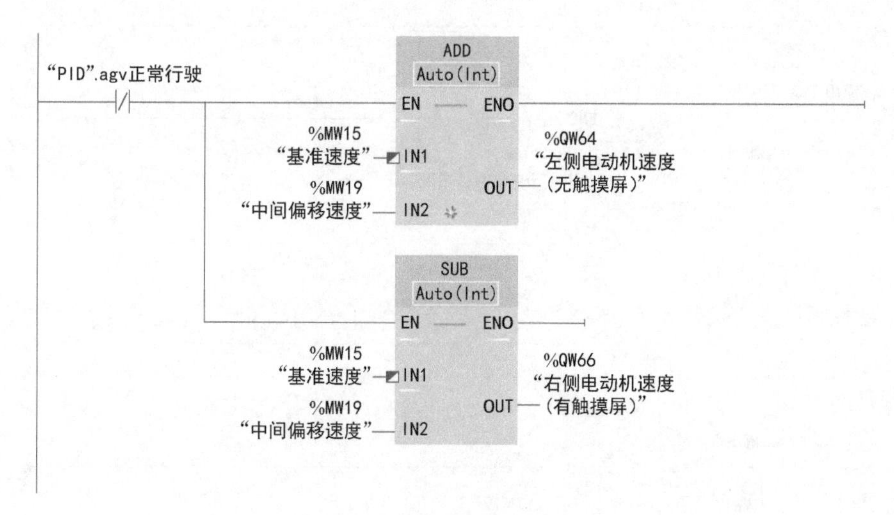

图 2-26　偏移速度赋值

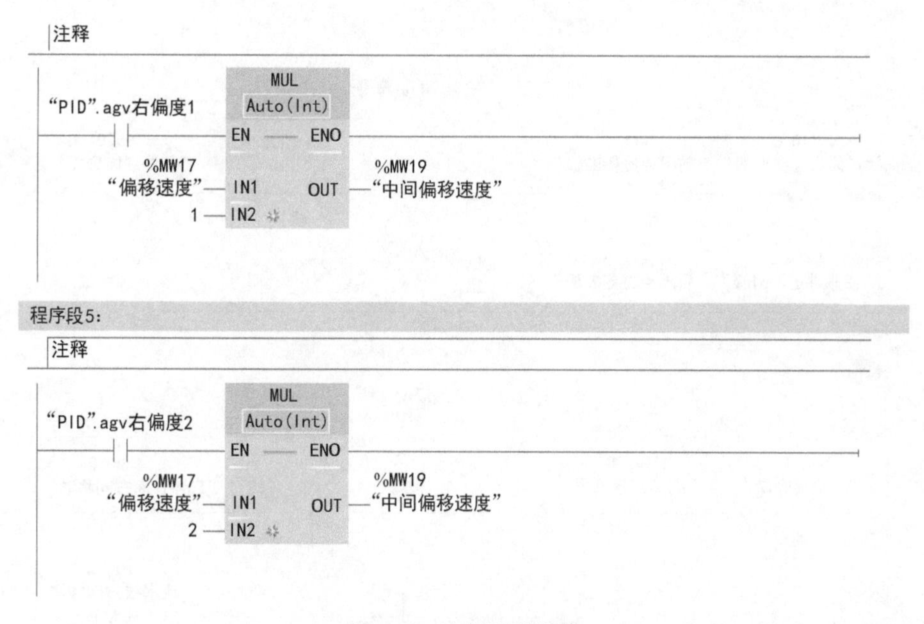

图 2-27　右偏速度赋值

图 2-28 所示的程序段用于 AGV 左偏速度赋值。当 AGV 左偏时，给中间偏移速度赋负值，偏离度越大，偏移速度所乘倍数越大，使其右转回归正确轨迹。

(4) AGV 的运行流程程序的设计　当 AGV 的前磁导航传感器的 N1、N2 极接通时，发出到达立体仓库信号。当后磁导航传感器的 N1、N2 极接通时，发出到达流水线信号，如图 2-29 所示。

图 2-30 所示的程序段用于 AGV 去立体仓库的运行流程。在接收到触摸屏发出的去立体仓库信号之后，AGV 启动向立体仓库移动并升起托盘挡板。

图 2-31 所示的程序段用于 AGV 到达立体仓库后的运行流程。当 AGV 到达立体仓库之后，AGV 停止移动并启动传送带。

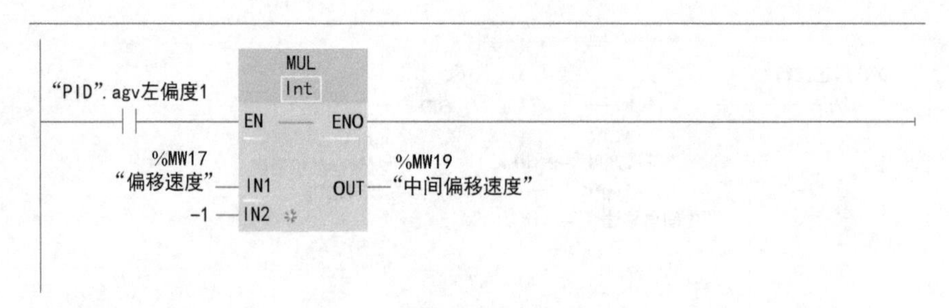

MUL
Int
"PID".agv左偏度1
EN
ENO
%MW17
"偏移速度"
IN1
-1
IN2
%MW19
OUT
"中间偏移速度"
程序段12:
注释
MUL
Int
"PID".agv左偏度2
EN
ENO
%MW17
"偏移速度"
IN1
-2
IN2
%MW19
OUT
"中间偏移速度"

图 2-28　左偏速度赋值

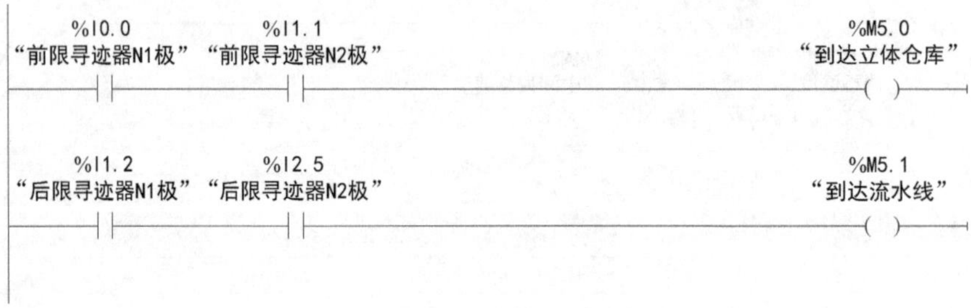

%I0.0
"前限寻迹器N1极"
%I1.1
"前限寻迹器N2极"
%M5.0
"到达立体仓库"
%I1.2
"后限寻迹器N1极"
%I2.5
"后限寻迹器N2极"
%M5.1
"到达流水线"

图 2-29　地标识别

%M3.0
"去立体仓库"
%M5.0
"到达立体仓库"
%Q0.2
"立体仓库方向移动"
S
%Q0.3
"流水线方向移动"
R
%Q0.0
"传送带正启动"
R
%Q1.1
"传送带挡板"
R
%Q2.0
"EN1"
S
%Q2.2
"EN2"
S

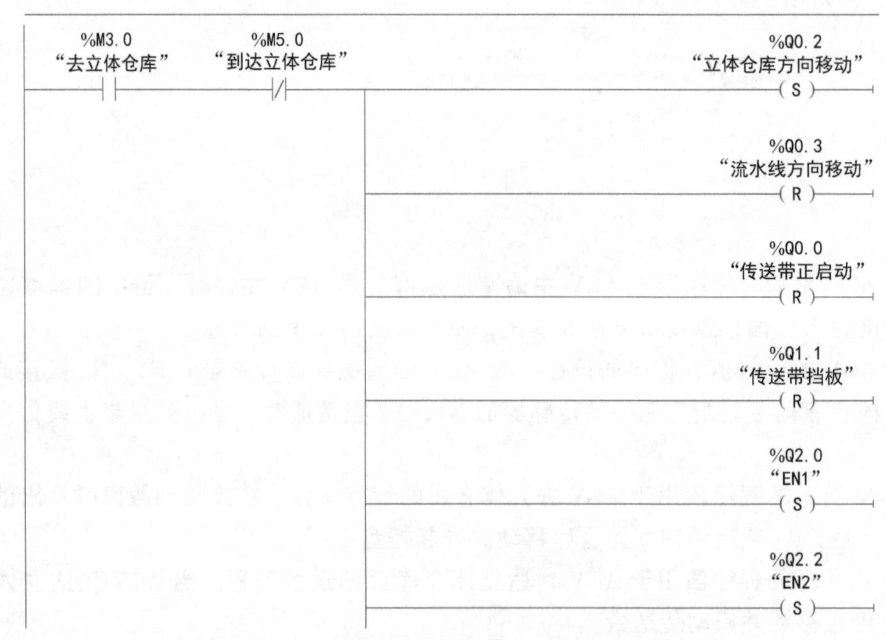

图 2-30　去立体仓库

图 2-30 去立体仓库（续）

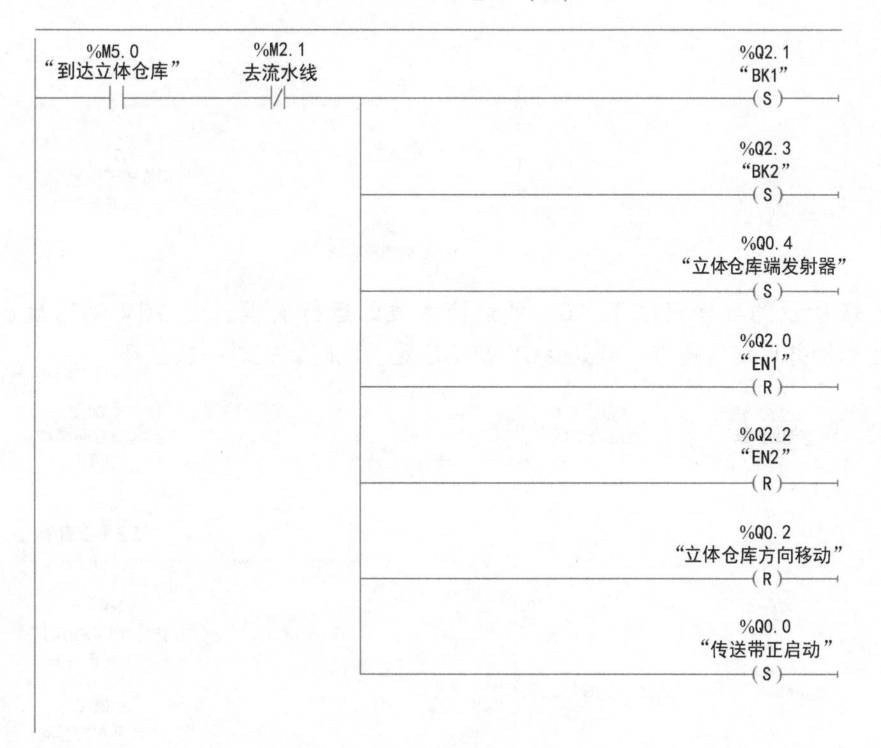

图 2-31 到达立体仓库

图 2-32 所示的程序段用于 AGV 去流水线的运行流程。在接收到触摸屏发出的去流水线信号之后，AGV 启动向流水线移动并升起托盘挡板。

图 2-32 去流水线

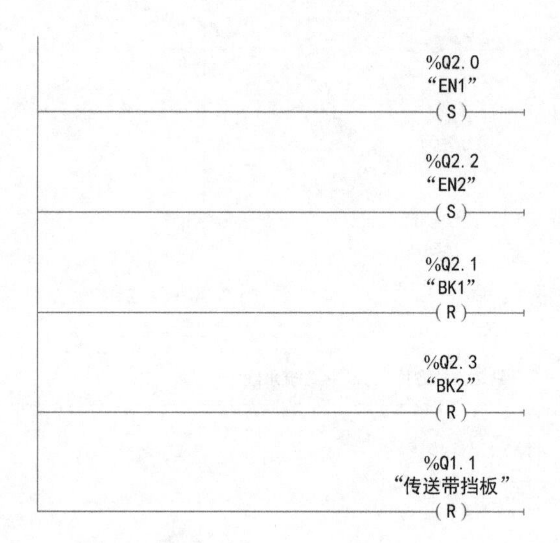

图 2-32　去流水线（续）

图 2-33 所示的程序段用于 AGV 到达流水线的运行流程。当 AGV 到达流水线之后，AGV 停止移动并启动传送带，到达 AGV 初始位置。此时，完成一次循环。

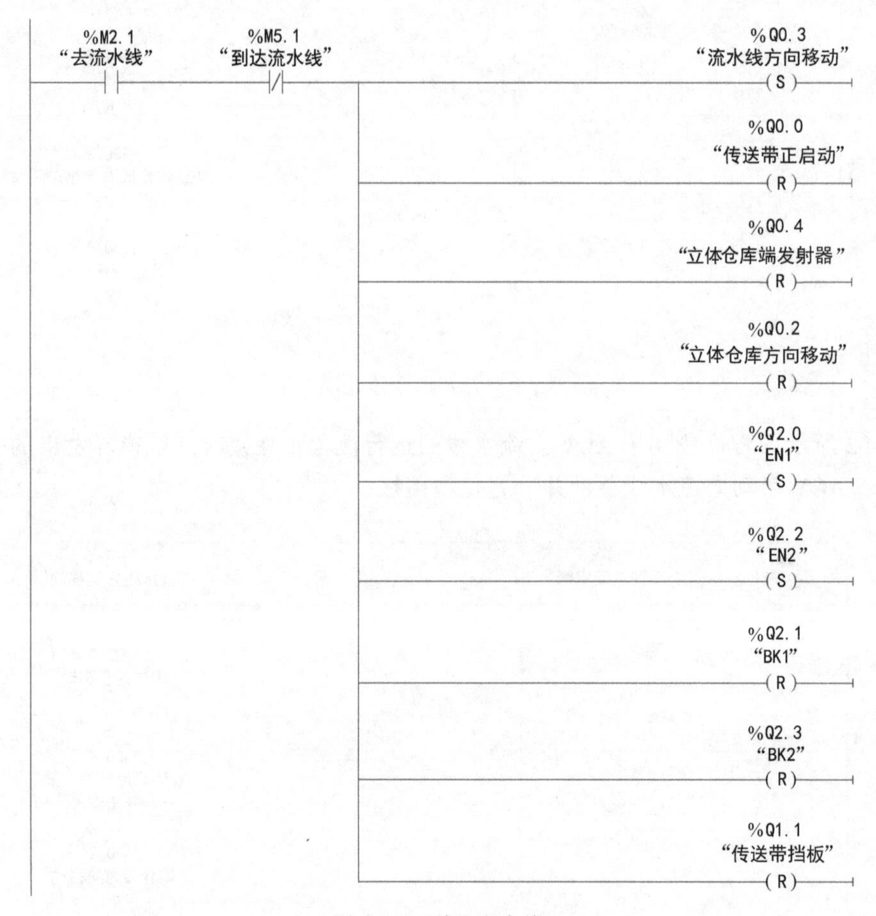

图 2-33　到达流水线

图 2-34 所示的程序段用于计算 AGV 上的托盘数。当 AGV 传送带启动并且收到传送带前限位光电接近开关的下降沿时，计数器进行加计数，计数器计数达到 3 时接通托盘数量上限标志位，使传送带停止，在到达流水线之后清空计数。

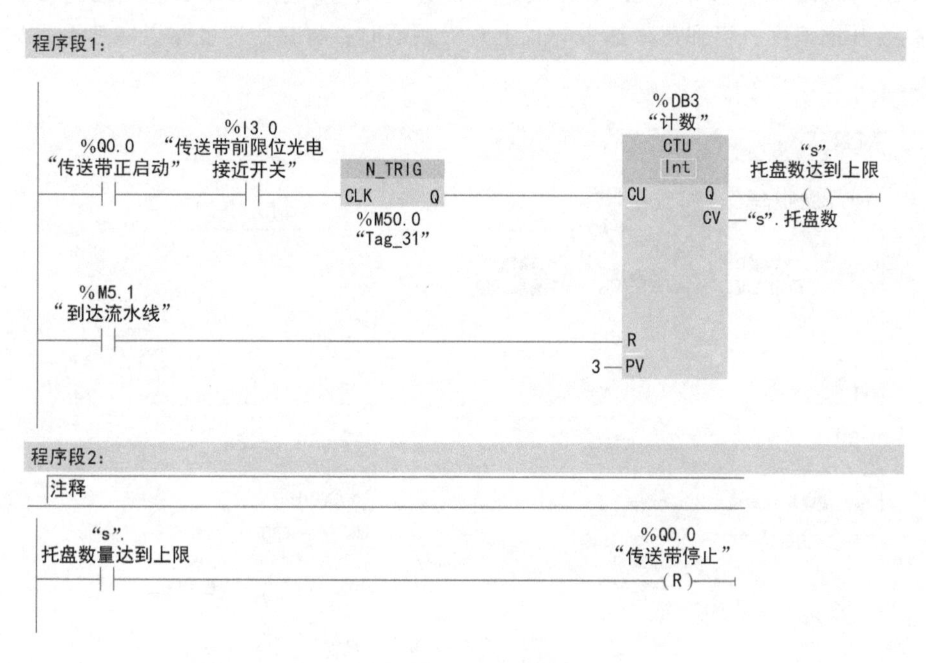

图 2-34　托盘计数

（5）AGV 的减速控制程序的设计　图 2-35 所示的程序段用于到达减速带之后的流程。

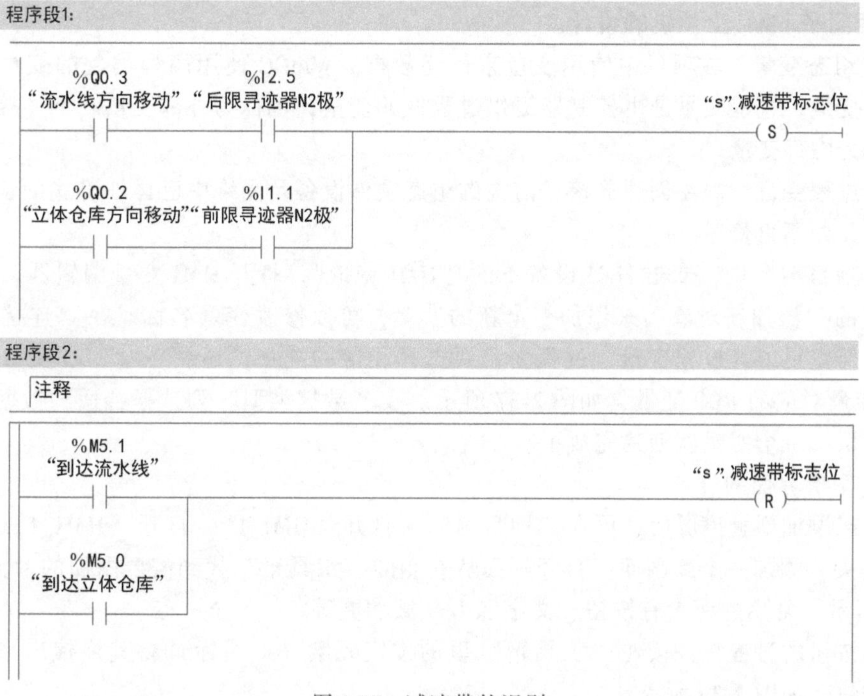

图 2-35　减速带的识别

当 AGV 向流水线方向移动并且后限寻迹器 N2 极接通时，或向立体仓库方向移动并且前限寻迹器 N2 极接通时，说明 AGV 到达减速带标志位，此时置位减速带标志位；当到达流水线或立体仓库时，复位减速带标志位。

图 2-36 所示的程序段用于 AGV 在减速带的速度赋值。当 AGV 未进入减速带时，将初始速度赋给基准速度；当到达减速带时且上升沿接通时，将初始速度除以减速系数后赋给基准速度。

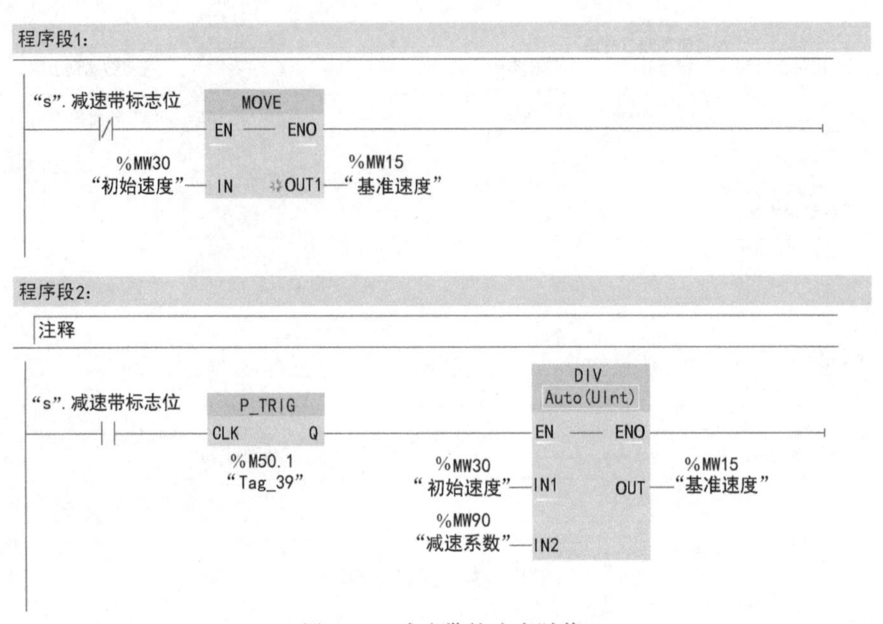

图 2-36　减速带的速度赋值

3. 西门子 HMI 上位机的设计

（1）组态变量　在项目中使用变量来传递数据。WinCC 使用两种类型的变量：过程变量和内部变量。过程变量是由控制器提供过程值的变量，也称为外部变量。不连接到控制器的变量称为内部变量。

对于过程变量，需要创建连接。前文的组态硬件设备及网络中已详细讲述创建连接的步骤方法，此处不再赘述。

在“项目树”中，双击 HMI 设备下的“HMI 变量”，打开 HMI 变量编辑器。双击“名称”列下的“添加新对象”来添加一个新的变量，可以修改变量名称。在“连接”列设置变量为内部变量或者过程变量，过程变量要选择相应的连接，还要在“PLC 变量”列指定该 HMI 变量对应的 PLC 变量，如图 2-37 所示。在“数据类型”列选择合适的数据类型。其他保持默认，一个变量就创建完成了。

（2）图形界面的设计

在组态添加到触摸屏后，可在“项目树”中打开“HMI_1”，打开“HMI_1”下的“画面”文件夹，添加一个新画面。打开画面从右侧的“工具箱”找到需要添加的“元素”，如图 2-38 所示。常用的元素有按钮、文字和 I/O 域功能等。

添加按钮的过程是：按住“工具箱”里的按钮元素（即图标）将其拖拽出来，即可添加一个按钮，如图 2-39 所示。

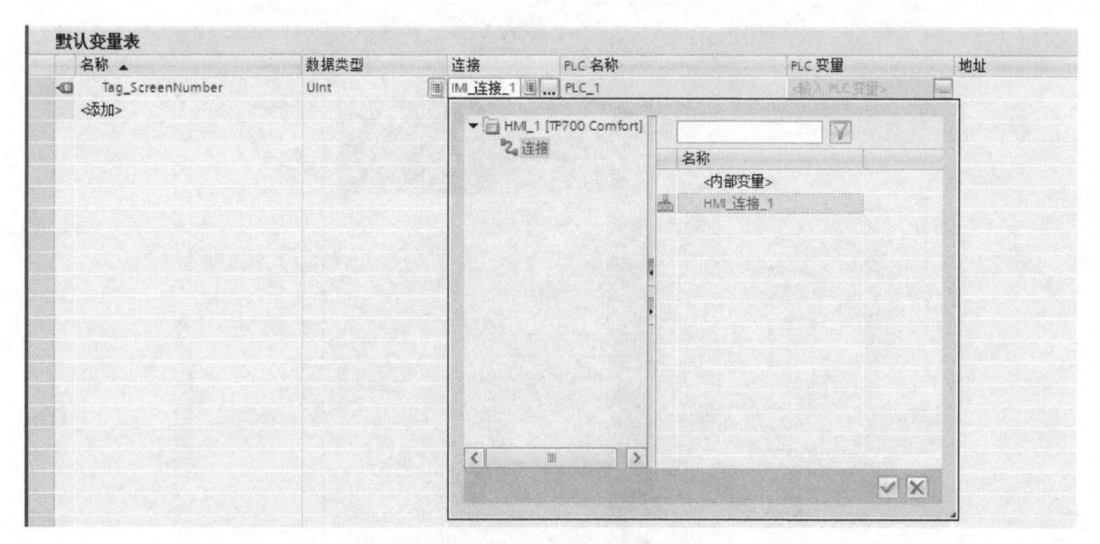

图 2-37　创建变量

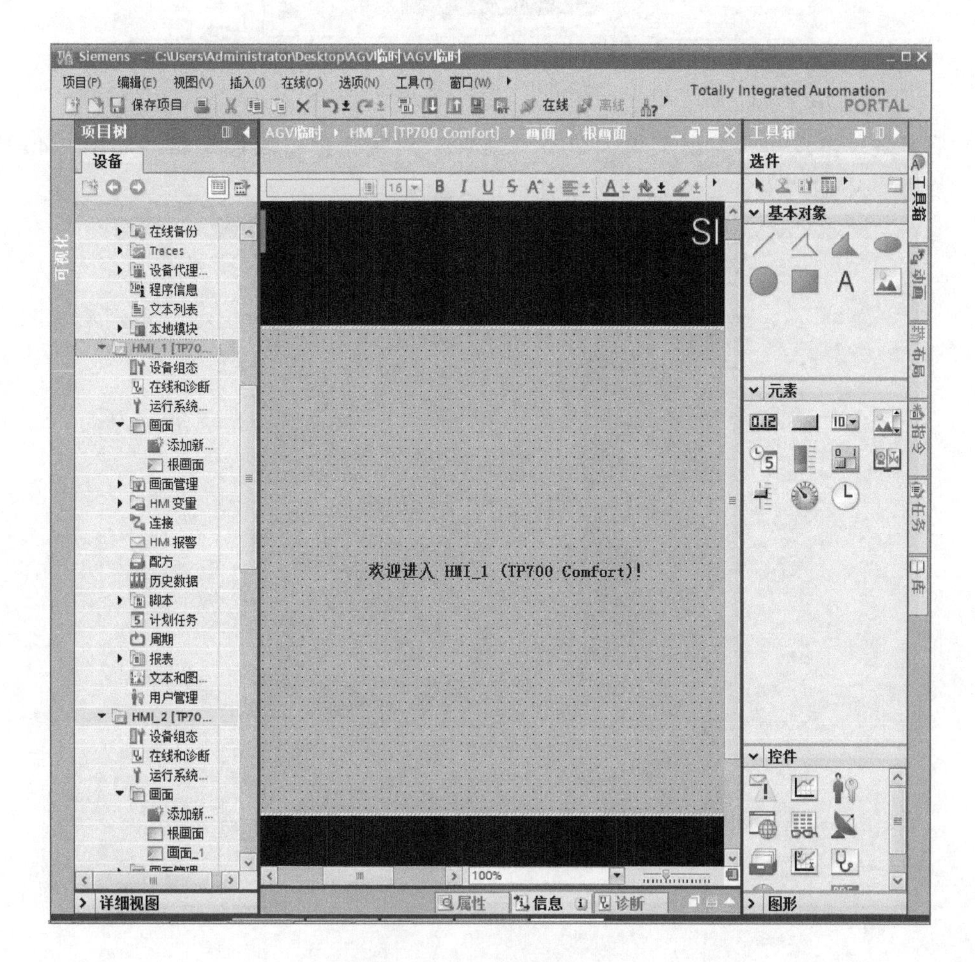

图 2-38　HMI 设计界面

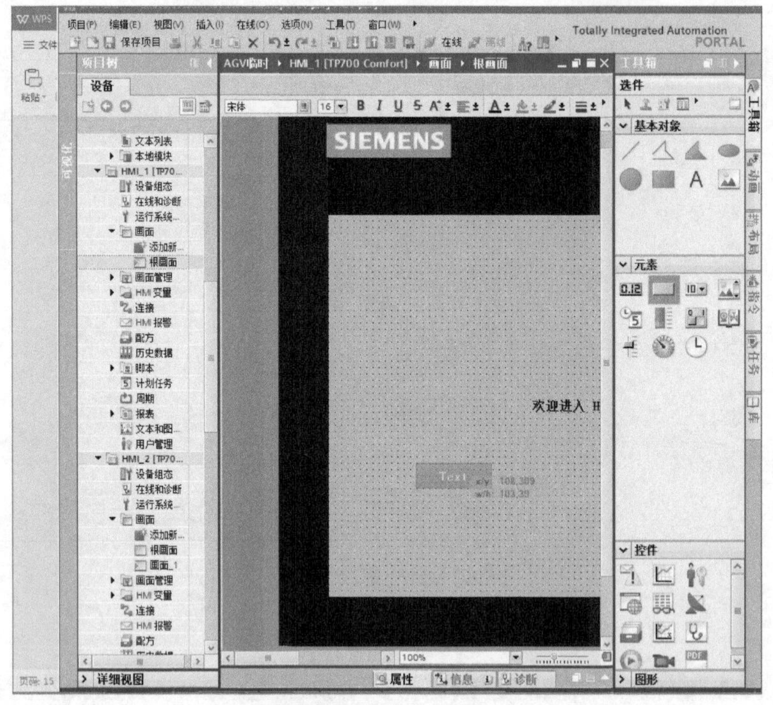

图 2-39　创建一个按钮

然后右键单击按钮，弹出菜单，单击“属性”对按钮进行属性编辑，如图 2-40 所示，可在“属性”中的“事件”对按钮动作进行定义。

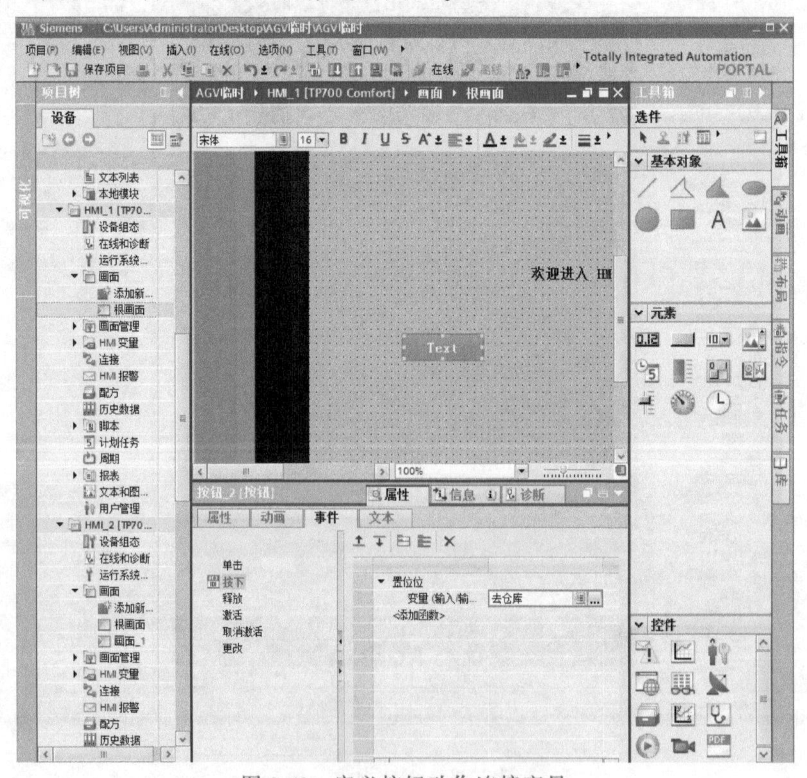

图 2-40　定义按钮动作连接变量

其他文本和 I/O 域的添加过程与其类似。

上位机图形界面的设计应秉承界面简洁、实用、操作简单的主要原则。编辑完成后的主界面图显示如图 2-41 所示。

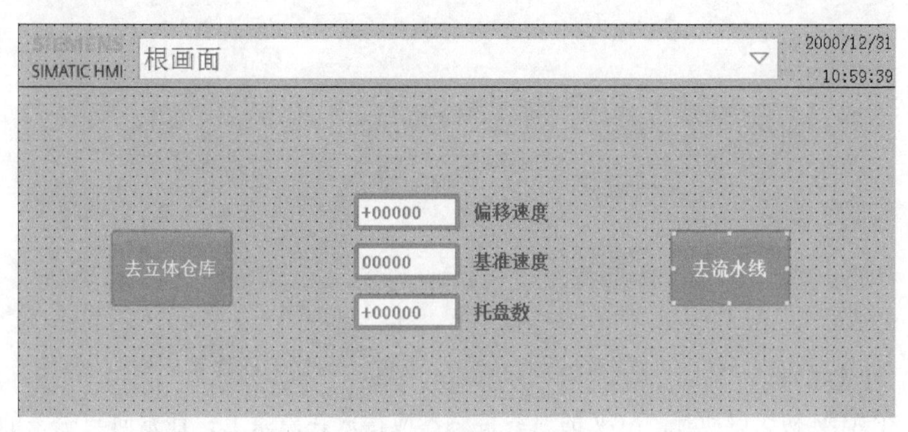

图 2-41　触摸屏主界面

三、程序调试

（1）开机

将 AGV 移至磁条中间，给 AGV 上电，如图 2-42 所示，打开总电源开关，电源指示灯亮。

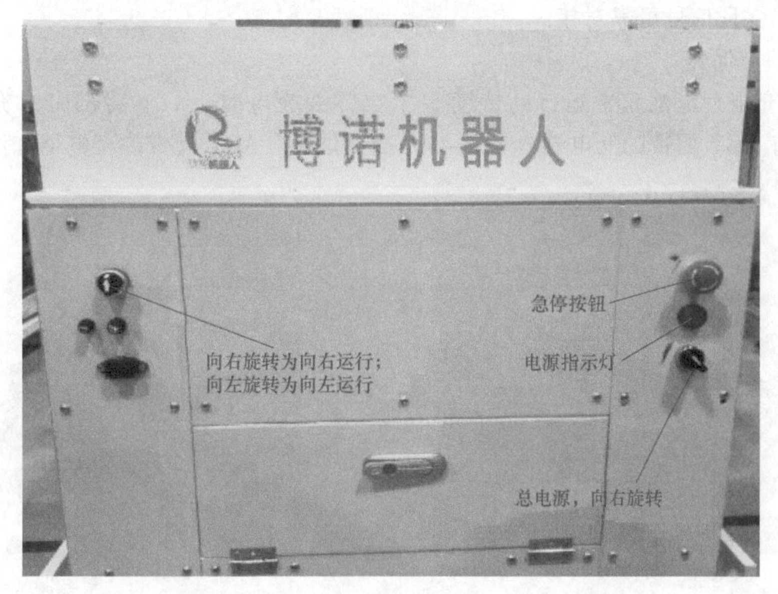

图 2-42　开机

（2）改变 AGV 的运行速度与方向

AGV 操作界面如图 2-43 所示，可通过触摸屏操作界面改变 AGV 的运行速度和方向。

（3）托盘计数

当 AGV 上部输送线上托盘数为 3 时，AGV 延时启动并向托盘流水线方向运行。当卸载完成后，向托盘流水线发送完成信号，并在接收到托盘流水线的应答信号后自动返回，如此自动往复运动。

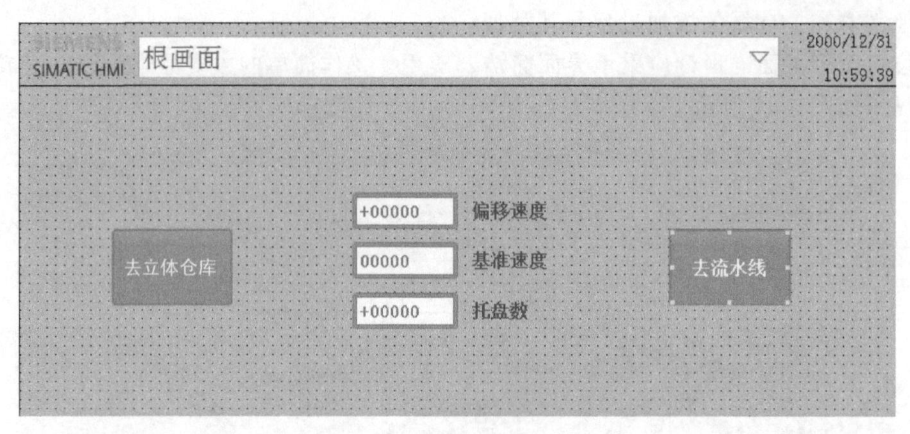

图 2-43　AGV 操作界面

（4）注意事项

1）在 AGV 初次启动时，AGV 的巡线传感器应摆放在磁条上，且方向与磁条的方向大体一致。

2）出现紧急情况时，按下 AGV 上的急停按钮，或者按下 AGV 两端的防撞器，AGV 会立即停止。

3）正常工作时，AGV 的通信传感器要与立体仓库及托盘生产线的对接信号传感器在同一条直线上，保证信号可靠对接。

（5）维护与保养

1）电池充电。电池正常运行约持续 5h。当需要充电时，AGV 背部带有充电孔，如图 2-44 所示，将 AGV 配带的充电器（图 2-45）插上即可，AGV 配带的充电器如图 2-45 所示。

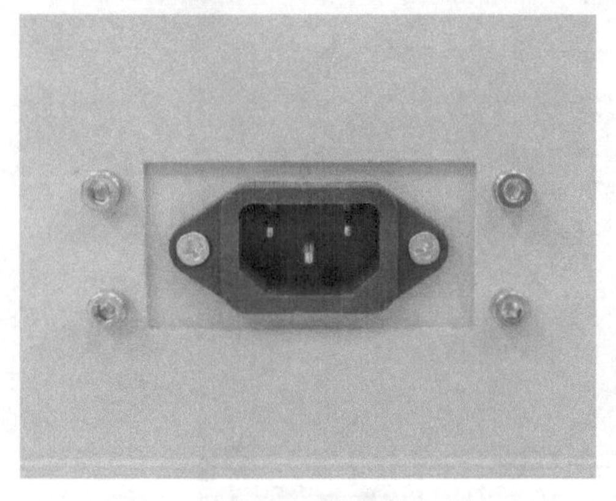

图 2-44　充电孔

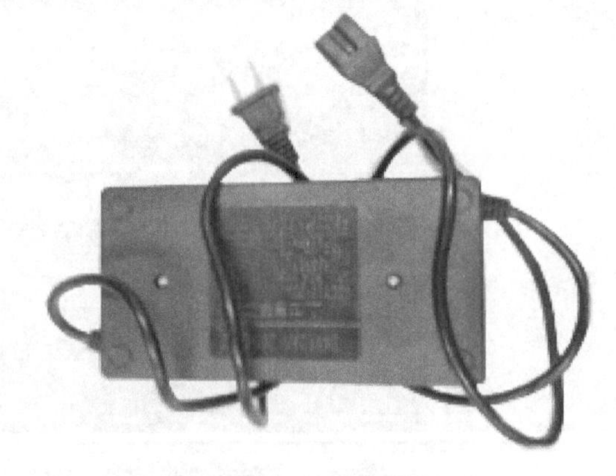

图 2-45　充电器

2）电池保养

① 将电池放置于干燥地点，且正面朝上，不可倾斜。

② AGV 在不用时，请及时关断电源。

③ 不可在亏电时长时间放置。

④ 不要在夜间充电，尽量在有人看管的情况下充电，以免发生意外。

⑤ 平均充电时间在 8h 左右。

⑥ 充电时请用配套的充电器。

问题探究

一、AGV 的引导方式

1）电磁感应式：也是最常见的磁导航式。通过在地面粘贴磁条，AGV 经过时，车底部的电磁传感器会感应到地面磁条地标，从而实现自动行驶运输货物，地标定义则依靠磁条极性的不同排列组合设置。

2）激光感应式：通过激光扫描器识别设置在其活动范围内的若干个定位标志，来确定其坐标位置，从而引导 AGV 运行。

3）RFID 感应式：通过 RFID 标签和读取装备自动检测的地标位置，实现 AGV 自动运行。地标定义通过芯片标签任意定义，即使最复杂的地标设置也能轻松完成。

二、AGV 的优点

1）自动化程度高：由计算机、电控设备和磁感应传感器、激光反射板等控制。当车间某一环节需要辅料时，由工作人员向计算机终端输入相关信息，计算机终端再将信息发送到中央控制室，由专业的技术人员向计算机发出指令。在电控设备的合作下，这一指令最终被 AGV 接收并执行——将辅料送至相应地点。

2）充电自动化：当 AGV 的电量即将耗尽时，它会向系统发出请求指令，请求充电（一般技术人员会事先设置好一个值）。在系统允许后，自动到充电的地方“排队”充电。另外，AGV 的电池寿命很长（2 年以上），并且每充电 15min 可工作 4h 左右。

3）美观：可提高观赏度，从而提高企业的形象。

4）安全性：人为驾驶的车辆的行驶路径无法确知，而 AGV 的导引路径却是非常明确的，因此大大提高了安全性。

5）成本控制：AGV 系统的资金投入是短期的，而员工的工资是长期的，还会随着通货膨胀而不断增加。

6）易维护：红外传感器和机械防撞可确保 AGV 免遭碰撞，降低故障率。

7）可预测性：AGV 在行驶路径上遇到障碍物会自动停车，而人为驾驶的车辆因人的思想因素可能会有判断偏差。

8）降低产品损伤：可减少由于人工的不规范操作而造成的货物损坏。

9）改善物流管理：由于 AGV 系统内在的智能控制，能够让货物摆放更加有序，车间更加整洁。

10）较小的场地要求：AGV 比传统的叉车需要的巷道宽度窄得多。同时，自由行驶的 AGV 还能够从传送带和其他移动设备上准确地装卸货物。

11）灵活性：AGV 系统允许最大限度地更改规划路径。

12）调度能力：AGV 系统的可靠性使其具有非常好的调度能力。

13）工艺流程：AGV 系统也必须是工艺流程中的一部分，它是把众多工艺连接在一起的纽带。

14）长距离运输：AGV 系统能够有效地进行点对点运输，尤其适用于长距离运输（大于 60m）。

15）特殊工作环境：专用系统可在人员不便进入的环境下工作。

知识拓展 AGV 的应用

（1）制造业 市面上的 AGV 主要还集中应用在制造业物料搬运上，AGV 在制造业应用中可以高效、准确、灵活地完成物料的搬运任务。并且多台 AGV 可组成柔性的物流搬运系统，搬运路线可以随着生产工艺流程的调整而及时调整，使一条生产线上能够制造出十几种产品，大大提高了生产的柔性和企业的竞争力。AGV 作为基础搬运工具，它的应用可以深入到机械加工、家电生产、微电子制造及卷烟等多个行业，生产加工领域成为 AGV 应用最广泛的领域。

（2）特种行业 在军事上，以 AGV 的自动驾驶为基础集成其他探测和拆卸设备，可用于战场排雷和阵地侦察，如英国军方正在研制的 MINDER Recce 是一辆具有地雷探测、销毁及航路验证能力的自动型侦察车。在钢铁厂，AGV 用于炉料运送，减轻了工人的劳动强度。在核电站和利用核辐射进行保鲜储存的场所，AGV 用于物品的运送，避免了人员遭到危险的辐射。在胶卷和胶片仓库，AGV 可以工作在黑暗的环境中，准确可靠地运送物料和半成品。米克力美开发的 AGV 已经投入在兵器维护和矿山实际应用中。

（3）餐饮服务业 未来在服务业 AGV 也有望大展身手，如餐厅传菜上菜、端茶递水等基础劳动都可以由 AGV 来完成。

（4）食品医药业 对于搬运作业有清洁、安全、无排放污染等特殊要求的医药、食品、化工等行业中，AGV 的应用也受到重视。在国内的许多卷烟企业，如青岛颐中集团、玉溪红塔集团、红河卷烟厂和淮阴卷烟厂应用激光引导式 AGV 完成托盘货物的搬运工作。

评价反馈

表 2-8 评价表

基本素养(30分)				
序号	评估内容	自评	互评	师评
1	纪律(无迟到、早退、旷课)(10分)			
2	安全规范操作(10分)			
3	团结协作能力、沟通能力(10分)			
理论知识(30分)				
序号	评估内容	自评	互评	师评
1	PLC 的应用(5分)			
2	AGV 的运行流程(5分)			
3	I/O 单元和 I/O 信号的配置(5分)			
4	对 AGV 能力有限解决方案的认知(5分)			
5	对 AGV 可靠性和稳定性的认知(5分)			
6	对 AGV 在物流系统应用的认知(5分)			
技能操作(40分)				
序号	评估内容	自评	互评	师评
1	独立完成 AGV 程序的编写(10分)			
2	程序校验(10分)			
3	AGV 程序的调试(10分)			
4	程序运行演示(10分)			
综合评价				

练习与思考题

一、填空题

1. AGV 单机的主要关键技术主要有________、________及________。

2. 按导向方式的不同，可将自动引导小车（AGV）分为________、________、________。

3. 光电传感器主要由________和________组成。

4. AGV 主要应用在________、________、________、________。

二、简答题

1. 简述 AGV 开机后的主要安全注意事项。

2. 运行结束后如何关闭 AGV 系统？

3. 若 AGV 在执行任务过程中停在原地不动，通常是什么原因造成的（结合现场经验，写出 3 点即可）？

三、操作题

在立体仓库与托盘流水线之间正确铺设磁条导轨，使 AGV 上部输送线与托盘流水线和码垛机器人 Y 轴实现正常对接。编写 PLC 控制程序，手动/自动控制 AGV 往返于立体仓库与托盘流水线之间。

编写 AGV 控制程序，要求如下：

1）可以手动/自动控制 AGV 自动往返于托盘流水线与立体仓库之间，AGV 初始状态位于立体仓库端。

2）AGV 在靠近托盘流水线或立体仓库时可以减速运行。

3）当传送带上有托盘时，顶升磁铁使阻挡杆伸出，阻挡托盘。

4）当 AGV 在立体仓库侧，传送带自动开启，并计数传送带上托盘的个数，当托盘的个数为 3 时，AGV 自动往托盘流水线侧运行；在托盘流水线侧顶升磁铁缩回，托盘往流水线上传送，当托盘传送完毕，AGV 自动返回立体仓库侧。如此循环往复，直到托盘运送完毕。

项目三
智能视觉系统的编程与调试

学习目标

1）掌握智能视觉系统的基本知识。

2）掌握智能视觉系统的机械电气连接方法。

3）掌握智能相机图像清晰度的调节方法。

4）掌握图像标定、样本学习和脚本语言编写等视觉的编程与操作方法。

工作任务

一、任务描述

1. 视觉软件的设定

打开安装在编程计算机上的 X-SIGHT STUDIO 信捷智能相机软件，连接和配置智能相机，通过调整智能相机镜头焦距及亮度，使智能相机稳定、清晰地摄取图像信号，在软件中能够实时查看现场放置于智能相机下方托盘中工件的图像，要求工件的图像清晰。实现后的界面效果如图 3-1 所示。

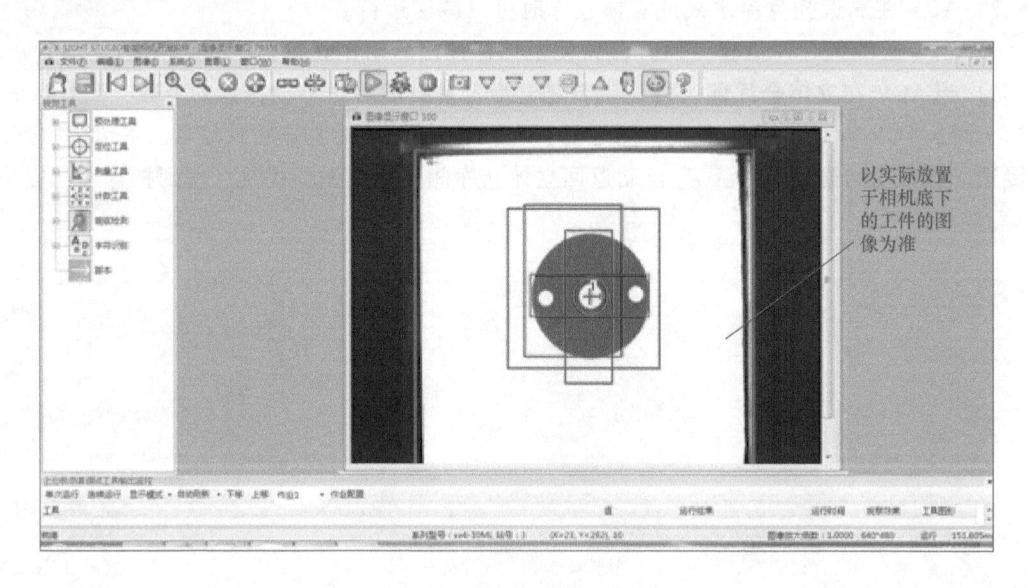

图 3-1 实现后的界面效果

2. 智能相机的编程和调试

（1）设置视觉控制器触发方式、Modbus 参数，设置视觉控制器与主控 PLC 的通信。

（2）图像标定、样本学习 任务要求如下：

1）对图像进行标定，实现智能相机中出现的尺寸和实际的物理尺寸一致。

2）对托盘内单一工件进行拍照（图 3-2），获取该工件的形状、位置和角度偏差，利用视觉工具编写智能相机视觉程序对工件进行学习。规定智能相机镜头中心为位置零点，智能相机学习的工件角度为零度。

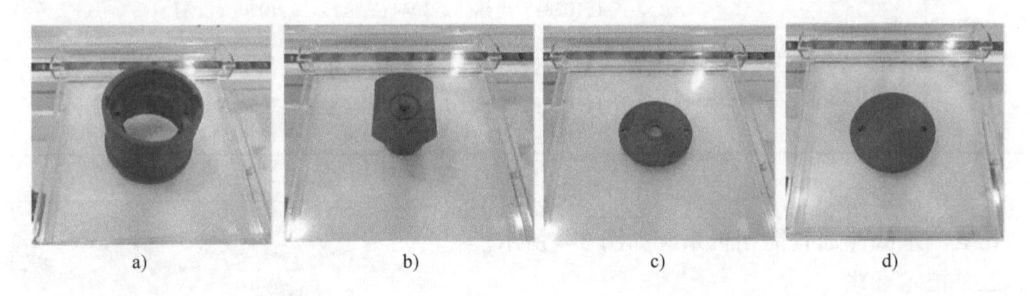

图 3-2　工件

a）工件 1 关节底座　b）工件 2 电动机模块　c）工件 3 谐波减速器模型　d）工件 4 输出法兰

3）编写 4 种工件及缺陷工件的脚本文件，各工件如图 3-3 所示，智能相机工件信息及对应通信地址见表 3-1，规定每个工件占用 3 组地址空间，每组地址空间的第 1 个信息为工件位置 X 坐标，第 2 个信息为工件位置 Y 坐标，第 3 个信息为角度偏差。

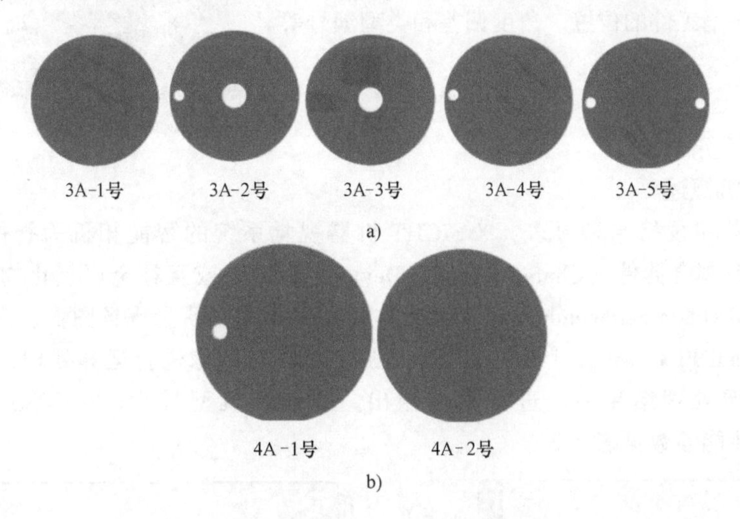

图 3-3　3A 号和 4A 号缺陷工件

a）3A 号缺陷工件　b）4A 号缺陷工件

表 3-1　智能相机工件信息及对应通信地址样例

工件号	工件	Modbus 通信地址
1		1000:X 坐标　1006:X 坐标　1012:X 坐标 1:1002:Y 坐标　2:1008:Y 坐标　3:1014:Y 坐标 1004:角度　1010:角度　1016:角度
2		1018:X 坐标　1024:X 坐标　1030:X 坐标 1:1020:Y 坐标　2:1026:Y 坐标　3:1032:Y 坐标 1022:角度　1028:角度　1034:角度

（续）

工件号	工件	Modbus 通信地址
3		1036:X 坐标　1042:X 坐标　1048:X 坐标 1:1038:Y 坐标　2:1044:Y 坐标　3:1050:Y 坐标 1040:角度　1046:角度　1052:角度
4		1054:X 坐标　1060:X 坐标　1066:X 坐标 1:1056:Y 坐标　2:1062:Y 坐标　3:1068:Y 坐标 1058:角度　1064:角度　1070:角度

二、所需设备

托盘流水线侧面智能相机系统如图 3-4 所示。

图 3-4　智能相机系统

三、技术要求

1）视场中图像清晰可见。

2）智能相机中出现的工件尺寸和实际物理尺寸一致。

3）依次手动放置装有图 3-2 和图 3-3 中 1、2、3、4 号工件以及 3A、4A 号缺陷工件的托盘（每一个托盘放置 1 个工件）于拍照区域，在软件中能够得到和正确显示 4 种工件及缺陷工件的位置、角度偏差和类型编号等。

实践操作

一、知识储备

1. 智能相机概述

（1）智能相机规格与型号表　X-SIGHT 机器视觉系统的智能相机为智能化一体相机，通过内含的电荷耦合器件（Charge Coupled Device，CCD）或互补金属氧化物半导体（Complementary Metal Oxide Semiconductor，CMOS）传感器采集高质量现场图像，内嵌数字信号处理（Digital Signal Processing，DSP）芯片，能脱离 PC 对图像进行运算处理，PLC 在接收到智能相机的图像处理结果后，进行动作输出。智能相机型号为 SV4-30ML，外形尺寸如图 3-5 所示，性能参数见表 3-2。

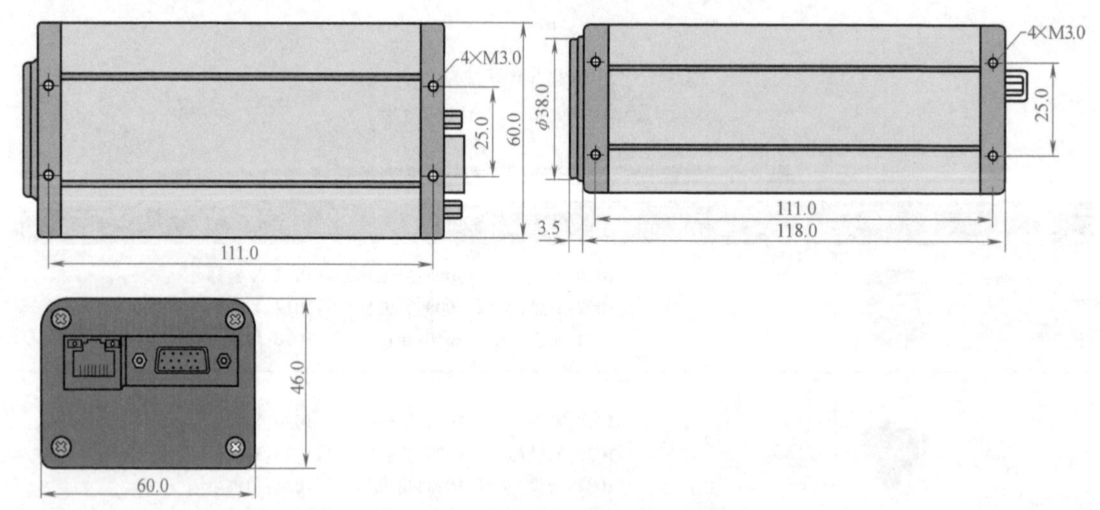

图 3-5　SV4-30ML 智能相机外形图

表 3-2 智能相机性能参数表

型号	SV4-30ML
分辨率	640×480
照相元件	1/3in CMOS
像素尺寸	6.0μm×6.0μm
扫描方式	逐行扫描
曝光方式	全局曝光
帧率	60fps
快门	
电子快门(0.1~15ms)通信方式	100Mbit/s 以太网/RS485
工作温度	0~50℃
保存温度	-10~60℃
外形尺寸	118mm×60mm×43mm
质量	290g
功耗	3.5W

(2) 连接端口与通信协议　智能相机有两个接口，分别为 RJ45 网口和 DB15 串口。连接时，用交叉网线连接智能相机与计算机，用 SW-IO 串口线连接智能相机与电源控制器，如图 3-6a 所示，图 3-6b 为串口线图例与串口各针脚的定义图。

a)

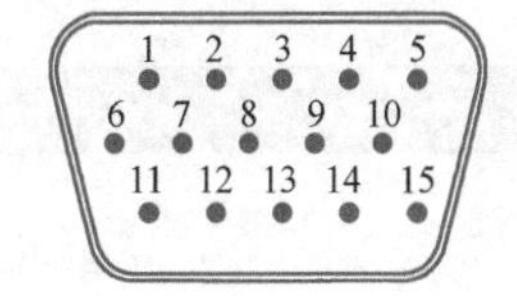

1—X0 黑色　2—Y2 土黄色　3—Y3 红色
4—RS485-A 橙色　5—GND 黄色　6—X1 绿色
7—Y1 蓝色　8—Y0 紫色　9—Y4 灰色
10—RS485-B 白色　11—24V 粉红色　12—24V 青色
13—24V 浅蓝色　14—GND 黑白　15—GND 蓝白

b)

图 3-6　SW-IO 电缆和 DB-15 串口各针脚的定义图
a) SW-IO 电缆　b) DB-15 串口各针脚的定义图

智能相机支持的通信方式包括 RS485 和 Modbus/TCP。智能相机通过 100Mbit/s 以太网可以与所有支持 Modbus/TCP 通信协议的 100Mbit/s 以太网设备通信。

(3) 光源控制器　光源控制器型号为 SIC-242，内置两路可控光源输出，两路智能相机触发端，及五路智能相机数据输出端，A、B 端子为 RS485 通信端口，两路光源手动调节开关，预留七路站号选择，图 3-7 所示为各部分说明，光源控制器端子说明见表 3-3。

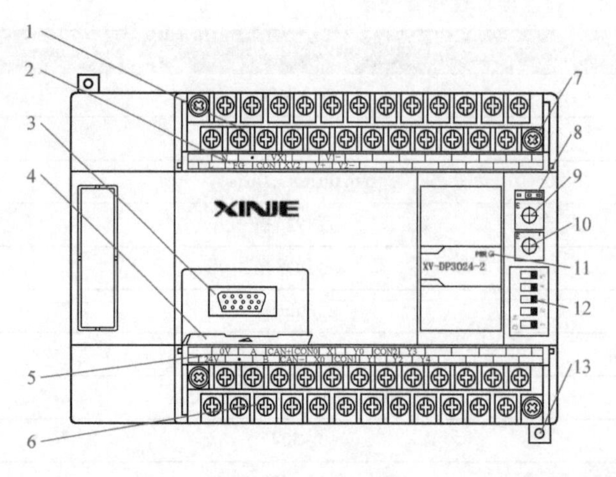

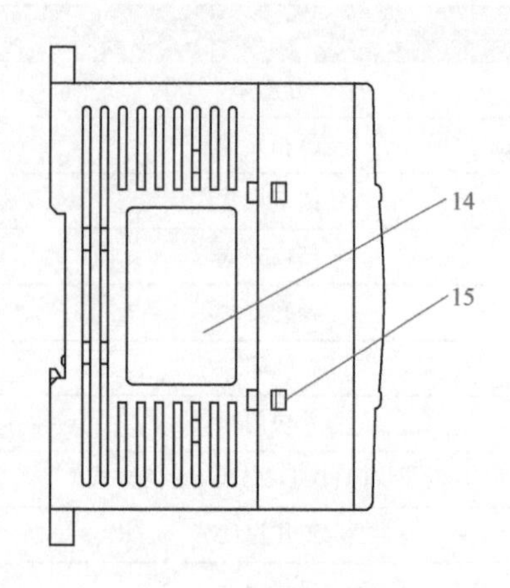

图 3-7　光源控制器示意图

1—光源控制端子排　2—光源控制端子标签　3—智能相机连接串口　4—串口盖板　5—智能相机输出/输入端子标签　6—智能相机输出/输入端子排　7—端子台安装/拆卸螺钉　8—光源控制模式转换开关　9—光源亮度手动调节开关 1　10—光源亮度手动调节开关 2　11—电源指示灯　12—通信波特率/站号拨码开关　13—安装孔（2 个）　14—机身标签　15—上盖拆卸搭扣

表 3-3　光源控制器端子的说明

光源控制端子说明	
N L　FG	L、N 接 220V 交流电源,FG 为接地
智能相机输出端子说明	
0V 24V	24V、0V 需外接电源输入,给智能相机的输入输出点供电
A B	A、B 为 RS485 通信端口
CAN+ CAN-	CAN+、CAN-为 CAN 总线通信端口
COM0　X1 X0	COM0、X0、X1 为智能相机的输入端子,开关电平为直流 24V,输入信号形式为触点输入或 NPN 型集电极开路输出
Y0 COM1　Y1	COM1、Y0、Y1 为智能相机的第一段输出端子,为 NPN 型集电极开路输出
COM2　Y3 Y2　Y4	COM2、Y2~Y4 为智能相机的第二段输出端子,为 NPN 型集电极开路输出

（4）镜头及光源　镜头是机器视觉系统中的重要组件，对成像质量起关键性的作用，它对成像质量的几个主要指标都有影响，包括分辨率、对比度、景深及各种像差。工业镜头的选择一定要慎重，因为镜头的分辨率直接影响成像的质量。选购镜头首先要了解镜头的相关参数：分辨率、焦距、光圈大小、明锐度、景深、有效像场和接口形式等。配备的镜头如图 3-8 所示，白色背光光源如图 3-9 所示。

图 3-8　镜头

图 3-9　背光光源

2. X-SIGHT 上位机软件介绍

（1）界面基本构成　X-SIGHT 软件界面如图 3-10 所示。

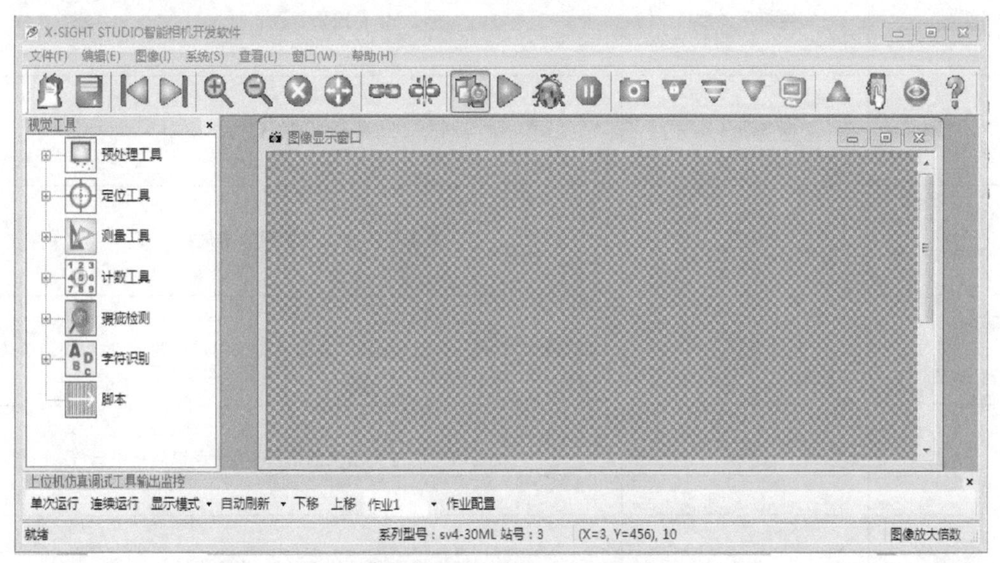

图 3-10　X-SIGHT 软件界面

（2）工具栏　常用工具栏各按钮名称及用途说明见表 3-4。

表 3-4　常用工具栏各按钮名称及使用说明

按钮图像	名称	使用说明
	打开	打开需要处理的 BMP 图片
	工程另存为	另存为当前所编辑的工程

（续）

按钮图像	名称	使用说明
	上一张图像	在打开一个图像序列时,浏览上一张图片
	下一张图像	在打开一个图像序列时,浏览下一张图片
	放大	放大当前正在编辑的图片
	缩小	缩小当前正在编辑的图片
	恢复原始图像大小	恢复当前正在编辑的图片的原始大小
	连接服务器	连接智能相机
	断开服务器	中断与智能相机的连接
	采集	采集模式为只采集图像不进行处理
	调试	调试模式为可以打开已有的工程图片对工程进行调试,过程相当于仿真
	运行	在成功连接智能相机的情况下,命令智能相机运行
	停止	在成功连接智能相机的情况下,命令智能相机停止运行
	下载	下载智能相机配置
	下载	下载作业配置
	VisionServer	图像显示软件

（续）

按钮图像	名称	使用说明
	触发	进行一次通信触发
	显示图像	在成功连接智能相机的情况下，要求显示智能相机采集到的图像
	帮助	提供帮助信息

（3）菜单栏　文件菜单、系统菜单、窗口菜单、图像菜单和查看菜单如图3-11～图3-15所示。

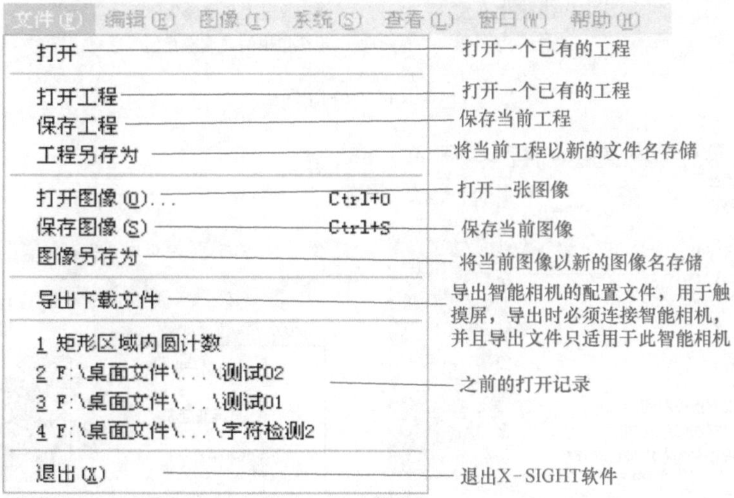

图3-11　文件菜单

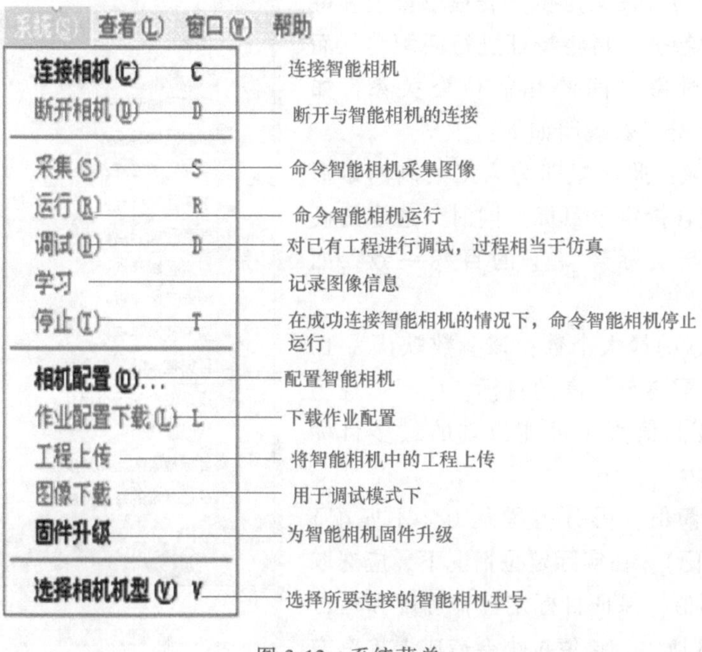

图3-12　系统菜单

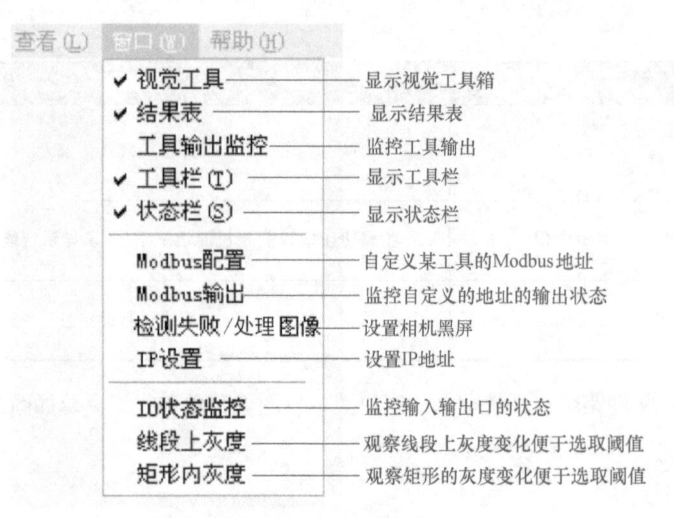

图 3-13 窗口菜单

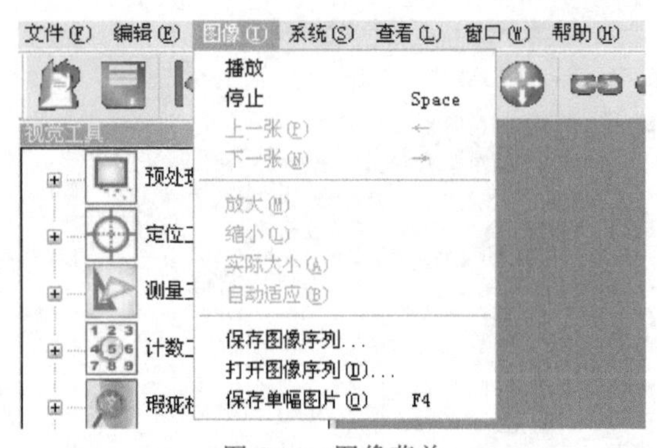

图 3-14 图像菜单

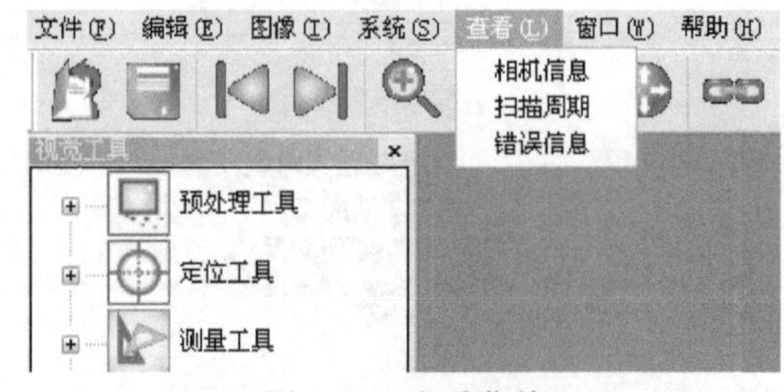

图 3-15 查看菜单

（4）图案定位 图案定位是先提取模板和待搜索区域图像的特征，再将特征进行匹配，从而计算出模板和对象之间的几何位姿关系，如图 3-16 所示。部分参数说明如下：

1）学习区域：此区域即为人工绘制的矩形区域，尽量只包含待定位目标。同时，选取的模板应尽量保证与实际环境下的目标一致，如图 3-17 所示。

2）目标搜索的最大个数：该参数默认为 1，即找出图像中匹配得分最高的目标，应根据现场实际情况，保证此值大于可能出现的最多目标个数。

3）相似度阈值：得分范围从 0（不匹配）到 100（完全匹配）。在实际定位情况下，应选取合适的相似度阈值，保证目标定位精确度和运行速度，如图 3-18 所示。该值过小会造成误检率增

图案定位工具参数配置

参数名称	参数默认值
图像采集	采集的图像
学习区域起点x	166
学习区域起点y	158
学习区域终点x	482
学习区域终点y	366
搜索区域起点x	0
搜索区域起点y	0
搜索区域终点x	639
搜索区域终点y	479
目标搜索的最大个数	1
模板轮廓的最小尺寸	0
相似度阈值	60
目标搜索的起始角度	-180
目标搜索的终止角度	180

学习 确定 取消

图 3-16 图案定位工具参数配置

加，运算量加大，该值过大则会使漏检率增加。

4）目标搜索角度范围：实时图像中，目标可能存在旋转角度的变化，为实现准确快速定位，应根据目标实际可能出现的最大角度偏差设定该值，该值较小可减少定位时间，对于几何对称的目标，更应根据其对称特性设置该值，实时图像中目标旋转角度如图 3-19 所示。

5）出现在实时图像中的任意坐标位置，表现为目标基准点 X、Y 坐标的变化。应根据目标在实时图像中可能出现的区域，尽量规定较小的搜索区域，以减少运行时间，如图 3-20 所示。

图 3-17 学习区域和搜索区域

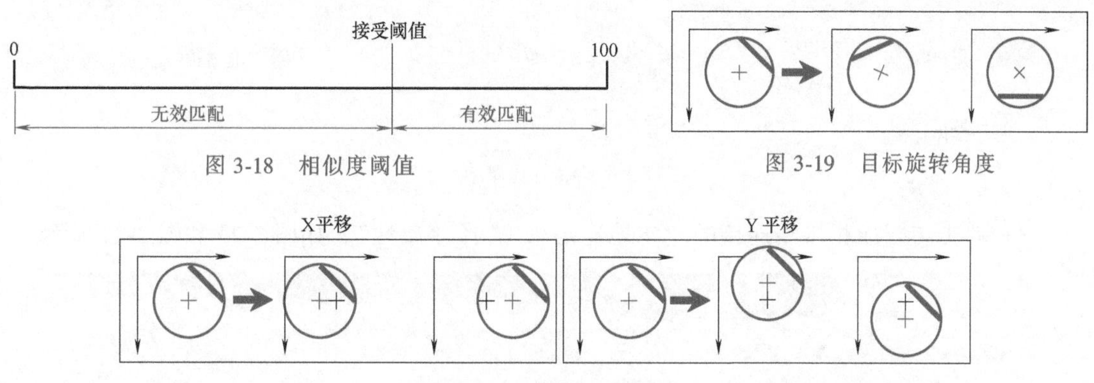

图 3-18 相似度阈值

图 3-19 目标旋转角度

图 3-20 目标坐标偏移

（5）动态数组　图 3-21 所示为多个物体识别的输出结果。从中可以看到，“目标的重心坐标集合”这一项，这里的坐标集合就是一个动态数组。前面标着[0]/[1]/[2]……的为一组数据，由于有这一组数据，所以叫“数组”，又由于这个数组内的元素（在这里就是坐标信息）的数目是不确定的（找到的点的数量是变化的），所以它是动态的，将目标的重心坐标集合称作“动态数组”。

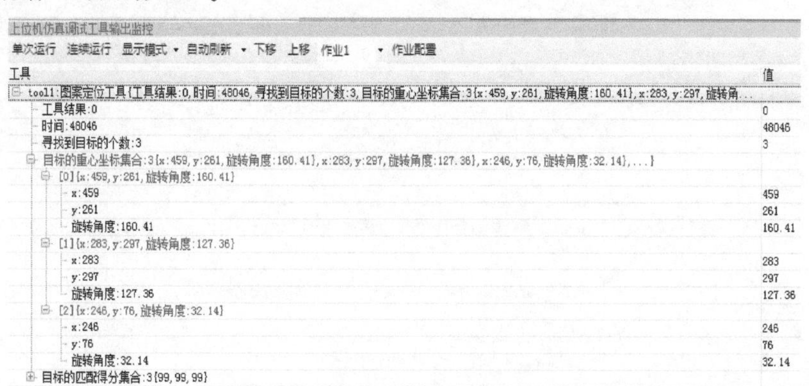

图 3-21 多个物体识别的输出结果

二、上位机以太网卡的配置

1）选择“开始”→“设置”→“控制面板”。

2）双击“网络与共享中心”，如图 3-22 所示。

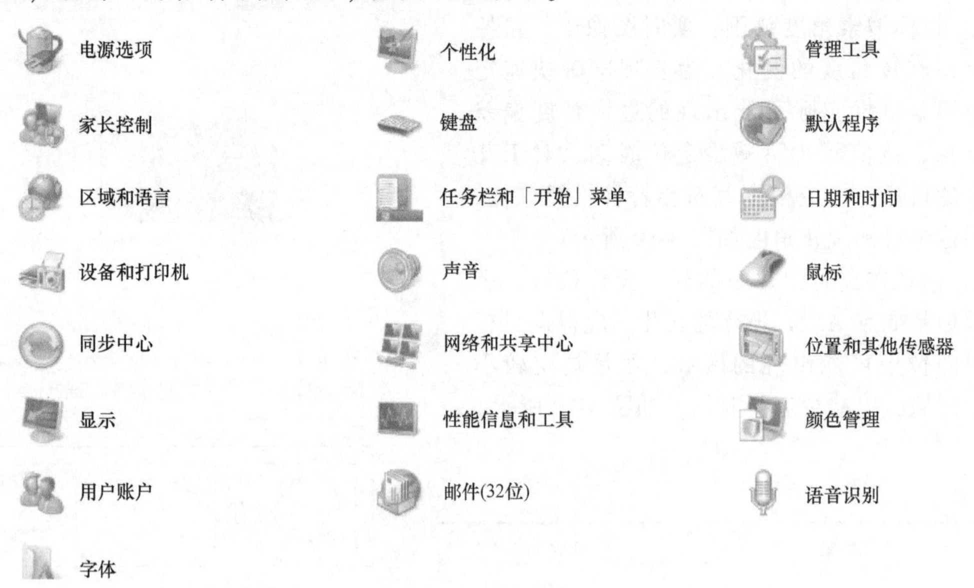

图 3-22　网络与共享中心界面

3）单击与智能相机相连接的“本地连接”，选择“属性”，如图 3-23 和图 3-24 所示。

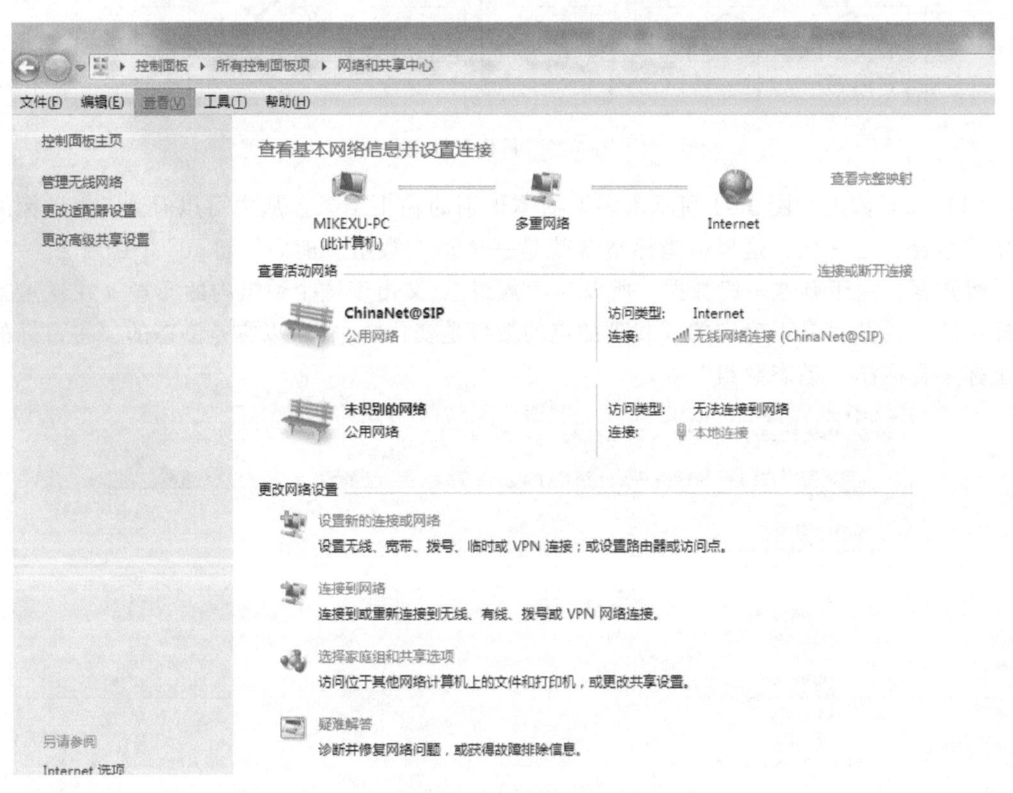

图 3-23　本地连接

4）选择“Internet 协议版本 4（TCP/IPv4）”，单击“安装”，如图 3-25 所示。

5）“Internet 协议版本 4（TCP/IPv4）”属性，如图 3-26 所示。

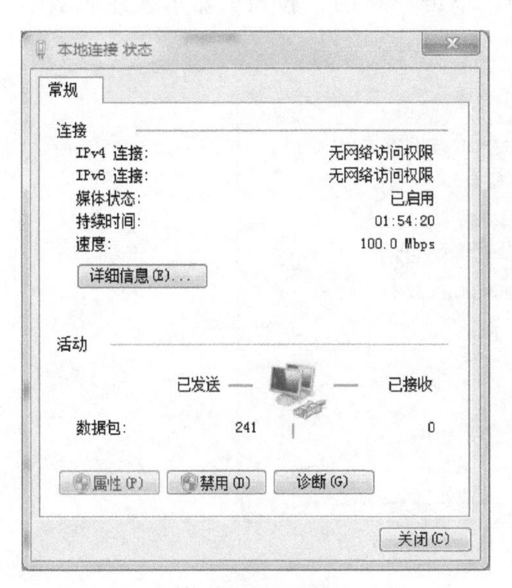

图 3-24　选择“属性”

图 3-25　安装 Internet 协议版本 4

① 将 IP 地址设置为 192.168.8.253。

② 子网掩码为 255.255.255.0。

③ 默认网关可以不填。

④ DNS 服务器都不填。

三、上位机软件的配置

1）单击工具栏“连接”，系统弹出搜索窗口，自动搜索连接在计算机上的智能相机。如图 3-27，智能相机的 IP 为 192.168.8.3，单击“确定”按钮连接智能相机，如图 3-27 所示。

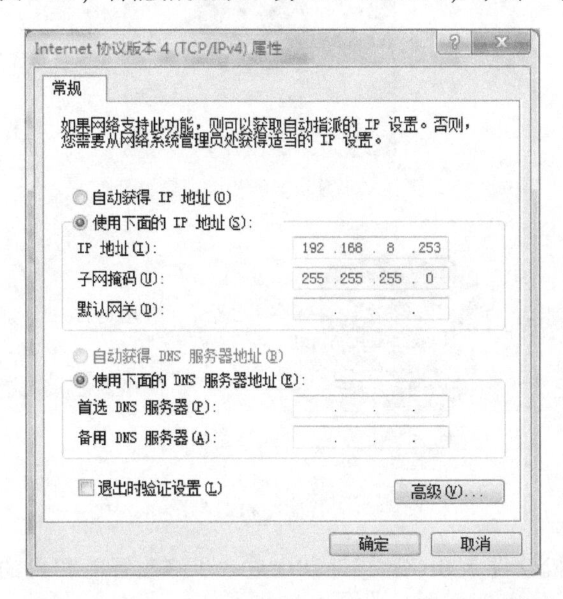

图 3-26　设定 Internet 协议版本 4（TCP/IPv4）属性　　图 3-27　自动搜索连接在电脑上的智能相机

2）连接到智能相机之后，确认上位机软件 X-SIGHT STUDIO 与智能相机的固件版本一致，否则上位机软件无法将程序下载到智能相机中。单击“帮助”按钮，显示软件的版本为2.4.6，如图3-28所示。

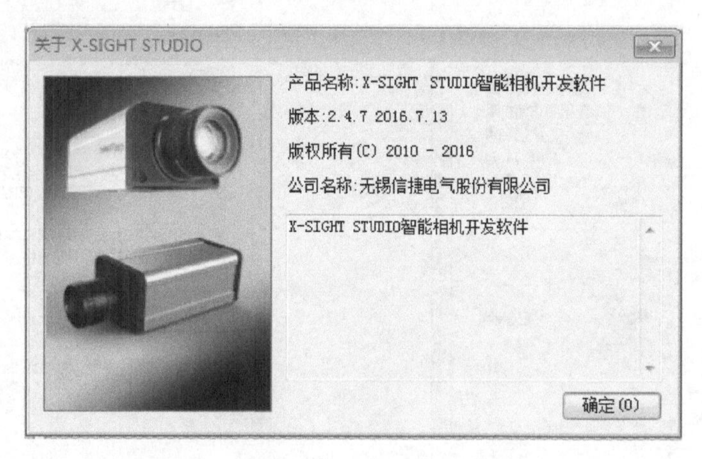

图3-28 软件信息

然后单击“查看”→“相机信息”，智能相机的固件版本为2.4.6，与上位机软件一致，如图3-29所示。

3）单击工具栏“运行”和“显示图像”按钮，显示智能相机拍到的图像，如图3-30所示。由图3-30可以看出当前图像效果并不是很好，需要调节智能相机的光圈和焦距，如图3-31所示。

图3-29 查看智能相机固件版本信息

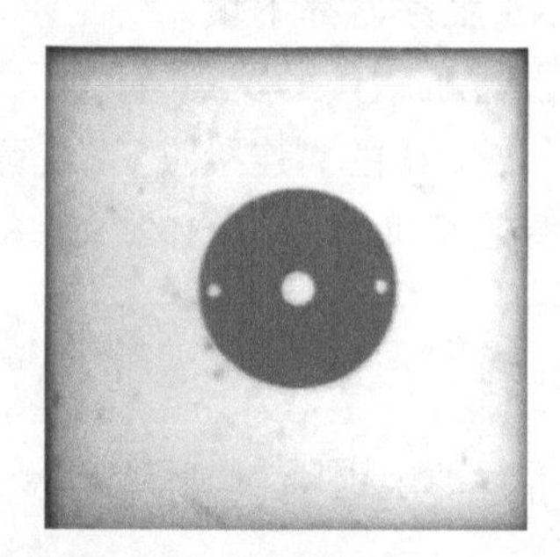

图3-30 显示智能相机拍到的图像

图3-31 智能相机的光圈和焦距

如果显示效果还是不好，可以通过上位机软件X-SIGHT STUDIO进一步修改智能相机的配置，调节显示效果。单击“系统”→“相机配置”选项卡，调节“曝光时间”和“增益”，如图3-32所示。调节后显示的清晰图像如图3-33所示。

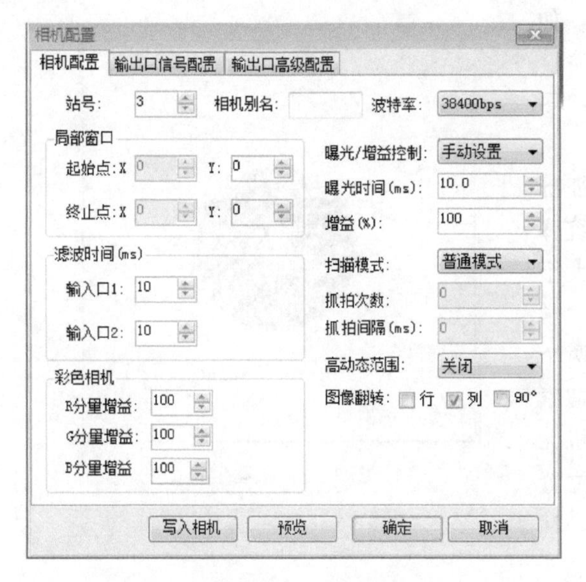

图 3-32 “曝光时间”和“增益”调节

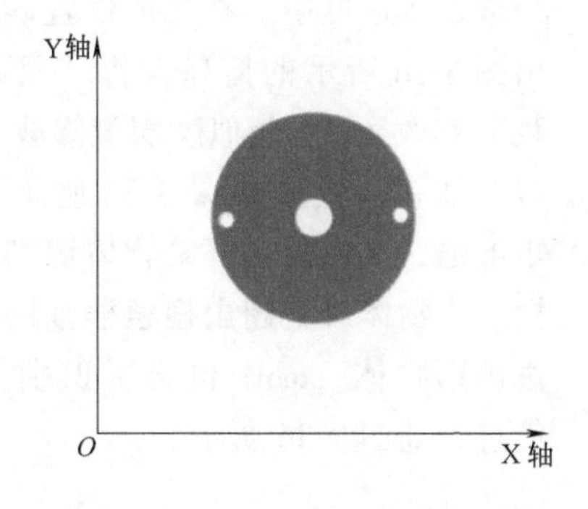

图 3-33 调节后的图像

四、样本学习

1）圆环区域的内圆定位

打开智能相机软件，单击左边“视觉工具”，单击“定位工具”→“圆定位”→“圆环区域内圆定位”，测工件坐标 X、Y、Z 和角度 A，单击“确定”按钮，如图 3-34 所示。

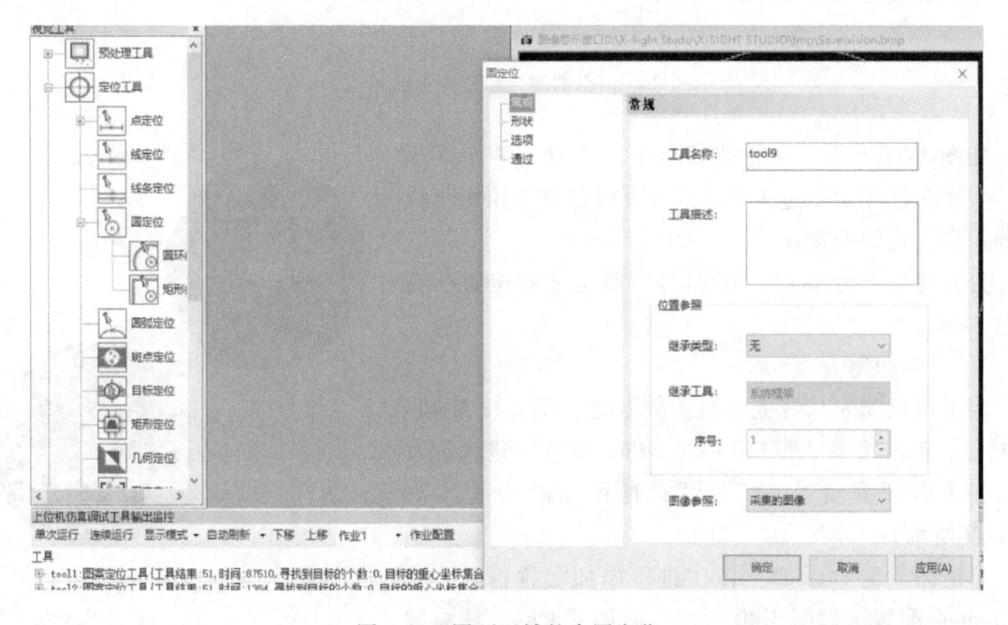

图 3-34 圆环区域的内圆定位

2）在智能相机下方放置待识别的工件，如本例所使用的工件 3，工件 3 两孔连线及其垂线分别与智能相机坐标系平行，放正工件。如图 3-33 所示。

3）单击“视觉工具箱”→“定位工具”→“图案定位”，进行工件识别。

4）拖动矩形窗口，将要识别的工件特征部分框在矩形框中。在矩形位置确定之后，系统弹出图 3-16 所示的窗口，将“目标搜索的最大个数”修改为 3，相似度阈值修改为 75，单击“学习”按钮，效果如图 3-35 所示。图中共有两个矩形框，其中内部框是物体识别框，外侧为搜索框。当物体放置超出搜索框范围，则智能相机无法识别物体。tool1 包含了识别当前物体的位置信息，如图 3-36 所示。

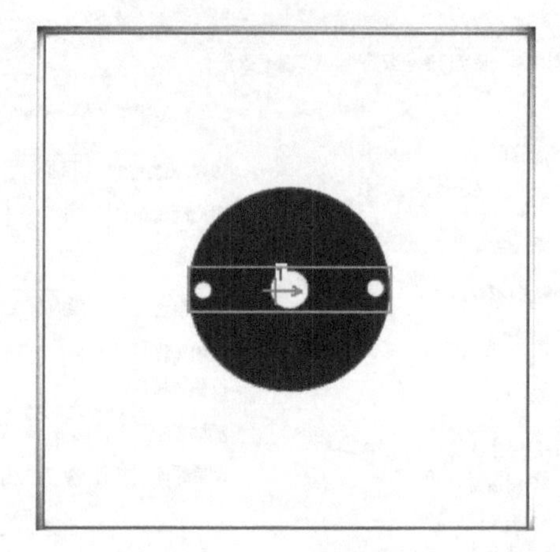

图 3-35　图案定位

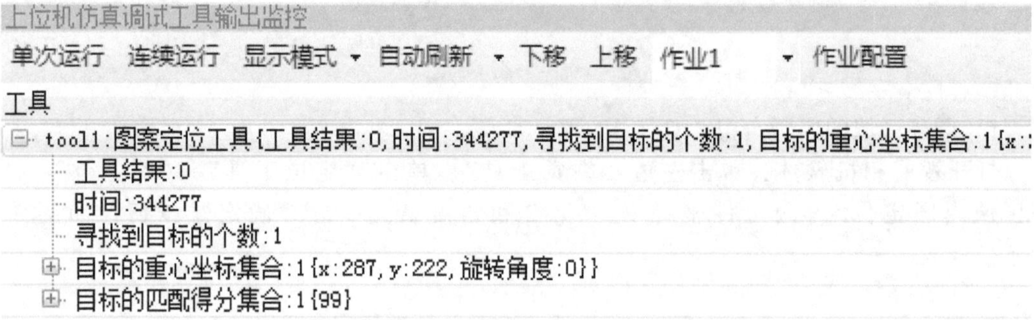

上位机仿真调试工具输出监控

单次运行　连续运行　显示模式 ▾　自动刷新 ▾　下移　上移　作业1　▾　作业配置

工具

⊟ tool1:图案定位工具{工具结果:0,时间:344277,寻找到目标的个数:1,目标的重心坐标集合:1{x:

　工具结果:0

　时间:344277

　寻找到目标的个数:1

⊞ 目标的重心坐标集合:1{x:287,y:222,旋转角度:0}}

⊞ 目标的匹配得分集合:1{99}

图 3-36　识别的当前物体的位置信息

如图 3-37 所示，在智能相机下方放置了两个矩形物体。因为已经学习过工件 3，所以现在智能相机可以正确识别出这两个物体。

打开窗口下方 tool1，识别的当前工件的位置信息如图 3-38 所示。

五、 Modbus 配置

当上位机需要从智能相机读数据时，要进行 Modbus 配置。单击菜单“窗口”→“Modbus 配置”进入配置界面，单击“变量”→“工具”，查看 tool1 信息，如图 3-39 所示。

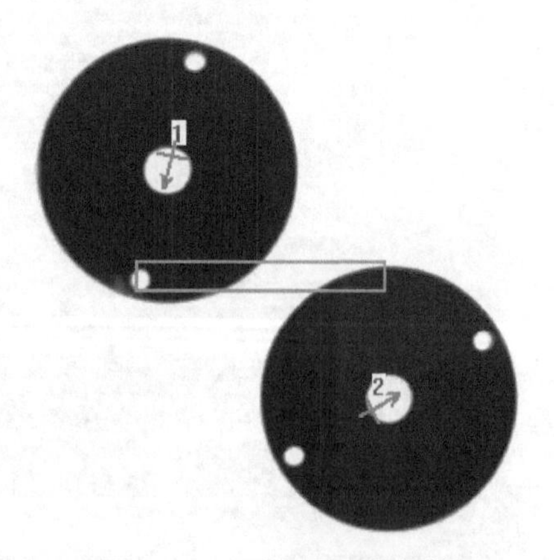

图 3-37　正确识别两个物体

单击图 3-39“添加”依次进行添加配置信息，完成 Modbus 配置，如图 3-40 所示。添加变量时，注意顺序与类别都不能错。

单击菜单“窗口”→“Modbus 输出”，在“仿真”界面查看位置信息，如图 3-41 所示。

上位机仿真调试工具输出监控
单次运行 连续运行 显示模式 自动刷新 下移 上移 作业1 作业配置
工具
tool1:图案定位工具{工具结果:0,时间:189449,寻找到目标的个数:2,目标的重心坐标集合:2{x
工具结果:0
时间:189449
寻找到目标的个数:2
目标的重心坐标集合:2{x:240,y:295,旋转角度:-105.65},x:361,y:145,旋转角度:29.95}}
[0]{x:240,y:295,旋转角度:-105.65}
x:240
y:295
旋转角度:-105.65
[1]{x:361,y:145,旋转角度:29.95}
x:361
y:145
旋转角度:29.95
目标的匹配得分集合:2{99,99}

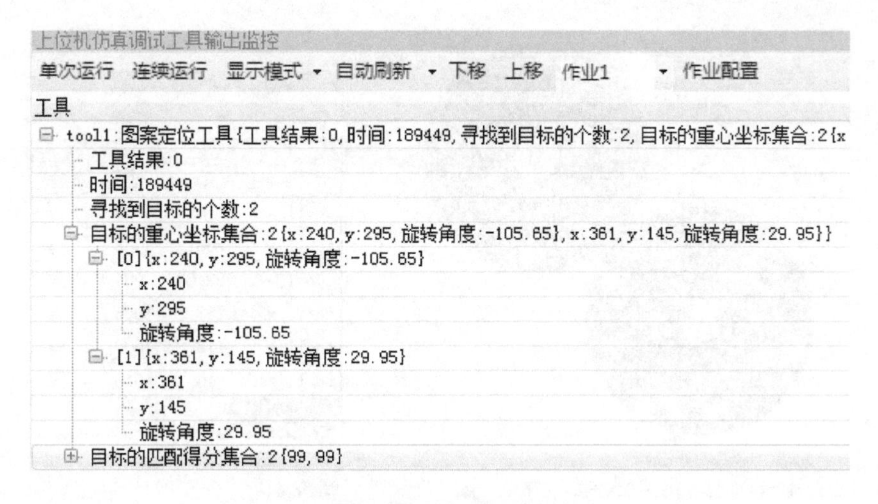

图 3-38 识别的当前工件的位置信息

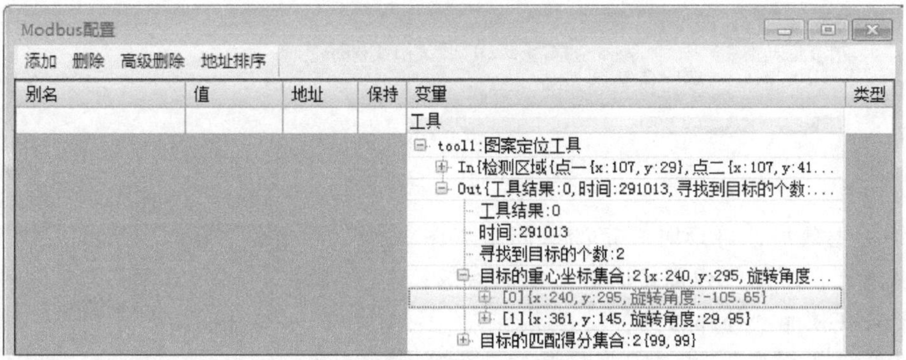

Modbus配置
添加 删除 高级删除 地址排序
别名 值 地址 保持 变量 类型
工具
tool1:图案定位工具
In{检测区域{点一{x:107,y:29},点二{x:107,y:41...
Out{工具结果:0,时间:291013,寻找到目标的个数:...
工具结果:0
时间:291013
寻找到目标的个数:2
目标的重心坐标集合:2{x:240,y:295,旋转角度...
[0]{x:240,y:295,旋转角度:-105.65}
[1]{x:361,y:145,旋转角度:29.95}
目标的匹配得分集合:2{99,99}

图 3-39 Modbus 配置中查看 tool 信息

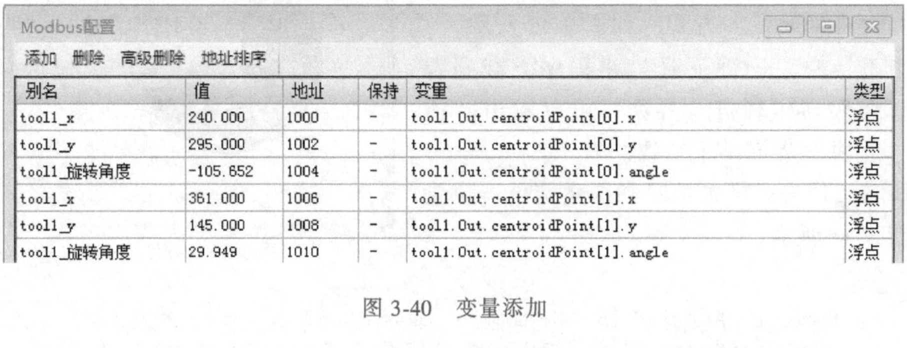

Modbus配置
添加 删除 高级删除 地址排序

别名	值	地址	保持	变量	类型
tool1_x	240.000	1000	-	tool1.Out.centroidPoint[0].x	浮点
tool1_y	295.000	1002	-	tool1.Out.centroidPoint[0].y	浮点
tool1_旋转角度	-105.652	1004	-	tool1.Out.centroidPoint[0].angle	浮点
tool1_x	361.000	1006	-	tool1.Out.centroidPoint[1].x	浮点
tool1_y	145.000	1008	-	tool1.Out.centroidPoint[1].y	浮点
tool1_旋转角度	29.949	1010	-	tool1.Out.centroidPoint[1].angle	浮点

图 3-40 变量添加

六、作业配置

作业配置可以配置每个作业的触发方式、延时时间、采集周期以及输入口选择。触发方式有连续触发、内部定时触发、外部触发和通信触发。连续触发不需要外部干预，采集完一帧图像后，自动采集下一帧图像；内部定时触发根据设置的采集周期，由智能相机内部定时触发采集图像；外部触发由智能相机根据输入口 X0 和 X1 的状态触发采集图像；通信触发由智能相机根据 Modbus 寄存器地址 21~25 的状态触发相应的作业采集图像。延时时间表示

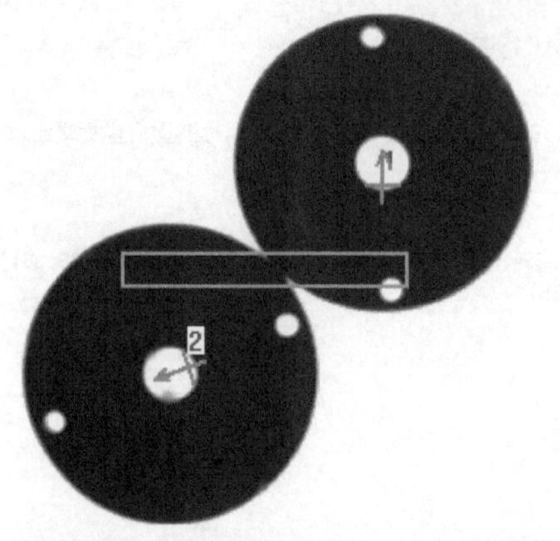

Modbus输出监控

仿真

别名	值	地址	保持	类型
tool1_x	356...	1000	..	浮.
tool1_y	268...	1002	..	浮.
tool1_...	92.836	1004	..	浮.
tool1_x	253...	1006	..	浮.
tool1_y	173...	1008	..	浮.
tool1_...	-15...	1010	..	浮.

上位机仿真调试工具输出监控

单次运行　连续运行　显示模式 ▾　自动刷新 ▾　下移　上移　作业1 ▾　作业配置

工具

⊟ tool1:图案定位工具{工具结果:0,时间:257466,寻找到目标的个数:2,目标的重心坐标集合:2{x:356,y:268,旋转角度:92.84},

工具结果:0

时间:257466

寻找到目标的个数:2

⊟ 目标的重心坐标集合:2{x:356,y:268,旋转角度:92.84},x:253,y:173,旋转角度:-158.51}}

⊞ [0]{x:356,y:268,旋转角度:92.84}

⊞ [1]{x:253,y:173,旋转角度:-158.51}

⊞ 目标的匹配得分集合:2{99,99}

图 3-41　查看位置信息

在触发信号生效后，再延时一定的时间采集图像。采集周期在使能“内部定时触发”时有效；输入口选择在使能“外部触发”时有效。

单击软件界面左下侧“作业配置”进行智能相机作业配置。由于采用外部 X0 端口触发智能相机拍照，通过外部输出口 Y4 发出拍照信号，所以选择“外部触发”方式，如图 3-42 所示。

图 3-42　触发方式选择

单击工具栏“一键下载”将程序下载到智能相机，切换到“相机”界面，可以看出“仿真”与“相机”界面结果一致。

对所有工件进行样本学习和图案定位，位置信息如图 3-43 所示。

工具

⊞ tool1:图案定位工具{工具结果:51,时间:87510,寻找到目标的个数:0,目标的重心坐标集合:0,目标的匹配得分集合:0,...}

⊞ tool2:图案定位工具{工具结果:51,时间:1384,寻找到目标的个数:0,目标的重心坐标集合:0,目标的匹配得分集合:0,...}

⊞ tool3:图案定位工具{工具结果:51,时间:5845,寻找到目标的个数:0,目标的重心坐标集合:0,目标的匹配得分集合:0,...}

⊞ tool4:图案定位工具{工具结果:51,时间:61403,寻找到目标的个数:0,目标的重心坐标集合:0,目标的匹配得分集合:0,...}

⊞ tool5:图案定位工具{工具结果:51,时间:1547,寻找到目标的个数:0,目标的重心坐标集合:0,目标的匹配得分集合:0,...}

⊞ tool6:图案定位工具{工具结果:51,时间:1861,寻找到目标的个数:0,目标的重心坐标集合:0,目标的匹配得分集合:0,...}

⊞ tool7:圆环区域内圆周定位{工具结果:16,时间:262,最大半径:0,最小半径:0,圆周对象{圆心坐标{x:0,y:0},距离方差:0,闭合度:0,半径值

⊞ tool8:自定义工具{工具结果:0,时间:45,1,x,y,z,a}

图 3-43　所有工件的位置信息

至此，样本学习完毕。

七、脚本编写

双击“视觉工具箱”→“脚本”，打开“视觉脚本”界面，如图 3-44 所示。

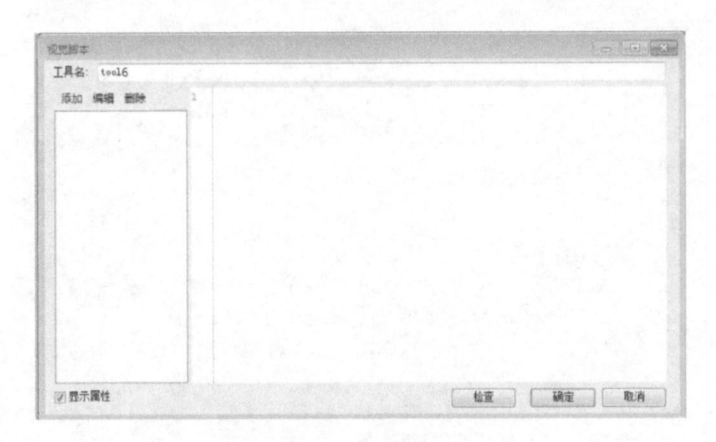

图 3-44 “视觉脚本”界面

单击图 3-44 左侧“添加”进行变量定义，定义的变量如图 3-45 所示，int 型数组 l 表示工件类型，int 型数组 x 表示工件 X 坐标，int 型数组 y 表示工件 Y 坐标，int 型数组 a 表示工件旋转角度。

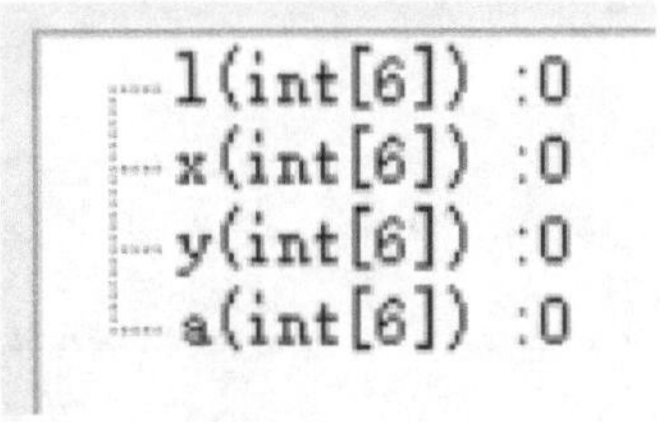

每个工件的位置和角度通过智能相机识别，每个工件的类型由用户给定，所有工件识别的脚本如图 3-46 所示。

在图 3-46 中，脚本语言采用 C 语言 IF 语句编写。程序中，tool1 对应 1 号工件的图案定位，如果 tool1（）输出大于零，Mosbus 输出类型（1）为 1，并传给主控 PLC，由“圆环区域内圆周定位工件”得出坐标 x，y 和角度 a 数值。例如智能相机中由 Mosbus 传给主控 PLC，数值 -3、-4 对应三号、四号为缺陷工件。

```
l(int[6]) :0
x(int[6]) :0
y(int[6]) :0
a(int[6]) :0
```

图 3-45 定义变量

```
if(tool1.Out.objectNum>0)
{
    tool8.l[0]=1;
    tool8.x[0]=tool1.Out.centroidPoint[0].x;
    tool8.y[0]=tool1.Out.centroidPoint[0].y;
    tool8.a[0]=tool1.Out.centroidPoint[0].angle;
}
if(tool2.Out.objectNum>0)
{
    tool8.l[1]=2;
    tool8.x[1]=tool2.Out.centroidPoint[0].x;
    tool8.y[1]=tool2.Out.centroidPoint[0].y;
    tool8.a[1]=tool2.Out.centroidPoint[0].angle;
```

图 3-46 脚本

```
}
if(tool3.Out.objectNum>0)
{
    if(tool3.Out.score[0]>90)
{
    tool8.l[2]=3;
    tool8.x[2]=tool3.Out.centroidPoint[0].x;
    tool8.y[2]=tool3.Out.centroidPoint[0].y;
    tool8.a[2]=tool3.Out.centroidPoint[0].angle;
}
else
{
    tool8.l[4]=-3;
    tool8.x[4]=tool7.Out.circle.circlePoint.x;
    tool8.y[4]=tool7.Out.circle.circlePoint.y;
    tool8.a[4]=tool3.Out.centroidPoint[0].angle;
}
}
if(tool4.Out.objectNum>0)
{
    if(tool4.Out.score[0]>90)
{
    tool8.l[3]=4;
    tool8.x[3]=tool4.Out.centroidPoint[0].x;
    tool8.y[3]=tool4.Out.centroidPoint[0].y;
    tool8.a[3]=tool4.Out.centroidPoint[0].angle;
}
else
{
    tool8.l[5]=-4;
    tool8.x[5]=tool7.Out.circle.circlePoint.x;
    tool8.y[5]=tool7.Out.circle.circlePoint.y;
    tool8.a[5]=tool4.Out.centroidPoint[0].angle;
}
}
if(tool3.Out.objectNum==0 && tool5.Out.objectNum>0)
{
    tool8.l[4]=-3;
    tool8.x[4]=tool7.Out.circle.circlePoint.x;
    tool8.y[4]=tool7.Out.circle.circlePoint.y;
    tool8.a[4]=0;
}
if(tool4.Out.objectNum==0 && tool6.Out.objectNum>0)
{
    tool8.l[5]=-4;
    tool8.x[5]=tool7.Out.circle.circlePoint.x;
    tool8.y[5]=tool7.Out.circle.circlePoint.y;
    tool8.a[5]=0;
}
```

图 3-46 脚本（续）

问题探究

智能视觉系统虽然实现了零件中心坐标位置的识别与运算，但是通过视觉系统运算得到的零件中心坐标总是与其实际的中心坐标存在着一定的误差。贸然将视觉系统识别的零件中心坐标传送给机器人，可能导致机器人抓取失败甚至损坏手抓和零件，因此有必要进一步了解视觉系统的成像原理和坐标变换，对误差进行分析和补偿。

一、视觉系统的成像原理

智能视觉系统由光源、镜头、智能相机和智能相机控制器四大部分组成，其中智能相机又包括 CMOS 传感器、DSP 和通信接口三大模块。该系统包括三大任务：①智能相机拍照后，三维物体在 CMOS 传感器上二维成像并转换为数字信号；②利用软件算法对二维图像的有效数字信号进行分析和计算，得到物体的数量、坐标等信息；③通信模块将图形信息发送给上位 PLC。

图像是三维物体通过成像系统在像平面上的反映，图像上每一个像素点的位置与空间物体对应点的几何位置有关。这些位置的相互关系由智能相机成像系统的几何投影模型决定。通常用小孔成像原理来描述相机成像的过程，如图 3-47 所示。按照实际的投影关系，投影（像）的坐标和实际物体的坐标符号总是相反的。为了后续的数学计算方便，将投影面平移到其关于小孔对称的位置，则投影坐标和物体坐标符号就相同了，示意图如图 3-48 所示。

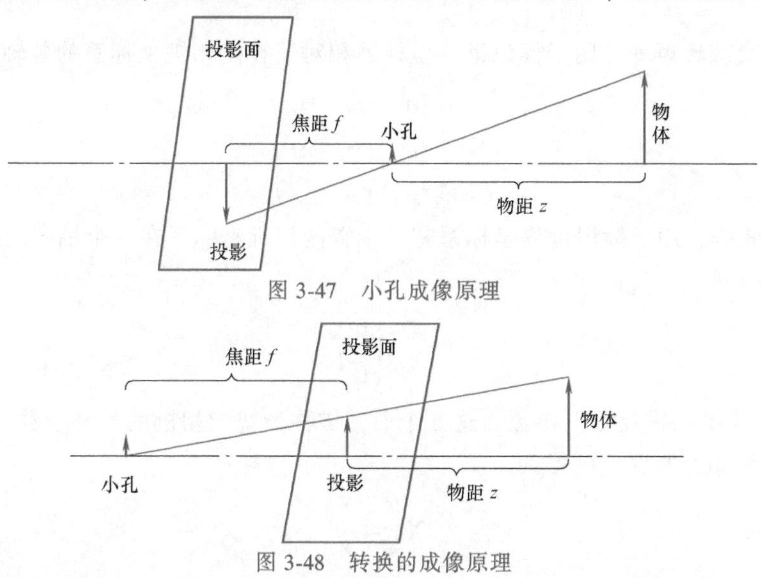

图 3-47　小孔成像原理

图 3-48　转换的成像原理

二、视觉系统的坐标变换

下面来分析三维物体的点位坐标与智能视觉系统输出的二维坐标值之间的关系。如图 3-49 所示，三维空间的 P 点在世界坐标系 $O_W X_W Y_W Z_W$ 中的坐标为 $[X_W, Y_W, Z_W]^T$，P 点在投影面上成像为 P_1，X-SIGHT STUDIO 软件中 Tool 识别工具得到的 P_1 点是在投影面上相对于像素原点的坐标（以像素（pixel）为单位）。

为了研究这几个坐标之间的换算关系，需要先规定如下四个右手坐标系：

1）世界坐标系：以下标 W 表示，单位为 mm。该坐标系可由用户自行指定，其作用是定义 P 点坐标 $[X_W, Y_W, Z_W]^T$。

2）智能相机坐标系：以下标 C 表示，单位为 mm。该坐标系原点在小孔的位置，Z 轴与光轴（通过镜头中心垂直于 CMOS 传感器平面的直线）重合，X_C 轴和 Y_C 轴分别与投影面两边平行。

3）图像坐标系：以下标 P 表示，单位为 mm。以光轴和投影面的交点为原点，X_P 轴和 Y_P 轴分别和投影面两边平行。

4）像素坐标系：以下标 pix 表示，单位为 pixel。从小孔向投影面方向看，投影面的左上角为原点 O_{pix}，X_{pix} 轴和 Y_{pix} 轴和投影面两边重合。

P 点在世界坐标系 $O_W X_W Y_W Z_W$ 中的坐标为 $[X_W, Y_W, Z_W]^T$，该点在智能相机坐标系中的坐标 $P_C = [X_C, Y_C, Z_C]^T$ 满足以下公式：

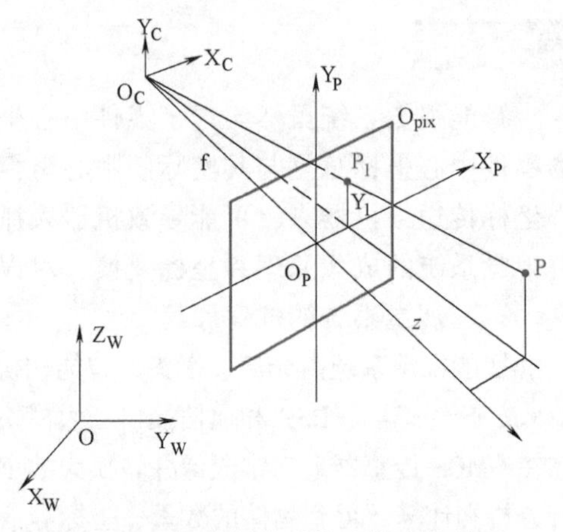

图 3-49　智能视觉系统坐标变换关系

$$\begin{pmatrix} X_C \\ Y_C \\ Z_C \\ 1 \end{pmatrix} = \begin{pmatrix} \mathbf{R} & \mathbf{T} \\ \mathbf{0} & 1 \end{pmatrix} \begin{pmatrix} X_W \\ Y_W \\ Z_W \\ 1 \end{pmatrix} \tag{3-1}$$

式中，**R** 为正交旋转矩阵，用于标识世界坐标系相对于智能相机坐标系的各轴旋转，

$$\mathbf{R} = \begin{pmatrix} r_{11} & r_{12} & r_{13} \\ r_{21} & r_{22} & r_{23} \\ r_{31} & r_{32} & r_{33} \end{pmatrix} \tag{3-2}$$

T 为平移矩阵，用于标识世界坐标系相对于智能相机坐标系在 3 个轴向的平移，

$$\mathbf{T} = \begin{pmatrix} t_x \\ t_y \\ t_z \end{pmatrix} \tag{3-3}$$

要确定 **R** 和 **T** 共需要 6 个参数，这 6 个参数被称为智能相机的外部参数（外参）。

根据三角形相似原理，可得到

$$\begin{cases} X_P = f\dfrac{X_C}{Z_C} \\ Y_P = f\dfrac{Y_C}{Z_C} \end{cases}$$

将上式改写为矩阵形式为

$$Z_C \begin{pmatrix} X_P \\ Y_P \\ 1 \end{pmatrix} = \begin{pmatrix} f & 0 & 0 & 0 \\ 0 & f & 0 & 0 \\ 0 & 0 & 1 & 0 \end{pmatrix} \begin{pmatrix} X_C \\ Y_C \\ Z_C \\ 1 \end{pmatrix} \tag{3-4}$$

X_P 与 Y_P 是 P_1 点在图像坐标系下的坐标值，其在像素坐标系下的坐标 X_{pix} 与 Y_{pix} 满足以下公式：

$$\begin{cases} X_{pix} = X_0 + X_P S_X \\ Y_{pix} = Y_0 + Y_P S_Y \end{cases}$$

式中，S_X 与 S_Y 分别为智能相机在 X 轴和 Y 轴方向的智能相机系数（单位为 pixel/mm）；X_0 与 Y_0 为投影面中心在像素坐标系中的坐标（单位为 pixel），将上式改写为矩阵形式为

$$\begin{pmatrix} X_{pix} \\ Y_{pix} \\ 1 \end{pmatrix} = \begin{pmatrix} S_X & 0 & X_0 \\ 0 & S_Y & Y_0 \\ 0 & 0 & 1 \end{pmatrix} \begin{pmatrix} X_P \\ Y_P \\ 1 \end{pmatrix} \tag{3-5}$$

综合式（3-1）、式（3-4）和式（3-5），得到三维空间坐标与二维投影面像素坐标之间的换算关系为

$$Z_C \begin{pmatrix} X_{pix} \\ Y_{pix} \\ 1 \end{pmatrix} = \begin{pmatrix} f_X & 0 & X_0 \\ 0 & f_Y & Y_0 \\ 0 & 0 & 1 \end{pmatrix} \begin{pmatrix} \mathbf{R} & \mathbf{T} \\ \mathbf{0} & 1 \end{pmatrix} \begin{pmatrix} X_W \\ Y_W \\ Z_W \\ 1 \end{pmatrix} \tag{3-6}$$

式中，f_X 与 f_Y 代表 CMOS 传感器在纵向和垂向的缩放比例；X_0 与 Y_O 反映 CMOS 传感器与镜头光轴的装配关系。以上 4 个参数被称为智能相机内部参数（内参）。

三、视觉系统的误差校正

式（3-6）描述了理想化的空间中三维物体坐标与其在二维图像中对应坐标的换算关系，该公式的成立需要满足以下两个条件：

1）镜头的光轴准确穿过图像的正中心，智能相机在纵向和垂向的缩放比例一致。

2）小孔能够满足成像要求，保证足够的透光率，使二维图像成像清晰。

在工程实践中，镜头和 CMOS 传感器在制造上总是存在一定误差，导致智能相机在纵向和垂向的缩放比例不可能完全一致；与此同时，镜头和 CMOS 传感器在装配关系上也存在误差，使光轴并不严格穿过图像的正中心，该误差被称为光轴偏移。

小孔成像只是一种理想化的成像模型，在工程应用过程中，根据不同的光照、物距和视场等条件，需要为智能相机选配远心、微距、鱼眼、广角及显微等不同的镜头类型，以满足智能相机清晰成像的要求。由镜头引起的三种常见的图像畸变效果如图 3-50 所示，图 3-50a 为鞍形畸变，表现为视野边缘的放大率大于光轴中心区域的放大率，使图像向中心“收

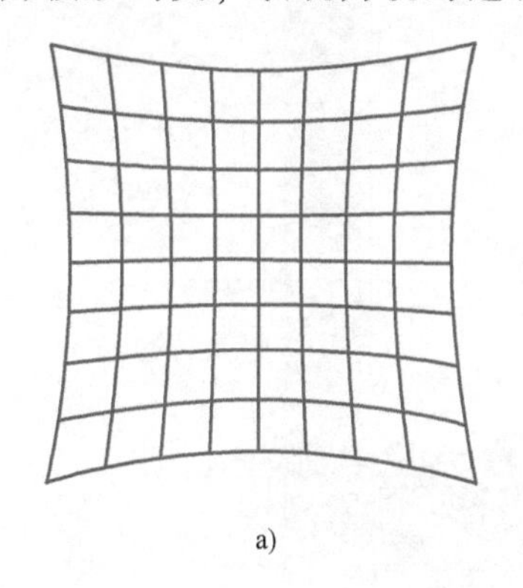
a)

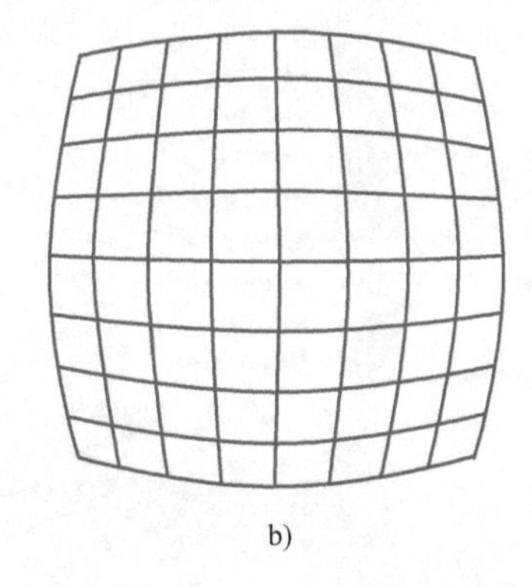
b)

c)

图 3-50
a）鞍形畸变 b）桶形畸变 c）线性畸变

缩”，在视觉系统中使用长焦镜头时容易出现此畸变；图 3-50b 为桶形畸变，广角或者鱼眼镜头的光学物理特性容易引起此类畸变；图 3-50c 为线性畸变，由于智能相机光轴与拍摄物体的垂平面不正交，导致物体上原本平行的两条边线成像为两条有夹角的线条。

由光学镜头引起的畸变在图像中是普遍存在的，在图像坐标系下 P_1 点畸变后的坐标［X_P，Y_P］与该点理想坐标［X，Y］满足以下公式：

$$\begin{cases} X = X_P + \Delta_{X径向畸变} + \Delta_{X离心畸变} + \Delta_{X薄棱镜畸变} \\ Y = Y_P + \Delta_{Y径向畸变} + \Delta_{Y离心畸变} + \Delta_{Y薄棱镜畸变} \end{cases} \tag{3-7}$$

$$\begin{cases} \Delta_{X径向畸变} = X_P(k_1r^2 + k_2r^4 + k_3r^6) \\ \Delta_{Y径向畸变} = Y_P(k_1r^2 + k_2r^4 + k_3r^6) \end{cases} \tag{3-8}$$

$$\begin{cases} \Delta_{X离心畸变} = 2p_1X_PY_P + p_2(X_P^2 + 3Y_P^2) \\ \Delta_{Y离心畸变} = p_1(3X_P^2 + Y_P^2) + 2p_2X_PY_P \end{cases} \tag{3-9}$$

$$\begin{cases} \Delta_{X薄棱镜畸变} = S_1r^2 \\ \Delta_{Y薄棱镜畸变} = S_2r^2 \end{cases} \tag{3-10}$$

$$r = \sqrt{X_P^2 + Y_P^2} \tag{3-11}$$

式中，k_1、k_2、k_3、p_1、p_2、S_1、S_2 是畸变系数。

确定智能相机内参、外参和畸变系数的过程被称为相机标定。目前已经有多种标定方法在工程中得到了应用，例如“两步标定法”“自标定法”和“张正友标定法”等，在 HALCON 机器视觉软件、开源计算机视觉库（Open Source Computer Vision Library，OpenCV）及 VisionPro 机器视觉软件等商用软件中也已经开发了标准的相机标定程序库可以直接调用。本书对于相机标定过程不做展开介绍，感兴趣的读者可自行上网查阅相关资料。标定后得到的相机参数可以通过 X-SIGHT STUDIO 软件内置的“预处理工具”→“图像畸变校正”进行输入，参数将自动用于对后续图像的校正，如图 3-51 所示。

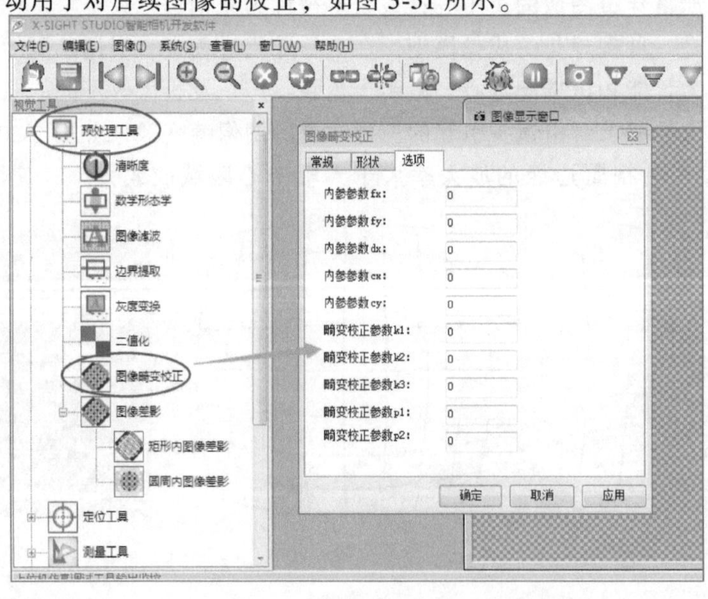

图 3-51　图像校正工具

知识拓展　视觉识别焊接机器人

随着科技的发展，视觉识别技术与机器人技术结合得越来越紧密，带有视觉识别系统的机器人在人类社会中发挥着越来越重要的作用。目前，视觉识别工业机器人的应用主要集中在包装分拣、焊接跟踪这两个方面。

焊接是目前机器人技术使用量最大的应用领域，全球每年有接近40%的机器人被应用于焊接。机器人自动焊接技术相对于传统的手工焊接具有很多优势，如运动平稳、快速、精确、可重复性好、灵活，同时能够减少焊接辐射对人体的伤害。但是机器人自动焊接的工艺参数和工艺路线设置较为复杂，具体表现在如下两个方面：

1）焊接过程中，零件的几何尺寸通常在一定程度上存在偏差，因此实际的机器人焊接路径不得不为每一个零件进行修正，这种方法耗时、重复，而且容易出现人为错误。

2）焊接工艺参数如焊接电压、电流、速度、摆动和保护气流量等对于焊接过程和最终焊接质量有决定性的影响。正式焊接开始之前，工艺人员需要花大量的时间查阅焊接工艺参数图表并进行反复试焊，才能确定一套较为优化的焊接参数。这一过程耗时且花销较大。

目前，视觉识别机器人已经能够较好地解决焊接过程中存在的这两个问题。各大厂家先后推出了具有焊缝跟踪能力的焊接机器人。这一类机器人将视觉摄像头和焊枪机构安装在机器人末端。焊接开始后，配有滤镜的CCD摄像头系统能够过滤焊接弧光的干扰，实时地采集焊缝状态。通过对采集图像中焊缝特征点的识别和提取的偏移量，实现机器人焊接轨迹的跟踪和自适应控制。视觉识别技术的焊接参数优化是先利用摄像头采集焊接过程中的溶滴过渡形态、熔池形态以及焊接电弧形态等信息，然后控制系统对上述信息分析实时地评测焊接质量，并主动地优化焊接参数，视觉系统采集到的焊接电弧形态如图3-52所示。

图3-52　视觉系统采集到的焊接电弧形态

评价反馈

表3-5　评价表

基本素养(30分)				
序号	评估内容	自评	互评	师评
1	纪律(无迟到、早退、旷课)(10分)			
2	安全规范操作(10分)			
3	团结协作能力、沟通能力(10分)			
理论知识(30分)				
序号	评估内容	自评	互评	师评
1	以太网的应用(5分)			
2	智能相机的版本信息(5分)			
3	智能相机的触发方式(5分)			

（续）

理论知识（30分）				
序号	评估内容	自评	互评	师评
4	智能相机的输出方式（5分）			
5	脚本语言的认知（5分）			
6	视觉系统在工业机器人领域应用的认知（5分）			
技能操作（40分）				
序号	评估内容	自评	互评	师评
1	视觉系统的连接（10分）			
2	视觉软件的设定（10分）			
3	智能相机的调试（20分）			
	综合评价			

练习与思考题

一、填空题

1. 智能相机型号为SV4-30ML有两个接口，分别为________与________，连接时，用交叉网线连接智能相机与计算机，用SW-IO串口线连接智能相机与电源控制器，智能相机支持的通信方式包括：________、________。

2. 智能相机作业配置中，触发方式有________、________、________、________。

3. 智能视觉系统由________、________、________、________四大部分组成。

4. 目前常用的相机标定方法有________、________、________。

二、简答题

1. 为什么视觉系统需要做智能相机标定？

2. 如果智能相机显示效果不好，可以调节哪些参数进行调整？

3. 理想化的空间中三维物体坐标与其在二维图像中对应坐标的换算关系，该公式的成立需要满足哪两个条件？

4. P点在世界坐标系 $O_WX_WY_WZ_W$ 中的坐标为 $[1, 1, 1]^T$，求该点在智能相机坐标系中的坐标 P_C。

5. 智能视觉系统的主要任务是什么？

三、操作题

1. 对图3-53所示的5个工件进行样本学习和脚本编写。

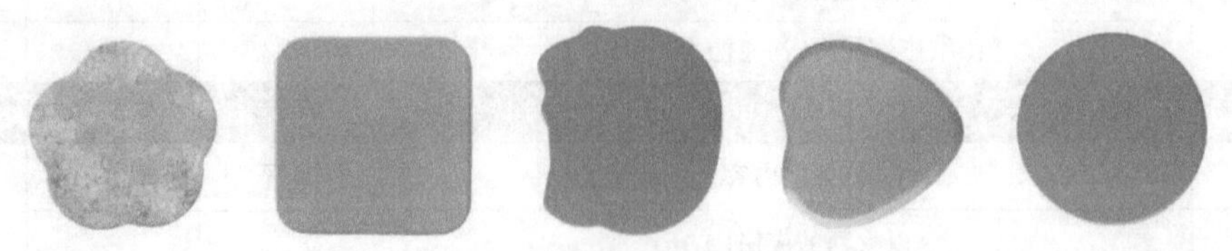

图3-53　待学习工件

2. 编写主控PLC中视觉系统调试模块任务，能够自动识别拍照工位中托盘中的工件，并将工件信息（包括位置、角度和工件编号）显示在人机界面中。

视觉调试界面参考示例如图 3-54 所示。

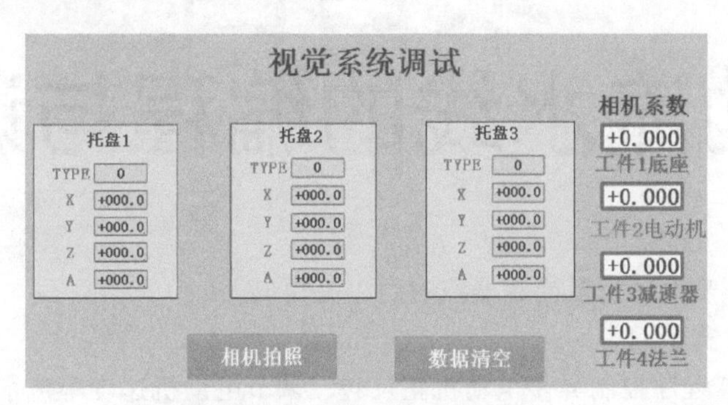

图 3-54　视觉调试界面参考示例

测试要求如下：

1）人工放置装有工件的托盘于智能拍照工位。

2. 在主控 PLC 人机界面启动智能相机拍照后，可在人机界面上正确显示识别工件信息（包括位置、角度和工件编号）。当放置缺陷工件时，要求对应托盘 TYPE 一栏显示 3A 或者 4A 字样，用来指示缺陷工件类型。

测试工件为图 3-2 所示的 1、2 号工件以及图 3-3 所示的 3A 号（或 4A 号）缺陷工件。

3 种工件随机放置于 3 个托盘内，1 个托盘装有 1 个工件。

项目四
自动流水线的编程与调试

学习目标

1）了解三相异步电动机及变频器控制的相关知识。
2）能对设备进行组网。
3）能利用 PLC 程序控制异步电动机正反转、调节电动机速度等流水线相关功能。
4）了解步进电动机及步进驱动器控制相关知识。
5）掌握西门子运动控制指令及工业轴组态方法。
6）能利用 PLC 程序控制实现步进电动机手动正反转、位置控制及回原点运动。
7）能编写 HMI 控制界面，利用 HMI 触摸屏对设备进行控制。

工作任务

一、任务描述

在 PLC 中编写托盘流水线和装配流水线调试任务，能够实现装配流水线和托盘流水线的基本运动，包括手动控制托盘流水线启动、停止、正反向启动，以及拍照工位气挡、抓取工位气挡运动，手动控制装配流水线正反向点动以及回原点运动，手动控制装配流水线运动到工位 G7、G8、G9 的任意一个工作位置，如图 4-1 所示。

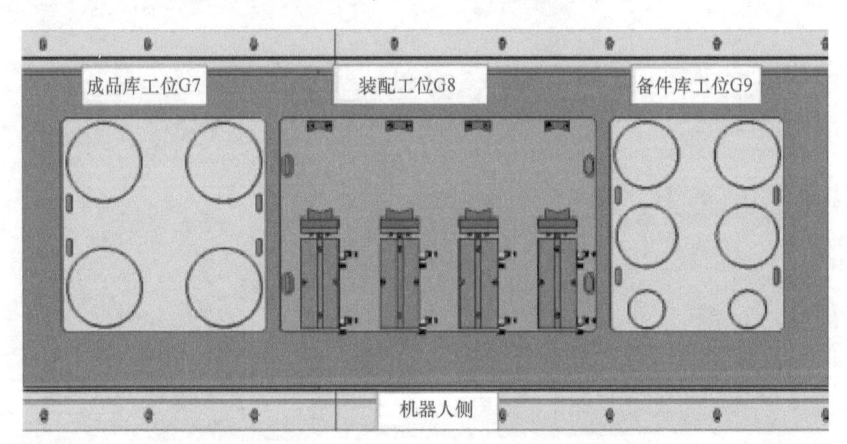

图 4-1 装配流水线工位 G7、G8、G9 工作位置示意图

二、所需设备

托盘流水线、装配流水线分别如图 4-2 和图 4-3 所示。

三、技术要求

装配流水线板链上已安装了装配工位、备件库和成品库底板，以防止装配流水线移动时可能导致设备损坏，发生严重机械碰撞事故。

操作时应注意的事项如下：

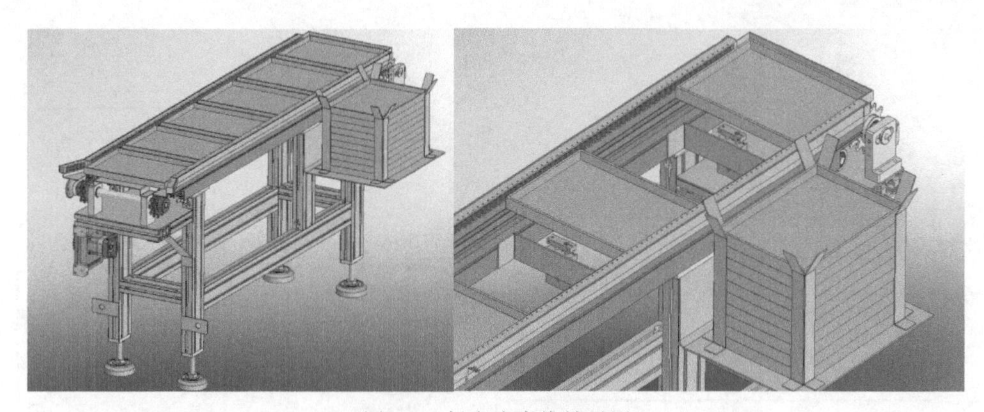

图 4-2 托盘流水线效果图

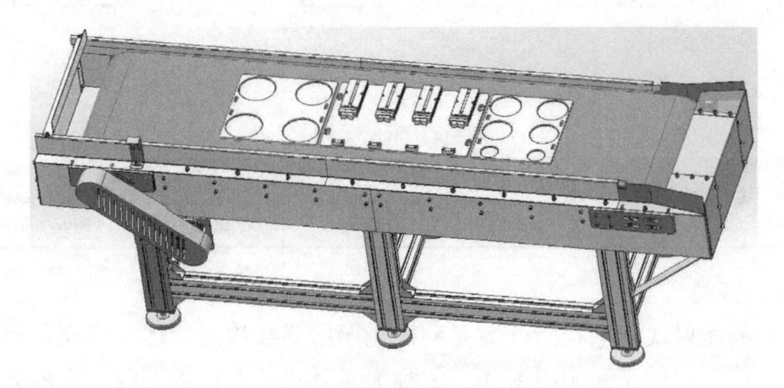

图 4-3 装配流水线效果图

1）装配流水线移动时，不要超出运动边界。

2）回原点操作时，应注意装配流水线的运动方向，并在可运动范围内完成回原点操作。

实践操作

一、知识储备

1. 托盘流水线三相异步电动机及减速器

三相异步电动机及减速器选用 DKM 小型三相异步电动机及两级斜齿轮减速器，为获得较低转速，配备了中间减速箱（减速比 1∶10）。安装中间减速箱后，速度将减小到原来的 1/10，最大容许转矩不变，此状态下最大容许转矩为 10N · m。电动机及减速器型号见表 4-1。

表 4-1 电动机及减速器型号表

序号	名称	型号
1	DKM INDUCTION MOTOR 异步电动机	9IDGK-200FP
2	DKM CENTER GEAR HEAD 中间斜齿轮减速箱	9XD10PP
3	DKM GEAR HEAD 斜齿轮减速器	9PBK30BH

电动机外形尺寸如图 4-4 所示。

电动机参数见表 4-2。

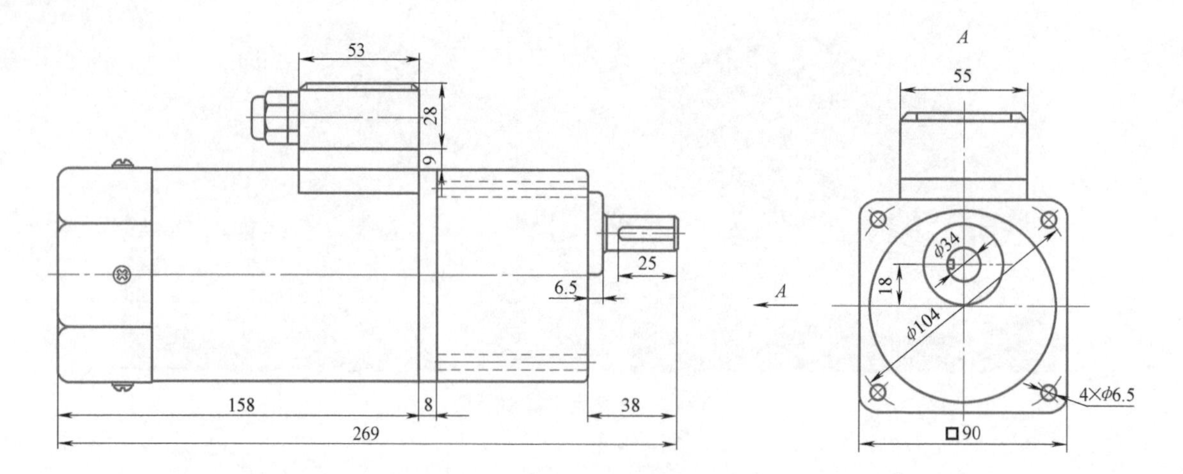

图 4-4 电动机外形尺寸

表 4-2 电动机参数

型号	功率	电压	电流	频率	转速	相数
9IDGK-200FP	200W	380V	0.9A	50Hz	1300r/min	3

2. 光电接近开关

流水线采用的漫射式光电接近开关是利用光照射到被检测物体上后反射回来的光线进行工作的，由于物体反射的光线为漫射光，故称为漫射式光电接近开关。它的光发射器与光接收器处于同一侧，且为一体化结构。在工作时，光发射器始终发射检测光，若光电接近开关前方一定距离内没有物体，则没有光被反射到光接收器，光电接近开关处于常态而不动作；反之，若光电接近开关前方一定距离内出现物体，只要反射光强度足够，光接收器接收的漫射光会使光电接近开关动作而改变输出状态。

用来检测托盘流水线入口有无托盘、拍照工位有无托盘和抓取工位有无托盘的漫射式光电接近开关选用欧姆龙 E3Z-D62 型光电接近开关。该光电接近开关的外形如图 4-5 所示。该光电接近开关的指示灯、动作转换开关和灵敏度旋钮如图 4-6 所示。

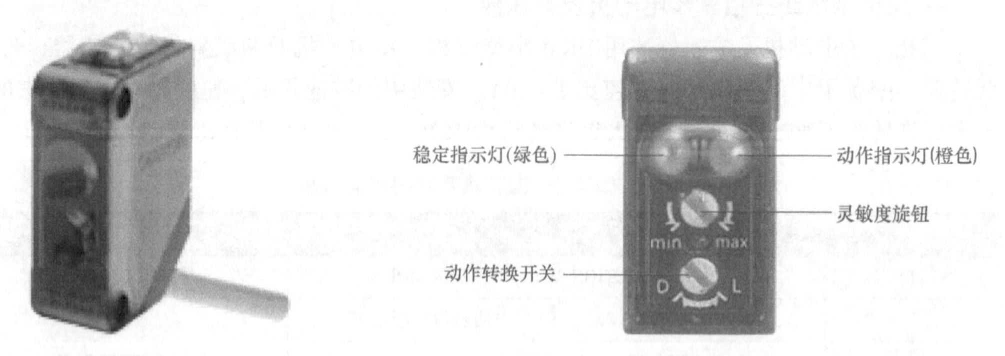

图 4-5 E3Z-D62 型光电接近开关的外形

图 4-6 指示灯、动作转换开关和灵敏度旋钮

图 4-6 中动作转换开关的功能是选择受光动作（Light）或遮光动作（Drag）模式。当此开关按逆时针方向充分旋转时（L 侧），进入检测 ON 模式；当此开关按顺时针方向充分

旋转时（D侧），进入检测OFF模式。灵敏度旋钮调整距离时，注意逐步轻微旋转，否则若充分旋转，灵敏度旋钮会空转。调整方法是：首先按逆时针方向将灵敏度旋钮充分旋到最小检测距离，然后根据要求距离放置被检测物体，按顺时针方向逐步旋转灵敏度旋钮，找到传感器进入检测条件的点，拉开被检测物体距离，按顺时针方向进一步旋转灵敏度旋钮，找到传感器再次进入检测状态的点，一旦进入，向后旋转灵敏度旋钮直到传感器回到非检测状态的点。两点之间的中点为稳定被检测物体的最佳位置。

3. 装配流水线上的步进电动机驱动器

装配流水线采用步进电动机驱动，步进驱动采用雷赛DM860驱动器。DM860驱动器采用差分式接口电路，适用差分信号，单端共阴极或共阳极等接法，内置高速光电耦合器，允许接收长线驱动器、集电极开路和PNP输出电路的信号。在环境恶劣的场合，推荐用长线驱动器电路，以提高抗干扰能力。以集电极开路和PNP输出电路为例，其输入接口电路示意图如图4-7所示。

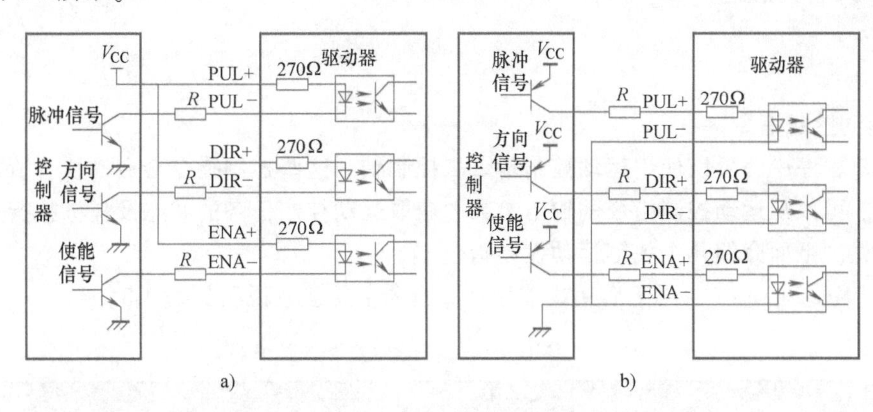

图4-7 输入接口电路

a）共阳极接法 b）共阴极接法

（1）微步细分数设定 由SW5～SW8四个拨码开关来设定驱动器微步细分数，其共有16档微步细分。设定微步细分时，应先停止驱动器运行。

（2）输出电流设定 由SW1～SW3三个拨码开关来设定驱动器输出电流，其输出电流共有8档。

（3）信号接口 PUL+和PUL−为控制脉冲信号的正端和负端，DIR+和DIR−为方向信号正端和负端，ENA+和ENA−为使能信号的正端和负端。

（4）电动机接口 A+和A−为接步进电动机A相绕组的正端和负端，B+和B−为接步进电动机B相绕组的正端和负端。当A、B两相绕组调换时，可使电动机反向转动。

（5）电源接口 采用交流电源供电，工作电压范围建议为AC-48～48V，电源功率大于300W，电压不超过AC 90V和不低于AC 24V。

驱动器接线图如图4-8所示。

（6）指示灯 驱动器有红、绿两个指示灯。绿灯为电源指示灯，当驱动器上电后，绿灯常亮。红灯为故障指示灯，当出现过电压、过电流故障时，红灯常亮。故障清除后，红灯灭。当驱动器出现故障时，只有重新上电和重新使能才能清除故障。

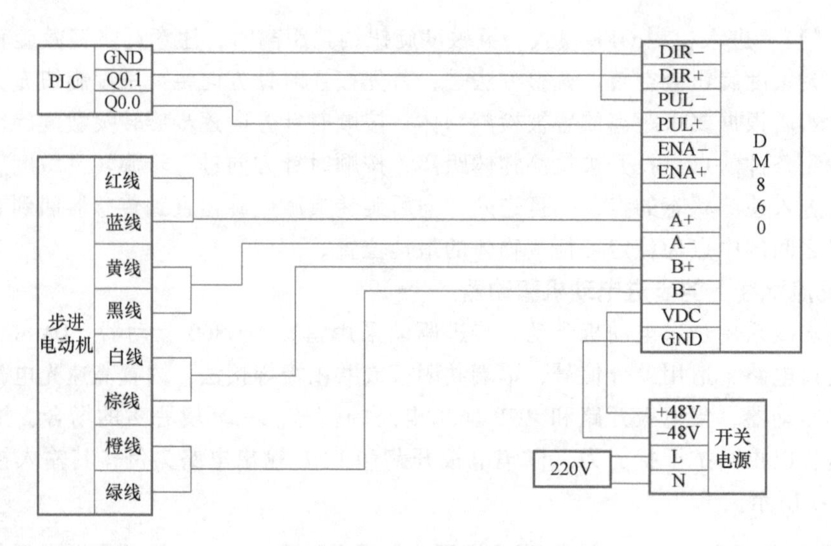

图 4-8 驱动器接线图

4. 运动控制指令

在用户程序中，可以使用运动控制指令来控制轴。这些控制指令会启动执行所需功能的控制任务。可以从运动控制指令的输出参数中获取运动控制任务的状态及任务执行期间发生的任何错误。下面介绍几个关键运动控制指令。

（1）“MC_Power” 用于启用或禁用轴。指令主要参数说明见表 4-3。

表 4-3 “MC_Power” 指令主要参数说明

主要参数	说　明
Axis	轴工艺对象
Status	轴的使能状态，“true”或“false”

（2）“MC_Home” 使轴复位，设置参考点。使用“MC_Home”运动控制指令可将轴坐标与实际物理驱动器位置匹配。指令主要参数说明见表 4-4。

表 4-4 “MC_Home” 指令主要参数说明

主要参数	说　明
Axis	轴工艺对象
Execute	上升沿启动作业
Position	Mode=0、2、3：完成复位操作之后，轴的绝对位置 Mode=1：对当前轴位置的修正值
Mode	Mode=0：绝对式直接复位，新的轴位置为参数“Position”位置的值 Mode=1：相对式直接复位，新的轴位置等于当前轴位置+参数“Position”位置的值 Mode=2：被动复位，根据轴组态进行复位。复位后，将新的轴位置设置为参数“Position”的值 Mode=3：主动复位，根据轴组态进行复位。复位后，将新的轴位置设置为参数“Position”的值

（3）“MC_Halt” 停止轴。通过运动控制指令“MC_Halt”，可停止所有运动，并以组态的减速度停止轴。指令主要参数说明见表 4-5。

表 4-5 “MC_Halt” 指令主要参数说明

主要参数	说　　明
Axis	轴工艺对象
Execute	上升沿启动作业

（4）“MC_MoveJog” 在点动模式下移动轴。通过运动控制指令“MC_MoveJog”，在点动模式下以指定的速度连续移动轴。指令主要参数说明见表 4-6。

表 4-6 “MC_MoveJog” 指令主要参数说明

主要参数	说　　明
Axis	轴工艺对象
JogForward	如果参数值为“true”，则轴将按参数“Velocity”中所指定的速度正向移动
JogBackward	如果参数值为“true”，则轴将按参数“Velocity”中所指定的速度反向移动
Velocity	点动模式下移动轴的预设速度
InVelocity	为“true”时，达到参数“Velocity”中指定的速度
Error	执行命令期间出错。错误原因参见“ErrorID”和“ErrorInfo”的参数说明

（5）“MC_MoveAbsolute” 轴的绝对定位。运动控制指令“MC_MoveAbsolute”启动轴定位运动，将轴移动到某个绝对目标位置。指令主要参数说明见表 4-7。

表 4-7 “MC_MoveAbsolute” 指令主要参数说明

主要参数	说　　明
Axis	轴工艺对象
Execute	上升沿时启动作业
Position	如果参数值为“true”，则轴将按参数“Velocity”中指定的速度反向移动
Velocity	轴的速度，由于所组态的加速度、减速度以及待接近的目标位置等原因，不会始终保持这一速度
Done	为“true”时，达到绝对目标位置
Error	执行命令期间出错。错误原因参见“ErrorID”和“ErrorInfo”的参数说明

二、托盘流水线的编程与调试

1. PLC 输入输出分配

根据托盘流水线设备硬件接线和任务描述，列出拍照工位气挡和抓取工位气挡输出信号与 PLC 地址编号对照表，见表 4-8。

表 4-8 托盘流水线 I/O 对照表

内容	I/O 口定义	内容	I/O 口定义
抓取工位气挡输出信号	Q0.6	拍照工位气挡输出信号	Q0.5

2. 设备组态

参照项目一进行 PLC、HMI 和变频器设备组态。PLC 型号及版本选择西门子 SIMATIC S7-1200 系列中 1215C DC/DC/DC 型 CPU，订货号为 6ES7-215-1AG40-0XB0，版本为 4.0；IP 地址为 192.168.8.11，子网掩码采用默认值；启用脉冲发生器；启用系统存储器字节，起始地址从“M1”开始。PLC 输入/输出拓展模块选择 DI 16/DQ 16×24VDC，订货号为 6ES7 223-1BL32-0XB0；I/O 输入起始地址为“2”，输出起始地址为“2”。变频器型号为 SINAMICS G120 CU240E-2 PN-F V4.5，IP 地址为 192.168.8.19；变频器子模块为“Supplementary data，PZD-2/2”，其 I 地址及 Q 地址均设为“68...71”，此地址为程序所控制的变频器报文寄存器地址，也可以自定义。HMI 触摸屏选择“SIMATIC 精智面板”→“7 寸显示屏”→“TP700 精智面板” →订货号为“6AV2 124-0GC01-0AX0”。

组态完成后，在网络视图中的效果如图 4-9 所示。

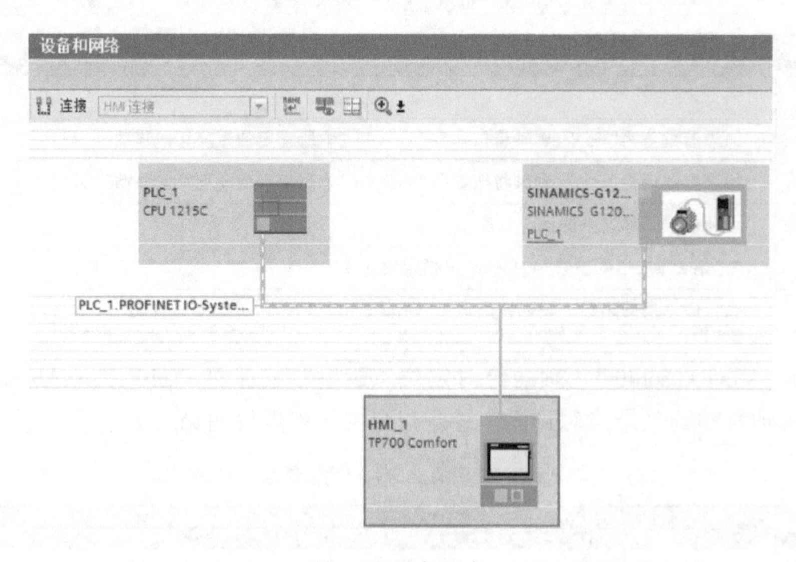

图 4-9　设备组态

3. 托盘流水线 HMI 界面编程

参考项目一进行托盘流水线 HMI 界面编程，HMI 界面可实现流水线正、反启动与停止，拍照工位气挡和抓取工位气挡手动打开与关闭，能够手动设定托盘流水线的速度。HMI 参考界面如图 4-10 所示。

托盘流水线 HMI 界面功能说明如下：

1）按下“正向启动”“反向启动”或“流水线停止”，可以实现托盘流水线正、反启动及停止功能。启动和停止的斜坡加速时间和斜坡减速时间根据变频器设置而定。实际运行速度为程序中设定的速度。

2）按下“拍照工位气挡”或“抓取工位气挡”，可以实现相应气缸升起或下降。若首次按下则升起，再次按下则下降。

3）“速度”在 I/O 域的设置。单击数字后，系统弹出输入界面，输入十进制数值后按<Enter>键确定即可设定托盘流水线运行速度。

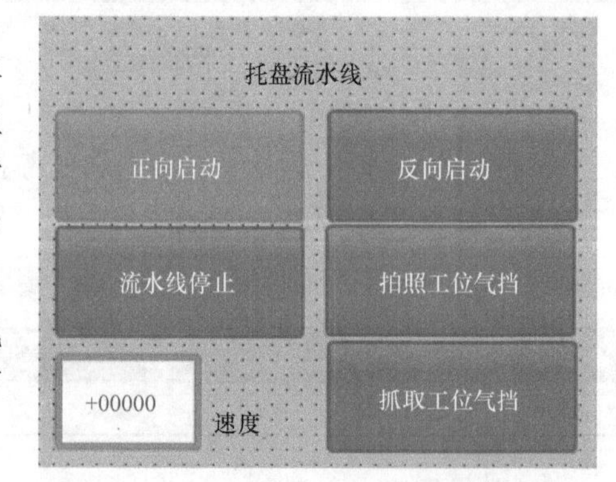

图 4-10　托盘流水线 HMI 参考界面示例

触摸屏添加元件、相关事件及对应 PLC 或数据块变量见表 4-9。

表 4-9 元件、事件、PLC 或数据块变量对应表

序号	元件	事件或模式	对应 PLC 或数据块变量
1	“正向启动”按钮	按下置位位,释放复位位	“jj”. 正启动
2	“反向启动”按钮	按下置位位,释放复位位	“jj”. 反启动
3	“流水线停止”按钮	按下置位位,释放复位位	“jj”. 停止
4	“拍照工位气挡”按钮	单击取反位	Q0. 5
5	“抓取工位气挡”按钮	单击取反位	Q0. 6
6	速度设置	输入/输出模式	“jj”. 速度

注：“jj” 为 PLC 中建立的全局变量。

4. 托盘流水线 PLC 编程与调试

(1) 设定 PLC 变量　界面中的功能要连接变量，需要对输入输出变量进行定义。打开 PLC 变量和全局变量，新建变量表或者直接在默认变量表中添加输入输出变量。建好的变量表见表 4-10。

表 4-10 变量表

名称	数据类型	地址	在 HMI	可从 HMI
默认变量				
AlwaysFALSE	Bool	%M1. 3	√	√
AlwaysTRUE	Bool	%M1. 2	√	√
DiagStatusUpdate	Bool	%M1. 1	√	√
FirstScan	Bool	%M1. 0	√	√
System_Byte	Bool	%MB1	√	√
拍照工位气挡	Bool	%Q0. 5	√	√
抓取工位气挡	Bool	%Q0. 6	√	√
名称	数据类型	启动值	在 HMI	可从 HMI
jj 数据块(全局变量)				
正向启动	Bool	false	√	√
反向启动	Bool	false	√	√
流水线停止	Bool	false	√	√
速度	Int	0	√	√

除了在变量表中输入变量外，建立变量的另一个方法是：在编写程序的过程中输入变量名，然后选中变量名并按快捷键<Ctrl+Shift+I>，输入变量地址即可；或者先输入变量地址，然后选中变量并按快捷键<Ctrl+Shift+T>，重命名变量。

同时在 PLC 中建立一个数据块（全局变量），并命名为“jj”。

(2) 编写控制程序　根据任务要求，按下“正向启动”按钮，启动托盘流水线正向转动。按下“流水线停止”按钮，托盘流水线停止转动。按下“反向启动”按钮，启动托盘

流水线反向转动。

示例程序编写步骤如下：

1）变频器用速度字控制电动机转速，组态中定义速度字寄存器为 QW70，将十六进制速度值赋值到该变量中，变频器即可接收到速度信息并对速度进行控制，如图 4-11 所示。

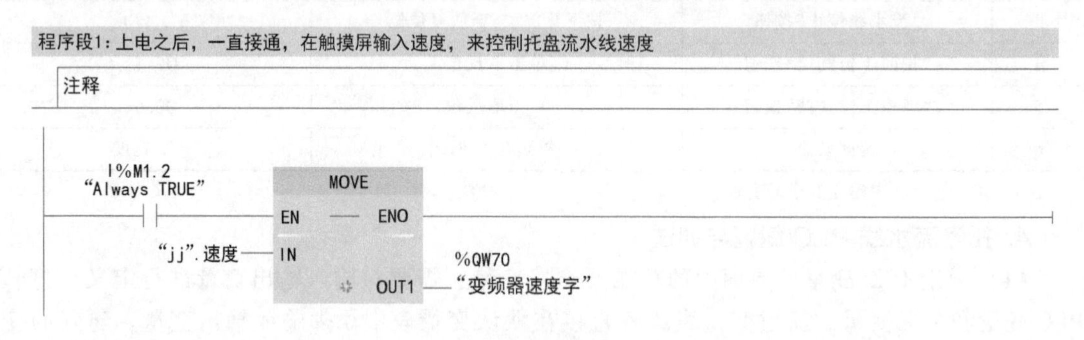

图 4-11　电动机速度控制

2）变频器用控制字来控制电动机的启动和停止，组态中定义变频器控制字寄存器为 QW68，将十六进制控制指令赋值到该变量中，变频器即可接收到控制信息并控制电动机动作，如图 4-12 所示。其中，“16#047f”为“正向启动”，“16#0c7f”为“反向启动”，“16#047e”为“流水线停止”。

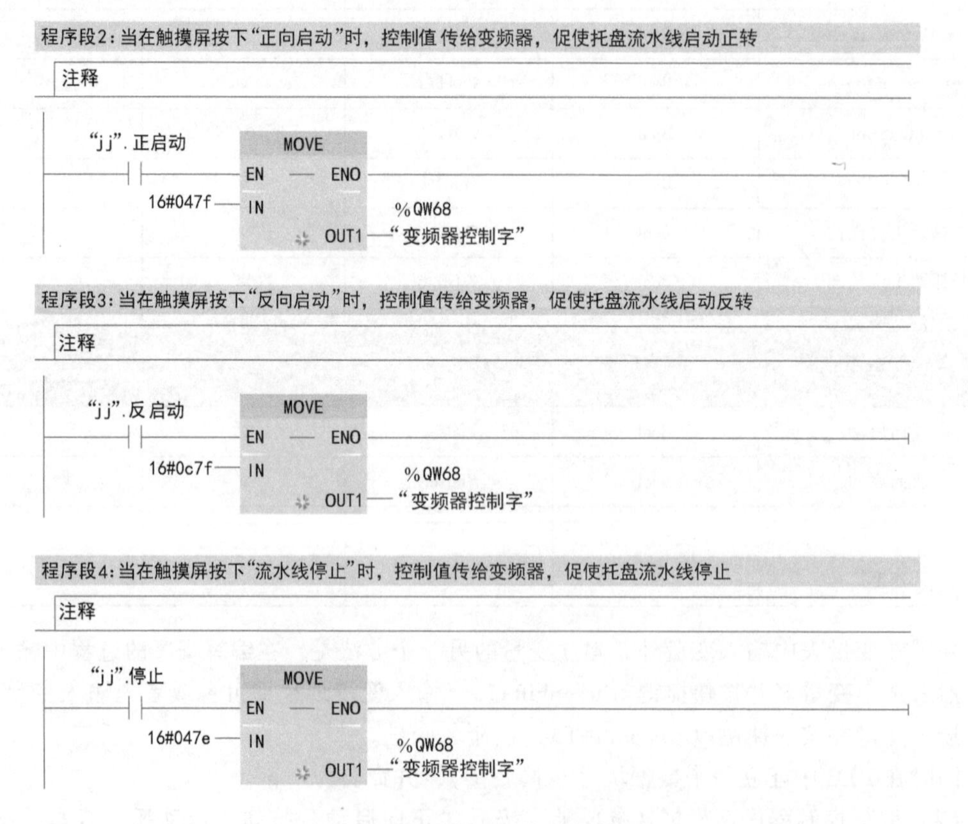

图 4-12　电动机正反启动与停止

（3）下载调试　完成程序编写后，保存项目。打开设备电源，将编程用的计算机与PLC及HMI建立连接。将PLC程序和界面分别下载至设备中。打开博途软件的监控功能，在HMI中键入托盘流水线速度值，按下各个功能按钮进行调试运行。

三、装配流水线的编程与调试

1. PLC输入输出分配

装配流水线有1个输入信号为装配流水线原点传感器信号，2个输出信号分别是步进电动机驱动器脉冲输出信号和步进电动机驱动器方向输出信号。装配流水线I/O表见表4-11。

表4-11　装配流水线I/O对照表

内　　容	I/O口定义
装配流水线原点传感器信号	I1.0
步进电动机驱动器脉冲输出信号	Q0.0
步进电动机驱动器方向输出信号	Q0.1

2. 组态工艺对象

（1）添加轴工艺对象　选择“项目1”→“PLC_1［CPU1215C DC/DC/DC］”→“工艺对象”→“插入新对象”并双击，如图4-13所示。

输入轴工艺对象的名称，选中“运动控制”下的“轴”，其他保持默认，最后单击“确定”按钮，如图4-14所示。

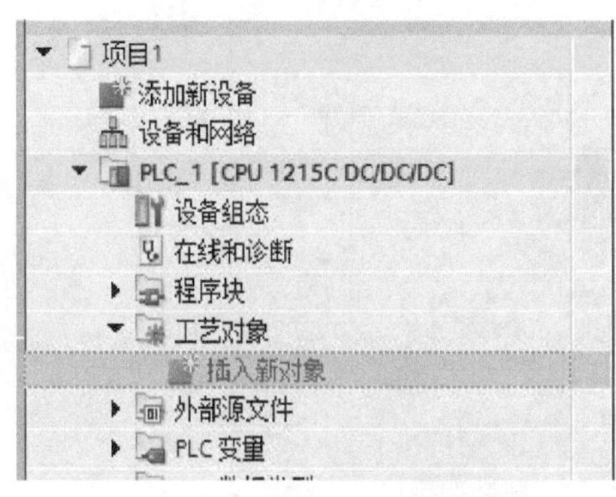

图4-13　插入新对象

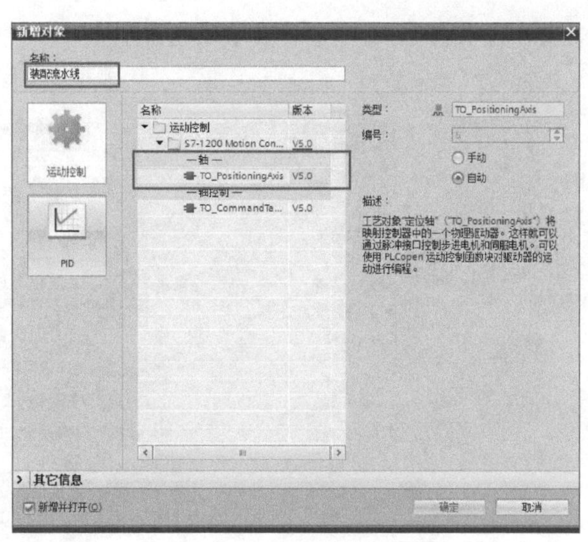

图4-14　添加轴工艺对象

（2）设置工艺对象相关参数　轴工艺对象添加完成后，进入组态界面，设置轴工艺对象的基本参数。在“基本参数”→“驱动器”中对硬件接口进行设置，可参考图4-15进行设置，实际使用时要根据硬件接线做相应调整。

装配流水线需要对装配工位进行回原点操作。通过外部的传感器信号作为原点开关数字量输入，进行回原点操作。选择“扩展参数”→“回原点”→“主动”→“输入原点开关”，如图 4-16 所示。

另一个设置是在“基本参数”→“常规”中对“测量单位”进行设置。测量单位可以选择“脉冲”“毫米”“米”“英寸”等，这里选择脉冲，如图 4-17 所示。

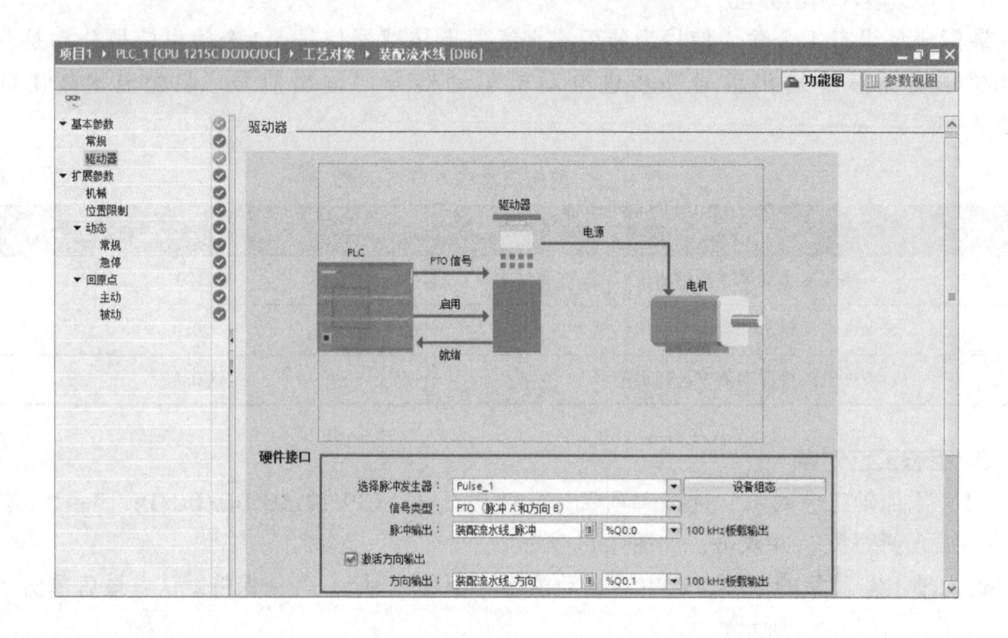

图 4-15　硬件接口的设置

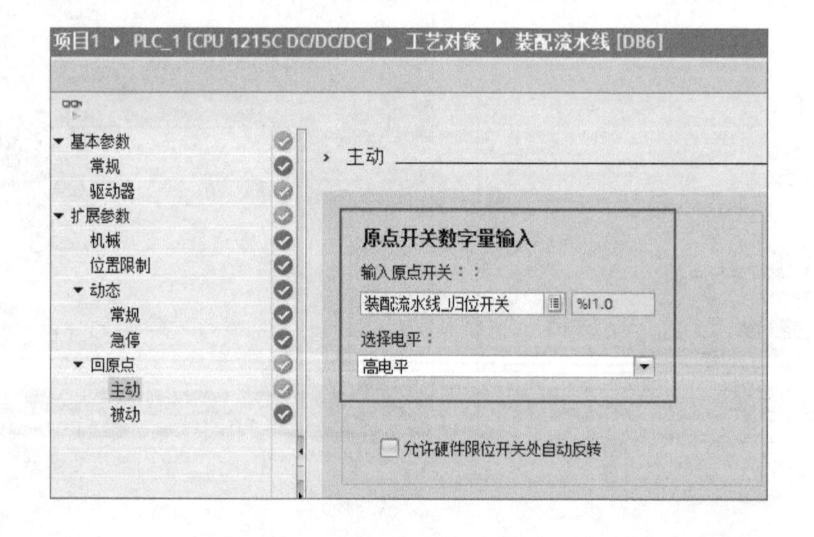

图 4-16　输入原点开关

3. 装配流水线 HMI 界面编程

（1）根据控制需求编写界面　通过触摸屏实现对装配流水线的控制和监控等基本操作。

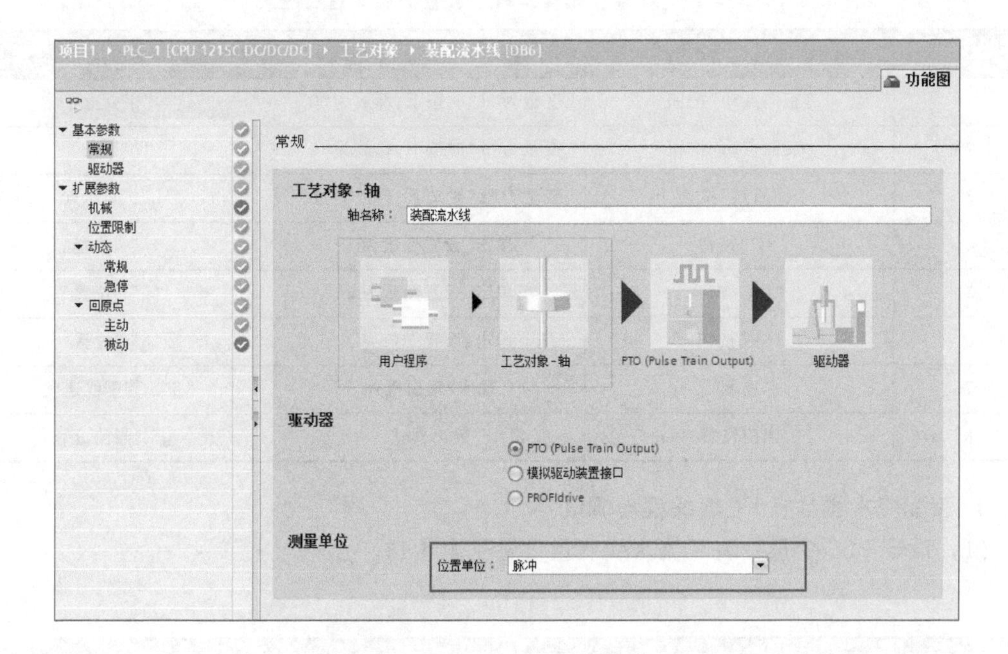

图 4-17　测量单位的设置

新建画面并绘制“装配流水线控制界面”。供参考的 HMI 界面如图 4-18 所示。

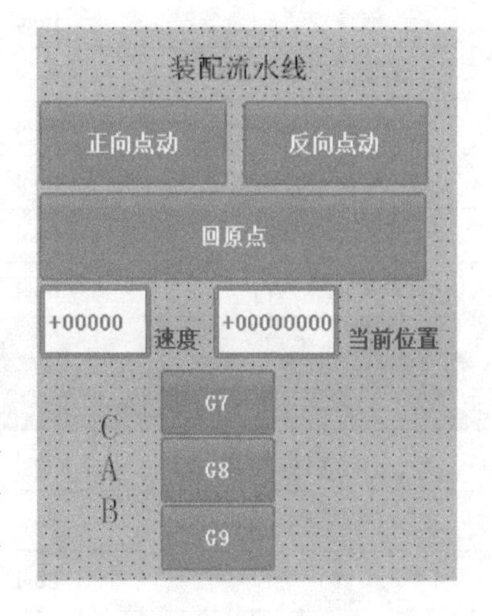

图 4-18　装配流水线控制界面示例

（2）装配流水线 HMI 界面功能说明

1）按下“正向点动”或“反向点动”按钮，可以实现装配流水线的正反转。两个按钮不可同时按下，否则控制指令会报错。按此按钮时，必须注意流水线上放置的工位托盘不要碰撞流水线。

2）按下“回原点”按钮，可实现轴回原点功能，轴回原点的方式根据“MC_Home”中的模式进行。本例中设定的模式为模式 Mode = 1，启动回原点功能后，流水线会正转，经过原点传感器后反转，然后往复几次正反转的方式来精确停止到原点。

3）“速度”在 I/O 域的设置。单击数字弹出输入界面，输入十进制数值后按<Enter>键确定即可设定流水线运行速度，程序运行默认为 0，为保障安全，推荐设定范围为 20%～100%。

4）“当前位置”可以实时显示装配流水线步进电动机的位置，数值为脉冲值。

5）工位选择与变换。“G7”“G8”“G9”按钮分别对应“备件库工件”“装配工位”和“成品库工位”。

（3）触摸屏添加的元件相关事件及对应 PLC 或数据块变量见表 4-12。

表 4-12 元件、事件、PLC 或数据块变量对应表

序号	元件	事件或模式	对应 PLC 或数据块变量
1	“正向点动”按钮	变量为“1”时按下,释放为“0”	“jj”. 正
2	“反向点动”按钮	变量为“1”时按下,释放为“0”	“jj”. 反
3	“回原点”按钮	变量为“1”时按下,释放为“0”	“jj”. 回原点
4	“G7”按钮	单击,设置变量为 1	“jj”. 位置
5	“G8”按钮	单击,设置变量为 2	“jj”. 位置
6	“G9”按钮	单击,设置变量为 3	“jj”. 位置
7	速度	输入/输出模式	“jj”. 装配线速度
8	当前位置	输出模式	“jj”. 当前位置

4. 装配流水线系统 PLC 编程与调试

(1) 设定 PLC 变量　装配流水线变量设置见表 4-13。

表 4-13 装配流水线变量表

名称	数据类型	地址	在 HMI	可从 HMI
默认变量				
轴_1_脉冲	Bool	%Q0.0	√	√
轴_1_方向	Bool	%Q0.1	√	√
轴_1_复位开关	Bool	%I1.0	√	√
FirstScan	Bool	%M1.0	√	√
System_Byte	Bool	%MB1	√	√
拍照工位气挡	Bool	%Q0.5	√	√
抓取工位气挡	Bool	%Q0.6	√	√
名称	数据类型	启动值	在 HMI	可从 HMI
jj 数据块(全局变量)				
正向点动	Bool	false	√	√
反向点动	Bool	false	√	√
停止	Bool	false	√	√
绝对启动	Bool	false	√	√
绝对完成	Bool	false	√	√
装配流水线速度	int	0	√	√
脉冲	int	0	√	√
当前位置	Real	0	√	√
位置	Int	0	√	√

(2) 编写控制程序　本任务运用西门子 PLC 运动控制指令对步进电动机进行控制，实

现装配流水线的运转及位置变换，同时合理的速度设置可以对整体运行效率进行优化。

1）启动装配流水线工艺轴。如图 4-19 所示。

```
1 ⊟#MC_Power_Instance(Axis:="轴_1",
2                     Enable:=1
3  );
```

图 4-19　启动装配流水线工艺轴

2）装配流水线轴回原点。当检测到 HMI“回原点”信号上升沿时，以主动复位方式回原点，如图 4-20 所示。

```
4 ⊟#MC_Home_Instance(Axis:="轴_1",
5                    Execute:= "jj".回原点,
6                    Position:=0,
7                    Mode:=3
8  );
```

图 4-20　装配流水线轴回原点

3）装配流水线轴停止。当检测到 HMI“停”信号上升沿时，程序控制装配流水线轴停止，如图 4-21 所示。

```
 9 ⊟#MC_Halt_Instance(Axis:="轴_1",
10                    Execute:= "jj".停
11  );
```

图 4-21　装配流水线轴停止

4）装配流水线轴手动正反转。当检测到 HMI“正向点动”信号上升沿时，程序控制装配流水线轴以设定速度点动正向转动；当检测到 HMI“反向点动”信号上升沿时，程序控制装配流水线轴以设定速度点动反向转动，如图 4-22 所示。

```
18 ⊟#MC_MoveJog_Instance(Axis:="轴_1",
19                       JogForward:= "jj".正,
20                       JogBackward:= "jj".反,
21                       Velocity:= 100
22  );
```

图 4-22　装配流水线轴手动点动正反转

5）装配流水线轴的绝对定位。通过给定位置来变换装配流水线轴的位置。当检测到 HMI“G7”“G8”“G9”信号时，程序控制装配流水线轴根据“Position”变量的值，以“装配流水线速度”的值移动，移动到位后，“装配流水线运行完成”信号置 1，如图 4-23 所示。

（3）下载调试　完成程序编写后，保存项目。打开设备电源，将编程计算机与 PLC 及 HMI 建立连接。将 PLC 程序和界面分别下载至设备中。打开博途软件的监控功能，在 HMI 键入装配流水线速度值，按各个功能按钮进行调试运行。

```
12 #MC_MoveAbsolute_Instance(Axis:="轴_1",
13                           Execute:= "jj".绝对启动,
14                           Position:= "jj".脉冲,
15                           Velocity:= "jj".装配流水线速度,
16                           Done=> "jj".绝对完成
```

```
23 "jj".当前位置 := "轴_1".Position;
24 IF "jj".绝对完成 THEN
25     // Statement section IF
26     "jj".绝对启动 := 0;
27     "jj".位置 := 0;
28     ;
29 END_IF;
30 IF "jj".位置<>0 THEN
31     // Statement section IF
32     "jj".绝对启动:=1 ;
33 END_IF;
34 CASE "jj".位置 OF
35     1:
36         "jj".脉冲 := 900;
37     2:
38         "jj".脉冲 := 0;
39     3:
40         "jj".脉冲 := -900;
41
42     5:  "jj".脉冲 := 200
43         ;
44     ELSE  // Statement section ELSE
45         ;
46 END_CASE;
```

图 4-23　装配流水线轴绝对定位

问题探究

一、视觉识别工业机器人在包装分拣作业中的应用

在传统企业中，带有高度重复性的货物抓放分拣工作一般依靠大量的人工完成，不仅给工厂增加了巨大的人工成本和管理成本，还难以保证包装的合格率，且人工的介入很容易给食品、医药带来污染，影响产品质量。目前视觉识别工业机器人技术在包装分拣领域已经得到了很大的应用，尤其是在食品、烟草和医药等行业中的大多数生产线已实现了高度自动化，其包装作业基本实现了机器人化。在包装分拣领域，常采用视觉识别系统与并联机器人或者SCARA机器人相组合的形式。由视觉识别系统对货物的位置进行动态跟踪，引导并联机器人高速地完成抓取和分拣的任务。图 4-24 所示为由视觉系统引导并联

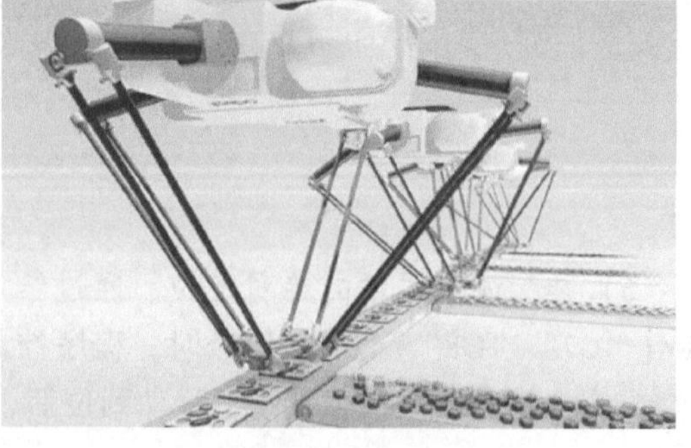

图 4-24　巧克力拣选生产线

机器人完成各种类型巧克力的定位、节选、抓取和移动等动作，然后放到搭配托盘上。

视觉识别工业机器人的作业精度高、柔性好、效率高，克服了传统的机械式包装占地面积大、程序更改复杂以及耗电量大等缺点，同时避免了采用人工包装造成的劳动量大、工时多、无法保证包装质量等问题。目前国际主流厂商如 ABB、发那科（FANUC）的并联机器人已经能够实现在工作范围内每分钟 150~200 次的抓取，其工作节奏远高于串联型六轴机器人。

二、步进电动机的精度问题

作为工业机器人系统中的重要组成部分，步进电动机定位精度的高低直接决定了整个系统的性能，也直接影响工业机器人搬运精度。针对步进电动机速度控制过程中可能发生的“丢步”或“过冲”现象，有必要对电动机运行过程中定位不准的主要原因进行分析，并找出解决定位不准的相应控制手段，以提高工业机器人整体系统精度和稳定性。

1. 原因分析

由于开环控制系统具有操作方便、价格低廉的优点，所以目前采用的基本是开环控制反应式步进电动机。虽然步进电动机应用广泛，但其并不能如普通的交（直）流电动机在常规条件下使用，且从起点到终点的运行速度必须符合一定的要求，因此也经常会出现一些定位不准的故障。理论状况下，在电动机的极限起动速度大于运行的速度时，电动机可按要求运行，并可达到预期的运行速度。运行至行程结束时，也能立即发出可以实现停止功能的脉冲，并使电动机停止运行。但实际情况是，步进电动机能实现的极限起动速度较低，远不能满足较高的运行速度的要求。在这种工作状况下，强行使电动机以要求的速度（大于极限起动速度）直接起动，会发生“丢步”或无响应。而当电动机运行至终点时，虽然已经立即停止发脉冲，令其停止，但由于惯性作用，会发生冲过终点的现象，即产生“过冲”。特别值得注意的是，为了既要保证系统的定位精度（电动机的升降速缓慢，防止产生“丢步”或“过冲”），又要获得高的定位速度，主流系统都将定位过程划分为粗定位阶段和精定位阶段。生产实践的经验明确了“丢步”和“过冲”是步进电动机在运行中最常出现的两种严重影响步进电动机定位精度的“罪魁祸首”。归纳出现定位不准的主要原因如下。

1）要求起动初速度过高，超过电动机极限起动速度，或者加速度太大，造成“丢步”。

2）电动机的功率达不到系统的要求。

3）驱动器工作过程遭受干扰。

4）控制系统的控制器产生误动作。

5）换向时丢脉冲，单向运行定位准确，换向后定位出现偏差，换向次数越多，其偏差累积越明显。

6）软件存在设计缺陷。

7）使用同步带的场合，软件补偿太多或太少。

2. 控制手段

（1）闭环控制系统　在较高精度要求的场合，通常采用闭环控制系统。闭环控制系统的实现方法多种多样，结合微步驱动技术并在微型计算机控制技术的助力下，可达到极高的位置精度。然而，闭环控制系统由于需要接入大量检测、反馈及控制元件，且这些元件的精度高，从而造成整个闭环控制系统机构复杂、造价高昂、稳定性不佳，因此仅在对精度要求极高的情况下采用。

（2）开环控制系统　对于步进电动机的精确定位，更多的研究是从控制方式及步进电动机驱动器角度进行的，如采用闭环控制或细分驱动器、升频升压控制、恒流斩波控制、微步进细分控制，以及位置、速度反馈控制，通过反馈或控制环节进一步细分以实现精确定位。但对于一些报价较低的小型系统，显然不适用。因此，一般采用构成简单、操作方便、价格适中的开环控制系统。但开环控制下，负载对控制电路为零反馈，这就需要步进电动机必须正确响应励磁的变化。若励磁变化频率过快，而电动机又不能及时产生动作移至新的位置，那么负载就会相较于理想位置产生位置偏差。当然造成这种偏差的因素是多种多样的，在处理时必须对照问题的原因。一般来讲，处理的方法如下：

1）由步进电动机特点决定初速度不能太高，尤其是在负载惯量较大的情况下，建议初速度在 60r/min 以下。这种转速下，电动机运行产生的冲击小，不会因加速度过大对系统产生较大冲击，导致过冲，影响定位精度，发生定位不准。这就要求在电动机正转和反转间隙必须有一定的暂停时间，这段时间的存在可以对换向时的冲击进行缓冲，避免因反向加速度过大引起过冲。

2）选择大转矩电动机，通过适当地增大电流，提高驱动器电压来提高电动机的驱动性能。

3）系统的干扰引起控制器或驱动器的误动作，只能想办法找出干扰源，降低其干扰能力，如屏蔽、加大间隔距离等，同时切断传播途径，提高自身的抗干扰能力。常见的措施如下：

① 用双纹屏蔽线代替普通导线。系统中信号线与大电流或大电压变化导线分开布线，降低电磁干扰。

② 用电源滤波器过滤电网的干扰波。在条件允许的情况下，各大用电设备的输入端加电源滤波器，降低系统内设备间的内部干扰。

③ 设备之间最好用光电隔离器件进行信号传送。在条件允许的情况下，脉冲信号和方向信号最好用差分方式加光电隔离进行信号传送。在感性负载（如电磁继电器、电磁阀）两端加阻容吸收或快速泄放电路。

4）用软件改变发脉冲的逻辑或加延时。

5）用软件做一些容错处理，把干扰带来的影响尽量消除。

6）适当地对参数值进行调整补偿。由于同步带弹性形变比较大，所以改变方向时应该加适量补偿。

知识拓展　步进电动机与伺服电动机简介

步进电动机和伺服电动机是自动化控制系统中常见的两种电动机。了解步进电动机和伺服电动机的工作原理，掌握步进电动机和伺服电动机二者的区别和联系，是控制系统设计过程中能够选用适当的控制电动机的基础。

1. 步进电动机和伺服电动机的工作原理

（1）步进电动机的工作原理　步进电动机是一种将电脉冲转化为角位移的执行机构。当步进驱动器接收到一个脉冲信号，它就驱动步进电动机按设定的方向转动一个固定的角度（称为“步距角”），它的旋转是以固定的角度一步一步运行的。可以通过控制脉冲个数来控制角位移量，从而达到准确定位的目的。同时，可以通过控制脉冲频率来控制电动机转动的速度和加速度，从而达到调速的目的。

（2）伺服电动机的工作原理　伺服电动机内部的转子是永磁铁，驱动器控制的U/V/W三相电形成电磁场，转子在此磁场的作用下转动。伺服电动机自带的编码器反馈信号给驱动器，驱动器根据反馈值与目标值进行比较，调整转子转动的角度。伺服电动机的精度取决于编码器的精度（线数）。

2. 步进电动机和伺服电动机的区别

（1）控制的方式不同　步进电动机是通过控制脉冲的个数控制转动角度的，一个脉冲对应一个步距角。伺服电动机是通过控制脉冲时间的长短控制转动角度的。

（2）所需的工作设备和工作流程不同　步进电动机所需的工作设备是供电电源（所需电压由驱动器参数给出）、一个脉冲发生器（现在多半是用板卡）、一台步进电动机和一个驱动器（驱动器设定步距角角度，如设定步距角为0.45°，这时给一个脉冲，步进电动机转0.45°）。步进电动机工作一般需要两个脉冲：信号脉冲和方向脉冲。伺服电动机所需的工作设备是供电电源、一个开关（继电器开关或继电器板卡）和一台伺服电动机。其工作连接方式就是一个电源连接开关，再连接伺服电动机。

（3）低频特性不同　步进电动机在低速时易出现低频振动现象。振动频率与负载情况和驱动器性能有关，一般认为振动频率为电动机空载起跳频率的一半。这种由步进电动机的工作原理所决定的低频振动现象对于机器的正常运转非常不利。当步进电动机工作在低速时，一般应采用阻尼技术来克服低频振动现象，比如在电动机上加阻尼器或在驱动器上采用细分技术等。交流伺服电动机运转非常平稳，即使在低速时也不会出现振动现象。交流伺服系统具有共振抑制功能，可涵盖机械的刚性不足，并且系统内部具有频率解析机能，可检测出机械的共振点，便于系统调整。

（4）矩频特性不同　步进电动机的输出力矩随转速的升高而下降，且在较高转速时会急剧下降，所以其最高工作转速一般为300~600r/min。交流伺服电动机为恒转矩输出，即在其额定转速（一般为2000r/min或3000r/min）以内，都能输出额定转矩，在额定转速以上为恒功率输出。

（5）过载能力不同　步进电动机一般不具有过载能力。交流伺服电动机具有较强的过载能力。以松下交流伺服系统为例，它具有速度过载和转矩过载能力。其最大转矩为额定转矩的3倍，可用于克服惯性负载在起动瞬间的惯性力矩。步进电动机因为没有这种过载能力，在选型时为了克服这种惯性力矩，往往需要选取较大转矩的电动机，而机器在正常工作期间又不需要那么大的转矩，便出现了转矩浪费的现象。

（6）速度响应性能不同　步进电动机从静止加速到工作转速（一般为每分钟几百转）需要200~400ms。交流伺服系统的加速性能较好，以松下MSMA400W交流伺服电动机为例，从静止加速到其额定转速3000r/min，仅需几毫秒，可用于要求快速起停的控制场合。

3. 选型时步进电动机和伺服电动机的比较

（1）步进电动机选型要点

1）选择保持转矩。保持转矩也叫静力矩，是指步进电动机通电但没有转动时，定子锁住转子的力矩。由于步进电动机低速运转时的力矩接近保持转矩，而步进电动机的力矩随着速度的增大而快速衰减，输出功率也随速度的增大而变化，所以保持转矩是衡量步进电动机负载能力最重要的参数之一。

2）选择相数。两相步进电动机成本低，步距角最小为1.8°，低速时的振动较大，高速时转矩下降快，适用于高速且对精度和平稳性要求不高的场合；三相步进电动机步距角最小为1.5°，振动比两相步进电动机小，低速性能好于两相步进电动机，最高速度比两相步进电动机高30%~50%，适用于高速且对精度和平稳性要求较高的场合；五相步进电动机步距角更小，低速性能好于三相步进电动机，但成本偏高，适用于中低速段且对精度和平稳性要求较高的场合。

3）选择电动机。应遵循“先选电动机后选驱动器”的原则。先明确负载特性，再通过比较不同型号步进电动机的保持转矩和矩频曲线，找到与负载特性最匹配的步进电动机。精度要求高时，应采用机械减速装置，以使电动机工作在效率最高、噪声最低的状态。避免使电动机工作在振动区，如若必须则通过改变电压、电流或增加阻尼的方法解决：电源电压方面，建议57电动机采用DC 24~36V，86电动机采用DC 46V，110电动机采用高于DC 80V。大转动惯量负载应选择机座号较大的电动机。大转动惯量负载工作转速较高时，电动机应采用逐渐升频提速，以防止电动机失步，减少噪声，提高停转时的定位精度。鉴于步进电动机转矩一般在40N·m以下，超出此转矩范围，且运转速度大于1000r/min时，即应考虑选择伺服电动机。

4）选择驱动器和细分数。最好不选择整步状态，因为整步状态时振动较大。尽量选择小电流、大电感、低电压的驱动器。配用大于工作电流的驱动器，在需要低振动或高精度时配用细分型驱动器，大转矩电动机配用高电压型驱动器，以获得良好的高速性能。在电动机实际使用转速通常较高，且对精度和平稳性要求不高的场合，不必选择高细分数驱动器，以便节约成本。在电动机实际使用转速通常很低的条件下，应选用较大细分数，以确保运转平滑，减少振动和噪声。总之，在选择细分数时，应综合考虑电动机的实际运转速度、负载转矩范围、减速器设置情况、精度要求、振动和噪声要求等。

（2）伺服电动机选型要点

1）负载/电动机惯量比。正确设定惯量比参数是充分发挥机械及伺服系统最佳效能的前提，这在要求高速高精度的系统上表现尤为突出。伺服系统参数的调整跟惯量比有很大关系，若负载电动机惯量比过大，伺服参数调整越趋于边缘化，越难调整，振动抑制能力也越差，所以控制易变得不稳定。在没有自适应调整的情况下，伺服系统的默认参数在1~3倍负载电动机惯量比下，系统会达到最佳工作状态。因此就有了负载电动机惯量比的问题，也就是所谓的惯量匹配，如果电动机惯量和负载惯量不匹配，电动机惯量和负载惯量之间动量传递时就会发生较大的冲击。

2）选择转速。电动机的选择首先应依据机械系统的快速行程速度来计算，快速行程的电动机转速应严格控制在电动机的额定转速之内，并应在接近电动机的额定转速的范围使用，以有效利用伺服电动机的功率。额定转速、最大转速、允许瞬间转速之间的关系为：允许瞬间转速>最大转速>额定转速。伺服电动机工作在最低转速和额定转速之间时为恒转矩调速，工作在额定转速和最大转速之间时为恒功率调速。在运行过程中，恒转矩范围内在转矩是由负载的转矩决定的，恒功率范围内的功率是由负载的功率决定的。恒功率调速是指电动机低速时输出转矩大，高速时输出转矩小，即输出功率是恒定的。恒转矩调速是指电动机高速、低速输出转矩一样大，即高速时输出功率大，低速时输出功率小。

3）选择转矩。伺服电动机的额定转矩必须满足实际需要，但是不需要留有过多的余量，因为一般情况下，其最大转矩为额定转矩的3倍。需要注意的是，连续工作的负载转矩≤伺服电动机的额定转矩，机械系统所需要的最大转矩<伺服电动机输出的最大转矩。在进行机械方面的校核时，可能还要考虑负载的机械特性类型，负载的机械特性类型一般包括恒转矩负载、恒功率负载、二次方律负载、直线律负载和混合型负载。

4）短时间特性（加减速转矩）。伺服电动机除连续运转区域外，还有短时间内的运转特性如电动机加减速，用最大转矩表示。即使容量相同，最大转矩也会因各电动机而有所不同。最大转矩影响驱动电动机的加减速时间常数，对线性加速时间常数进行估算，确定所需的电动机最大转矩，选定电动机容量。

5）连续特性（连续实效负载转矩）。对于要求频繁起动、制动的数控机床，为避免电动机过热，必须检查它在一个周期内电动机转矩的方均根值，并使它小于电动机连续额定转矩，其具体计算可参考其他文献。

在选择的过程中依次计算这5个要点来确定电动机型号，如果其中一个条件不满足，则应采取适当的措施，如变更电动机系列或提高电动机功率等。

评价反馈

表 4-14 评价表

基本素养（30分）				
序号	评估内容	自评	互评	师评
1	纪律（无迟到、早退、旷课）（10分）			
2	安全规范操作（10分）			
3	团结协作能力、沟通能力（10分）			
理论知识（30分）				
序号	评估内容	自评	互评	师评
1	光电传感器动作模式（5分）			
2	步进电动机驱动器接线（5分）			
3	PLC 变量的设置（5分）			
4	HMI 界面的认知（5分）			
5	变频器的基本控制方法（5分）			
6	常见运动控制指令（5分）			
技能操作（40分）				
序号	评估内容	自评	互评	师评
1	光电接近开关的调节（10分）			
2	设备组网（10分）			
3	PLC 程序的调试（20分）			
综合评价				

练习与思考题

一、填空题

1. 步进电动机工作一般需要两个脉冲：________脉冲和________脉冲。

2. 变频器用控制字来控制电动机起动和停止，其中“16#047f”为________，“16#0c7f”为________，“16#047e”为________。

3. 步进电动机是一种将________转化为________的执行机构。

二、简答题

1. 列举常见的运动控制指令。

2. PLC 控制异步电动机和步进电动机实现正反转的方法有何不同？

3. PLC 调节异步电动机和步进电动机转速方法有何不同？

4. 简述伺服电动机的工作原理。

5. 简述步进电动机和伺服电动机的区别。

三、操作题

1. 编写 PLC 程序，实现托盘流水线的正向启动、反向启动，拍照工位气挡和抓取工位气挡的升起和复位。

2. 编写 PLC 梯形图程序，实现装配流水线的正向点动、反向点动、回原点和任意一个工作位置选择功能。

项目五
六轴工业机器人的编程与调试

学习目标

1）了解并掌握工具坐标系下各轴的运动状态。

2）能进行六轴工业机器人运行轨迹分析。

3）掌握六轴工业机器人工具坐标系的建立方法。

4）掌握六轴工业机器人的程序编写及点位示教。

5）能利用六轴工业机器人完成电动机驱动模型的搬运、装配和拆解任务。

工作任务

一、任务描述

1. 工业机器人工具坐标系的设定

1）设定抓爪1（双吸盘）的工具坐标系。

2）设定抓爪2（三爪卡盘）的工具坐标系，参考值为（0，-144.8，165.7，90，140，-90）。

抓爪工具如图5-1所示 。

抓爪1双吸盘

抓爪2三爪卡盘

图5-1　抓爪工具

2. 托盘流水线和装配流水线的位置调整

利用工业机器人抓爪上的激光笔，通过工业机器人示教操作，使工业机器人分别沿X轴、Y轴运动，并以此调整托盘流水线和装配流水线的空间位置，使托盘流水线和装配流水线与工业机器人的相对位置正确。

3. 工业机器人示教编程

1）通过工业机器人示教器示教、编程和再现，依次实现将4种工件从托盘流水线工位G1托盘中心位置搬运到装配流水线装配工位G8，按要求对应定位在工位中。

测试要求如下：

① 工件摆放于托盘的中心位置，每次放一种工件，用末端工具对工件进行取放操作。

② 将工件取放在如图5-2所示的装配工位的对应定位工位中，然后用双吸盘将空托盘放置于托盘库。

2）通过工业机器人示教器示教、编程和再现，实现自动将装配流水线工位G7和G9的1、2、3和4号工件搬运到装配工位G8指定位置进行二次定位、工件装配、放入成品库和拆解，拆解后将工件摆放到装配工位G8的指定位置。

测试要求如下：

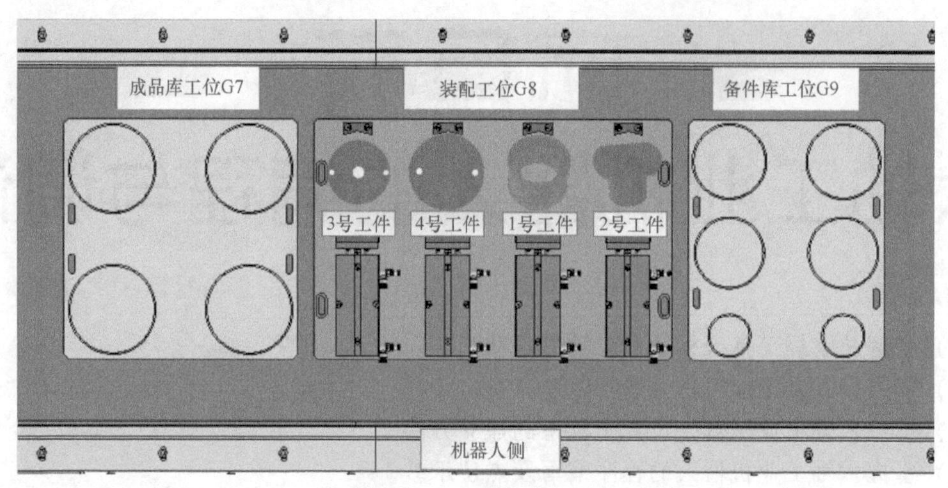

图 5-2 工件摆放位置

① 装配流水线工位 G7 和 G9 的工件为人工按照图 5-3 所示放置。

② 工业机器人自动将装配流水线工位 G7 和 G9 中的工件按照装配次序 1→2→3→4 依次抓取并放置于工位 G8 指定位置，每放置一个工件完成，夹紧气缸应立即动作，进行二次定位。定位完成后，工业机器人抓取并完成装配，装配结果如图 5-4 所示。

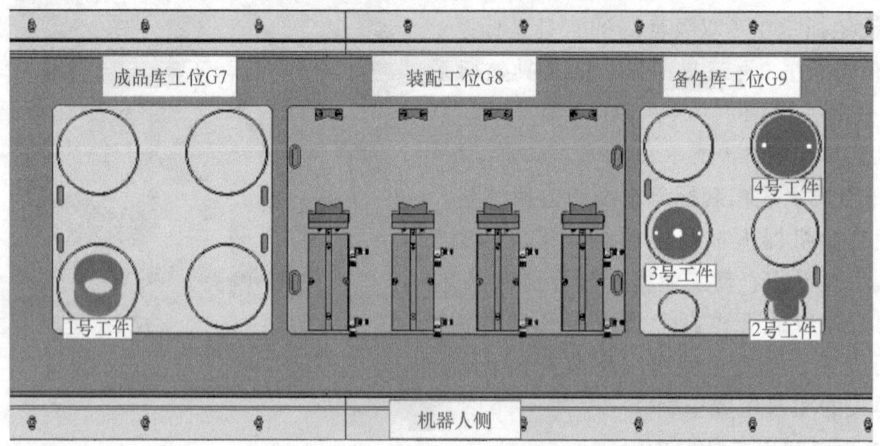

图 5-3 工件装配前人工摆放位置

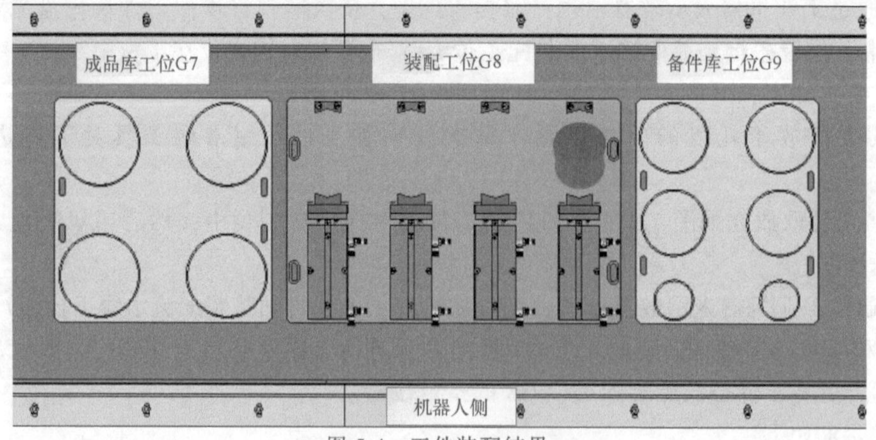

图 5-4 工件装配结果

③ 装配完成后，工业机器人将装配的成品放入工位 G7，成品放置结果如图 5-5 所示。

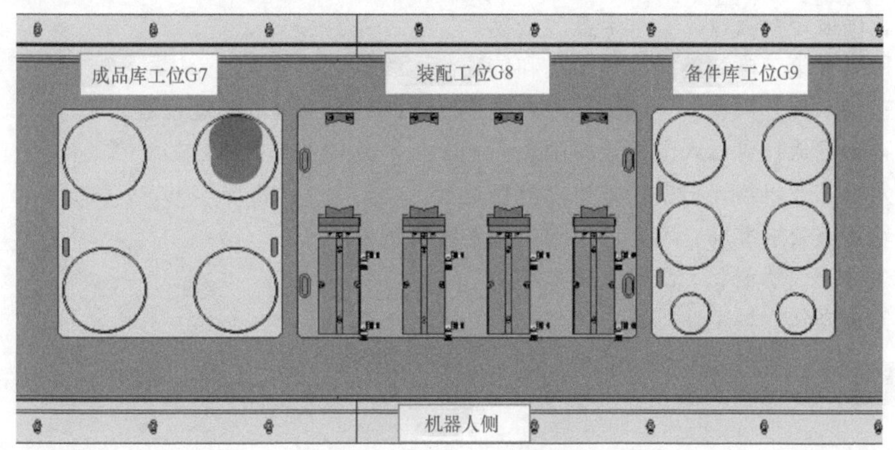

图 5-5　装配后成品放置结果

④ 成品放置完成后，工业机器人对成品工件进行自动拆解，拆解后配件摆放位置如图 5-6 所示。

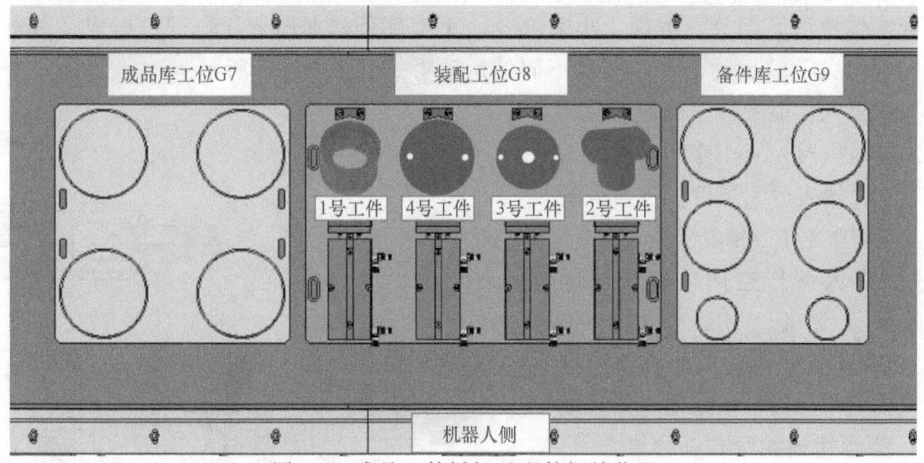

图 5-6　成品工件拆解后配件摆放位置

二、所需设备

所需设备由工业机器人（BNRT-20D-10）、托盘流水线和装配流水线三大系统组成，如图 5-7 所示。

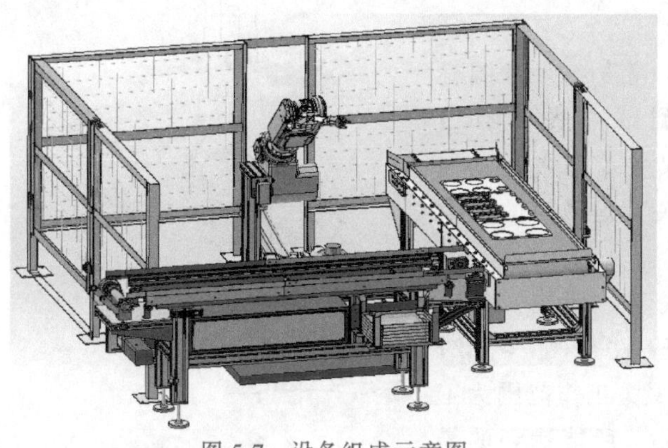

图 5-7　设备组成示意图

三、技术要求

1）正确设定双吸盘、三爪卡盘的坐标。

2）用激光笔正确调整托盘流水线和装配流水线的空间位置。

3）正确示教、再现，完成工件放入装配流水线装配工位的指定位置。

4）正确完成托盘放入空托盘库中。

5）六轴工业机器人根据任务要求流畅运行。

6）轨迹点要求准确，不允许出现卡顿与碰撞现象。

7）工件表面清洁、无刮痕、无损坏。

8）安全操作六轴工业机器人。

实践操作

一、知识储备

1. BNRT-20D-10 工业机器人

BNRT-20D-10 工业机器人是末端最大负载为 20kg、控制系统为 10 平台的博诺工业机器人。机械本体由底座部分、大臂、小臂部分、手腕部分和本体管线包部分组成，共有 6 个电动机驱动 6 个关节的运动，可以实现不同的运动形式，如图 5-8 所示。

（1）机器人性能参数　机器人性能参数主要包括机器人工作空间、机器人负载设定、机器人运动速度、机器人最大动作范围和重复定位精度，见表 5-1。

1）机器人工作空间：参考国标工业机器人词汇（GB/T 12643—2013），定义工作空间为工业机器人运动时手腕参考点（J4 轴线与 J5 轴线的交点）所能达到的所有点的集合。

2）机器人负载设定：参考国标工业机器人词汇（GB/T 12643—2013），定义末端最大负载为工业机器人在工作范围内的任何位姿上所能承受的最大质量。

3）机器人运动速度：参考国标工业机器人性能测试方法（GB/T 12642—2013），定义关节最大运动速度为工业机器人单关节运动时的最大速度。

4）机器人最大动作范围：参考国标工业机器人验收规则（JB/T 8896—1999），定义最大工作范围为工业机器人运动时各关节所能达到的最

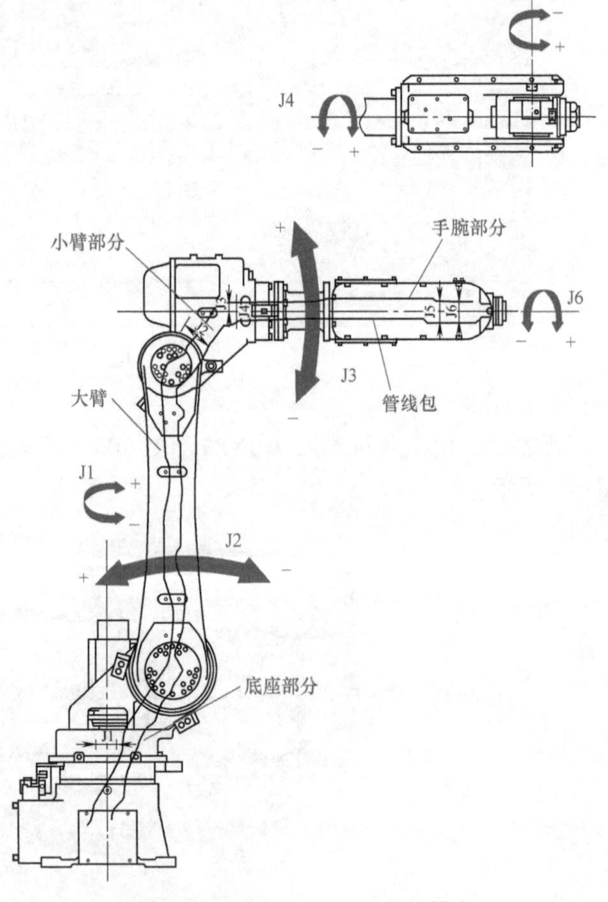

图 5-8　BNRT-20D-10 工业机器人

大角度。工业机器人的每个轴都有软、硬限位，工业机器人的运动无法超出软限位，如果超出，称为超行程，由硬限位实现对该轴的机械约束。

5）重复定位精度：参考国标工业机器人性能测试方法（GB/T 12642—2013），定义重复定位精度是指工业机器人对同一指令位姿，从同一方向重复响应 *N* 次后，实到位置和姿态散布的不一致程度。

表 5-1　机器人性能参数表

项目	轴	参　数
工业机器人型号		BNRT-20D-10
结构		关节型
自由度		6
驱动方式		AC 伺服驱动
最大动作范围	J1	±3.14rad(±180°)
	J2	+1.13rad/-2.53rad(+65°/-145°)
	J3	+3.05rad/-1.13rad(+175°/-65°)
	J4	±3.14rad(±180°)
	J5	±2.41rad(±135°)
	J6	±6.28rad(±360°)
最大运动速度	J1	2.96rad/s(170°/s)
	J2	2.88rad/s(165°/s)
	J3	2.96rad/s(170°/s)
	J4	6.28rad/s(360°/s)
	J5	6.28rad/s(360°/s)
	J6	10.5rad/s(600°/s)
最大运动半径		1722mm
负载质量		20kg
重复定位精度		±0.08mm
手腕扭矩	J4	49N·m
	J5	49N·m
	J6	23.5N·m
手腕惯性矩	J4	1.6kg·m^2
	J5	1.6kg·m^2
	J6	0.8kg·m^2
环境温度		0~45℃
安装条件		地面安装、悬吊安装
防护等级		IP65(防尘、防滴)
本体质量		220kg
设备总功率		3.5kW

（2）工业机器人工作空间　工业机器人工作空间如图 5-9 所示。

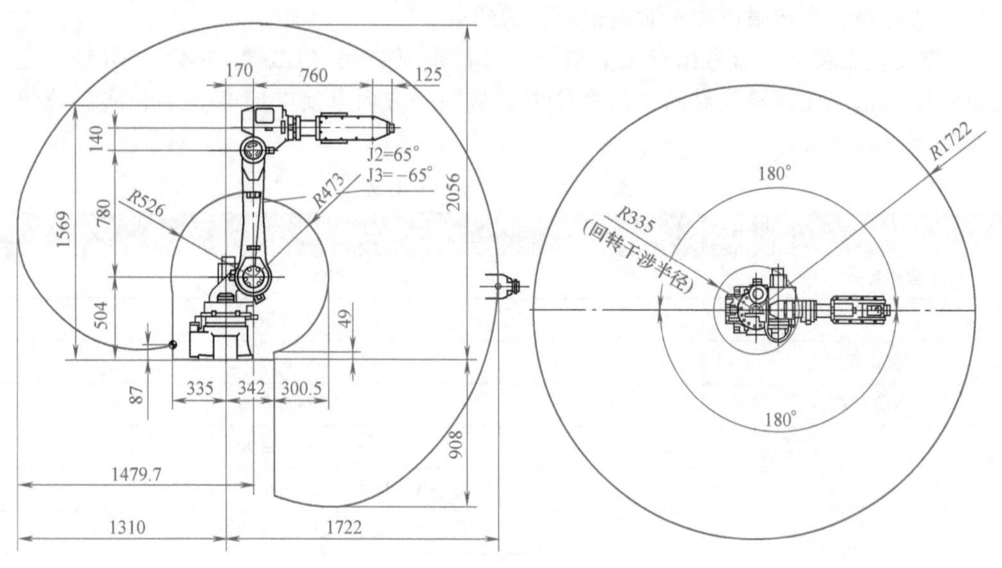

图 5-9　工业机器人工作空间

2. 工业机器人控制器

（1）操作面板　工业机器人控制器操作面板如图 5-10 所示，操作面板的功能介绍见表 5-2。

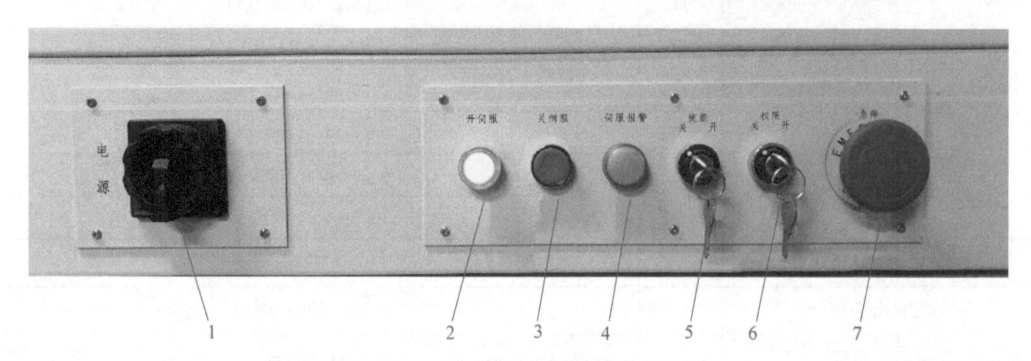

图 5-10　工业机器人控制器操作面板

表 5-2　操作面板功能介绍

序号	名　称	功能介绍
1	主电源开关	工业机器人控制柜与外部 380V 电源接通，打开时变压器输出得电
2	开伺服按钮	当按下开伺服按钮并且绿灯点亮后，伺服驱动器得电
3	关伺服按钮	按下该按钮时驱动器主电路断开
4	伺服驱动器报警指示灯	伺服驱动器报警指示
5	使能开关	用于控制使能功能是否打开（在权限交给 PLC 后，通过 I/O 打开抱闸）
6	权限开关	控制工业机器人的权限，权限开时工业机器人由 PLC 控制；权限关并且示教器录后，可以使用示教器控制工业机器人
7	紧急停止按钮	工业机器人出现意外故障需要紧急停止时按下此按钮，可以使工业机器人断开主电路而停止

(2) 示教器　示教器的外形如图 5-11 所示，示教器的功能介绍见表 5-3。

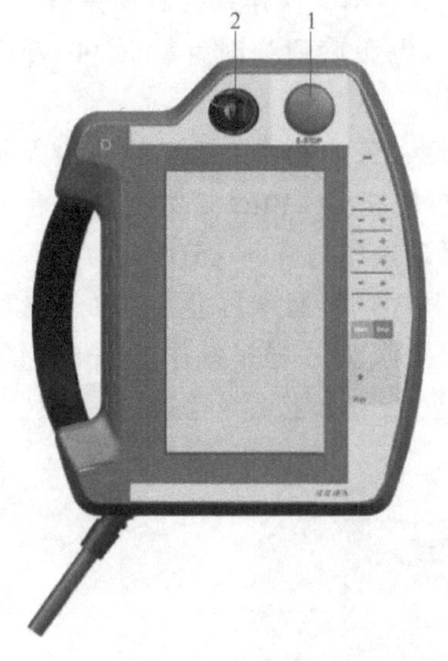

图 5-11　示教器

表 5-3　示教器功能介绍

序号	名　称	功 能 介 绍
1	紧急停止按钮	与控制柜前面板紧急停止按钮串联，功能相同，用于工业机器人的紧急停止
2	模式选择开关	分为 3 个档：右侧为手动模式，左侧为自动扩展模式，中间为自动模式。处于自动扩展模式时，工业机器人不能通过示教器来操作，手动模式时示教器背面的手压开关有效

(3) 控制系统硬件　工业机器人控制系统硬件有控制器模块（CP 252/X）、总线通信模块（FX271/A）、扩展 I/O 模块、数字输入/输出模块（DM272），如图 5-12 所示。其功能介绍见表 5-4。

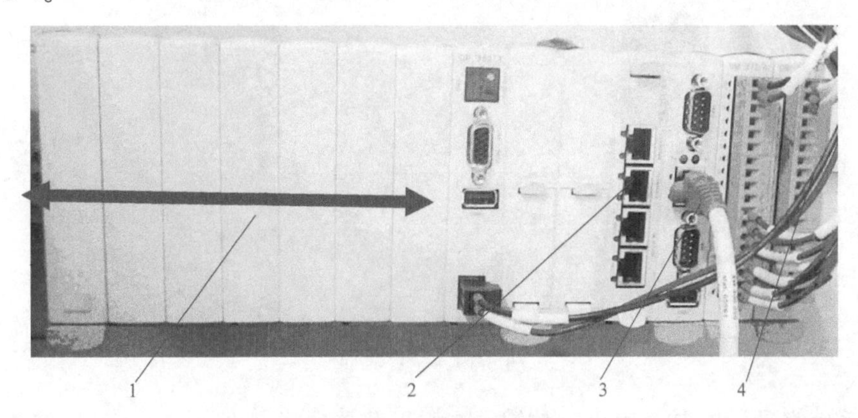

图 5-12　控制系统硬件

表 5-4　控制系统硬件功能介绍

序号	名　称	功能介绍
1	控制器模块(CP 252/X)	控制器，作为整个工业机器人的大脑
2	总线通信模块(FX271/A)	连接、控制伺服驱动器
3	扩展 I/O 模块	扩展支持各种总线及 I/O 接口
4	数字输入输出模块(DM272)	单个模块有 8 个输入口、8 个输出口，共计 32 个输入、32 个输出

3. 基本操作

(1) 开关机

1) 开机。如图 5-10 所示，电源旋钮顺时针旋转 90°接通电源。按下开伺服按钮，绿色指示灯亮。如果不亮，检查控制柜和示教器紧急停止按钮是否被按下，复位后重新按下开伺服按钮。等待约 3min，示教器进入设置界面，如图 5-13 所示，操作系统启动完毕。

2）关机。按下关伺服按钮，绿色指示灯熄灭后，电源旋钮逆时针旋转 90°断开电源，关机完成。通常可以按下紧急停止按钮防止他人误操作。

示教器左上角图标　为菜单键，右侧为状态指示灯、工业机器人运动操作键及调节键。其中，系统正常启动后，RUN 灯常亮（绿色）；电动机使能后，PRO 灯常亮（绿色）；报警产生时，PWR 熄灭，并且 ERR 灯常亮（红色）。可通过操作与 A1～A6 对应的-/+键来控制工业机器人的移动，通过操作 Start、Stop 按键来控制程序的运行与停止，<F1>按键可使报警复位，<F2>按键未定义，Jog 按键可切换工业机器人坐标系，通过操作<Step>按键切换程序进入单步或连续运行方式，<PWR>按键使能电动机，<2nd>按键可翻到下一页，<V+>/<V->按键调节工业机器人运行速度。

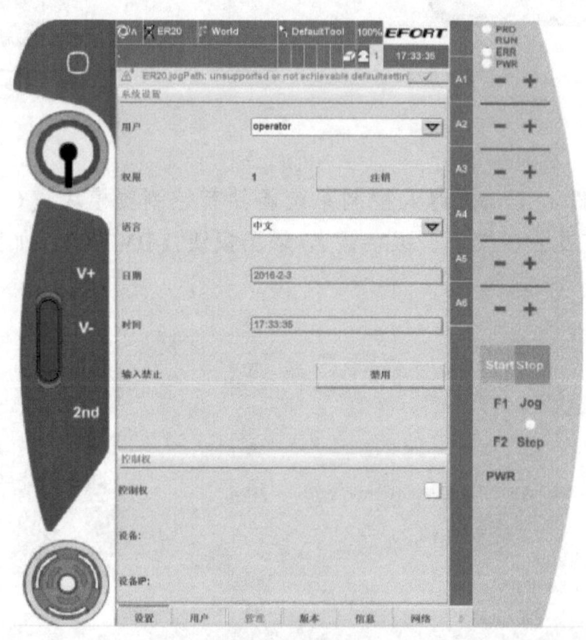

图 5-13　设置界面

（2）系统登录　单击“用户”软键，在弹出菜单选择“Administrator”，在弹出的软键盘里输入登录密码：“pass”（小写），单击“确认”按钮，完成系统登录，如图 5-14 所示。

（3）项目　单击“菜单”→“文件夹”→“项目”软键，在项目界面（图 5-15）中可新建项目，查看所有已建项目，并对项目、程序进行编辑、导入及导出等操作。

（4）程序　单击“菜单”→“程序图标”软键，可新建程序、加载程序、快速进入当前已加载的程序，程序界面如图 5-16 所示，此时可对程序进行各种编辑操作。

（5）位置界面　单击“菜单”→“方向”→“位置”软键，在位置界面（图 5-17）可查看工业机器人位置信息包括关节、世界坐标系及电动机数值，同时可在此界面中进行工业机器人运行速度的快速切换等操作。

（6）报警信息界面　单击“菜单”→“警示”→“报警”软键，进入报警信息界面，如图 5-18 所示。

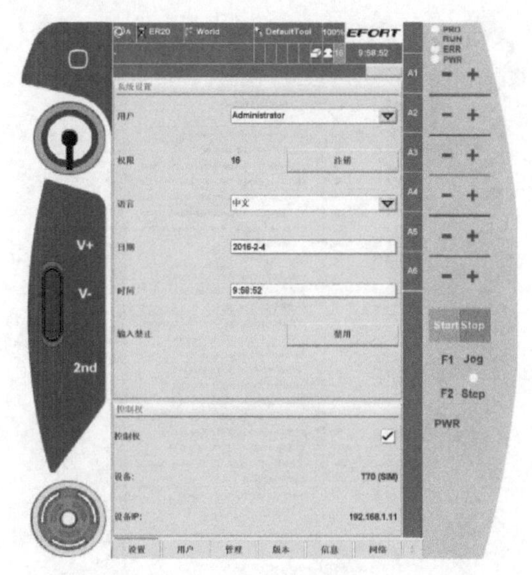

图 5-14　系统登录

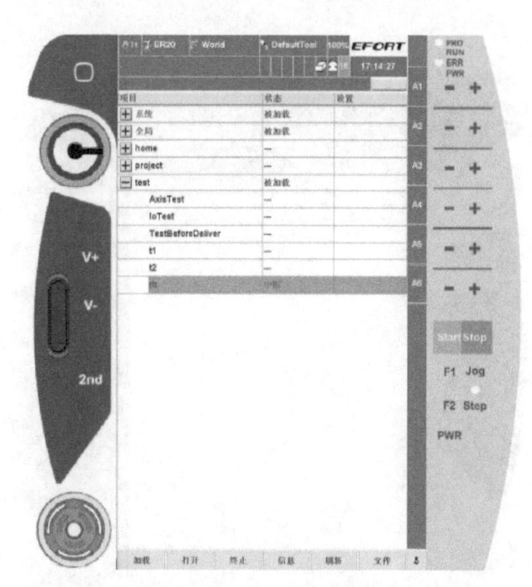

图 5-15　项目界面

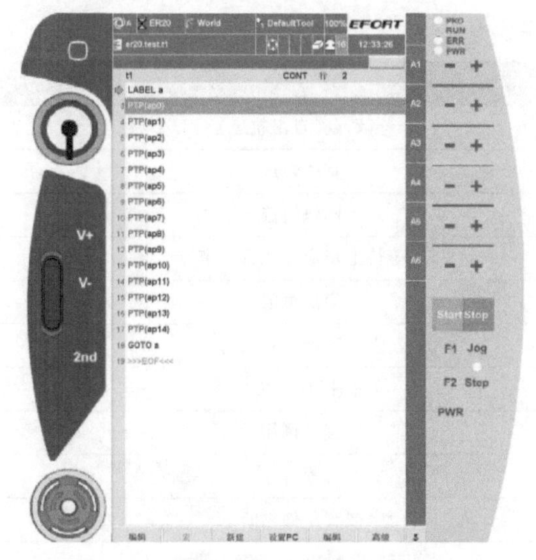

图 5-16　程序界面

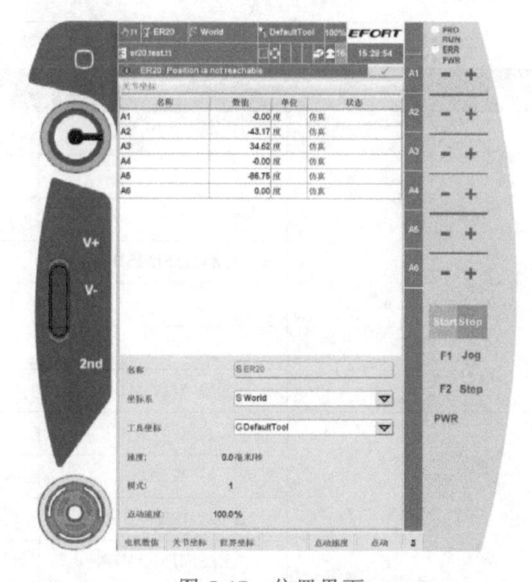

图 5-17　位置界面

（7）报告信息界面　单击“菜单”→“警示”→“报告”软键，进入报告信息界面，如图 5-19 所示。可查看工业机器人某段时间的状态报告如报警、警告等信息，在报警界面已确认的信息也可在此查看。

（8）常用命令　常用命令及其功能见表 5-5。

条件判断可以使用逻辑或数学运算或进行简单组合。流程指令可以与部分其他指令组合使用。

（9）手动/自动切换　手动操作与自动运行模式需切换，通过旋转钥匙旋钮开关。选择运行模式：手动、自动、远程，与显示屏左上角的显示的 T、A、AE 关联。

使能和权限开关旋转到关的位置，示教器上钥匙旋钮旋转到中间自动模式，按示教器功能键上的 MOT 键松开伺服电动机的抱闸，按 Start 键程序开始执行，按 Stop 键停止。

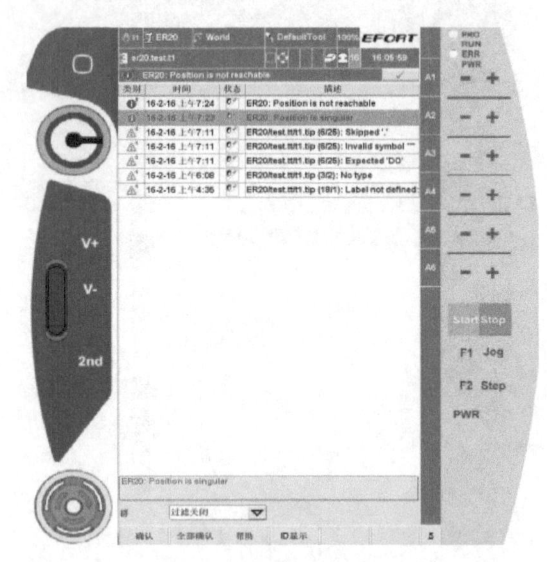

图 5-18 报警信息界面

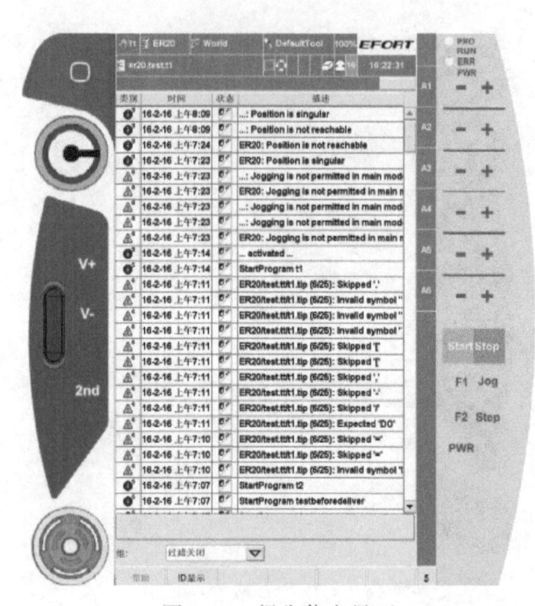

图 5-19 报告信息界面

表 5-5 常用命令及其功能

类别	名称	功能
运动	PTP	点到点(自由轨迹)
	LIN	直线轨迹
	CIRC	圆弧轨迹
	WAITISFINISHED	等待上步命令执行结束
系统	:=	变量赋值
	//	语句注释(不执行)
	WAITTIME	等待时间(单位 ms)
流程	CALL	程序调用
	WAIT	等待
	IF…THEN…ENDIF	嵌套条件判断
	ELSEIF…THEN	嵌套条件判断与 IF 组合使用
	ELSE	其他条件指令
	LABLE	标签
	GOTO	跳转
	IF…GOTO	带条件跳转
I/O	DIN. WAIT	数字信号输入等待
	DOUT. PULSE	数字信号脉冲输出
	DOUT. SET	数字信号输出

二、工具坐标系的设定

1. 工业机器人双吸盘坐标系的设定

1）在已加载程序中单击“菜单”→“变量”→“变量监测”，选择所需“项目”，单击左下角“变量”→新建”→“坐标系和工具”→“Tool”，在此 Tool 暂时被命名为“txp”，新建坐标系完成。

2）单击“菜单”→“变量”→“工具手示教”，进入“工具手示教”初始界面，按照示教器指示设定双吸盘工具坐标系，并单击右下角“设置”进入下一步，如图 5-20 所示。

3）选择“未知位置”三点法示教后，单击“向前”进入下一步，如图 5-21 所示。

注意：示教时应使三个点的姿态差异尽量大，以免系统提示报警，应使两点距离较大，以防工具参数计算不够准确。

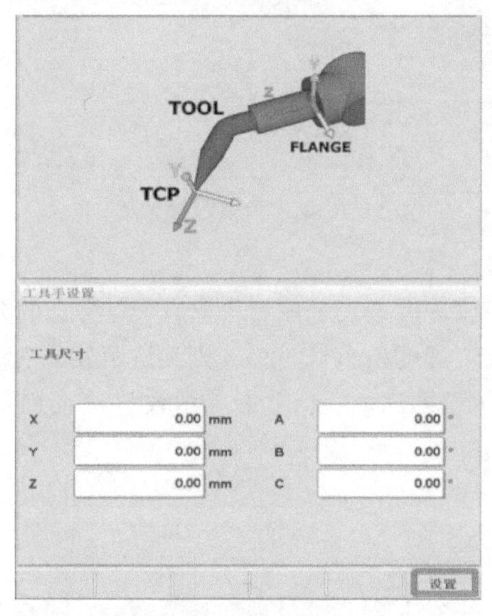

图 5-20　工具手示教向导界面

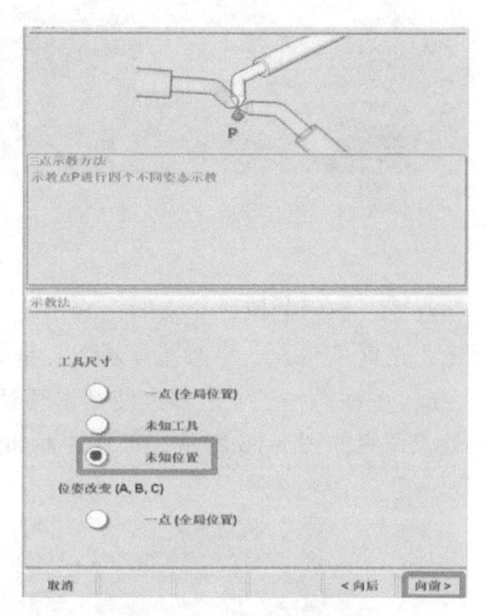

图 5-21　选择三点法示教

4）手动操作工业机器人使其末端对准尖点 P，示教第一个点，单击“示教”→“向前”。示教点位置如图 5-22 所示，示教界面如图 5-23 所示。

图 5-22　第一个点工业机器人姿态

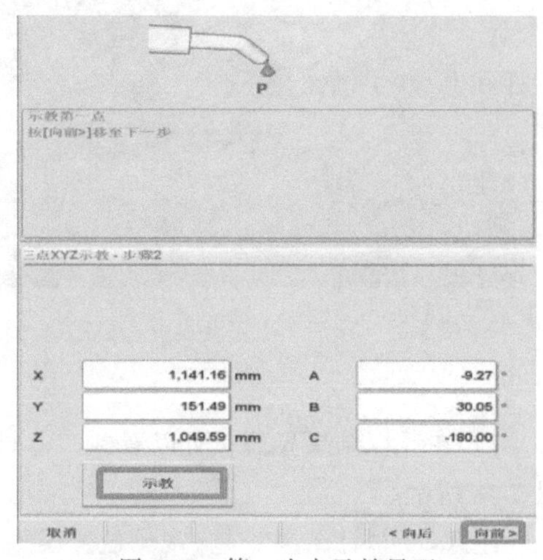

图 5-23　第一个点示教界面

5）手动操作工业机器人使其末端对准尖点 P，示教第二个点，单击“示教”→“向前”。示教点位置如图 5-24 所示，示教界面如图 5-25 所示。

图 5-24　第二个点工业机器人姿态

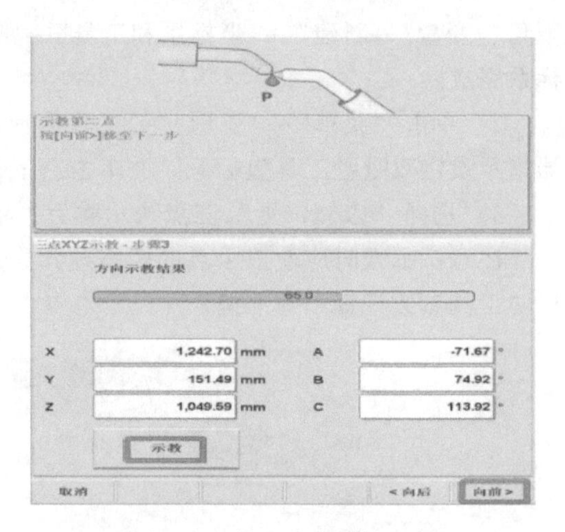

图 5-25　第二个点示教界面

注意：在示教第二个点时，会出现一个进度条，该进度条表示该点与上一个点姿态的差异度，进度条越长、姿态差异越大，坐标系越精准，若进度条小于 50%，则无法示教成功。

6）手动操作工业机器人使其末端对准尖点 P，示教第三个点，单击“示教”→“向前”。示教点位置如图 5-26 所示，示教界面如图 5-27 所示。

图 5-26　第三个点工业机器人姿态

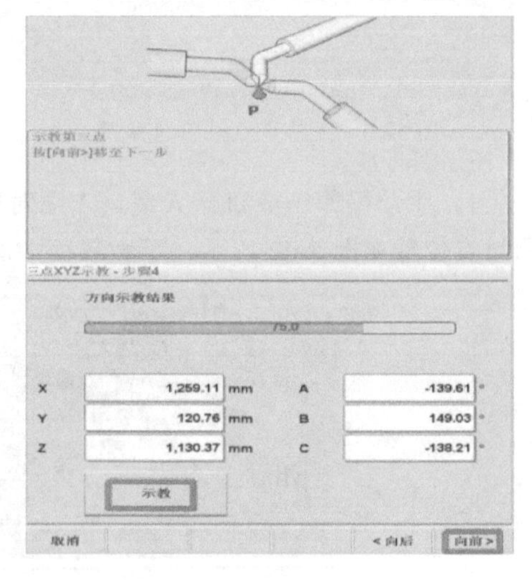

图 5-27　第三个点示教界面

7）在计算结果界面，可以看到“总计结果”和“位置误差”，单击“确定”按钮，如图 5-28 所示。

注意：“总计结果”越高、“位置误差”越低，坐标系越精准。

8）通过三点法所测的工具数据如图 5-29 所示，单击“设置”按钮。

9）参照图 5-30，选择“一点（全局位置）”→“向前”。

10）手动操作工业机器人，使工具手 Z+方向和 X+方向分别对准世界坐标系的某一方向

（在下拉框中自己选择，6 种模式可供选择）。随后，单击“示教”→“向前”，如图 5-30 所示，得到新的工具手数据计算结果，单击“确定”按钮，如图 5-31 所示。

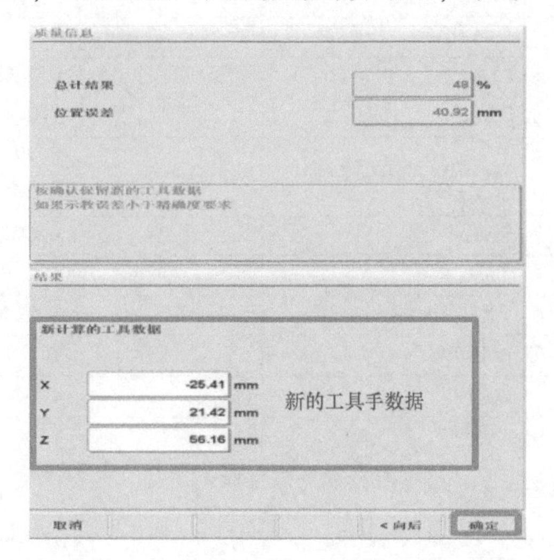

图 5-28　计算结果界面

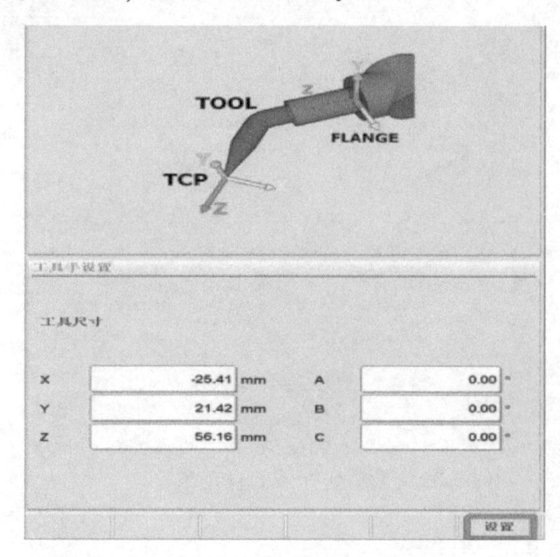

图 5-29　三点法所测的工具数据

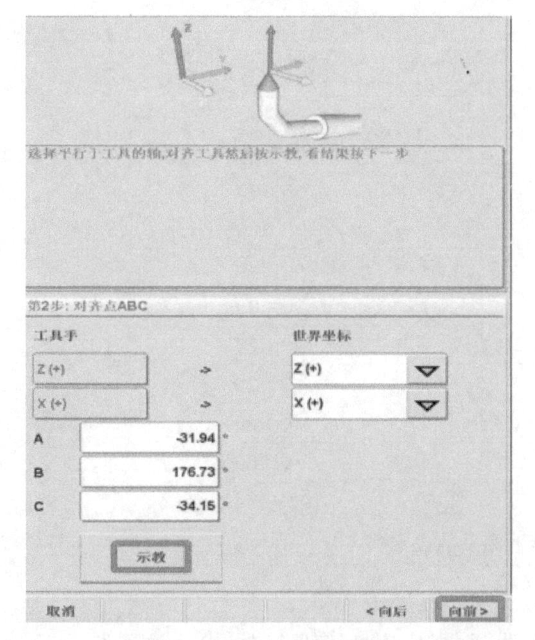

图 5-30　一点法示教界面

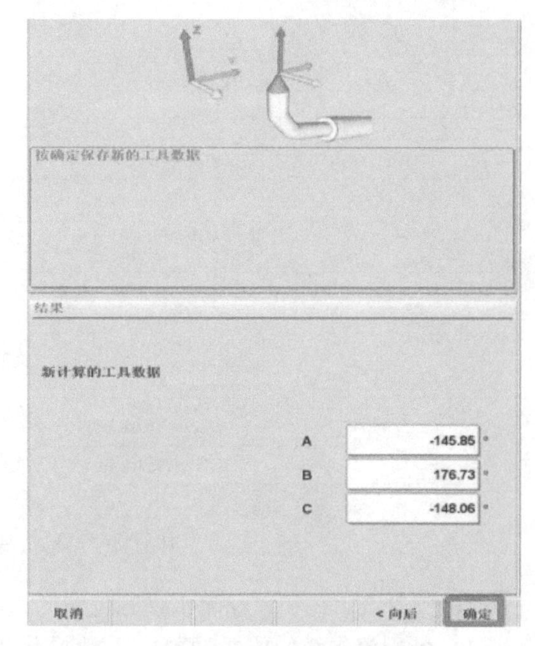

图 5-31　计算结果

11）至此，完成“txp”工具坐标系的建立，单击“设置”按钮，如图 5-32 所示。

注意：图中所有数据仅供参考，根据示教过程中工业机器人的不同姿态会测得不同的工具坐标系数据。

2. 工业机器人三爪卡盘坐标系的设定

1）在已加载程序中单击“菜单”→“变量”→“变量监测”，选择“项目”，单击左下角“变量”→“新建”→“坐标系和工具”→“Tool”，建立新坐标系“tkz”，如图 5-33 所示。

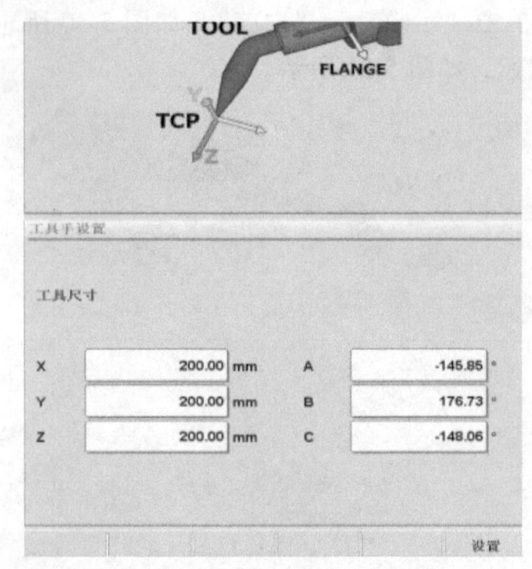

图 5-32 工具坐标系的设定值

G 全局 [er20]	
P 项目 [lmzz]	
tkz: TOOL	[. . .]
x: REAL	0.000
y: REAL	0.000
z: REAL	0.000
a: REAL	0.000
b: REAL	0.000
c: REAL	0.000
m: REAL	0.000
CGx: REAL	0.000
CGy: REAL	0.000
CGz: REAL	0.000

图 5-33 建立新坐标系

2）打开“tkz”工具坐标系，此时所有数据全部是 0，如图 5-33 所示。根据已提供抓爪工具坐标系数据，将其输入。至此，抓爪工具坐标系建立完毕，如图 5-34 所示。

P 项目 [lmzz]	
tkz: TOOL	[. . .]
x: REAL	0.000
y: REAL	145.500
z: REAL	166.000
a: REAL	90.000
b: REAL	140.000
c: REAL	90.000
m: REAL	0.000
CGx: REAL	0.000
CGy: REAL	0.000
CGz: REAL	0.000

图 5-34 抓爪工具坐标系的设定值

三、托盘流水线和装配流水线的位置调整

（1）装配流水线的位置调整　手动操作工业机器人，将工业机器人运动到装配流水线位置的正上方（激光笔垂直向下）并打开激光笔，如图 5-35 所示。在世界坐标系下将激光笔沿 X+方向运动，并调整装配流水线，使装配流水线某边沿与激光笔移动方向一致。

（2）托盘流水线的位置调整　手动操作工业机器人，将工业机器人运动到托盘流水线位置正上方（激光笔垂直向下）并打开激光笔，如图 5-36 所示。在世界坐标系下将激光笔沿 Y+方向运动，并调整托盘流水线，使托盘流水线某边沿与激光笔移动方向一致。

图 5-35　装配流水线示教位置

图 5-36　托盘流水线示教位置

四、工业机器人示教与编程

1. 轨迹规划

要完成任务描述的工业机器人示教编程，首先要对工业机器人运动进行规划，即要进行动作规划和路径规划。

（1）动作规划　根据任务描述，工业机器人需要进行搬运、装配和拆解三个子任务。工业机器人搬运任务是指工业机器人分别将托盘流水线上工位 G1 的工件 1~4 搬运至装配流水线的装配区，并将托盘回收；工业机器人装配任务是指工业机器人分别将装配流水线成品库的工件 1 和备件库的工件 2~4 搬运至装配区，二次定位后进行装配，并将成品搬运至成品库；工业机器人拆解任务是指工业机器人将成品库成品搬运至装配区，二次定位后进行拆解，分别放在装配区的四个位置。

（2）路径规划　路径规划是将每一个动作分解为工业机器人工具中心点（Tool Central Point，TCP）的运动轨迹，考虑到工业机器人姿态以及工业机器人与周围设备的干涉，每一个动作需要对应有一个或多个点来形成运动轨迹。工业机器人装配和拆解任务的路径规划请读者自行制定。

2. 程序流程

工业机器人搬运程序的整个工作流程包括抓取或吸取工件与托盘、放置工件与托盘以及回安全点等，程序流程图如图 5-37 所示，工业机器人装配和拆解程序的整个工作流程请读者自行制定。

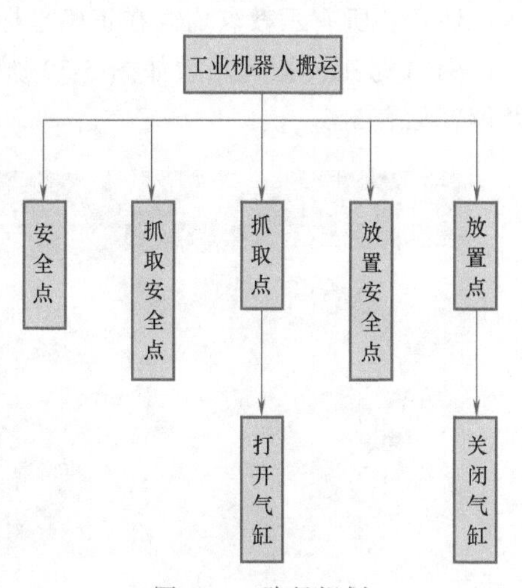

图 5-37　路径规划

3. 示教前准备

（1）根据任务要求，建立程序所需变量　变量主要包括输入/输出变量、工具坐标系、运动参数、笛卡儿坐标和关节坐标、基本类别，下面以输入/输出变量为例进行说明。

开关量输出 DOUT［16］、DOUT［17］、DOUT［18］、DOUT［19］分别对应工件定位气缸 16 号、17 号、18 号、19 号气缸。DOUT［24］、DOUT

[25] 分别对应抓爪和吸盘。吸盘用于吸取2号、3号、4号工件，抓爪用于抓取1号工件。通过开关量输出控制定位气缸、吸盘、抓爪的开闭状态，TRUE对应气缸打开，FALSE对应气缸关闭。

（2）操作设置（包含坐标选择、速度设置）

1）坐标模式：工业机器人共有4种坐标模式可供选择，即关节坐标、直角坐标、工具坐标和世界坐标。选定关节坐标，可以手动控制工业机器人单关节运动；选定工具坐标，根据工业机器人此时是用什么工具就会使用相对应的工具坐标，工具坐标更改了工具中心点；选定世界坐标，世界坐标是固定不变的，XYZ方向统一规定，工具中心点在机械手法兰中心位置；直角坐标俗称基坐标，是用户在一个平面内设计的坐标。

2）示教速度设置：工业机器人速度倍率在手动模式下通常不超过30%。为安全起见，手动操作时，通常选用较低的速度。

3）示教坐标选择：在示教点之前手动控制工业机器人到达目标位置，此时选择的是手动模式下的坐标，无论选择什么坐标都不会对程序产生影响，但是在示教点时一定要注意坐标，本项目中选择在工具坐标系下示教点。

五、工件搬运示教与编程

1）开机后，单击示教器屏幕右下方“文件”→“新建程序”进入新建程序界面。在“目标程序”文本框中输入程序名，然后单击“新建”按钮，完成程序新建。

2）进入程序，打开程序编辑器，单击示教器下方的“新建”，选择“添加程序”。程序流程如图5-38所示。

3）示教安全点（Home点）为PTP（ap1），其余设置为目标点，手动操作工业机器人移动到目标点，单击“新建”→“运动”→“Lin”（直线运动带插补）→“确定”。在示教器编程界面，单击新建Lin点，单击“编辑”→“示教”，示教完成Lin点。

注意：所有示教点均需在正确坐标系下进行。

4）1号工件搬运示教如图5-39所示，1号工件搬运示教程序及解释见表5-6。

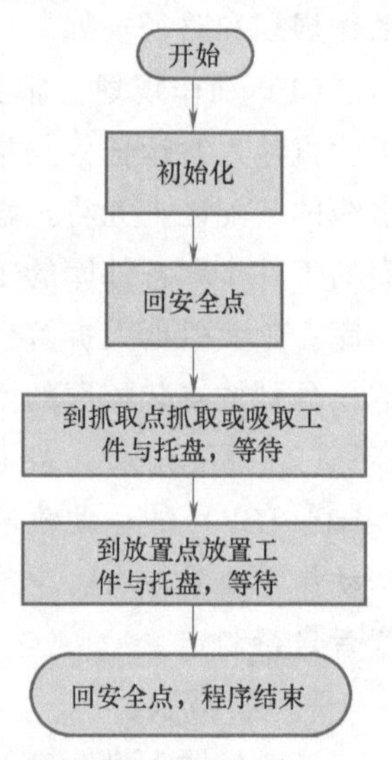

图5-38 程序流程图

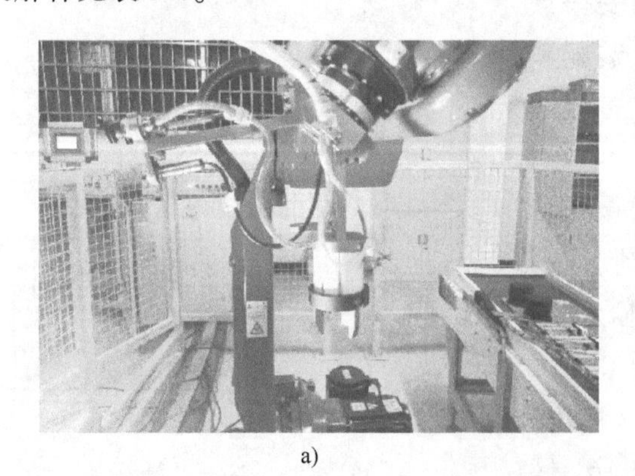

a)

b)

图5-39 1号工件搬运示教

a）工业机器人气爪安全点 b）1号工件抓取安全点

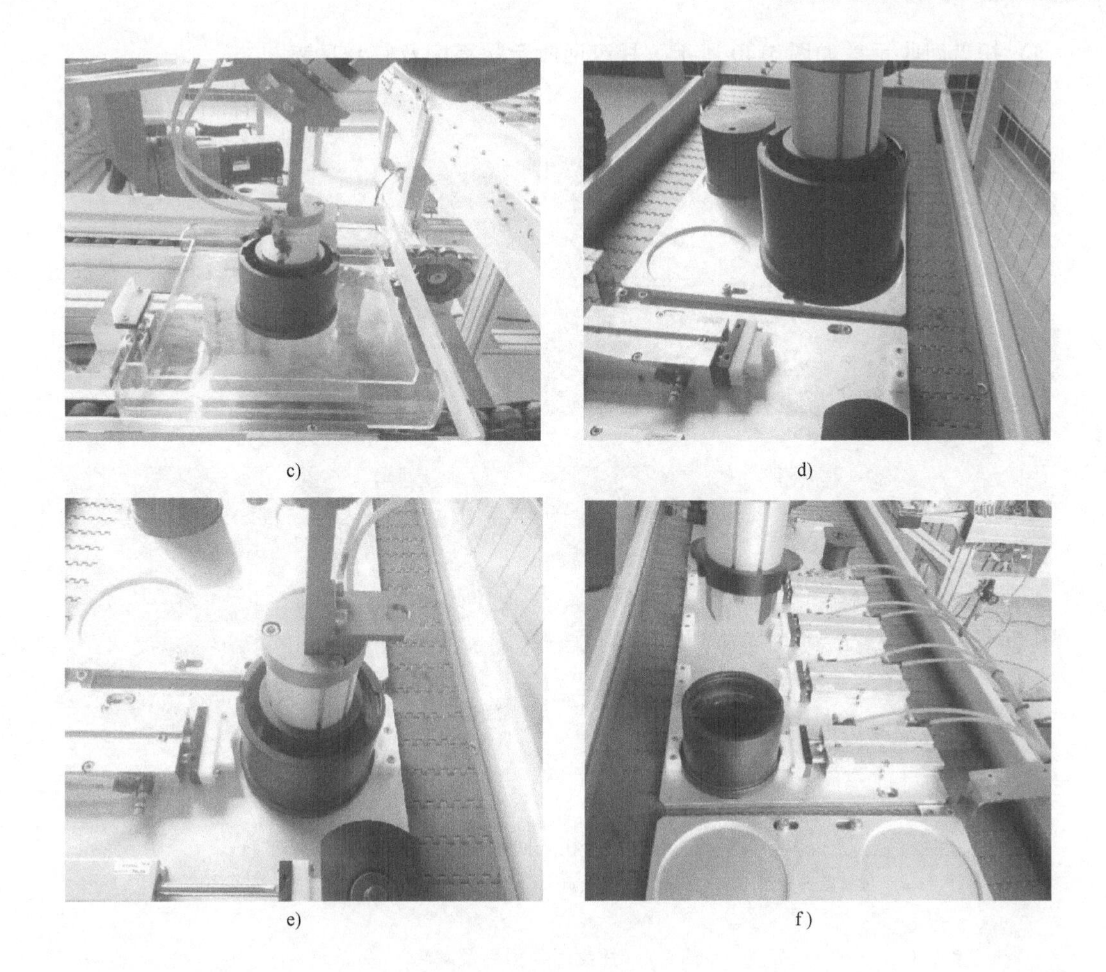

c) d) e) f)

图 5-39 1号工件搬运示教（续）
c）1号工件抓取点打开气爪、夹取工件 d）1号工件放置安全点
e）1号工件放置点关闭气爪，放置工件 f）返回1号工件放置安全点

表 5-6 1号工件搬运程序及解释

程序	解释
PTP(ap1)	气爪安全点
Tool(tkz)	选择气爪坐标系
Lin(cp0)	抓取安全点
Lin(cp1) DO Dout24. Set(TRUE)	抓取点并且打开气爪,夹取工件
WaitTime(500)	等待 0.5s
Lin(cp0)	返回抓取安全点
Lin(cp2)	放置点安全点
Lin(cp3) DO Dout24. Set(FALSE)	放置点并且关闭气爪,放置工件
Lin(cp2) DO Dout16. Set(TRUE)	返回安全点的同时启动气缸夹紧工件
CALL tp()	调用吸盘程序

5）托盘回收示教如图5-40所示，托盘回收示教程序及解释见表5-7。

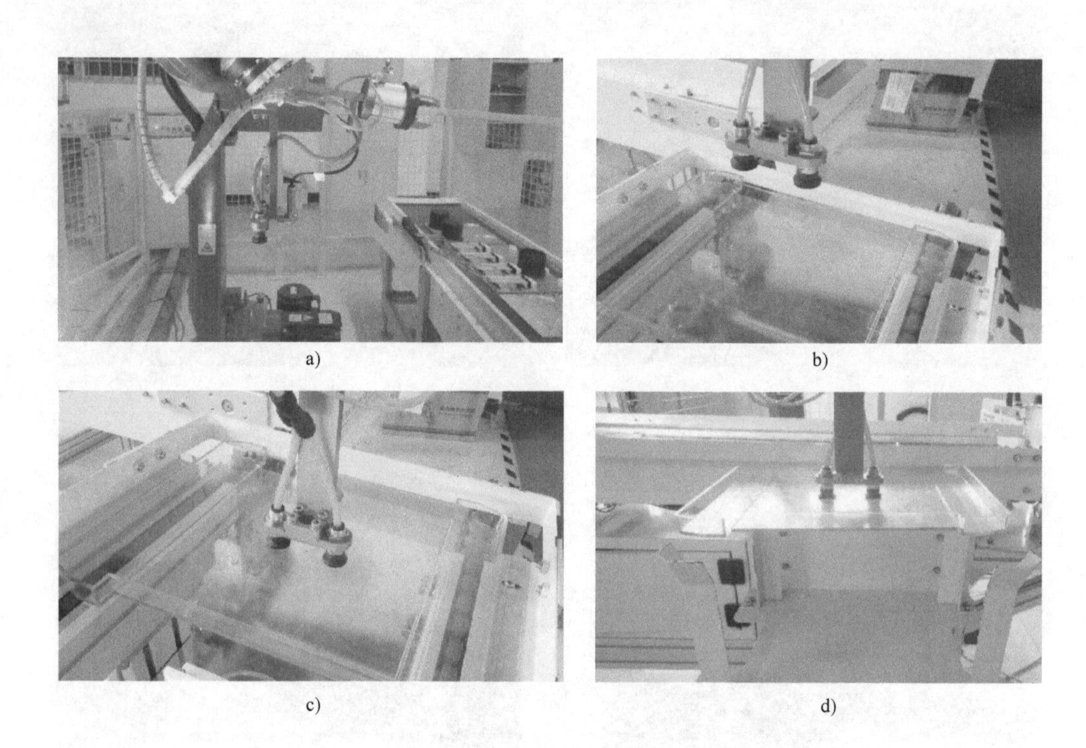

图5-40 托盘回收示教
a）双吸盘安全点 b）托盘吸取安全点 c）托盘吸取点 d）托盘放置安全点

表5-7 托盘回收程序及解释

程序	解释
PTP(ap0)	双吸盘安全点
Tool(txp)	选择双吸盘坐标系
Lin(cp0)	托盘吸取安全点
Lin(cp1) DO Ddout25. Set(TRUE)	托盘吸取点,并且打开双吸盘
WaitTime(500)	等待0.5s
Lin(cp0)	返回托盘吸取安全点
Lin(cp2)	到达托盘库放置安全点
Lin(cp3) DO Dout25. Set(FALSE)	托盘库放置点,并且关闭双吸盘
WaitTime(500)	等待0.5s
Lin(cp2)	返回托盘库放置安全点
PTP(ap0)	返回双吸盘安全点

6）其他工件搬运程序示教参考1号工件，程序及解释见表5-8~表5-10。

表 5-8　2 号工件搬运程序及解释

程序	解释
PTP(ap0)	双吸盘安全点
Tool(txp)	选择双吸盘坐标
Lin(cp0)	吸取安全点
Lin(cp1) DO Dout24. Set(TRUE)	吸取点并且打开双吸盘,吸取工件
WaitTime(500)	等待 0.5s
Lin(cp0)	返回吸取安全点
Lin(cp2)	放置点安全点
Lin(cp3) DO Dout24. Set(FALSE)	放置点并且关闭双吸盘,放置工件
Lin(cp2) DO Dout16. Set(TRUE)	返回安全点同时启动气缸夹紧工件
CALL tp()	调用吸盘程序

表 5-9　3 号工件搬运程序及解释

程序	解释
PTP(ap0)	双吸盘安全点
Tool(txp)	选择双吸盘坐标
Lin(cp0)	吸取安全点
Lin(cp1) DO Dout24. Set(TRUE)	吸取点并且打开双吸盘,吸取工件
WaitTime(500)	等待 0.5s
Lin(cp0)	返回吸取安全点
Lin(cp2)	放置点安全点
Lin(cp3) DO Dout24. Set(FALSE)	放置点并且关闭双吸盘,放置工件
Lin(cp2) DO Dout16. Set(TRUE)	返回安全点同时启动气缸夹紧工件
CALL tp()	调用吸盘程序

表 5-10　4 号工件搬运程序及解释

程序	解释
PTP(ap0)	双吸盘安全点
Tool(txp)	选择双吸盘坐标
Lin(cp0)	吸取安全点
Lin(cp1) DO Dout24. Set(TRUE)	吸取点并且打开双吸盘,吸取工件
WaitTime(500)	等待 0.5s
Lin(cp0)	返回吸取安全点
Lin(cp2)	放置点安全点
Lin(cp3) DO Dout24. Set(FALSE)	放置点并且关闭双吸盘,放置工件
Lin(cp2) DO Dout16. Set(TRUE)	返回安全点同时启动气缸夹紧工件
CALL tp()	调用吸盘程序

六、工件装配示教与编程

装配流水线工件装配的示教过程与工件搬运类似，程序及解释见表 5-11~表 5-18。

表 5-11　装配流水线 1 号工件搬运程序及解释

程序	解释
PTP(ap1)	气爪安全点
PTP(ap3)	装配区安全点
Tool(tkz)	选择气爪坐标系
Lin(cp0)	抓取安全点
Lin(cp1) DO Dout24. Set(TRUE)	抓取点打开气爪,抓取工件
WaitTime(500)	等待 0.5s
Lin(cp0)	返回安全点
Lin(cp2)	到达放置点安全点
Lin(cp3) DO Dout24. Set(FALSE)	放置点关闭气爪,放置工件
WaitTime(500) DO Dout16. Set(TRUE)	等待 0.5s 之后启动气缸,夹紧工件
Lin(cp2)	返回放置点安全点

表 5-12　装配流水线 2 号工件搬运程序及解释

程序	解释
PTP(ap4)	装配区双吸盘安全点
Tool(txp)	选择双吸盘坐标系
Lin(cp4)	吸取安全点
Lin(cp5, v300) DO Dout25. Set(TRUE)	到达吸取点打开双吸盘,吸取工件
WaitTime(500)	等待 0.5s
Lin(cp4)	返回吸取安全点
Lin(cp6)	到达放置点安全点
Lin(cp7, v300) DO Dout25. Set(FALSE)	放置点关闭双吸盘,放置工件
WaitTime(500) DO Dout17. Set(TRUE)	等待 0.5s 之后启动气缸,夹紧工件
Lin(cp6)	返回放置点安全点
CALL z2()	调用装配 2 号工件程序

表 5-13　装配流水线 3 号工件搬运程序及解释

程序	解释
Tool(txp)	选择双吸盘坐标系
Lin(cp8)	吸取安全点
Lin(cp9) DO Dout25. Set(TRUE)	到达吸取点打开双吸盘,吸取工件
WaitTime(500)	等待 0.5s
Lin(cp8)	返回吸取安全点
Lin(cp10)	到达放置点安全点
Lin(cp11) DO Dout25. Set(FALSE)	放置点关闭双吸盘,放置工件
WaitTime(500) DO Dout18. Set(TRUE)	等待 0.5s 之后启动气缸,夹紧工件
Lin(cp10)	返回放置点安全点
CALL z3()	调用装配 3 号工件程序

表 5-14　装配流水线 4 号工件搬运程序及解释

程序	解释
Tool(txp)	选择双吸盘坐标系
Lin(cp12)	吸取安全点
Lin(cp13) DO Dout25. Set(TRUE)	到达吸取点打开双吸盘,吸取工件
WaitTime(500)	等待 0.5s
Lin(cp12)	返回吸取安全点
Lin(cp14)	到达放置点安全点
Lin(cp15) DO Dout25. Set(FALSE)	放置点关闭双吸盘,放置工件
WaitTime(500) DO Dout18. Set(TRUE)	等待 0.5s 之后启动气缸,夹紧工件
Lin(cp14)	返回放置点安全点
CALL z4()	调用装配 4 号工件程序

表 5-15　2 号工件装配

程序	解释
Tool(txp)	选择双吸盘坐标系
Lin(cp0)	吸取安全点
Lin(cp1) DO Dout25. Set(TRUE)	吸取点同时打开双吸盘,吸取工件
Lin(cp1) DO Dout17. Set(FALSE)	吸取点时关闭 17 号气缸
WaitTime(500)	等待 0.5s
Lin(cp0)	返回吸取安全点
Lin(cp2)	到达装配安全点
Lin(cp3) DO Dout25. Set(FALSE)	装配点时关闭双吸盘,放置工件
WaitTime(500)	等待 0.5s
Lin(cp2)	返回装配安全点

表 5-16　3 号工件装配

程序	解释
Tool(txp)	选择双吸盘坐标系
Lin(cp0)	吸取安全点
Lin(cp1) DO Dout25. Set(TRUE)	吸取点同时打开双吸盘,吸取工件
Lin(cp1) DO Dout18. Set(FALSE)	吸取点时关闭 18 号气缸
WaitTime(500)	等待 0.5s
Lin(cp0)	返回吸取安全点
Lin(cp2)	到达装配安全点
Lin(cp3) DO Dout25. Set(FALSE)	装配点时关闭双吸盘,放置工件
WaitTime(500)	等待 0.5s
Lin(cp2)	返回装配安全点

表 5-17　4 号工件装配

程序	解释
Tool(txp)	选择双吸盘坐标系
Lin(cp0)	吸取安全点
Lin(cp1) DO Dout25. Set(TRUE)	吸取点同时打开双吸盘,吸取工件
Lin(cp1) DO Dout19. Set(FALSE)	吸取点同时关闭 19 号气缸
WaitTime(500)	等待 0. 5s
Lin(cp0)	返回吸取安全点
Lin(cp2)	到达放置点安全点
Lin(cp3)	对齐放置点
Lin(cp4)	使机器人旋转 90°
Lin(cp5) DO Dout16. Set(FALSE)	完成旋转 90°之后,16 号气缸松开工件
WaitTime(500)	等待 0. 5s
Lin(cp6)	升起
Lin(cp5) DO Dout25. Set(TRUE)	双吸盘下降重新吸取成品
Lin(cp6)	变量点“d”执行:吸住成品上升
WaitTime(500)	等待 0. 5s

表 5-18　成品放置

程序	解释
Lin(cp1)	运动到成品放置处正上方
Lin(cp2, d0) DO Dout25. Set(FALSE)	运动到成品放置处,关闭气缸放置成品
WaitTime(500)	等待 0. 5s
Lin(cp1)	上升
WaitTime(500)	等待 0. 5s
Lin(cp2, d0) DO Dout25. Set(TRUE)	下降,重新抓取成品
WaitTime(500)	等待 0. 5s
Lin(cp1)	上升

七、成品拆解示教与编程

装配流水线成品拆解示教过程与（五）类似，示教程序见表 5-19~表 5-22。

表 5-19　成品放回

程序	解释
Lin(cp1)	运行到装配区拆解位置正上方
Lin(cp2, d0) DO Dout25. Set(FALSE)	下降,放置成品
Lin(cp3) DO Dout19. Set(TRUE)	上升,19 号气缸定位,固定成品

表 5-20　4 号工件拆解

程序	解释
Lin(cp4, d0) DO Dout25. Set(TRUE)	运动到 4 号工件拆解旋转起点
Lin(cp5, d100)	逆时针旋转 90°,低速
Lin(cp6)	吸取 4 号工件上升
Lin(cp7)	运动到 4 号工件放置处正上方
Lin(cp8,d0) DO Dout25. Set(FALSE)	下降放置 4 号工件
WaitTime(500)	等待 0.5s
Lin(cp7)	上升
CALL(C3)	调用 3 号工件拆解程序

表 5-21　3 号工件拆解

程序	解释
Lin(cp1)	运动到 3 号工件拆解处正上方
Lin(cp2, d0) DO Dout25. Set(TRUE)	吸取 3 号工件
WaitTime(500)	等待 0.5s
Lin(cp3)	吸取 3 号工件上升
Lin(cp4)	运动到 3 号工件放置处正上方
Lin(cp5, d0) DO Dout25. Set(FALSE)	放置 3 号工件
WaitTime(500)	等待 0.5s
Lin(cp4)	上升
CALL(C2)	调用 2 号工件拆解程序

表 5-22　2 号工件拆解

程序	解释
Lin(cp1)	运动到 2 号工件拆解处正上方
Lin(cp2,d0) DO Dout25. Set(TRUE)	吸取 2 号工件
WaitTime(500)	等待 0.5s
Lin(cp3)	上升
Lin(cp4)	逆时针旋转 90°
Lin(cp5)	运动到 2 号工件放置处正上方
Lin(cp6,d0) DO Dout25. Set(FALSE)	放置 2 号工件
WaitTime(500)	等待 0.5s
Lin(cp5)	上升
PTP(Home)	回原点

问题探究

一、机械零点校对

1. 零点校对的原理

工业机器人在出厂前，已经做好机械零点校对。如果工业机器人因故障丢失零点位置，那么需要对工业机器人重新进行机械零点的校对。零点校对的原理如图 5-41 所示。

图 5-41a 表示千分表探头随着工业机器人的轴转动在 V 形槽斜边上来回滑动，当探头滑向 V 形槽中间位置时(图 5-41b)，即为零点，从表的读数来看，指针一开始一直向一个方向转动，当突然出现方向改变的时候，再让工业机器人轴向反方向转动到表针方向改变的临界点即为零点位置。

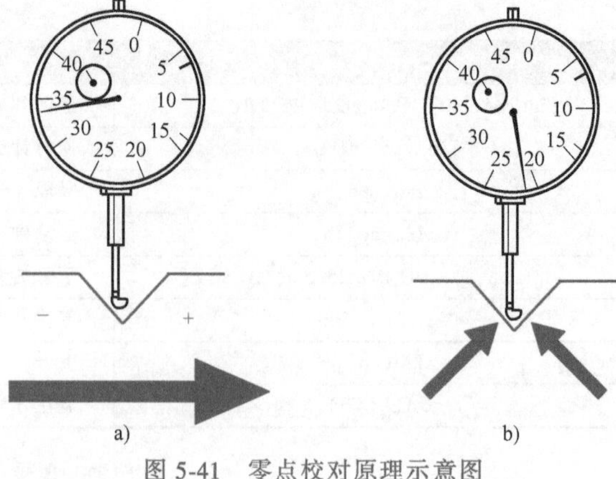

图 5-41　零点校对原理示意图

2. 零点校对仪器以及校对步骤

1）将 V 形块上面零标保护套摘下来，如图 5-42 所示。

2）将表座拧入零标块螺纹孔内，如图 5-43 所示。

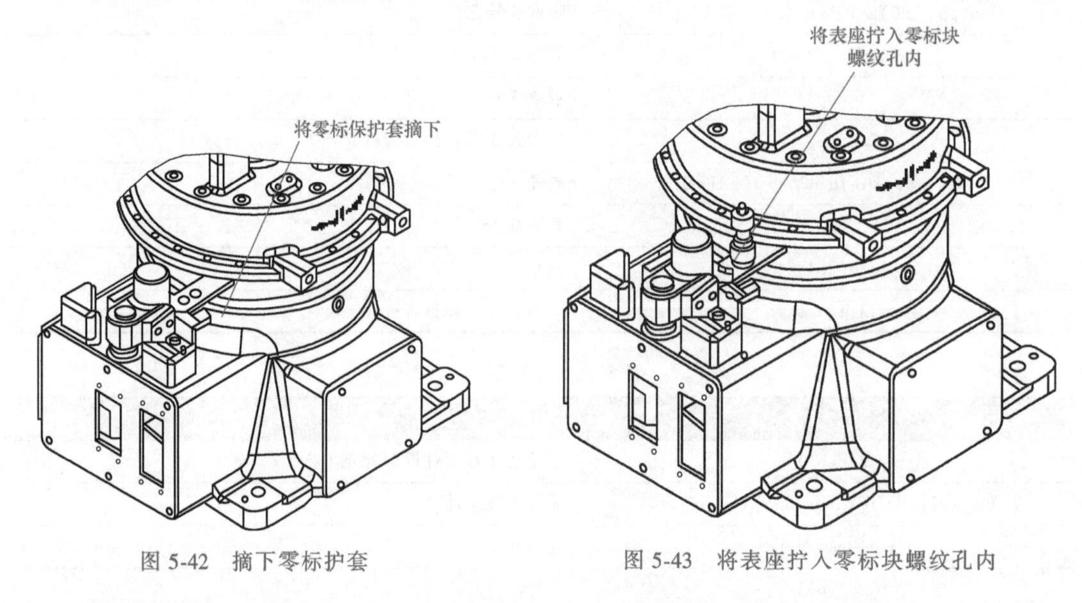

图 5-42　摘下零标护套　　图 5-43　将表座拧入零标块螺纹孔内

3）将千分表插入表座。注意：首先要将两个半圆槽对准，然后再将千分表插入表座，如图 5-44 所示。

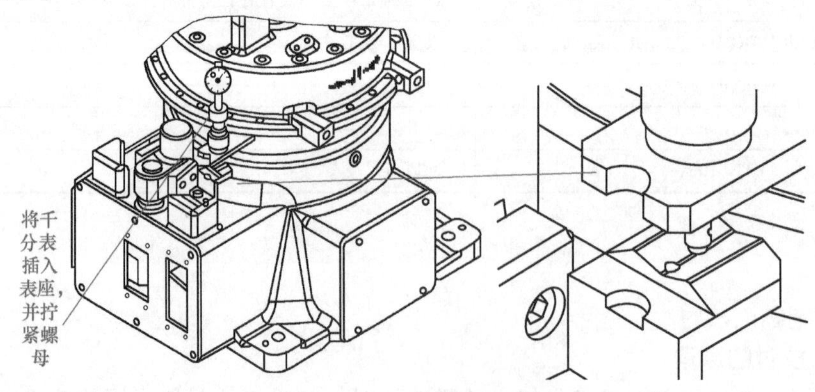

图 5-44　将千分表插入表座

4）按照上述原理对工业机器人各轴进行零点校对，工业机器人各轴零点校对位置如图5-45所示。

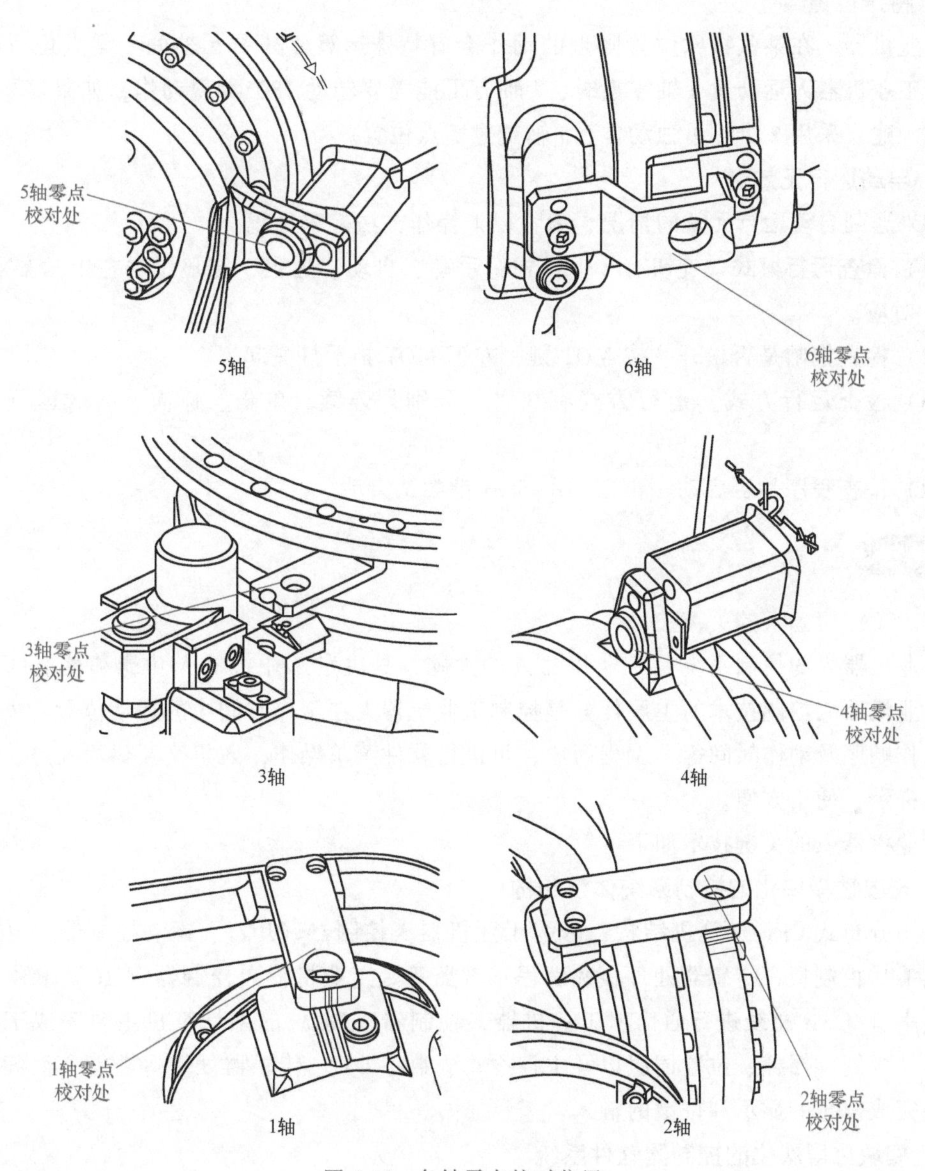

图5-45　各轴零点校对位置

二、常见问题及处理方法

1. 操作无效

在操作工业机器人时，按动作键工业机器人无动作，可能是以下几种情况之一。

（1）伺服断电　检查伺服上电指示灯是否熄灭，按伺服上电按钮使指示灯亮起。如果无法上电，检查示教器和控制柜紧急停止按钮是否被按下。

（2）操作权限丢失　检查示教器操作权限是否丢失，权限开关等误操作可能产生此类现象。

(3) 模式错误　检查当前工作模式是否处于示教模式。

如果伺服电动机驱动器报警且无法解除，可参照电气手册指导操作或联系经销商。

2. 特殊位置

工业机器人在某些特殊位置附近的动作会有特殊运算，其中5轴处于零点位置时最常见。当工业机器人运动过5轴零点时，4轴有可能需要转动180°实现动作，如果需要避免4轴动作，建议采用2个点单独动作，5轴越过零点位置。

3. 自动运行无效

如果遇到自动运行无效的情况，参考以下操作方法检查设置。

(1) 检查运行模式　旋钮有3个模式：手动、自动、远程，与显示屏左上角显示的T、A、AE对应。

(2) 检查抱闸是否松开　按MOT键，左上MOT指示灯亮起。

(3) 检查运行方式　运行方式有3种，分别是连续、单步、逆向。确认运行方式为连续。

(4) 检查程序是否启动　再按一次Start键尝试启动。

知识拓展

一、工业机器人的关键技术

工业机器人的控制系统是工业机器人的大脑，是决定工业机器人功能和性能的主要因素。工业机器人控制技术的主要任务是控制工业机器人在工作空间中的运动位置、姿态和轨迹、操作顺序及动作时间等，编程简单，可进行软件菜单操作，人机交互界面友好，具有在线操作提示，使用方便。

工业机器人的关键技术如下。

1. 开放性模块化的控制系统体系结构

采用分布式CPU计算机结构，分为工业机器人控制器（RC）、运动控制器（MC）、光电隔离I/O控制板、传感器处理板和编程示教器等。工业机器人控制器（RC）和编程示教器通过串口/CAN总线进行通信。工业机器人控制器（RC）的主计算机主要完成工业机器人的运动规划、插补、位置伺服以及主控逻辑、数字I/O、传感器处理等功能，而编程示教器主要完成信息的显示和按键的输入。

2. 模块化层次化的控制器软件系统

软件系统建立在基于开源的实时多任务操作系统Linux上，采用分层和模块化结构设计，以实现软件系统的开放性。整个控制器软件系统分为三个层次：硬件驱动层、核心层和应用层。三个层次分别面对不同的功能需求，对应不同层次的开发，系统中各个层次内部由若干个功能相对对立的模块组成，这些功能模块相互协作共同实现该层次所提供的功能。

3. 工业机器人的故障诊断与安全维护技术

通过各种信息，对工业机器人故障进行诊断，并进行相应的维护，是保证工业机器人安全性的关键技术。

4. 网络化工业机器人控制器技术

目前工业机器人的应用正在由单台工业机器人工作站向工业机器人生产线发展，工业机器人控制器的联网技术变得越来越重要。控制器上应具有串口、现场总线及以太网的联网功能，可用于工业机器人控制器之间和工业机器人控制器同上位机的通信，便于对工业机器人生产线进行监控、诊断和管理。

二、六种典型的工业机器人

1. 移动机器人

移动机器人（AGV）是工业机器人的一种类型，它由计算机控制，具有移动、自动导航、多传感器控制以及网络交互等功能，它可广泛应用于机械、电子、纺织、卷烟、医疗、食品和造纸等行业的柔性搬运、传输等功能，也可用于自动化立体仓库、柔性加工系统、柔性装配系统（以 AGV 作为活动装配平台），同时可在车站、机场、邮局的物品分拣中作为运输工具。

国际物流技术是发展的新趋势之一，而移动机器人是其中的核心技术和设备，是用现代物流技术配合、支撑、改造、提升传统生产线，实现点对点自动存取的高架箱储、作业和搬运相结合，实现精细化、柔性化、信息化，缩短物流流程，降低物料损耗，减少占地面积，降低建设投资等的高新技术和装备。

2. 点焊机器人

点焊机器人具有性能稳定、工作空间大、运动速度快和负荷能力强等特点，焊接质量明显优于人工焊接，大大提高了点焊作业的生产率。

点焊机器人主要用于汽车整车的焊接工作，生产过程由各大汽车主机厂负责完成。国际工业机器人企业凭借与各大汽车企业的长期合作关系，向各大型汽车生产企业提供各类点焊机器人单元产品，并以点焊机器人与整车生产线配套形式进入中国，在该领域占据市场主导地位。

随着汽车工业的发展，焊接生产线要求焊钳一体化，重量越来越大，165kg 点焊机器人是目前汽车焊接中最常用的一种工业机器人。2008 年 9 月，哈尔滨工业大学机器人研究所研制完成国内首台 165kg 级点焊机器人，并成功应用于奇瑞汽车焊接车间。2009 年 9 月，经过优化和性能提升的第二台点焊机器人研制完成并顺利通过验收，该机器人整体技术指标已经达到国外同类机器人水平。

3. 弧焊机器人

弧焊机器人主要应用于各类汽车零部件的焊接生产。在该领域，国际大型工业机器人生产企业主要以向成套装备供应商提供单元产品为主。

弧焊机器人的关键技术如下：

1）弧焊机器人系统优化集成技术：弧焊机器人采用交流伺服驱动技术以及高精度、高刚性的 RV 减速机和谐波减速器，具有良好的低速稳定性和高速动态响应，并可实现免维护功能。

2）协调控制技术：控制多机器人及变位机协调运动，既能保持焊枪和工件的相对姿态以满足焊接工艺的要求，又能避免焊枪和工件的干涉。

3）精确焊缝轨迹跟踪技术：结合激光传感器和视觉传感器离线工作方式的优点，采用激光传感器实现焊接过程中的焊缝跟踪，提升焊接机器人对复杂工件进行焊接的柔性和适应性，结合视觉传感器离线观察获得焊缝跟踪的残余偏差，基于偏差统计获得补偿数据并进行机器人运动轨迹的修正，在各种工况下都能获得最佳的焊接质量。

4. 激光加工机器人

激光加工机器人是将工业机器人技术应用于激光加工中，通过高精度工业机器人实现更加柔性的激光加工作业。激光加工机器人通过示教器进行在线操作，也可通过离线方式进行编程；通过对加工工件的自动检测，产生加工件的模型，继而生成加工曲线，也可以利用CAD数据直接加工。激光加工机器人可用于工件的激光表面处理、打孔、焊接和模具修复等。

激光加工机器人的关键技术如下：

1）激光加工机器人结构优化设计技术：采用大范围框架式本体结构，在增大作业范围的同时，保证了机器人的精度。

2）工业机器人系统的误差补偿技术：针对一体化加工工业机器人工作空间大、精度高等要求，结合其结构特点，采取非模型方法与模型方法相结合的混合机器人补偿方法，完成几何参数误差和非几何参数误差的补偿。

3）高精度工业机器人检测技术：将三坐标测量技术和工业机器人技术相结合，实现了工业机器人高精度在线测量。

4）激光加工机器人专用语言实现技术：根据激光加工及工业机器人作业特点，完成激光加工机器人专用语言。

5）网络通信和离线编程技术：通过串口、CAN等网络通信功能，实现对工业机器人生产线的监控和管理；离线编程技术可实现上位机对工业机器人的离线编程控制。

5. 真空机器人

真空机器人是一种在真空环境下工作的工业机器人，主要应用于半导体工业中，实现晶圆在真空腔室内的传输。真空机械手难进口、受限制、用量大、通用性强，是制约半导体装备整机的研发进度和整机产品竞争力的关键部件，精度要求较高。

真空机器人的关键技术如下：

1）真空机器人新构型设计技术：通过结构分析和优化设计，设计新构型满足真空机器人对刚度和伸缩比的要求。

2）大间隙真空直驱电动机技术：涉及大间隙真空直接驱动电动机和高洁净直接驱动电动机的电动机理论分析、结构设计、制作工艺、电动机材料表面处理、低速大转矩控制、小型多轴驱动器等方面的研究。

3）真空环境下的多轴精密轴系的设计。采用轴在轴中的设计方法，减小轴之间的不同心以及惯量不对称的问题。

4）动态轨迹修正技术：通过传感器信息和工业机器人运动信息的融合，检测出晶圆与手指之间基准位置之间的偏移，通过动态修正运动轨迹，保证工业机器人准确地将晶圆从真空腔室中的一个工位传送到另一个工位。

5）符合国际半导体设备与材料产业协会（Semiconductor Equipment and Materials International，SEMI）标准的真空机器人语言：根据真空机器人搬运要求、工业机器人作业特点及SEMI标准，完成真空机器人专用语言。

6）可靠性系统工程技术：在集成电路（Integrated Circuit，IC）制造中，设备故障会带来巨大的损失。根据半导体设备对MCBF（Mean Cydes Between Failure）的高要求，对各个部件的可靠性进行测试、评价和控制，提高机械手各个部件的可靠性，从而保证机械手满足IC制造的高要求。

6. 洁净机器人

洁净机器人是一种在洁净环境中使用的工业机器人。生产技术水平不断提高对生产环境的要求也日益苛刻，很多现代工业产品的生产都要求在洁净环境中进行，洁净机器人是洁净环境下生产需要的关键设备。

洁净机器人的关键技术如下：

1）洁净润滑技术：通过采用负压抑尘结构和非挥发性润滑脂，实现对环境无颗粒污染，满足洁净要求。

2）高速平稳控制技术：通过轨迹优化和提高关节伺服性能，实现洁净搬运的平稳性。

3）控制器的小型化技术：由于洁净室的建造和运营成本高，通过控制器小型化技术可减小洁净机器人的占用空间。

4）晶圆检测技术：利用光学传感器，能够通过工业机器人的扫描获得卡匣中晶圆有无缺片、倾斜等信息。

评价反馈

表5-23 评价表

基本素养(30分)				
序号	评估内容	自评	互评	师评
1	纪律(无迟到、早退、旷课)(10分)			
2	安全规范操作(10分)			
3	团结协作能力、沟通能力(10分)			
理论知识(30分)				
序号	评估内容	自评	互评	师评
1	编程指令的应用(5分)			
2	搬运工艺流程(5分)			
3	I/O配置(5分)			
4	坐标系的认知(5分)			
5	工业机器人系统的机械认知(5分)			
6	工业机器人系统的电气认知(5分)			

（续）

技能操作(40分)				
序号	评估内容	自评	互评	师评
1	工具坐标的标定(5分)			
2	流水线的调整(5分)			
3	工业机器人示教编程与再现(30分)			
综合评价				

练习与思考题

一、填空题

1. 工业机器人常用的坐标有________、________、________、________。

2. 常用的运动指令有________、________、________。

3. 工业机器人关键技术包括________、________、________、________。

4. 工业机器人搬运程序整个工作流程包括________、________、________等。

5. ________是工业机器人大脑，是决定工业机器人功能和性能的主要因素。

二、简答题

1. 简述搬运工业机器人的特点和应用场合。

2. 简述工具坐标系的设定过程。

3. 什么是工业机器人零点校对？简述工业机器人零点校对的过程。

4. 在操作工业机器人时按动作键工业机器人无动作，可能出现的情况有哪几种？

5. 简述工业机器人零点校对步骤。

6. 简述工业机器人控制技术的主要任务和特点。

7. 工业机器人控制技术的关键技术有哪些？

三、操作题

工业机器人示教、编程和再现要求如下：

1）依次将4种工件从托盘流水线工位G1托盘中心位置搬运到装配流水线装配工位G8对应的定位工位中（图5-46）。要求通过工业机器人示教编程完成以下任务：

① 工件摆放于托盘中心位置，每次放一种工件，用末端工具对工件进行取放操作。

② 如图5-46所示，将工件取放在装配工位的对应定位工位中，工件放到对应工位后，用双吸盘将空托盘放置于托盘库中。

2）从装配流水线工位G7和G9搬运1~4号工件到装配工位G8对应位置（图5-46），进行二次定位和工件装配。要求如下：

① 装配流水线工位G7和G9的工件为人工按照图5-47所示放置。

② 通过工业机器人示教、编程操作，将装配流水线工位G7和G9中的工件按照装配次序1→2→3→4依次抓取并放置于工位G8对应位置，每放置一个工件完成，夹紧气缸应立即动作，进行二次定位。二次定位完成后，工业机器人抓取并完成装配，装配结果如图5-48

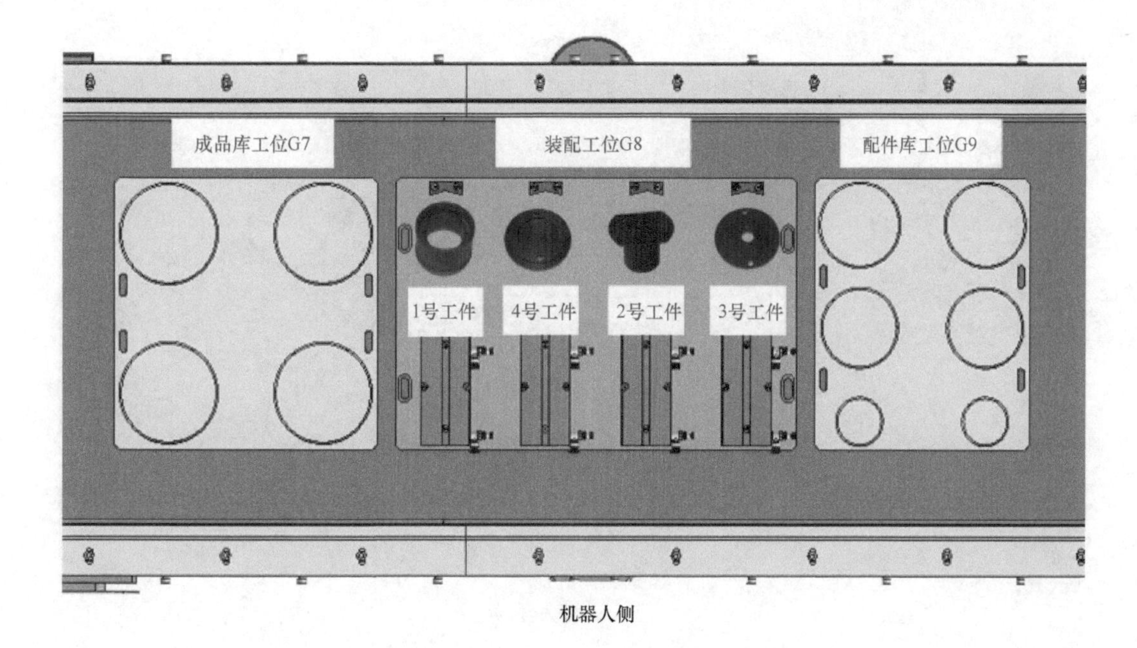

图 5-46　工件摆放位置

所示。

3）工业机器人程序再现

① 能按以上示教轨迹重复 4 个工件抓取及 4 个空托盘收集动作。

② 能按以上示教轨迹实现将工位 G7 和 G9 中的工件搬运到工位 G8 进行二次定位并装配。

示教与编程搬运后，最终结果为图 5-48 所示的装配工位 G8 装配结果。

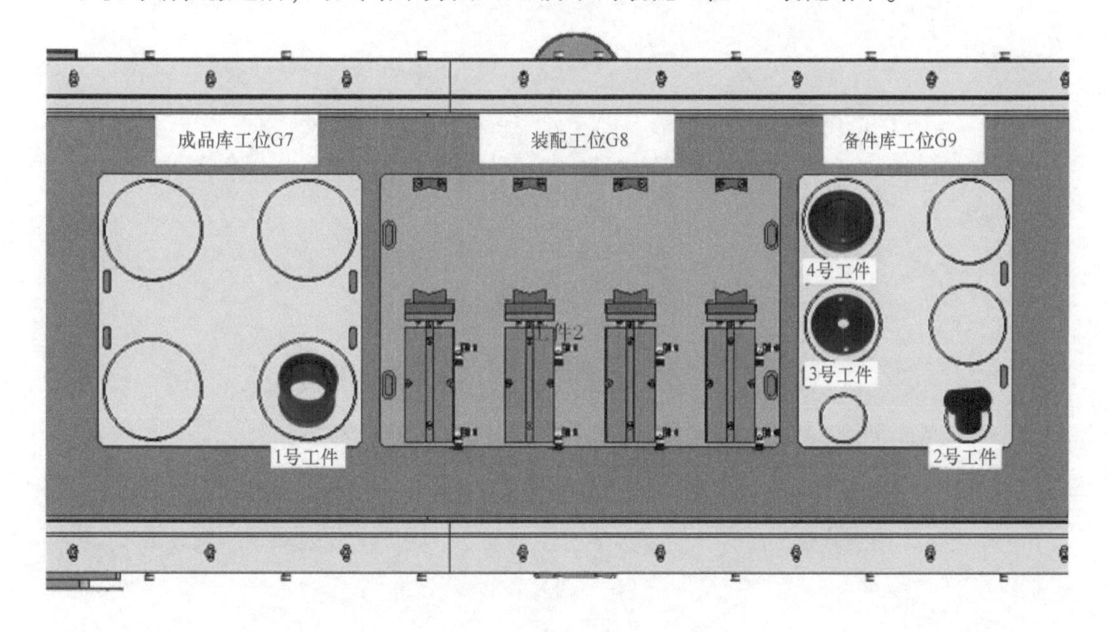

图 5-47　人工工件摆放位置

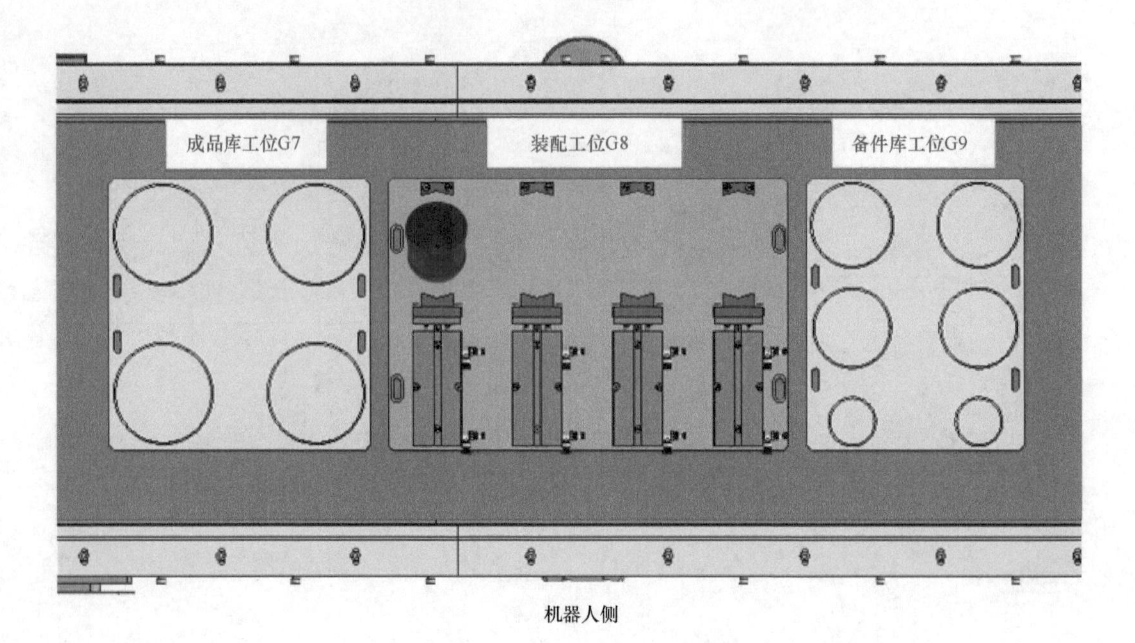

图 5-48　工件装配结果

项目六 工业机器人集成系统的编程与调试

学习目标

1）掌握工业机器人系统集成的基本知识。

2）能按照要求进行立体仓库与主控系统的联机编程与调试。

3）能按照要求进行 AGV 与主控系统的联机编程与调试。

4）能进行托盘流水线和装配流水线的编程与调试。

5）能按照要求进行工业机器人与主控系统的联机编程与调试。

6）能进行视觉系统与主控系统的联机编程与调试。

7）能按照工作任务要求完成工业机器人系统的调试与排故。

8）能优化工业机器人系统节拍，优化工业机器人的运行轨迹，培养高效节能意识。

工作任务

一、任务描述

图 6-1 所示的立体仓库 28 个仓位中任意放有 13 个托盘，每个托盘中放置如图 6-2 所示的 1、2、3、4 号工件中的任一工件或缺陷工件。合格工件 11 个，包含 2 套成品所包含的工件、不成套的工件，以及缺陷工件 2 个。

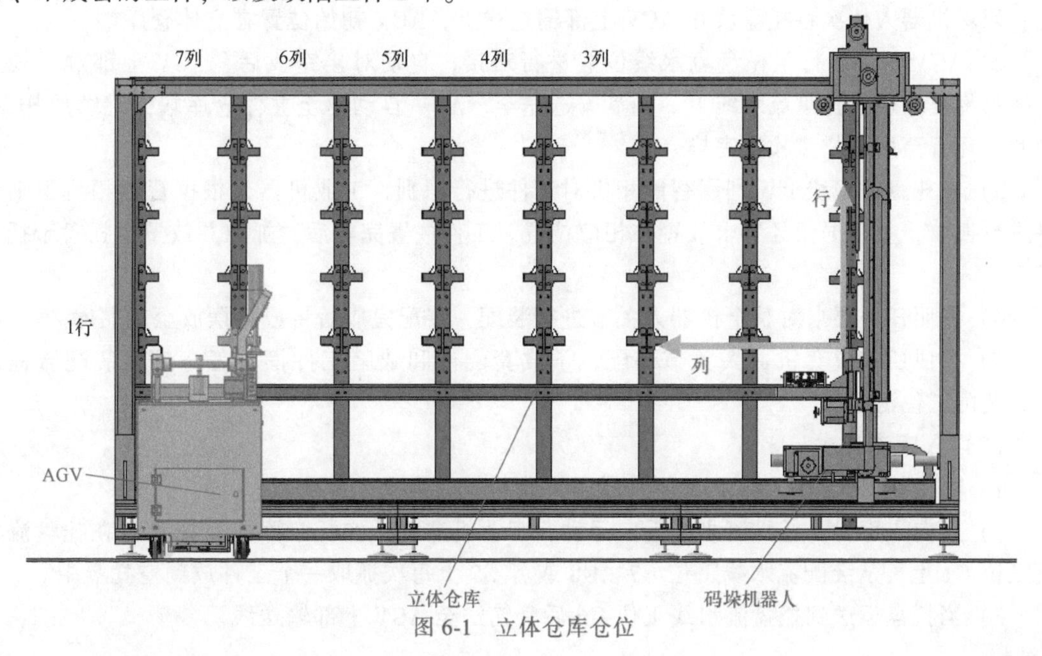

图 6-1　立体仓库仓位

编写人机界面、主控、码垛机器人以及机器人等程序；完成工件出库和识别、空托盘回收、不同工件分类、缺陷检测、搬运、装配以及入库等任务。

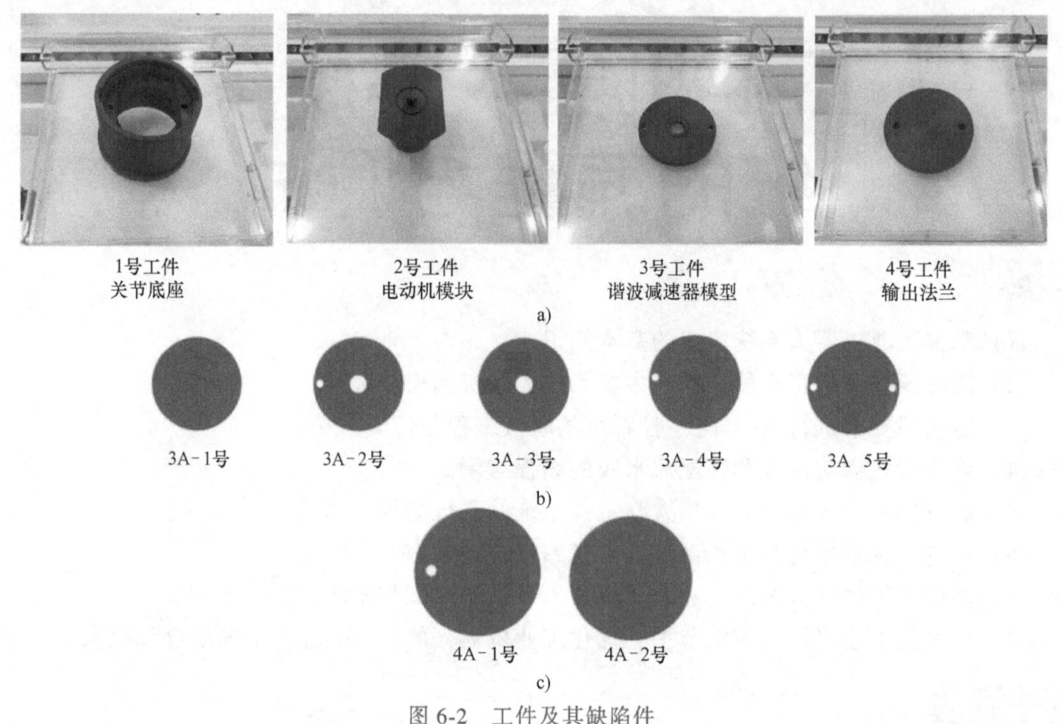

图 6-2　工件及其缺陷件

a）需要识别、抓取和装配的工件　b）3A 号缺陷工件　c）4A 号缺陷工件

具体任务流程如下：

（1）出库和装配流程

1）从立体仓库中按照“从第 1 列到第 7 列，每 1 列从第 1 行到第 4 行”的顺序取出托盘，码垛机器人依次将托盘放在 AGV 上部输送线上，AGV 初始位置在立体仓库端。

2）AGV 自动运行至托盘流水线位置进行对接，自动对接完成后，AGV 上部输送线上的托盘将被输送至托盘流水线上。托盘输送完毕，AGV 自动返至立体仓库端，继续放托盘，如此循环直至所有托盘输送完毕。

3）在托盘流水线上，利用智能相机对工件进行识别，工业机器人根据智能相机识别结果进行抓取，并根据任务要求放置在相应位置。工件放置完毕后，抓取并放置空托盘于托盘库中。

4）按照任务要求对整个机器人关节进行装配，装配完成后将成品摆放至成品库。

5）完成所有成套机器人关节装配、不成套配件和缺陷工件摆放任务后，装配流程结束，装配工位清空。

（2）入库流程

1）在主控 PLC 界面和 AGV 界面设置入库模式，启动入库流程。

2）反向入库时，托盘流水线反向运动，工业机器人从空托盘库取空托盘放在托盘流水线工位 G1 上，从装配流水线工位 G7、G8 或者 G9 上每次抓取一个工件放到空托盘中。

3）当托盘运送到托盘流水线工位 G6 后，输送至 AGV 上部输送线。

4）AGV将托盘输送至码垛机器人端后自动停止，码垛机器人对该托盘进行入库操作，并放在立体仓库指定区域。

5）循环完成所有物品的入库操作。

综合工作任务，主要步骤如图6-3所示，成品装配位置如图6-4所示。

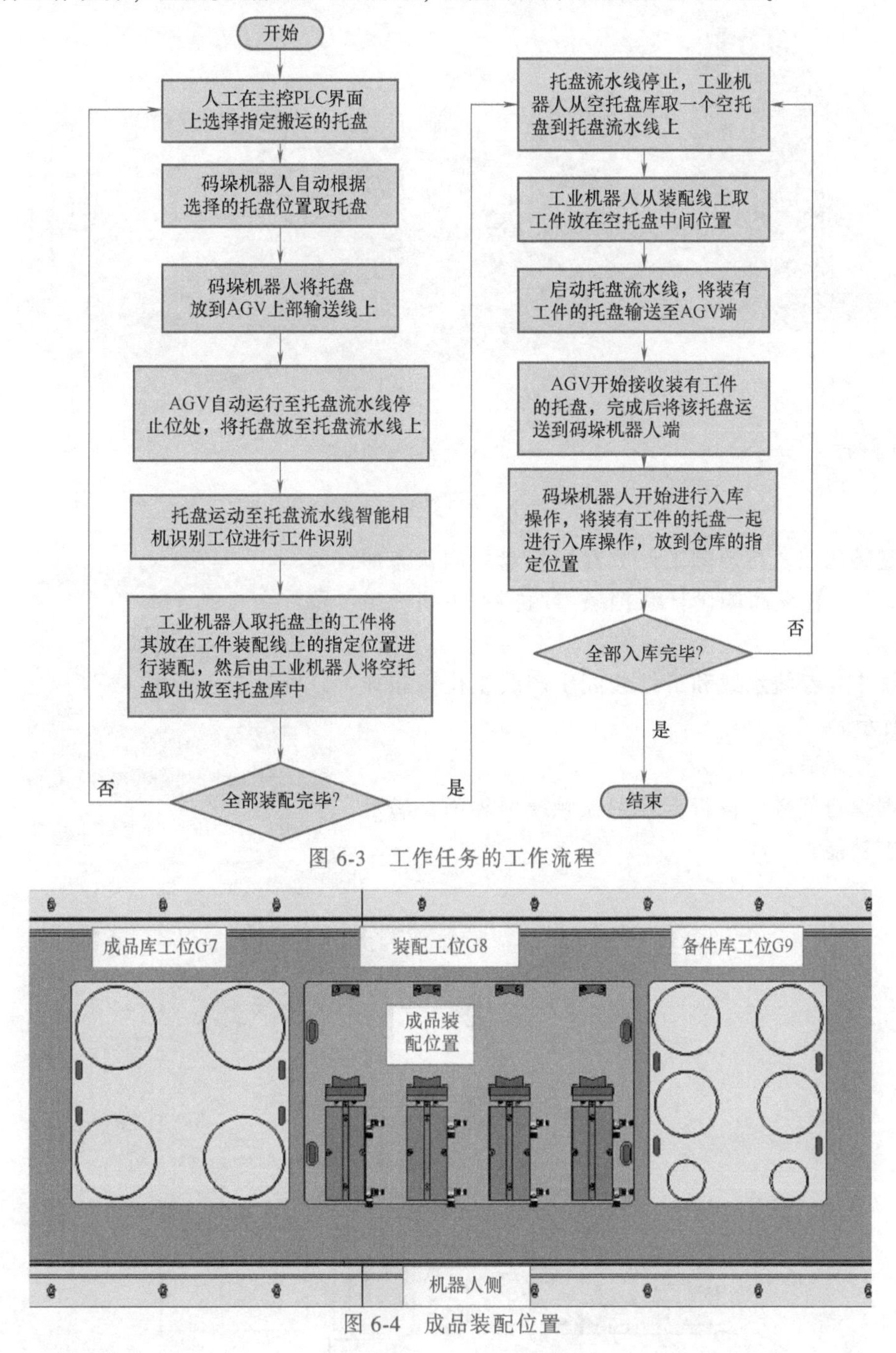

图6-3　工作任务的工作流程

图6-4　成品装配位置

二、所需设备

工业机器人技术应用平台（BNRT-GZRCPS-C10）由工业机器人（BNRT-20D-10）、AGV

（BNRT-AGV-1400）、托盘流水线（BNRT-STS-310）、装配流水线（BNRT-ATS-430）、视觉系统（X-SIGHT STUDIO）和码垛机器人立体仓库（BNRT-ISW-28）六大系统组成，如图 6-5 所示。

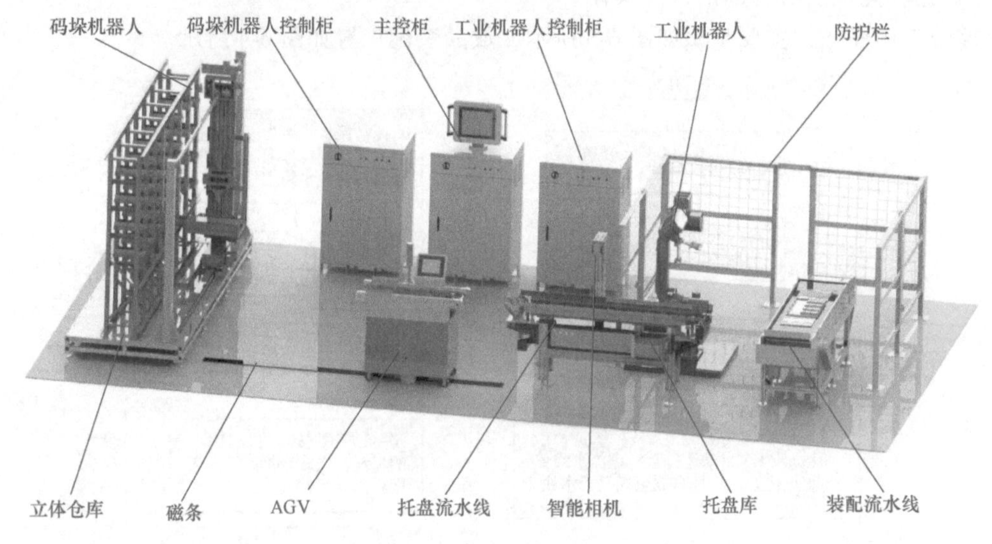

图 6-5　实训平台结构图

托盘结构以及待装配工件放置于托盘中的状态如图 6-6 所示，托盘两侧设计有挡条，两挡条中间为工件放置区。

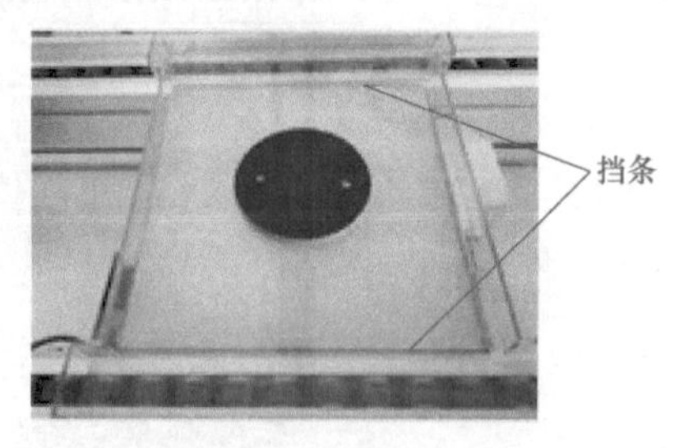

图 6-6　待装配工件放置于托盘中的状态

系统中托盘流水线和工件装配生产线工位分布如图 6-7 所示。

三、技术要求

根据综合任务，自行设计主控触摸屏界面，满足以下基本功能：

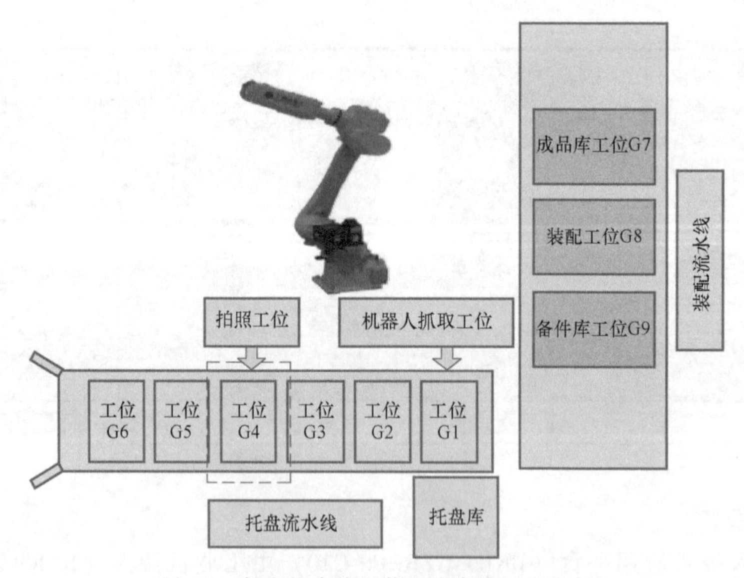

图 6-7　托盘流水线和装配流水线工位分布

1）主控 PLC 能够实现系统复位、启动和停止等功能。

① 系统复位为系统中工业机器人、装配流水线以及码垛机器人立体仓库处于初始归零状态。

② 系统启动为系统自动按照综合任务运行。

③ 系统停止为系统停止运动，包括系统中工业机器人、托盘流水线、装配流水线以及码垛机器人立体仓库等模块。

2）主控 PLC 界面包含黄、绿、红三种状态指示灯，绿色状态指示灯指示初始状态正常，红色状态指示灯指示初始状态不正常，黄色状态指示灯指示任务完成。

初始状态是指如下状态：

① 工业机器人、视觉系统、变频器、伺服驱动器和 PLC 处于联机状态。

② 工业机器人处于工作原点。

③ 托盘流水线上没有托盘。

若上述条件中任一条件不满足，则红色状态指示灯以 1Hz 频率闪烁，黄色和绿色状态指示灯均熄灭，这时系统不能启动。如果网络正常且上述各工作站均处于初始状态，则绿色状态指示灯常亮。

3）主控 PLC 能够同步显示码垛机器人立体仓库仓位信息（有无托盘），实现码垛机器人在立体仓库的仓位选取，码垛机器人启动、停止、复位等功能。

4）装配过程如下：

① 工业机器人应优先将工件放置于装配工位 G8 对应的位置，若工位 G8 对应位置已有工件，暂时存放到成品库工位 G7 和备件库工位 G9。

② 只要已抓取工件满足装配条件，则优先装配，然后再继续抓取后续到达工件，进行放置或装配。

③ 按工件号 1→2→3→4 的次序在装配工位的规定位置依次进行装配；当 4 号工件装配到位后，工业机器人带动 4 号工件顺时针旋转 90°扣紧，整套工件组装完成；再将装配好的工件整体移至成品库，然后进行下一套机器人关节的装配。

④ 所有待装配工件必须经气缸二次定位后才可装配。

⑤ 工业机器人摆放工件时，必须将该工件移动至装配流水线规定的位置。

⑥ 按照出库和装配流程自动完成两套机器人关节的装配。

⑦ 按照入库流程完成所有 G7、G9 区域的工件和成品全部入库。

⑧ 备件库用于存放 2、3 和 4 号工件，当托盘流水线送来多个同一类型的工件，而无法满足装配条件时，可将其暂时存放到备件库中。

⑨ 成品库用于存放已装配完成的工件，当装配工位完成了一个完整的装配任务后，机器人将成品抓取并放入成品库。当出现多个 1 号工件时，也可将其暂时存放于成品库中。

⑩ 出库/入库任务完成后，黄色状态指示灯以 1Hz 频率闪烁。

实践操作

一、知识储备

1. S7-1200 通信指令

（1）“MB_CLIENT”指令　“MB_CLIENT”指令作为 Modbus TCP 客户端通过 S7-1200

CPU 的 PROFINET 连接进行通信，使用该指令无需其他任何硬件模块。通过“MB_CLIENT”指令可以在客户端和服务器之间建立连接、发送请求、接收响应并控制 Modbus TCP 服务器的连接终端。“MB_CLIENT”指令如图 6-8 所示，其各引脚参数说明见表 6-1。

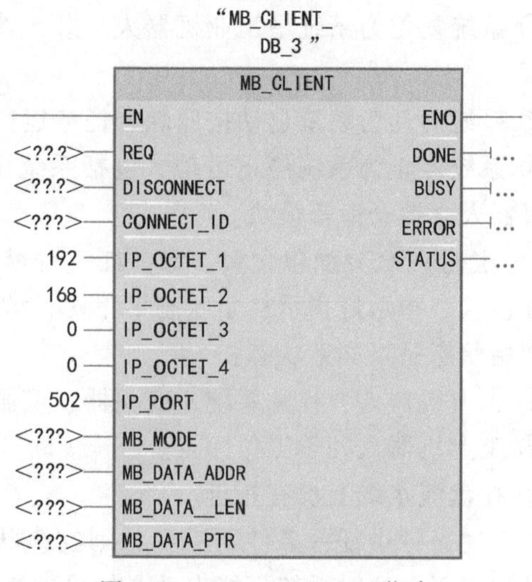

图 6-8 “MB_ CLIENT”指令

（2）“MB_SERVER”指令 “MB_SERVER”指令作为 Modbus TCP 服务器通过 S7-1200 CPU 的 PROFINET 连接进行通信。该指令同样不需要其他任何硬件模块。“MB_SERVER”指令将处理 Modbus TCP 客户端的连接请求、接收 Modbus 功能的请求并发送响应。“MB_SERVER”指令如图 6-9 所示，其各引脚参数说明见表 6-2。

表 6-1 “MB_CLIENT”各引脚参数说明

“MB_CLIENT”的引脚参数	引脚声明	数据类型	含 义
REQ	输入	Bool	FALSE:无 Modbus 通信请求 TRUE:请求与 Modbus TCP 服务器通信
DISCONNECT	输入	Bool	0:连接不存在时,则可启动建立被动连接 1:连接存在时,则断开连接
CONNECT_ID	输入	Uint	唯一标识 PLC 中的每个连接
IP_OCTET_1	输入	Usint	Modbus TCP 服务器 IP 地址:八位字节 1
IP_OCTET_2	输入	Usint	Modbus TCP 服务器 IP 地址:八位字节 2
IP_OCTET_3	输入	Usint	Modbus TCP 服务器 IP 地址:八位字节 3
IP_OCTET_4	输入	Usint	Modbus TCP 服务器 IP 地址:八位字节 4
IP_PORT	输入	Uint	默认值=502;服务器的 IP 端口号
MB_MODE	输入	Usint	模式选择:分配请求类型(0=读、1=写)
MB_DATA_ADDR	输入	Udint	分配 MB_CLIENT 访问的数据的起始地址
MB_DATA_LEN	输入	Uint	数据长度:数据访问的位数或字数
MB_DATA_PTR	输入/输出	Variant	指向 Modbus 数据寄存器的指针:寄存器缓冲数据进入 Modbus 服务器或来自 Modbus,该指针必须分配一个标准全局 DB 或一个 M 存储器地址
DONE	输出	Bool	上一请求已完成且没有出错后,DONE 位将保持为 TRUE 一个扫描周期时间
Busy	输出	Bool	0:无 MB_CLENT 操作正在进行 1:MB_CLENT 操作正在进行
Error	输出	Bool	0:无错误 1:出错。出错原因由参数 STATUS 指示
Status	输出	Word	指令的详细状态信息

表 6-2 “MB_SERVER” 各引脚参数说明

“MB_SERVER”的引脚参数	引脚声明	数据类型	含义
DISCONNECT	输入	Bool	0:连接不存在时,则可启动建立被动连接 1:连接存在时,则断开连接
CONNECT_ID	输入	Uint	唯一标识 PLC 中的每个连接
IP_PORT	输入	Uint	默认值=502:服务器的 IP 端口号,监视该端口是否有来自 Modbus 客户端的连接请求
MB_HOLD_REG	输入/输出	Variant	指向 MB_SERVER Modbus 保持寄存器的指针:必须是一个标准的全局 DB 或 M 存储区地址
NDR	输出	Bool	0:没有写入的新数据 1:从 Modbus 客户端写入的新数据
DR	输出	Bool	0:没有读取数据 1:从 Modbus 客户端读取的数据
ERROR	输出	Bool	MB_SERVER 执行因错误而终止后,ERROR 位将保持为 TRUE 一个扫描周期的时间
STATUS	输出	Word	通信状态信息、用于诊断 STATUS 参数中的错误代码值,仅在 ERROR=TRUE 的一个循环周期内有效

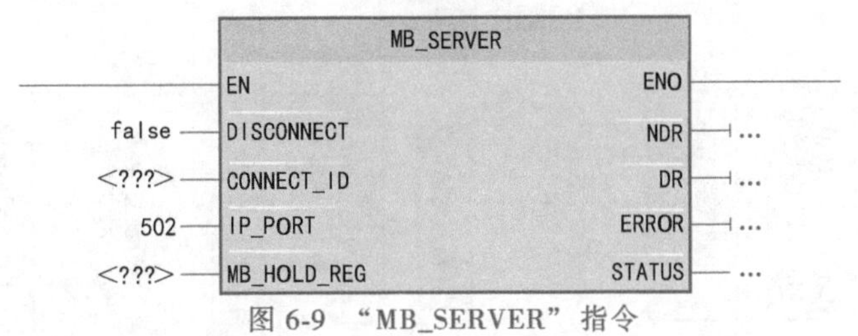

图 6-9 “MB_SERVER” 指令

二、主控 PLC 的编程与调试

1. 功能框图

根据系统设备集成以及任务要求，画出工业机器人系统集成控制的功能框图，如图 6-10 所示。

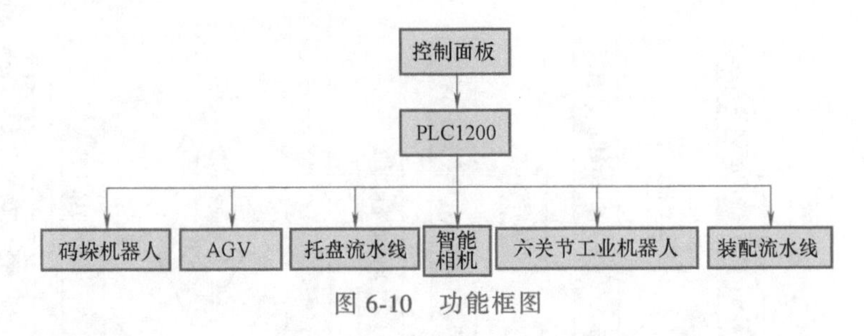

图 6-10 功能框图

2. 控制程序流程图

根据任务描述、托盘及其上工件的出库、搬运、识别、分拣、装配和入库等的流程控制，绘制程序流程图如图 6-11 和图 6-12 所示。

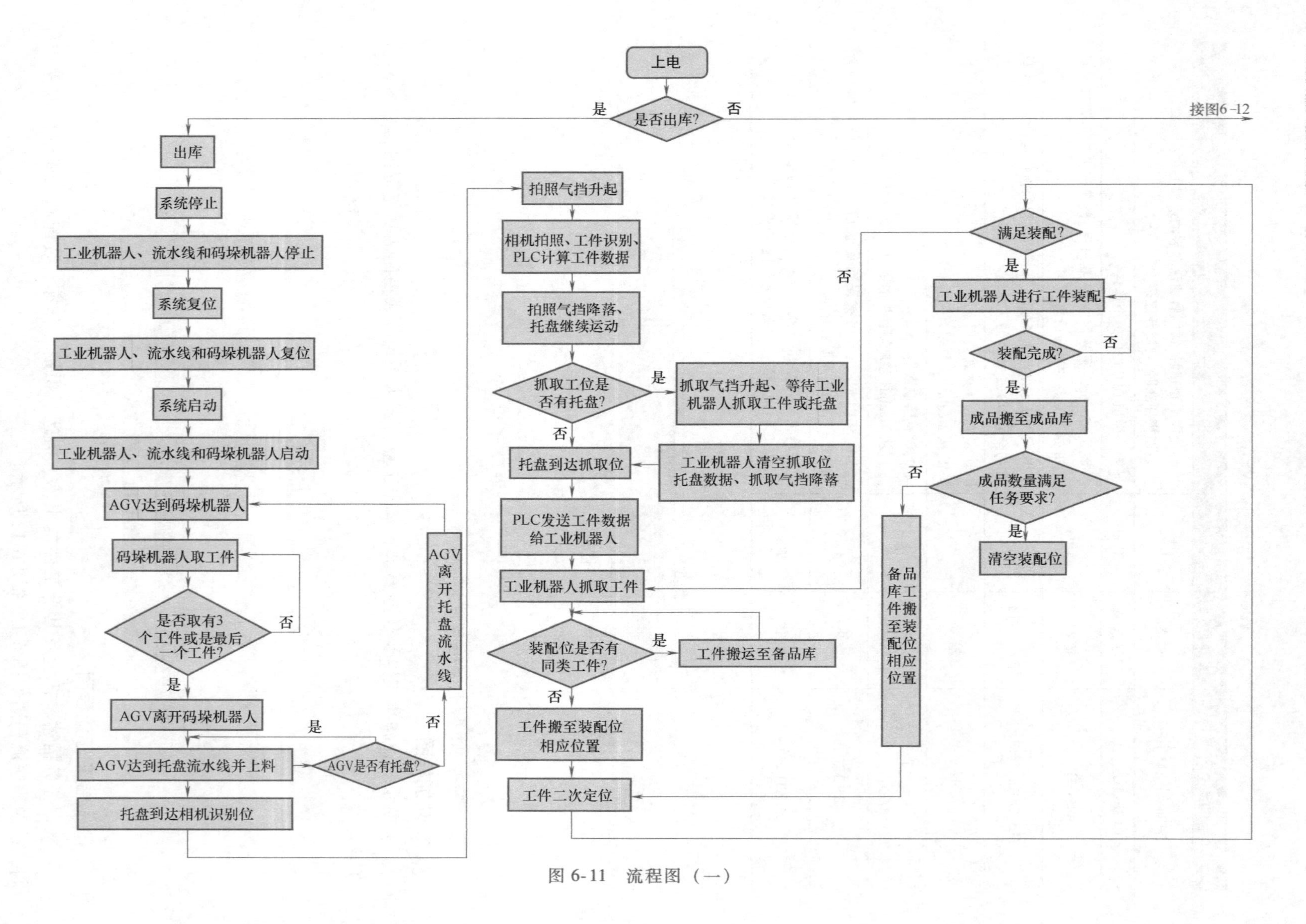
上电
是否出库?
是
否
接图6-12
出库
系统停止
工业机器人、流水线和码垛机器人停止
系统复位
工业机器人、流水线和码垛机器人复位
系统启动
工业机器人、流水线和码垛机器人启动
AGV达到码垛机器人
码垛机器人取工件
是否取有3个工件或是最后一个工件?
否
是
AGV离开码垛机器人
AGV达到托盘流水线并上料
AGV是否有托盘?
是
否
AGV离开托盘流水线
托盘到达相机识别位
拍照气挡升起
相机拍照、工件识别、PLC计算工件数据
拍照气挡降落、托盘继续运动
抓取工位是否有托盘?
是
否
抓取气挡升起、等待工业机器人抓取工件或托盘
工业机器人清空抓取位托盘数据、抓取气挡降落
托盘到达抓取位
PLC发送工件数据给工业机器人
工业机器人抓取工件
装配位是否有同类工件?
是
否
工件搬运至备品库
工件搬至装配位相应位置
工件二次定位
满足装配?
是
否
工业机器人进行工件装配
装配完成?
是
否
成品搬至成品库
成品数量满足任务要求?
是
否
清空装配位
备品库工件搬至装配位相应位置

图 6-11 流程图（一）

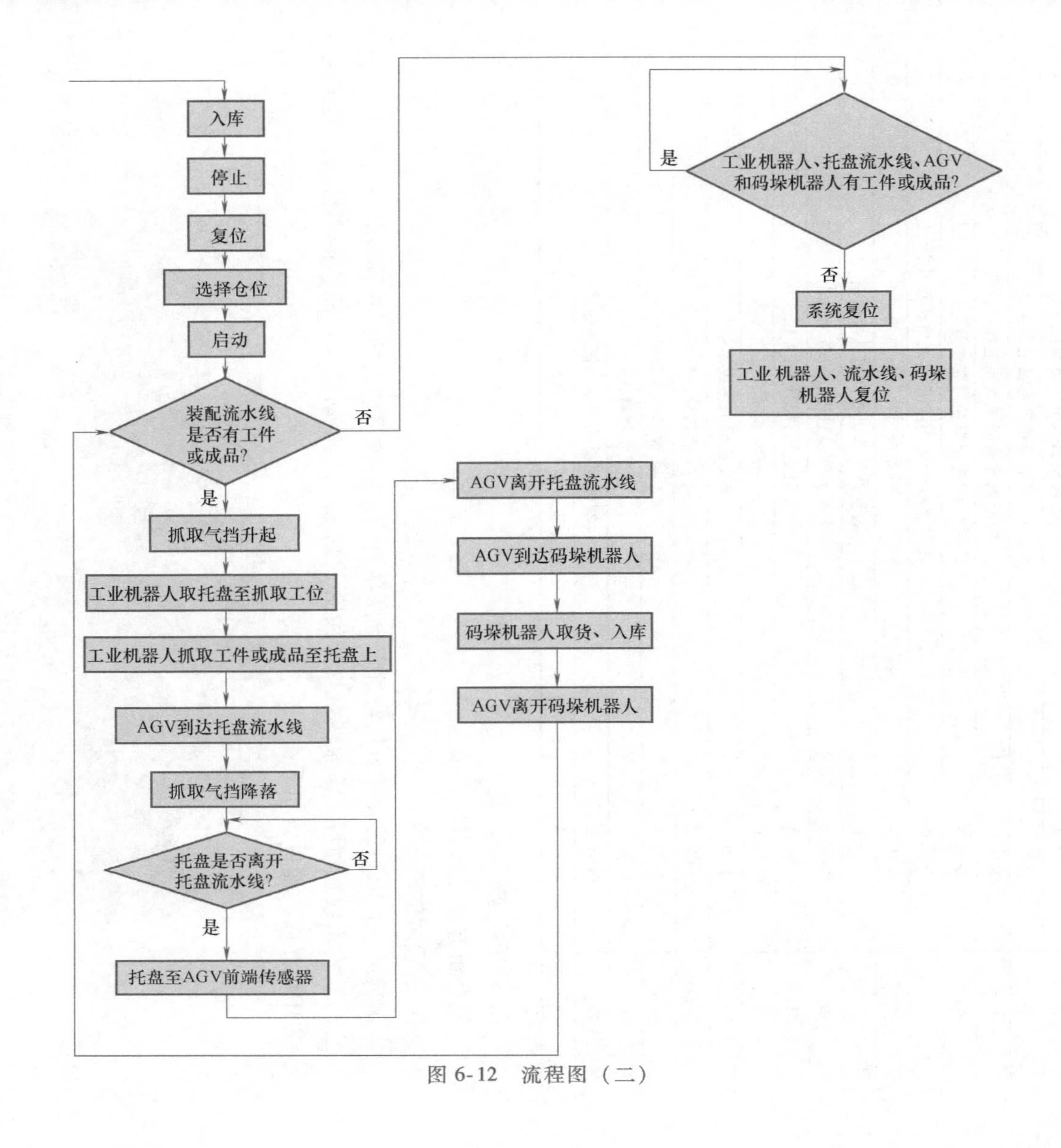
入库
停止
复位
选择仓位
启动
装配流水线是否有工件或成品?
是
否
抓取气挡升起
工业机器人取托盘至抓取工位
工业机器人抓取工件或成品至托盘上
AGV到达托盘流水线
抓取气挡降落
托盘是否离开托盘流水线?
否
是
托盘至AGV前端传感器
AGV离开托盘流水线
AGV到达码垛机器人
码垛机器人取货、入库
AGV离开码垛机器人
工业机器人、托盘流水线、AGV和码垛机器人有工件或成品?
是
否
系统复位
工业机器人、流水线、码垛机器人复位

图 6-12 流程图（二）

3. 主控 PLC I/O 表

根据控制要求，主控 PLC I/O 分配见表 6-3。

表 6-3 主控 PLC I/O 分配表

序号	PLC I/O 地址	功能描述
1	%I0.2	单机/联机切换开关
2	%I0.4	托盘流水线入口光电接近开关
3	%I0.5	智能相机工位光电接近开关
4	%I0.6	抓取工位光电接近开关
5	%I1.0	装配流水线回原点光电接近开关
6	%I2.0	智能相机拍照完成信号
7	%I2.4	托盘流水线侧 AGV 接收光电接近开关
8	%I3.3	安全门检测开关
9	%Q0.0	装配产线步进电动机脉冲输出
10	%Q0.1	装配产线步进电动机方向输出
11	%Q0.5	托盘流水线智能相机工位气挡
12	%Q0.6	托盘流水线抓取工位气挡
13	%Q0.7	工业机器人激光笔信号
14	%Q2.0	工业机器人启动
15	%Q2.1	工业机器人暂停
16	%Q2.2	工业机器人停止
17	%Q2.3	智能相机拍照请求信号输出
18	%Q2.4	托盘流水线侧 AGV 离开光电接近开关

4. 设备组态

设备组态参见项目四。

5. 触摸屏的制作

触摸屏（HMI）的设计方法与过程参照项目一，本项目涉及的触摸屏设计内容如下。

（1）流水线触摸屏　流水线触摸屏如图 6-13 所示，手动部分功能参见项目四，其余流水线 HMI 界面功能说明如下：

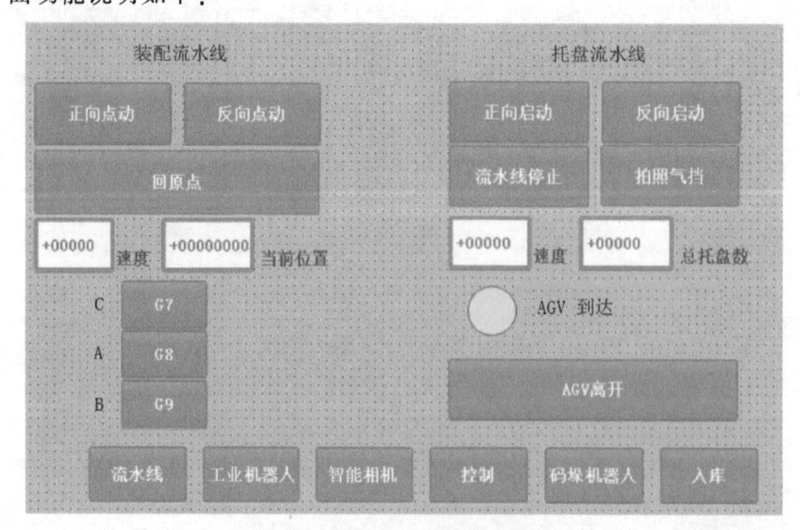

图 6-13　流水线触摸屏

1）当前位置 I/O 域，根据 PLC 模块编程装配流水线，移动距离显示输出位置。

2）当 AGV 到达托盘流水线时，由 AGV 发出的光电信号使变量 I2.4 断开，模拟“AGV 到达”灯常亮。

3）按下“AGV 离开”按钮触发 AGV 离开信号，当 AGV 离开后，PLC 程序编写自动复位 AGV 离开信号。

4）显示托盘数量，程序根据“托盘入口检测光电传感器”的信号来对托盘进行计数，所计数量能实时显示在屏幕中，系统复位时该值清零。

流水线触摸屏添加的元件相关事件及对应 PLC 变量见表 6-4。

表 6-4　元件、事件、PLC 变量对应表

元件	事件或模式	对应 PLC 变量
当前位置 I/O 域	输出模式	全局变量“jj”DB 块“当前位置”变量
总托盘数 I/O 域	输出模式	全局变量“jj”DB 块“总托盘数”变量
模拟灯“AGV 到达”	输出模式	PLC 系统变量
“AGV 离开”按钮	变量为“1”按下，释放为“0”	PLC 系统变量

（2）智能相机触摸屏　智能相机触摸屏界面如图 6-14 所示，智能相机 HMI 界面功能说明如下：

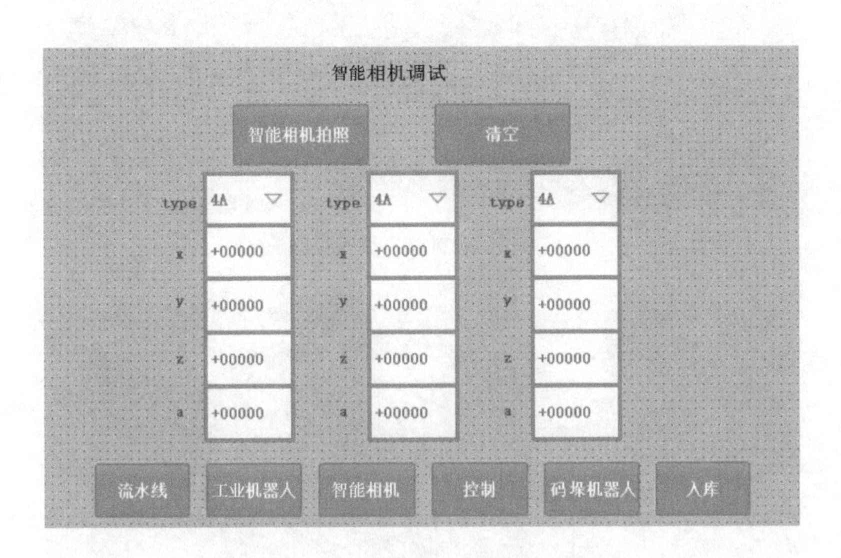

图 6-14　智能相机触摸屏

1）按下“智能相机拍照”按钮，使智能相机拍摄此时在拍照工位的工件信息并记录，I/O 域显示每次拍照采集的工件信息。

2）按下“清空”按钮，使 PLC 系统清空所记录的工件数据，每单击一次就触发一次。

3）工件数据 I/O 域，记录每次相机所拍摄的工件信息（种类、坐标、角度）。

智能相机触摸屏添加的元件相关事件及对应 PLC 变量见表 6-5。

表 6-5　元件、事件、PLC 变量对应表

元件	事件或模式	对应 PLC 变量
智能相机拍照	变量为“1”按下，释放为“0”	Q2.3
清空	变量为“1”按下，释放为“0”	PLC 控制模块清空数据
工件数据 I/O 域	输出模式	“jj”DB 块“工件信息”变量

（3）码垛机器人出库、入库触摸屏　码垛机器人触摸屏如图 6-15 和图 6-16 所示，码垛机器人出库 HMI 界面功能说明如下：

1）按下“启动”“停止”或“复位”按钮，可以实现码垛机器人启动、停止及复位功能。启动、停止及复位的斜坡加速时间和斜坡减速时间根据变频器设置而定，实际运行速度为程序设定速度。

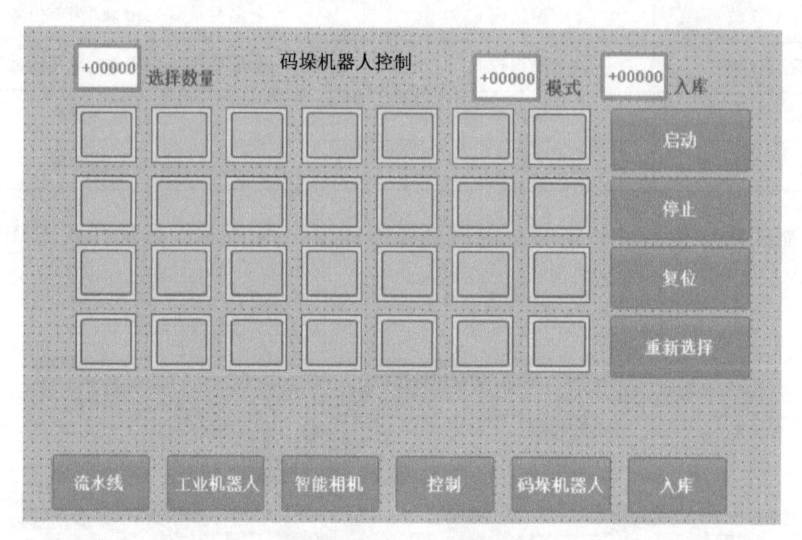

图 6-15　码垛机器人触摸屏（一）

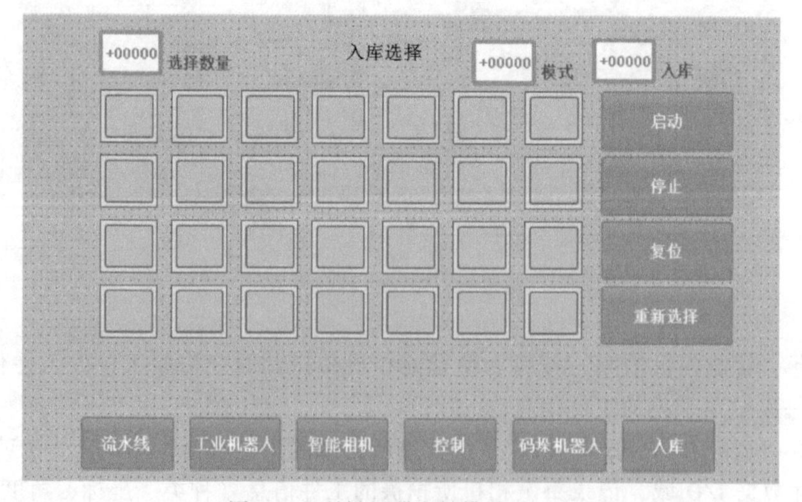

图 6-16　码垛机器人触摸屏（二）

2）按下“重新选择”按钮可以实现复位选择性出库的选择仓位。

3）“选择数量”“模式”“入库”I/O 域设置：单击数字弹出输入界面，输入数值后按<Enter>键即可设定相关的选择数量、模式以及入库 I/O 域。

4）“模拟仓位”（28 个绿色）按钮可以同步显示码垛仓位的实时信息。

5）“重新选择”实现选择仓位清空，“复位”实现仓位清空以及码垛机器人回原点。

码垛机器人触摸屏添加的元件相关事件及对应 PLC 变量见表 6-6，PLC 的 I/O 口定义见表 6-7。

表 6-6　元件、事件、PLC 变量对应表

元件	事件或模式	对应 PLC 变量
启动	变量为“1”按下，释放为“0”	“mx”DB 块“启动”变量
停止	变量为“1”按下，释放为“0”	“mx”DB 块“停止”变量
复位	变量为“1”按下，释放为“0”	“mx”DB 块“复位”变量
重新选择	变量为“1”按下，释放为“0”	“mx”DB 块“重新选择”变量
选择数量 I/O 域	输入/输出模式	“md”DB 块“选择数量”变量
模式 I/O 域	输入/输出模式	“mx”DB 块“模式”变量
入库 I/O 域	输入/输出模式	“mx”DB 块“入库”变量
模拟仓位按钮	变量为“1”按下，释放为“0”	“md”DB 块“仓位按钮”变量

表 6-7　PLC 的 I/O 口定义

内容	PLC 变量	内容	I/O 口定义
选择顺序	“md”DB 块“选择顺序”变量	仓位	全局变量“mx”DB 块“仓位按钮”变量
开始入库	“md”DB 块“开始入库”变量	启动	全局变量“mx”DB 块“启动”变量
可以入库	“md”DB 块“可以入库”变量	停止	全局变量“mx”DB 块“停止”变量
仓位状态	“md”DB 块“仓位”变量	复位	全局变量“mx”DB 块“复位”变量
模式	“mx”DB 块“模式”变量	入库	全局变量“mx”DB 块“入库”变量

（4）工业机器人触摸屏　工业机器人触摸屏如图 6-17 所示。

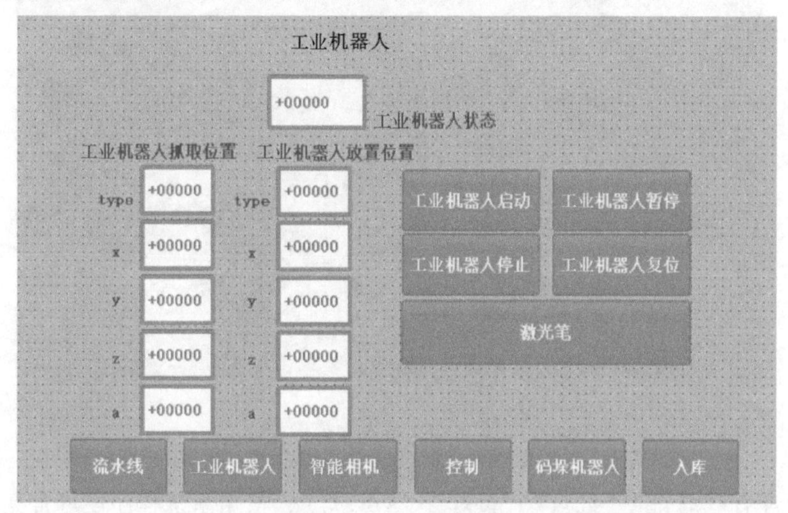

图 6-17　工业机器人触摸屏

工业机器人 HMI 界面功能说明如下：

1）按下“工业机器人启动”“工业机器人停止”“工业机器人复位”或“工业机器人暂停”按钮，可以实现工业机器人启动、停止及复位功能。启动、停止及复位的斜坡加速时间和斜坡减速时间根据 PLC 程序以及硬件设定。

2）按下“激光笔”按钮，可以实现激光笔打开或者关闭。

3）工业机器人状态 I/O 域，根据 PLC 编写程序以及工业机器人的反馈内容来显示工业机器人状态。

4）工业机器人抓取位置和放置位置 I/O 域，显示工业机器人所抓工件的种类、坐标以及放置坐标。

工业机器人触摸屏添加的元件相关事件及对应 PLC 变量见表 6-8。

表 6-8　元件、事件、PLC 变量对应表

元件	事件或模式	对应 PLC 变量
工业机器人启动	变量为“1”按下，释放为“0”	PLC 变量“启动”按钮
工业机器人停止	变量为“1”按下，释放为“0”	PLC 变量“停止”按钮
工业机器人复位	变量为“1”按下，释放为“0”	PLC 变量“复位”按钮
工业机器人暂停	变量为“1”按下，释放为“0”	PLC 变量“暂停”按钮
激光笔	单击取反位	Q0.7
工业机器人状态 I/O 域	输出模式	PLC 计算数据
工业机器人位置 I/O 域	输出模式	“jj”DB 块“s”数组变量

（5）系统触摸屏　系统触摸屏如图 6-18 所示，系统 HMI 界面功能说明如下：

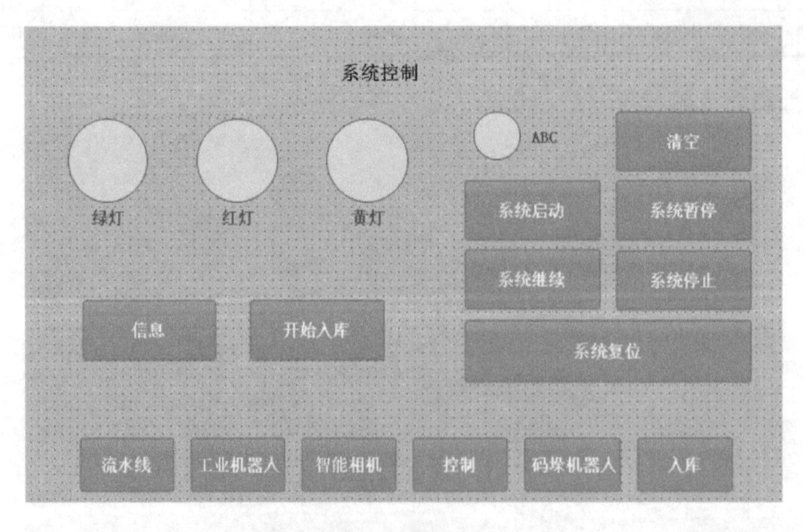

图 6-18　系统触摸屏

1）显示灯有“绿灯”“红灯”“黄灯”“ABC 灯”，根据系统程序使灯常亮或者闪烁。

2）按下“系统启动”“系统停止”“系统复位”“系统暂停”或“系统继续”按钮可以实现系统启动、停止、复位、继续及暂停功能。启动、停止、继续及复位的斜坡加速时间和斜坡减速时间根据PLC程序以及硬件设定。

3）按下“清空”按钮，使PLC系统记录和计算所得的信息清空，使PLC系统处于初始状态，每单击一次就触发一次。

4）按下“开始入库”按钮，触发系统改为入库模式。

5）按下“信息”按钮，触发信息界面如图6-19所示，信息界面所有I/O域为装配完成后工位G7/G8/G9摆放的工件信息。

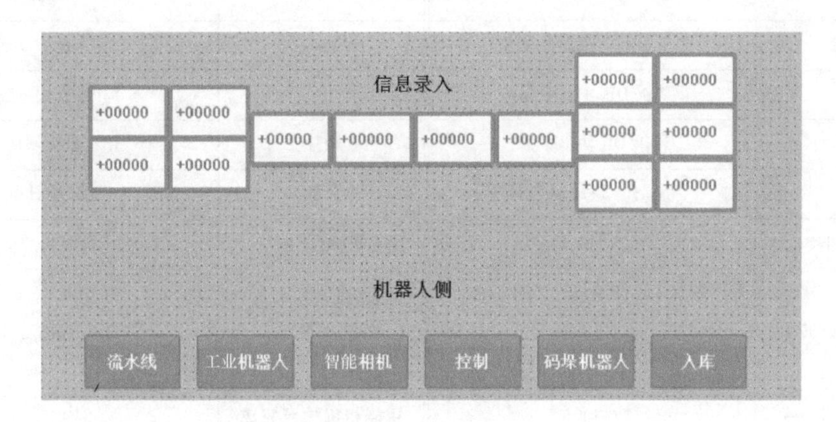

图6-19 信息触摸屏

系统触摸屏添加的元件相关事件及对应PLC变量见表6-9。

表6-9 元件、事件、PLC变量对应表

元件	事件或模式	对应PLC变量
系统启动	变量为“1”按下，释放为“0”	PLC变量“系统启动”按钮
系统停止	变量为“1”按下，释放为“0”	PLC变量“系统停止”按钮
系统复位	变量为“1”按下，释放为“0”	PLC变量“系统复位”按钮
系统暂停	变量为“1”按下，释放为“0”	PLC变量“系统暂停”按钮
系统继续	输入/输出模式	PLC变量“系统继续”按钮
灯	输出模式	显示PLC程序编程的灯
清空	变量为“1”按下，释放为“0”	PLC变量“清空”按钮
开始入库	变量为“1”按下，释放为“0”	PLC变量开始“入库”按钮
信息	调取信息画面	HMI调用信息画面按钮
信息界面I/O域	输入/输出	“jj”DB块“s”数组变量

6. 主控PLC出库、分拣和装配流程编程

（1）设定主控PLC变量　根据任务要求设定主控PLC变量，见表6-10。

表 6-10　PLC 系统变量表内容、I/O 口定义

内容	I/O 口定义	内容	I/O 口定义
agv 数组	“jj”DB 块 agv 数组变量	A 数组	“jj”DB 块 A 数组变量
存数组	“jj”DB 块存数组变量	g 数组	“jj”DB 块 g 数组变量
X 数组	“jj”DB 块 X 数组变量	S 数组	“jj”DB 块 S 数组变量
Y 数组	“jj”DB 块 Y 数组变量	S-1 数组	“jj”DB 块 S-1 数组变量
Z 数组	“jj”DB 块 Z 数组变量	总托盘数	“jj”DB 块总托盘数变量
托盘数	“jj”DB 块托盘数变量	a	“jj”DB 块 a 变量
b	“jj”DB 块 b 变量	c	“jj”DB 块 c 变量
t	“jj”DB 块 t 变量	顺序	“jj”DB 块顺序变量
成品	“jj”DB 块成品变量	计数	“jj”DB 块计数变量
Clock_10Hz	%M0.0	联机/单机	%I0.2
入口光电接近开关	%I0.4	智能相机工位光电接近开关(拍照工位光电接近开关)	%I0.5
抓取光电接近开关	%I0.6	智能相机拍照完成	%I2.0
AGV 到达	%I2.4	智能相机工位气挡(拍照工位气挡)	%Q0.5
抓取工位气挡	%Q0.6	智能相机拍照	%Q2.3
入库自锁按钮	%M10.0	控制字	“jx”DB 块控制字变量
抓 X	“jx”DB 块抓 X 变量	抓 Y	“jx”DB 块抓 Y 变量
抓 Z	“jx”DB 块抓 Z 变量	抓 a	“jx”DB 块抓 a 变量
放 X	“jx”DB 块放 X 变量	放 Y	“jx”DB 块放 Y 变量
放 Z	“jx”DB 块放 Z 变量	种类	“jx”DB 块种类变量
抓号	“jx”DB 块抓号变量	放号	“jx”DB 块放号变量
放 a	“jx”DB 块放 a 变量	工业机器人报警字	PLC 系统变量
智能相机报警字	PLC 系统变量	码垛机器人报警字	PLC 系统变量
Clock_10Hz	PLC 系统变量	工业机器人	“jj”DB 块机器人变量
红	“jj”DB 块红变量	绿	“jj”DB 块绿变量
黄	“jj”DB 块黄变量	清空	“jj”DB 块清空变量
工业机器人暂停	PLC 系统变量	工业机器人启动	PLC 系统变量
工业机器人停止	PLC 系统变量	变频器速度字	PLC 系统变量
变频器控制字	PLC 系统变量		

（2）编写托盘流水线控制程序　根据托盘流水线工作流程编写 PLC 程序：系统复位后，按下启动按钮启动托盘流水线，托盘从入口进入，PLC 根据托盘入口光电接近开关信号对托盘数量进行计数。托盘经过智能相机工位光电接近开关，PLC 控制智能相机工位气挡升起将托盘挡住，然后输出相应信号控制智能相机拍照，待智能相机拍照完成后，智能相机工位气挡下降，托盘继续前进。当托盘经过抓取工位光电接近开关时，PLC 控制抓取工位气挡升起挡住后续托盘，然后发送抓取信号给工业机器人，待工业机器人抓取完成后，降下抓取工位气挡。

托盘流水线基本控制示例程序如下：

1）程序段 1：托盘入口光电接近开关信号触发计数器对托盘数量进行计数。为减少一定误差，用定时器延时触发计数器。M10.0 为入库模式时，自锁出库模式开关（下同），程序如图 6-20 所示。

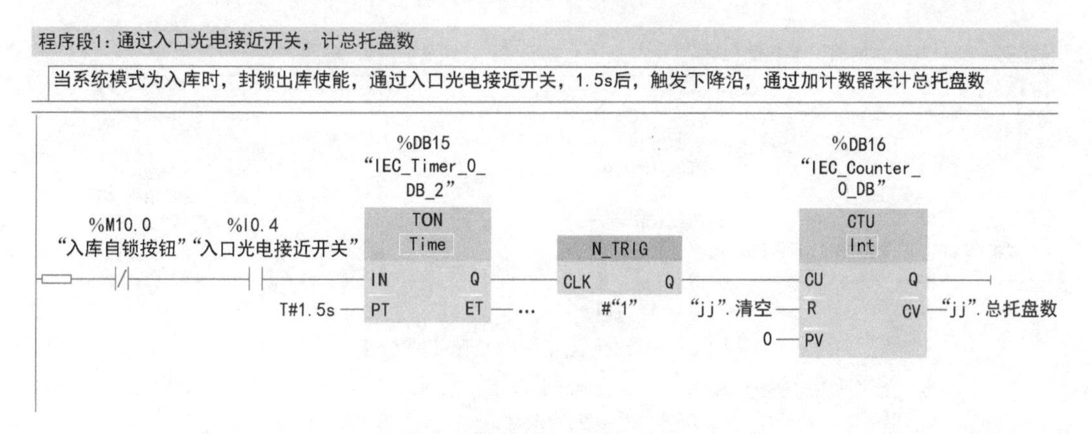

图 6-20　总托盘计数

2）程序段 2：当"智能相机工位检测光电"信号出现下降沿时，对"智能相机工位气挡"进行置位，气挡升起，以便智能相机拍照识别，程序如图 6-21 所示。

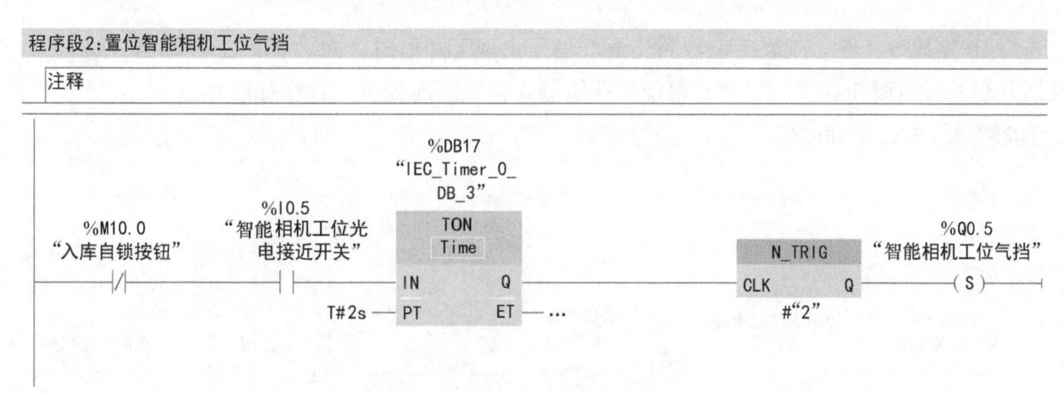

图 6-21　智能相机工位气挡升起

3）程序段 3：当智能相机工位气挡升起后，延时 1s，上升沿置位"智能相机拍照"变量触发拍照，程序如图 6-22 所示。

4）程序段 4：当检测到"智能相机完成"信号上升沿后，智能相机拍照完成，复位"智能相机拍照"和"智能相机工位气挡"变量，PLC 记录智能相机所识别的工件信息，并记录程序（具体包括复位智能相机工位气挡、复位智能相机拍照、记录智能相机数据和循环记录智能相机拍照工件数据），如图 6-23 和图 6-24 所示。

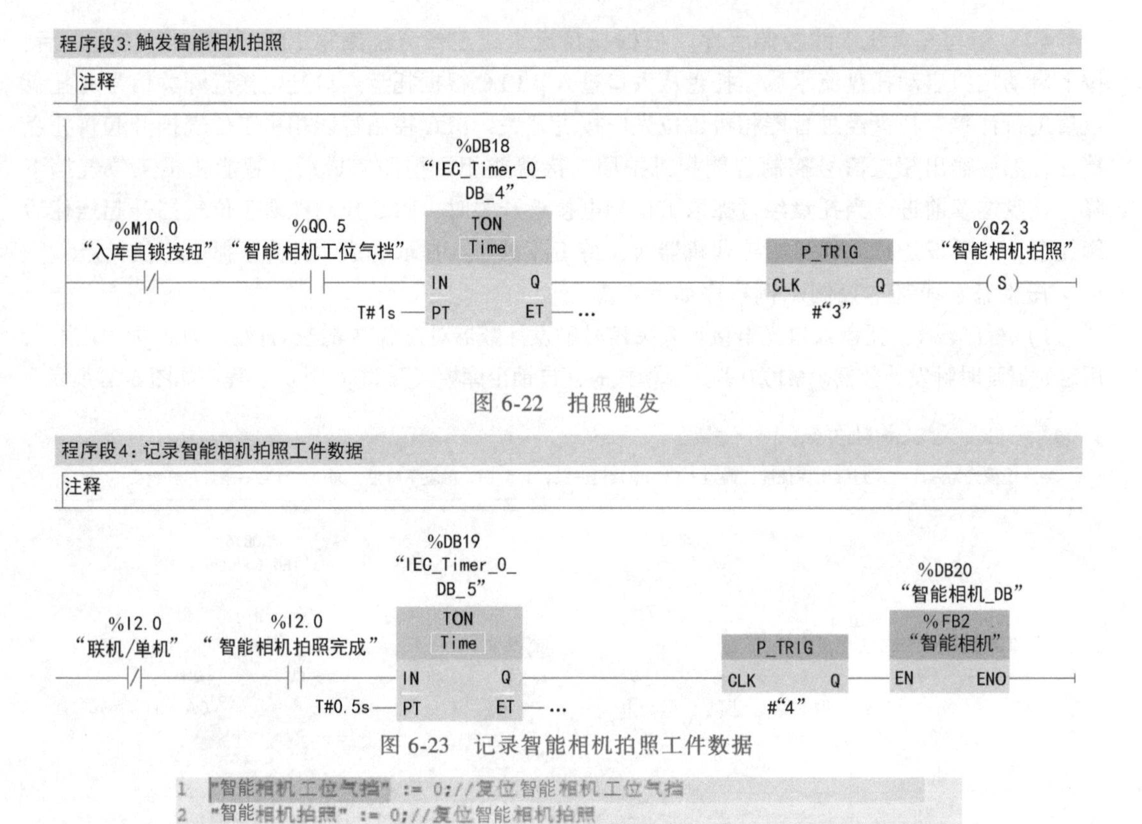

图 6-22　拍照触发

图 6-23　记录智能相机拍照工件数据

图 6-24　“智能相机”子程序 SCL 语言编程记录工件数据

5）程序段 5：当“抓取工位检测光电”信号出现下降沿时，对“抓取工位气挡”进行置位，气挡升起，对后续托盘进行阻挡，以便工业机器人抓取当前托盘，程序如图 6-25 所示。

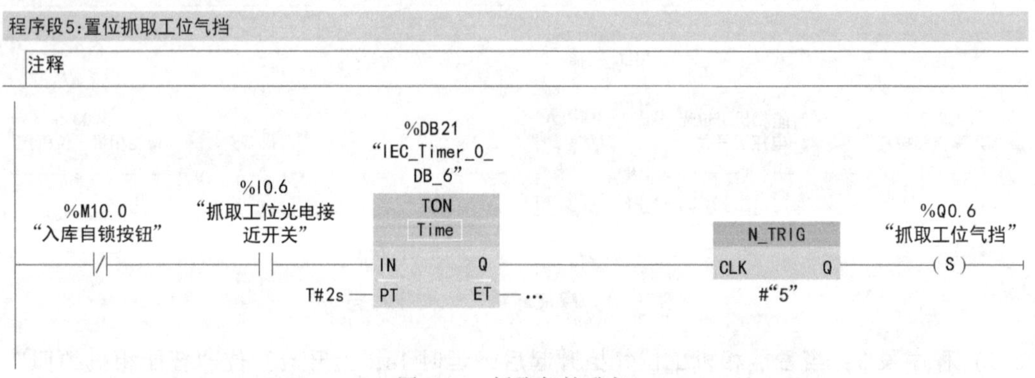

图 6-25　抓取气挡升起

6）程序段 6：托盘到达抓取工位，PLC 计算工件数据。具体为：PLC 根据智能相机数据进行数据修正，并将数据传给工业机器人，同时发信号给工业机器人让其抓取工件搬运至装配流水线工位 G7/G8/G9，清空托盘。当工件为缺陷工件时，状态指示灯为红灯闪烁，程序如图 6-26 和图 6-27 所示。注意：“jj”.a 为自锁按钮。

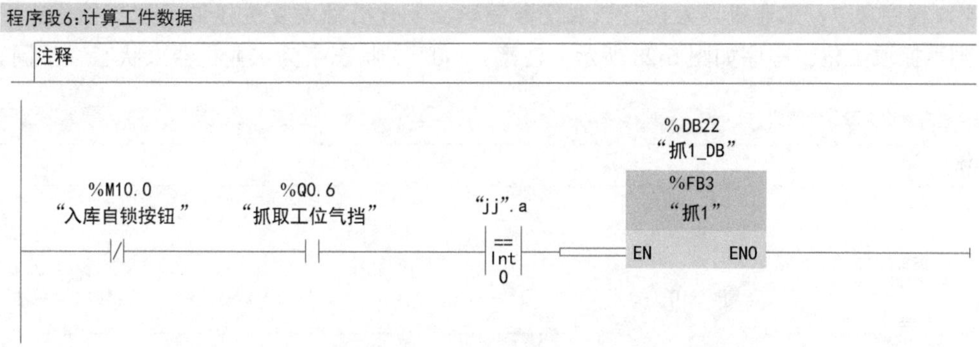

程序段6：计算工件数据

注释

%DB22
“抓1_DB”

%M10.0
“入库自锁按钮”

%Q0.6
“抓取工位气挡”

“jj”.a
==
Int
0

%FB3
“抓1”

EN ENO

图 6-26 机器人搬运工件

```
"jj".a := 1;//plc根据智能相机数据计算，让工业 机器人抓工件到装配流水线（G7/G8/G9），并清空托盘，当工件为缺陷工件时，信号灯为红色状态信号灯闪烁
IF "jj".存[0, "jj".t] > 0 OR "jj".存[0, "jj".t] < 0 THEN
    "jx".种类 := "jj".存[0, 0];
    "jx".抓y := - ("jj".存[0, 1]);
    "jx".抓x := "jj".存[0, 2];
    "jx".抓z := "jj".存[0, 3];
    "jx".抓a := "jj".存[0, 4];
    "jx".抓号 := 4;
    "jj".t := 5;
    FOR #w := 1 TO 5 BY 1 DO
        FOR #e := 0 TO 2 BY 1 DO
            FOR #r := 0 TO 3 BY 1 DO
                IF "jx".种类 = "jj".s[#w, #e, #r] THEN
                    "jx".放号 := #w;
                    "jx".放a := 0;
                    "jx".放z := "jj".z["jx".种类];
                    "jx".放x := #r * "jj".x[#w];
                    IF #w = 1 AND #r = 0 THEN
                        "jx".放y := 230;
                    ELSIF #w = 2 THEN
                        "jx".放y := - (#e * (- #e * 5 + 115) * 10);
                    ELSE
                        "jx".放y := #e * "jj".y[#w];
                    END_IF;
                    "jj".s[#w, #e, #r] := "jj".s[#w, #e, #r] * 10;
                    "jx".控制字 := 101;
                    IF "jx".种类 < 0 THEN
                        "jj".红 := 1;
                    END_IF;
                    RETURN;
                END_IF;

                END_IF;
                RETURN;
            END_IF;
        END_FOR;
    END_FOR;
END_FOR;
ELSE
    FOR #q := 0 TO 4 BY 1 DO
        FOR #w := 0 TO 5 BY 1 DO
            "jj".存[#q, #w] := "jj".存[#q + 1, #w];
        END_FOR;
    END_FOR;
    "jj".托盘数 := "jj".托盘数 - 1;
    "jj".t := 0;
    "jx".控制字 := 102;
END_IF;
```

图 6-27 “抓 1” 子程序 SCL 编程描述 PLC 计算工件数据

7）程序段7：工业机器人执行抓取任务完毕，上升沿触发复位抓取工位气挡，让下一个托盘到达抓取工位，程序如图6-28所示。注意："jd".状态字为工业机器人状态（下同）。

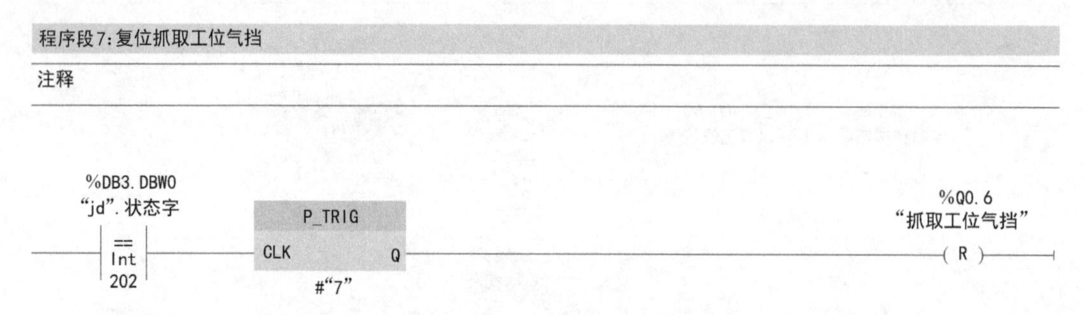

图6-28　复位抓取工位气挡

8）程序段8：根据工业机器人状态（上升沿触发），PLC判断装配工位是否有可装配工件，并发信号给工业机器人执行装配（"抓2"子程序为判断工位G8是否满足装配条件，并执行装配；判断工位G7/G9是否有工件，放置于工位G8，并执行；判断是否有成品放入成品库，并执行。"抓3"子程序为当装配任务完成，清空工位G8），同时判断是否有"jj".a的自锁，程序如图6-29~图6-31所示。

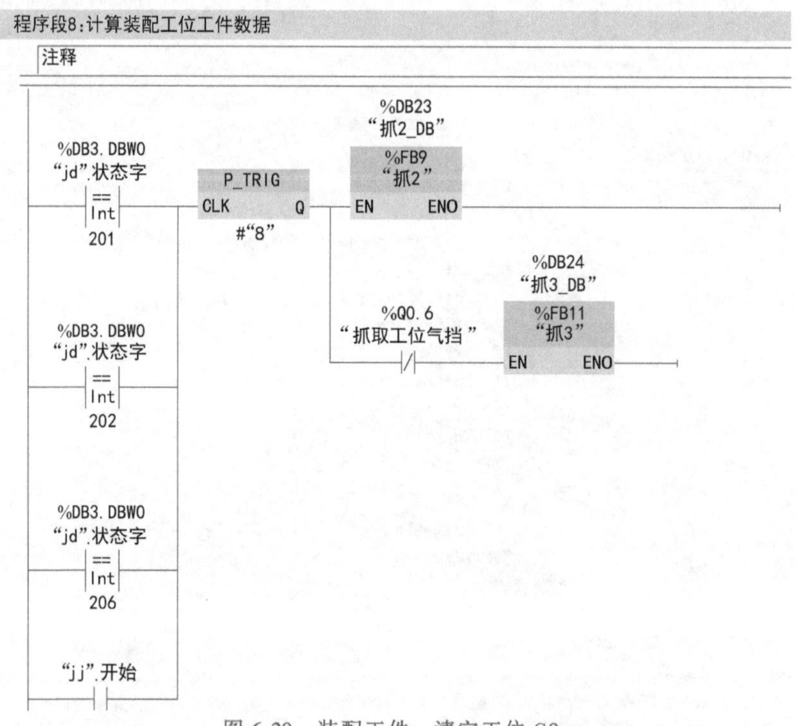

图6-29　装配工件、清空工位G8

9）程序段9：根据工业机器人状态，复位PLC控制字，从而实现控制字复位功能，程序如图6-32所示。

10）程序段10、11：根据待抓工件和待放工件来触发上升沿移动装配流水线位置。同时通过延时0.5s，触发装配流水线以绝对位置启动，使装配流水线的移动更加精确，程序如图6-33和图6-34所示。

```
IF "jj".s[5, 0, 0] + "jj".s[5, 0, 1] = 100 THEN
    "jj".a := 0;
ELSE
    WHILE "jj".b <= 3 DO
        IF "jj".s[1, 0, "jj".g["jj".b]] < 10 THEN
            FOR #w := 5 TO 1 BY -1 DO
                FOR #e := 2 TO 0 BY -1 DO
                    FOR #r := 3 TO 0 BY -1 DO
                        IF "jj".s[1, 0, "jj".g["jj".b]] = "jj".s[#w, #e, #r] / 10 THEN
                            "jx".种类 := "jj".s[1, 0, "jj".g["jj".b]];
                            "jx".抓号 := #w;
                            "jx".抓a := 0;
                            "jx".抓z := "jj".z["jx".种类];
                            "jx".抓x := #r * "jj".x[#w];
                            IF #w = 2 THEN
                                "jx".抓y := - (#e * (- #e * 5 + 115) * 10);
                            ELSE
                                "jx".抓y := #e * "jj".y[#w];
                            END_IF;
                            "jx".放号 := 1;
                            "jx".放a := 0;
                            "jx".放z := "jj".z["jx".种类];
                            "jx".放x := "jj".g["jj".b] * "jj".x[1];
                            IF "jx".种类 = 2 THEN
                                "jx".放y := 230;
                            ELSE
                                "jx".放y := 0;
                            END_IF;
                            "jj".s[#w, #e, #r] := "jj".s[#w, #e, #r] / 10;
                            "jj".s[1, 0, "jj".g["jj".b]] := "jj".s[1, 0, "jj".g["jj".b]] * 10;
                            "jx".控制字 := 101;
```

图 6-30 “抓 2”子程序 SCL 编程描述装配工件过程

```
IF "jj".s[5, 0, 0] + "jj".s[5, 0, 1] = 100 THEN
    "jj".a := 1;
    "jj".b := 0;
    WHILE "jj".b <= 3 DO
        IF "jj".s[1, 0, "jj".g["jj".b]] >= 10 THEN
            FOR #w := 3 TO 1 BY -1 DO
                FOR #e := 2 TO 0 BY -1 DO
                    FOR #r := 3 TO 0 BY -1 DO
                        IF "jj".s[1, 0, "jj".g["jj".b]] = "jj".s[#w, #e, #r] * 10 THEN
                            "jx".种类 := "jj".s[1, 0, "jj".g["jj".b]] / 10;
                            "jx".抓号 := 1;
                            "jx".抓a := 0;
                            "jx".抓z := "jj".z["jx".种类];
                            "jx".抓x := "jj".g["jj".b] * "jj".x[1];
                            "jx".抓y := 0;
                            "jx".放号 := #w;
                            "jx".放a := 0;
                            "jx".放z := "jj".z["jx".种类];
                            "jx".放x := #r * "jj".x[#w];
                            IF #w = 2 THEN
                                "jx".放y := - (#e * (- #e * 5 + 115) * 10);
                            ELSE
                                "jx".放y := #e * "jj".y[#w];
                            END_IF;
                            "jj".s[#w, #e, #r] := "jj".s[#w, #e, #r] * 10;
                            "jj".s[1, 0, "jj".g["jj".b]] := "jj".s[1, 0, "jj".g["jj".b]] / 10;
                            "jx".控制字 := 101;
                            RETURN;
                        END_IF;
                    END_FOR;
                END_FOR;
```

图 6-31 “抓 3”子程序 SCL 编程描述装配任务完成，清空工位 G8 过程

程序段9:复位控制字
注释
%DB3.DBW0
"jd".状态字
==
Int
200
MOVE
EN
ENO
0
IN
%DB2.DBW0
OUT1
"jx".控制字
%DB3.DBW0
"jd".状态字
==
Int
204

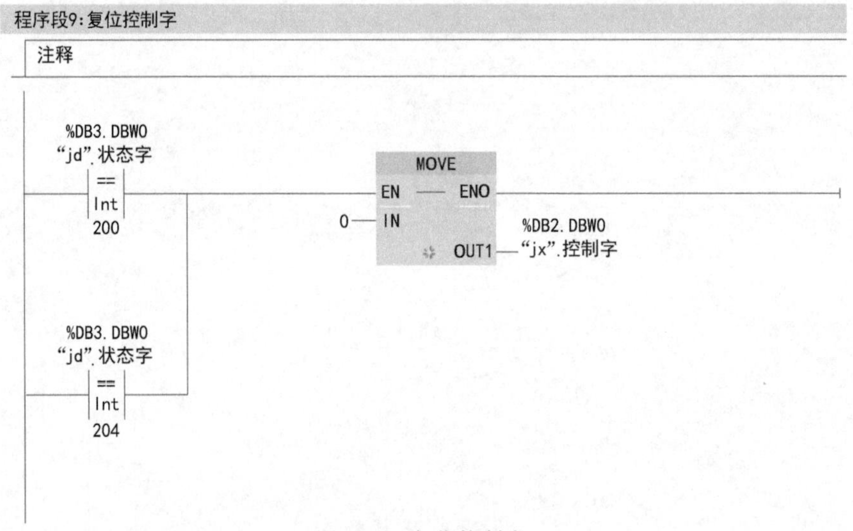

图 6-32　复位控制字

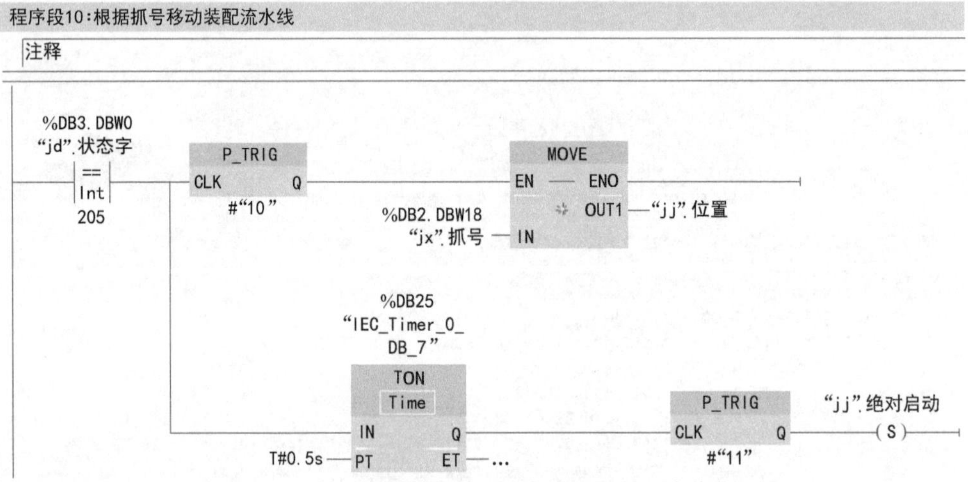

程序段10:根据抓号移动装配流水线
注释
%DB3.DBW0
"jd".状态字
==
Int
205
P_TRIG
CLK
Q
#"10"
MOVE
EN
ENO
%DB2.DBW18
"jx".抓号
IN
OUT1
"jj".位置
%DB25
"IEC_Timer_0_DB_7"
TON
Time
IN
Q
T#0.5s
PT
ET
...
P_TRIG
CLK
Q
#"11"
"jj".绝对启动
S

图 6-33　根据工业机器人待抓工件移动装配流水线位置

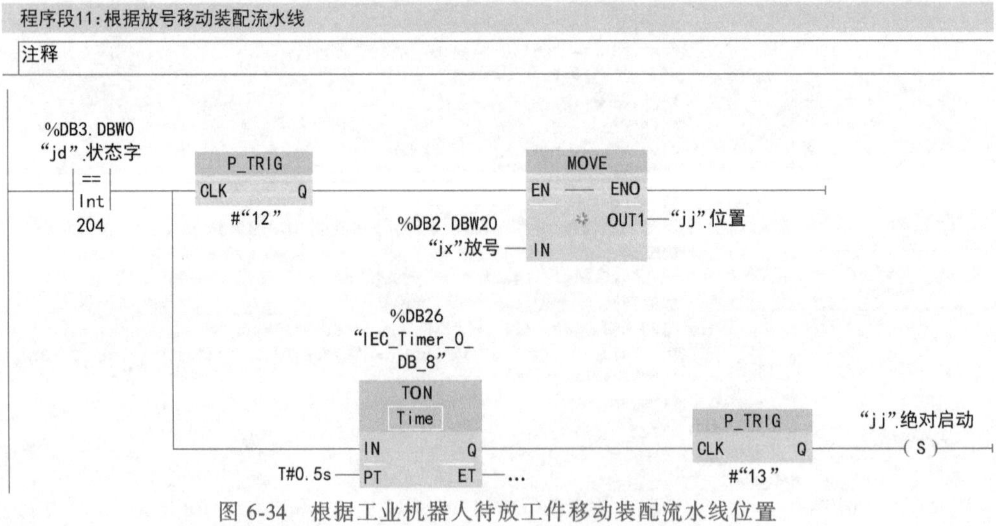

程序段11:根据放号移动装配流水线
注释
%DB3.DBW0
"jd".状态字
==
Int
204
P_TRIG
CLK
Q
#"12"
MOVE
EN
ENO
%DB2.DBW20
"jx".放号
IN
OUT1
"jj".位置
%DB26
"IEC_Timer_0_DB_8"
TON
Time
IN
Q
T#0.5s
PT
ET
...
P_TRIG
CLK
Q
#"13"
"jj".绝对启动
S

图 6-34　根据工业机器人待放工件移动装配流水线位置

11）程序段12、13：成品装配后，移动装配流水线到成品区，放置成品。同时通过延时0.5s，触发装配流水线以绝对位置启动，使装配流水线的移动更加精确。摆放完成之后，使装配流水线回到初始位置，程序如图6-35和图6-36所示。

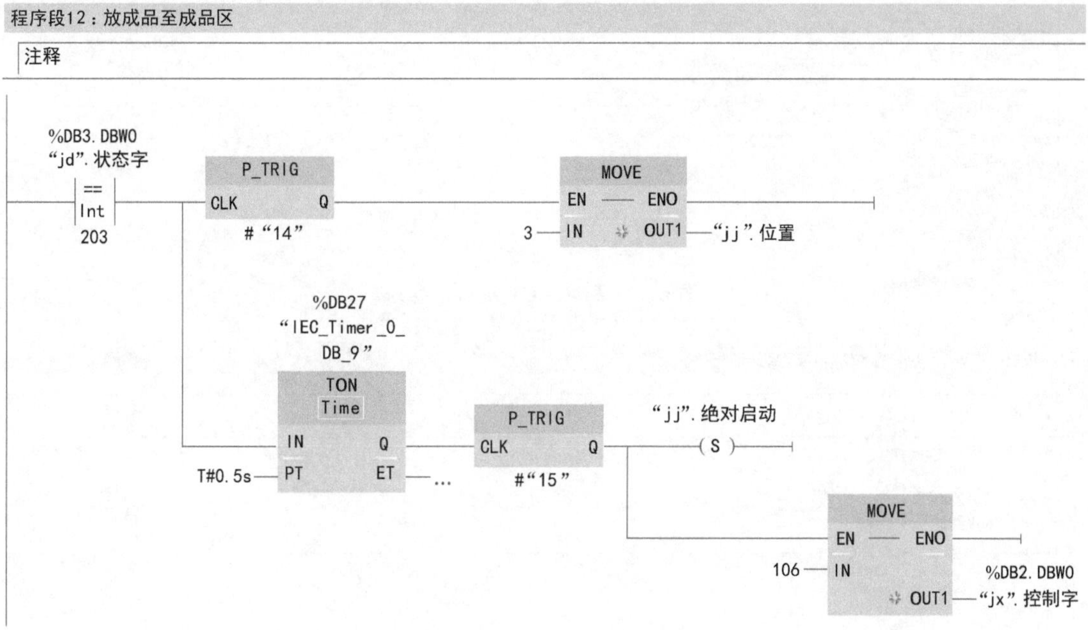

程序段12：放成品至成品区

注释

图6-35 成品放入成品库

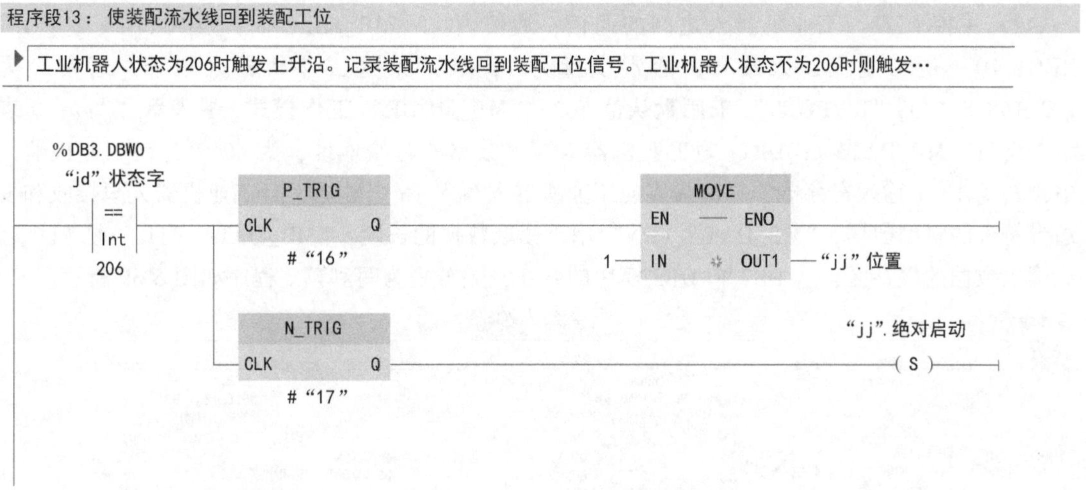

程序段13： 使装配流水线回到装配工位

工业机器人状态为206时触发上升沿。记录装配流水线回到装配工位信号。工业机器人状态不为206时则触发…

图6-36 装配流水线复位

12）程序段14、15：每计数3个托盘即触发AGV离开。当AGV离开后，复位触发AGV离开信号，程序如图6-37和图6-38所示。

（3）装配流水线编程 装配流水线编程参见项目四。

（4）通信模块编程 通信是指主控PLC与工业机器人、智能相机及码垛机器人之间的通信，通常采用Modbus/TCP通信。新建通信模块，拖进程序段即可。

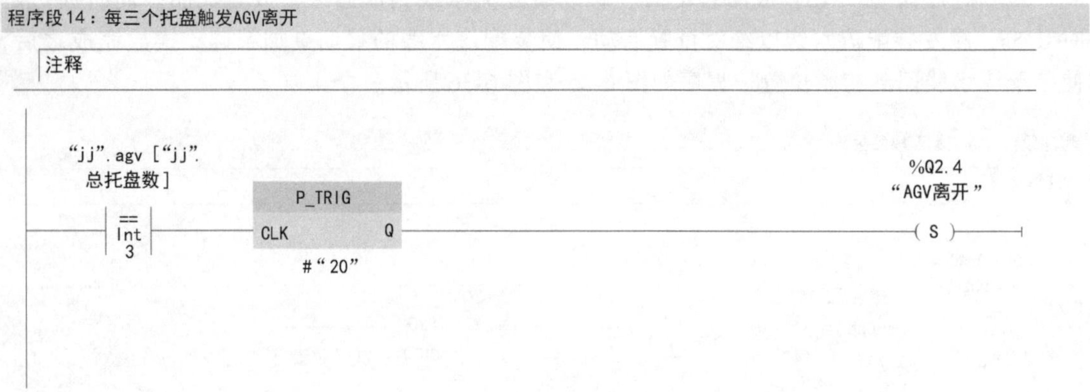

程序段14：每三个托盘触发AGV离开

注释

"jj".agv ["jj".
总托盘数]
==
Int
3

P_TRIG
CLK Q
#"20"

%Q2.4
"AGV离开"
(S)

图 6-37　触发 AGV 机器人离开

程序段15：AGV离开后，复位触发AGV离开信号

注释

%I2.4
"AGV到达"

%Q2.4
AGV离开
(R)

图 6-38　AGV 离开后，复位触发 AGV 离开信号

1）主控 PLC 与工业机器人之间的通信，通信模块"MB_CLIENT"设置如下："CONNECT_ID"是工业机器人站号，通常设置为 1；IP 地址是工业机器人地址，通常设为 192.168.8.103；"IP_PORT"采用默认值 502；"MB_MODE"工作模式，1 表示"写"，0 表示"读"；"MB_DATA_ADDR"为工业机器人写入数据的起始地址，为 40001，在工业机器人中预留了 16 个输入寄存器，一次最多向工业机器人写入 16 个数据，且工业机器人只接收和发送带符号的整型数据；"MB_DATA_LEN"用于读取数据的长度；"MB_DATA_PTR"是 PLC 存放读入数据的缓存区，从 DB2 和 DB3 模块的 0.0 开始分别为写和读。程序如图 6-39 所示。

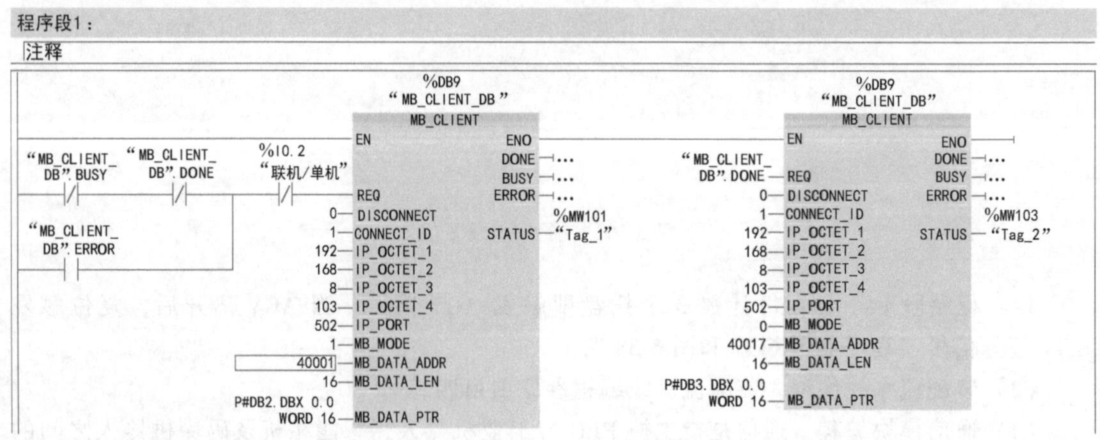

图 6-39　主控 PLC 与工业机器人之间的通信

2）主控PLC与智能相机之间的通信。通信模块“MB_CLIENT”设置如下：“CONNECT_ID”是智能相机站号，设置为3；IP地址是智能相机地址，通常设为192.168.8.3；“IP_PORT”采用默认值502；“MB_MODE”工作模式，1表示“写”，0表示“读”；“MB_DATA_ADDR”是智能相机存放数据的起始地址，为41001；“MB_DATA_LEN”用于读取数据的长度；“MB_DATA_PTR”是PLC存放读入数据的缓存区，从DB4模块0.0开始。程序如图6-40所示。

3）主控PLC与码垛机器人PLC之间的通信。主控PLC与码垛机器人PLC之间的通信设置跟主控PLC与码垛机器人之间的通信一样，只需改变“CONNECT_ID”、IP地址和储存DB块即可，程序如图6-41所示。

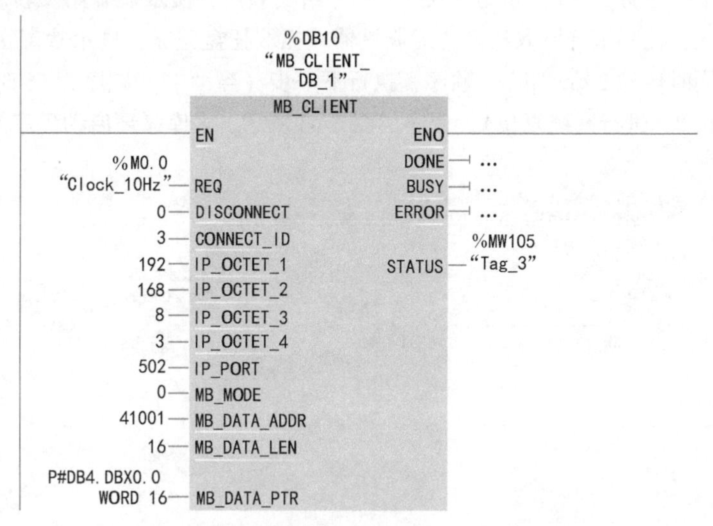

图6-40 主控PLC与智能相机之间的通信

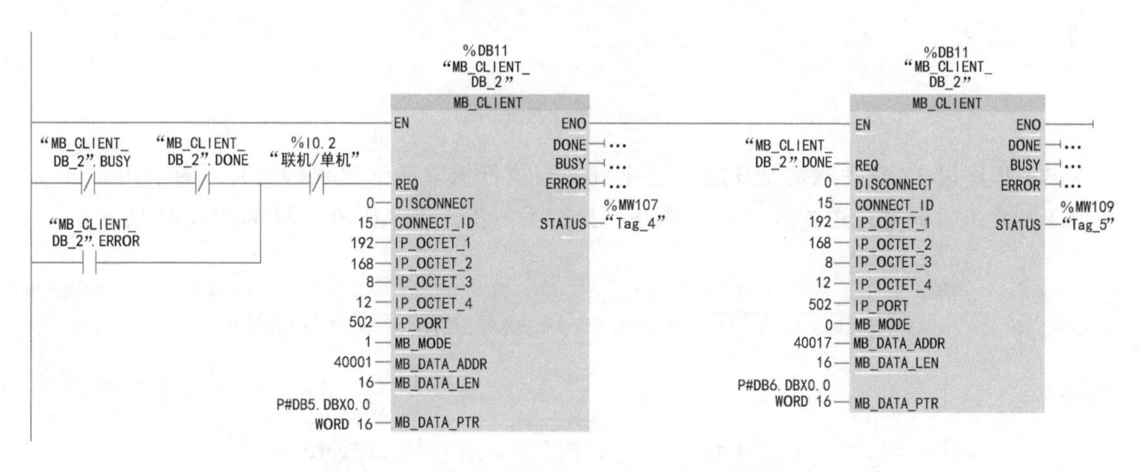

图6-41 主控PLC与码垛机器人PLC之间的通信

（5）主控PLC入库流程编程　入库流程为已出库缺陷工件、半成品以及组装成品送回仓库仓位中，具体程序如下：

1）程序段1：按下“入库”按钮，传送停止字给变频器，流水线停止，传送1给“jj”.顺序，执行下一步，同时按下“入库自锁”按钮，程序如图6-42所示。

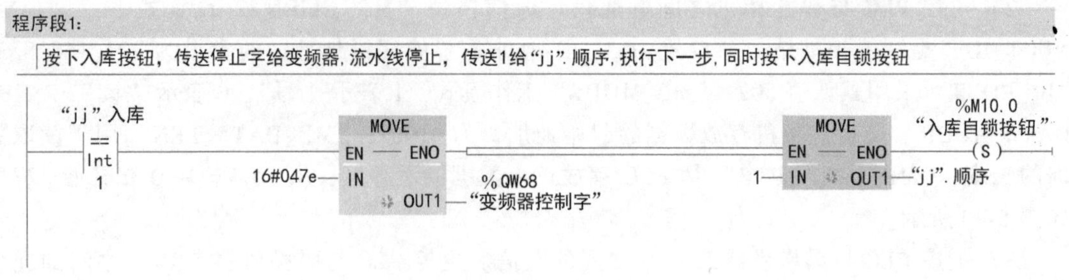

图 6-42 系统转为入库模式

2）程序段 2：启动 3s 后，传送“反转”字给变频器，流水线开始反转。先传“107”控制字给工业机器人，让其执行抓取托盘。工业机器人抓取托盘完成，显示状态字为 207 时，置位抓取工位气挡，同时传送 2 给“jj”．顺序，执行下一步（当“jj”．顺序为 66 时，“jj”．计数清零，执行程序段按 8，进行系统复位），程序如图 6-43 所示。入库循环启动程序如图 6-43 所示。

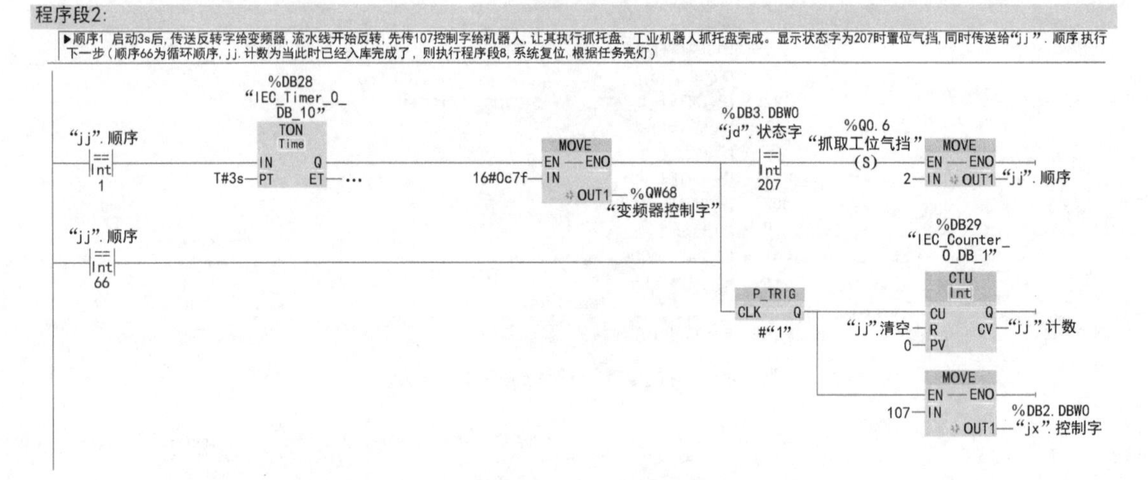

图 6-43 入库循环启动

3）程序段 3：启动触发上升沿，工业机器人执行抓取装配流水线工件入库，并放于工位 G1 托盘上，同时传送 3 给“jj”．顺序，执行下一步，程序如图 6-44 和图 6-45 所示。

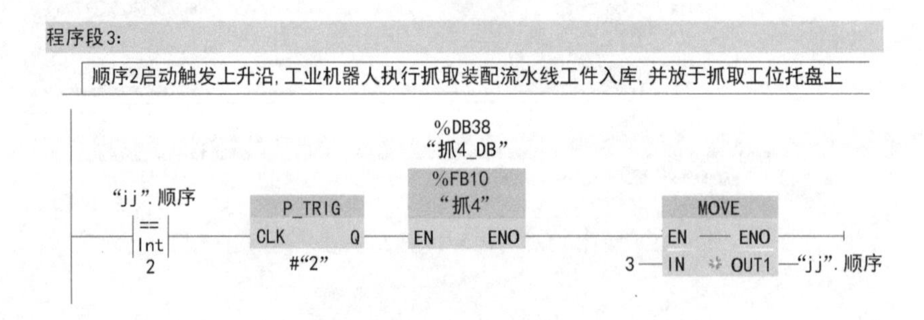

图 6-44 工件或成品转入工位 G1 托盘上

4）程序段 4：启动 5s 后，等待工业机器人抓完工件，显示状态为 201 时，置位智能相机工位气挡，复位抓取工位气挡，同时传送 4 给“jj”．顺序，执行下一步，程序如图 6-46 所示。

```
FOR #w := 1 TO 5 BY 1 DO//PLC查询装配流水线有无入库工件，并调动工业机器人执行并放于抓取工位托盘上
    FOR #e := 0 TO 2 BY 1 DO
        FOR #r := 0 TO 3 BY 1 DO
            IF  "jj".s[#w, #e, #r]>=10 OR  "jj".s[#w, #e, #r]<=-30  THEN
                "jx".种类 := "jj".s[#w, #e, #r]/10 ;
                "jx".抓号 := #w;
                "jx".抓a := 0;
                "jx".抓z := "jj".z["jx".种类];
                "jx".抓x := #r * "jj".x[#w];
                IF #w = 2 THEN
                    "jx".抓y := - (#e * (- #e * 5 + 115) * 10);
                ELSE
                    "jx".抓y := #e * "jj".y[#w];
                END_IF;
                "jx".放号 := 4;
                "jx".放a := 0;
                "jx".放z := "jj".z["jx".种类];
                "jx".放x := 0;
                "jx".放y := 0;
                "jj".s[#w, #e, #r] := "jj".s[#w, #e, #r] / 10;
                "jx".控制字 := 101;
                "jj".顺序 := 3;
                RETURN;
            END_IF;
        END_FOR;
    END_FOR;
END_FOR;
```

图 6-45 “抓 4”子程序 SCL 编程描述工件或成品的搬运

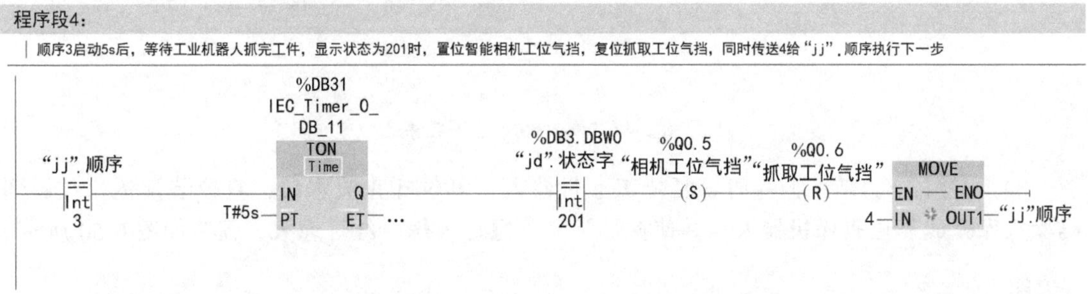

程序段4:

顺序3启动5s后，等待工业机器人抓完工件，显示状态为201时，置位智能相机工位气挡，复位抓取工位气挡，同时传送4给“jj”.顺序执行下一步

“jj”.顺序 == Int 3 —— %DB31 IEC_Timer_0_DB_11 TON Time IN Q, T#5s — PT ET —… —— %DB3.DBW0 “jd”.状态字 == Int 201 —— %Q0.5 “相机工位气挡” (S) —— %Q0.6 “抓取工位气挡” (R) —— MOVE EN ENO, 4 — IN OUT1 — “jj”.顺序

图 6-46 置位智能相机工位气挡，复位抓取工位气挡

5）程序段 5：AGV 到达流水线，码垛能入库，传送 5 给“jj”. 顺序执行下一步，程序如图 6-47 所示。

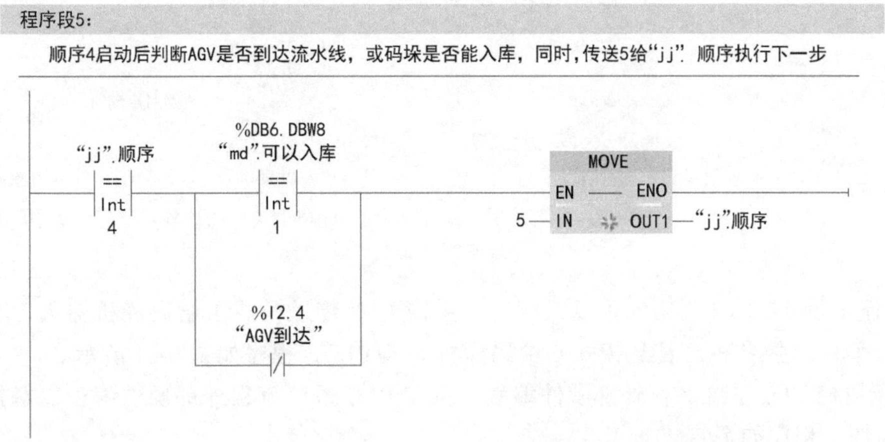

程序段5:

顺序4启动后判断AGV是否到达流水线，或码垛是否能入库，同时，传送5给“jj”.顺序执行下一步

“jj”.顺序 == Int 4 —— %DB6.DBW8 “md”.可以入库 == Int 1 / %I2.4 “AGV到达” —|/|— —— MOVE EN ENO, 5 — IN OUT1 — “jj”.顺序

图 6-47 判断 AGV 是否到达流水线，码垛机器人是否能入库

6）程序段 6：复位智能相机工位气挡，当托盘运动到达入口光电接近开关，2s 后传送 6 给“jj”．顺序，执行下一步，程序如图 6-48 所示。

程序段6:
顺序5启动后，复位智能相机工位气挡，当托盘运动到入口光电接近开关2s后传送6给“jj”.顺序执行下一步

%DB32
“IEC_Timer_0_DB_12”
“jj”.顺序
%Q0.5
“智能相机工位气挡”
%I0.4
“入口光电开关”
TON
Time
MOVE
EN
ENO
IN
Q
Int
5
(R)
T#2s
PT
ET
6
IN
OUT1
“jj”.顺序

图 6-48　复位智能相机工位气挡

7）程序段 7：“jj”．计数达到 7，不再循环程序，否则继续循环程序进行入库工作，程序如图 6-49 所示。

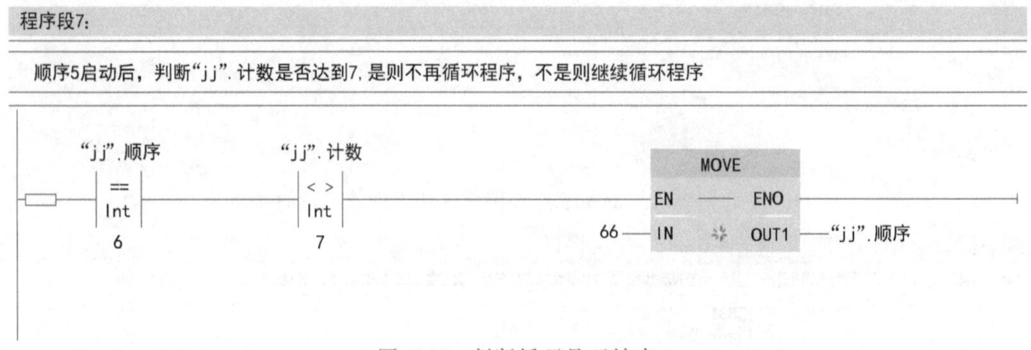

图 6-49　判断循环是否结束

8）程序段 8：结束循环时，复位工业机器人，复位托盘流水线，复位装配流水线，等码垛入库完成复位码垛机器人，并使黄灯常亮，绿灯闪烁，红灯熄灭，程序如图 6-50 所示。

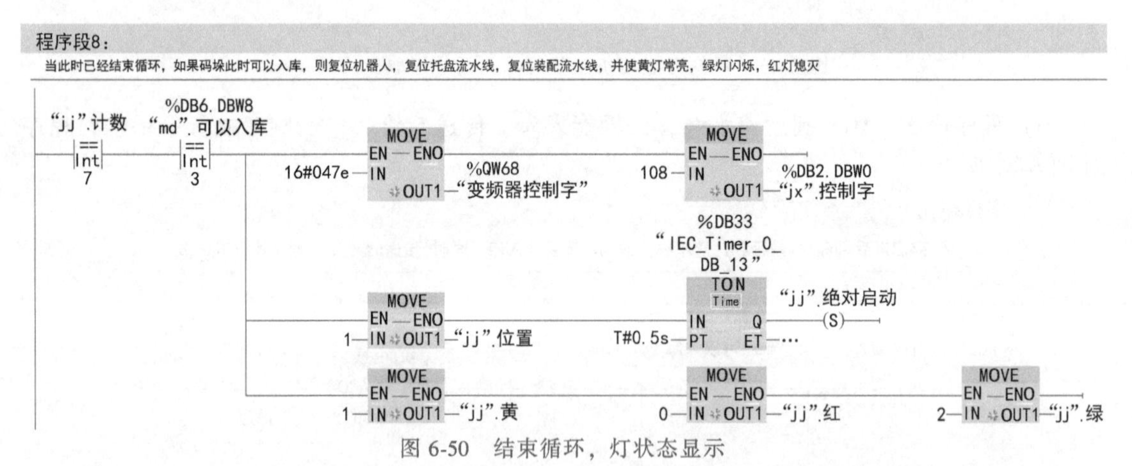

图 6-50　结束循环，灯状态显示

9）程序段 9、10：当码垛可以入库时，主控 PLC 传送模式 1 给码垛机器人 PLC；当码垛开始入库时，主控 PLC 传送模式 0 给码垛机器人 PLC，程序如图 6-51 所示。

（6）主控 PLC 系统流程外部硬件编程　主控 PLC 系统流程外部硬件编程以触摸屏子程序编写为例，程序如下：

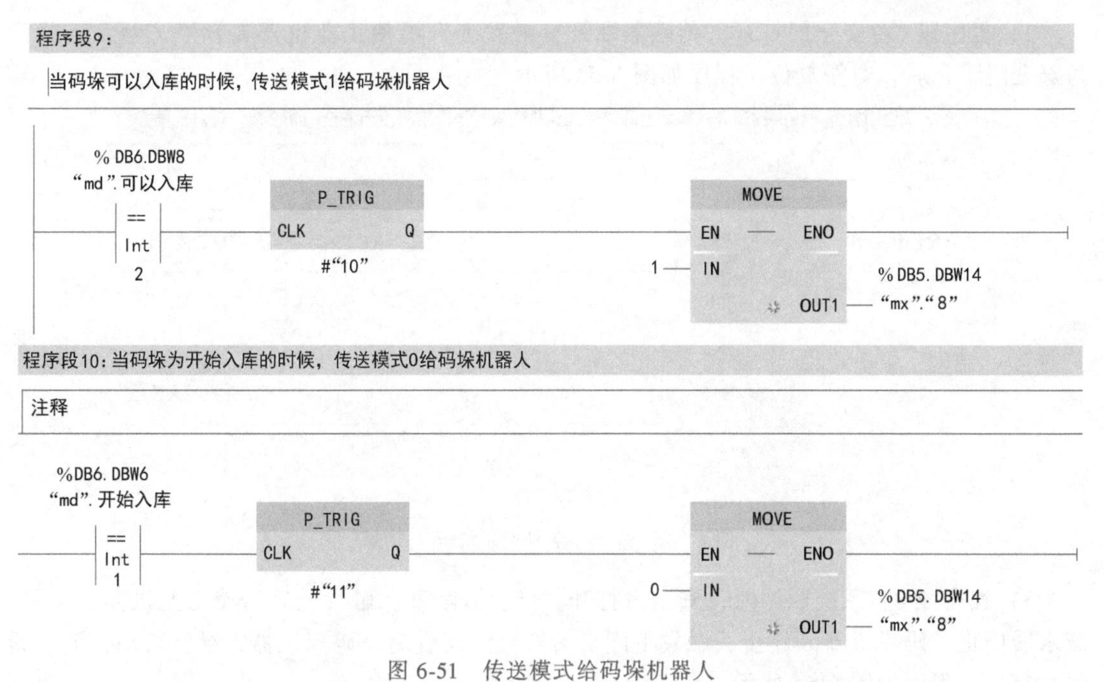

图 6-51 传送模式给码垛机器人

1）程序段 5、6：当在触摸屏按下工业机器人复位时，关闭工业机器人程序，2s 后再启动。启动工业机器人 1s 后，工业机器人回到原点后，机器人启动复位，程序如图 6-52 所示。

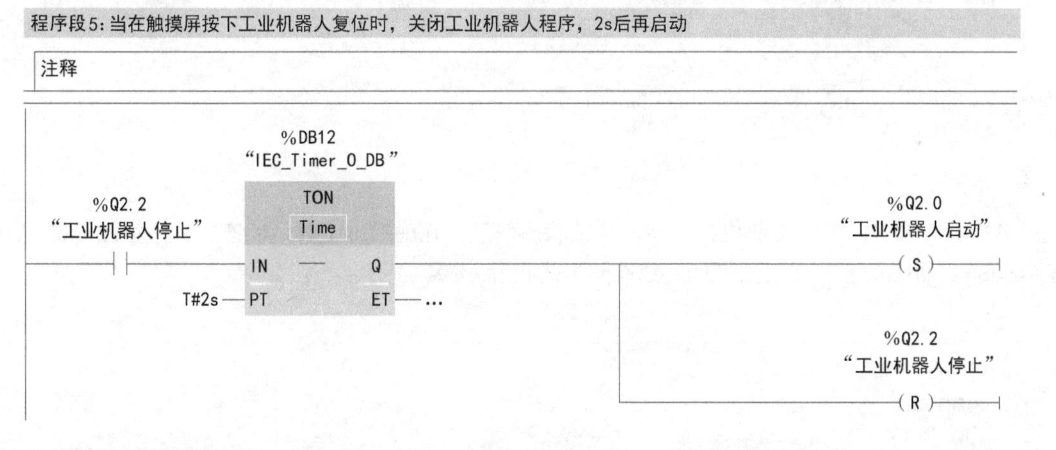

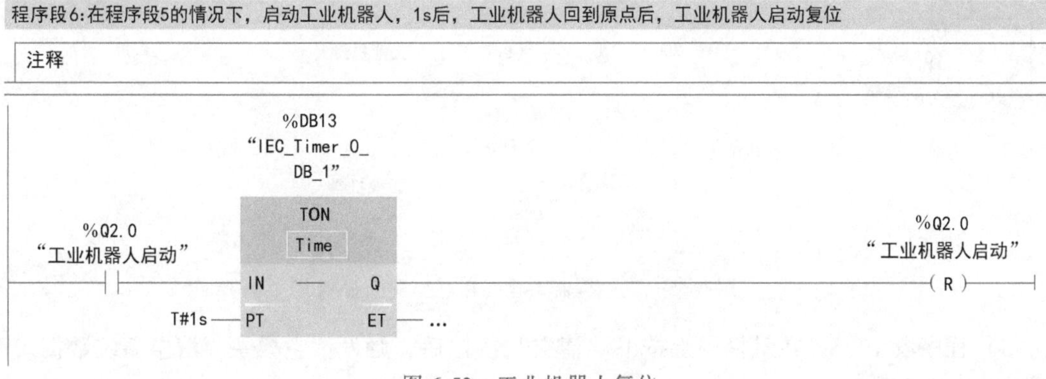

图 6-52 工业机器人复位

2）程序段7：安全门打开，传感器断开，触发上升沿使工业机器人暂停，触发下降沿为安全门闭合后，暂停复位。程序如图6-53所示。

程序段7：安全门打开，传感器断开，触发上升沿使工业机器人暂停，下降沿为安全门闭合后，暂停复位
注释
%I3.3
“安全门传感器”
P_TRIG
CLK Q
#“1”
%Q2.1
“工业机器人暂停”
S
N_TRIG
CLK Q
#“2”
%Q2.1
“工业机器人暂停”
R

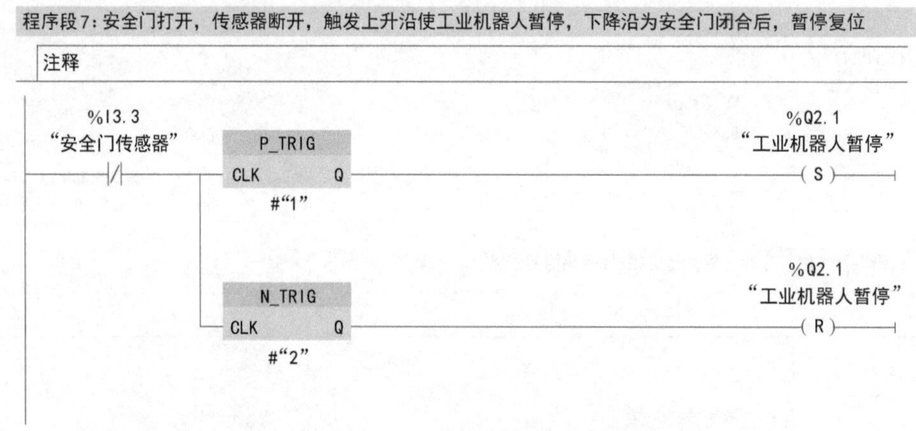

图6-53　安全门控制工业机器人暂停

3）程序段8：系统联调时，安全门打开、传感器断开；触发上升沿使工业机器人暂停、流水线停止、码垛机器人停止；触发下降沿为安全门闭合后，码垛机器人继续启动，流水线停止复位，程序如图6-54所示。

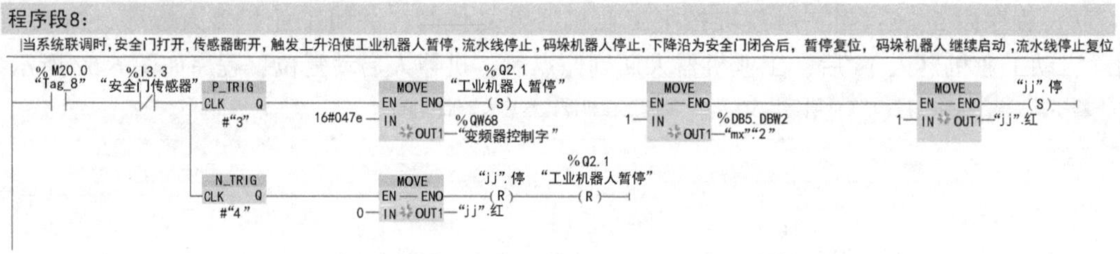

程序段8:
当系统联调时，安全门打开，传感器断开，触发上升沿使工业机器人暂停，流水线停止，码垛机器人停止，下降沿为安全门闭合后，暂停复位，码垛机器人继续启动，流水线停止复位
%M20.0
“Tag_8”
%I3.3
“安全门传感器”
P_TRIG
CLK Q
#“3”
MOVE
EN ENO
16#047e IN
OUT1
%Q2.1
“工业机器人暂停”
S
%QW68
“变频器控制字”
MOVE
EN ENO
1 IN
OUT1
%DB5.DBW2
“mx”“2”
MOVE
EN ENO
1 IN
OUT1
“jj”.停
S
“jj”.红
N_TRIG
CLK Q
#“4”
MOVE
EN ENO
0 IN
OUT1
“jj”.红
“jj”.停
R
%Q2.1
“工业机器人暂停”
R

图6-54　安全门控制系统

4）程序段9：根据工业机器人运动反馈状态信息，在触摸屏上显示状态，程序如图6-55所示。

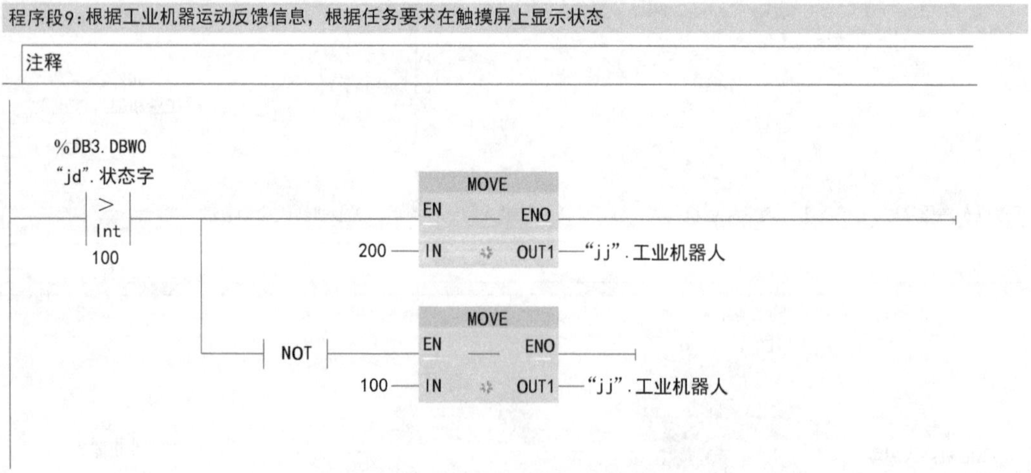

程序段9：根据工业机器运动反馈信息，根据任务要求在触摸屏上显示状态
注释
%DB3.DBW0
“jd”.状态字
>
Int
100
MOVE
EN ENO
200 IN
OUT1
“jj”.工业机器人
NOT
MOVE
EN ENO
100 IN
OUT1
“jj”.工业机器人

图6-55　工业机器人状态在触摸屏上显示

5）程序段10：当在触摸屏上按下“清空”按钮后，触发清空模块，清空系统数据。程序如图6-56所示。

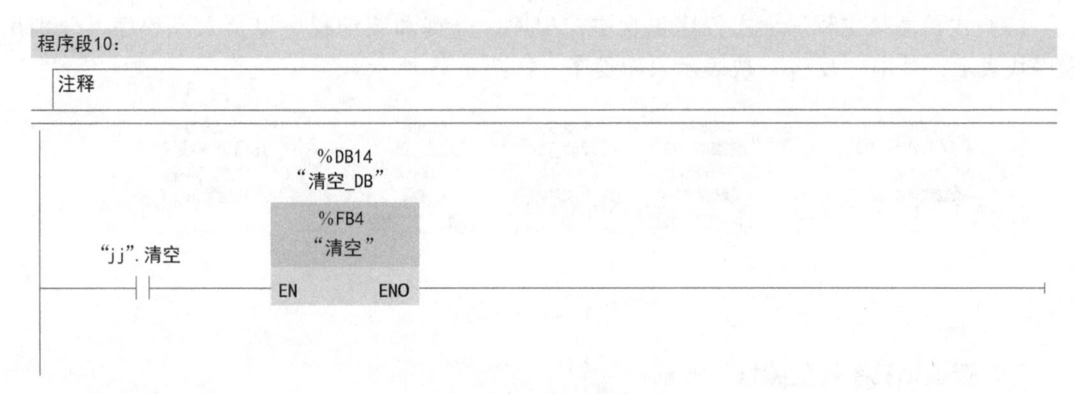

图 6-56　清空数据

6）程序段 11~13：主控 PLC 检查工业机器人通信是否正常，智能相机通信是否正常，码垛机器人通信是否正常，流水线是否在初始状态，传值给系统控制界面控制绿色状态指示灯和红色状态指示灯（当系统正常时，传“1”给绿色状态指示灯，绿色状态指示灯常亮；当系统不正常时且工件种类大于或等于 0，传“2”给红色状态指示灯，使红色状态指示灯闪烁）。当两个成品处于成品库且工业机器人在等待状态时触发绿色状态指示灯闪烁。每次工业机器人完成任务时，都复位红色状态指示灯。程序如图 6-57 所示。

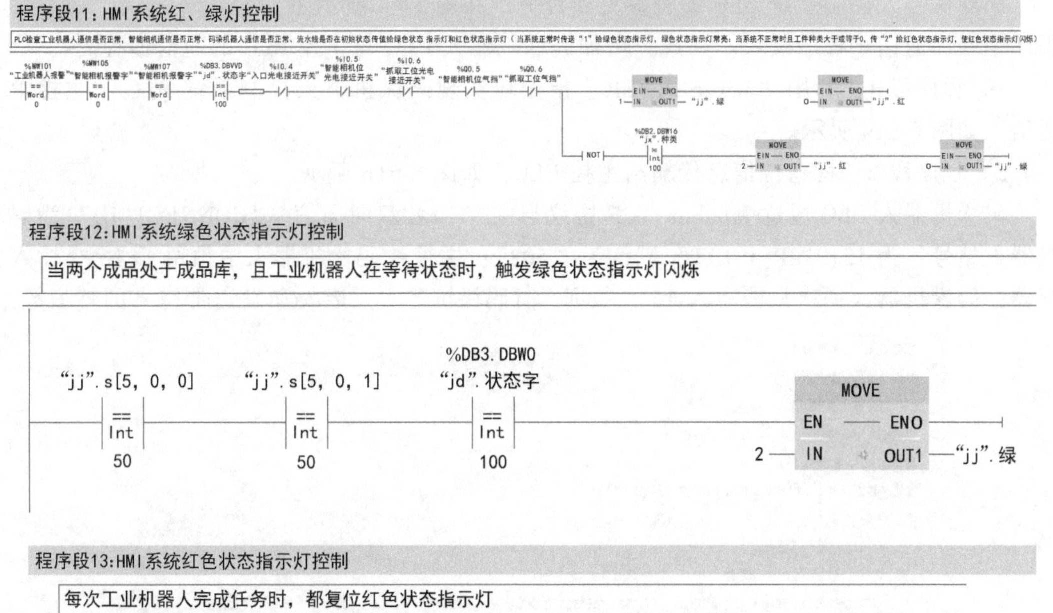

程序段13:HMI系统红色状态指示灯控制

每次工业机器人完成任务时，都复位红色状态指示灯

%DB3.DBW0
"jd".状态字
==
Int
201
P_TRIG
CLK
Q
#"8"
MOVE
EN
ENO
0
IN
OUT1
"jj".红

图 6-57　系统控制界面灯状态控制程序

（7）主控系统主程序　主程序包含主控出库、分拣和装配程序以及入库程序，分别用程序块表示，其中“反转”块表示入库程序。如图 6-58 所示。

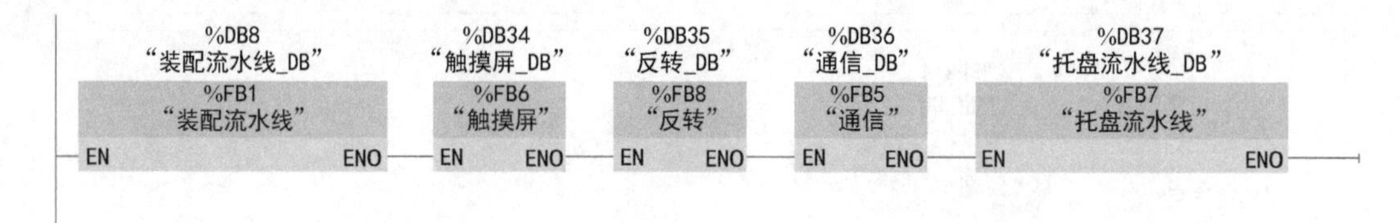

图 6-58　主程序

三、智能相机系统的编程与调试

智能相机系统的编程参见项目三，在此仅对项目三脚本进行修改和将智能相机拍照数据进行修正。对图 3-45 新增工件高度变量 int 型数组 Z，每个工件的高度由用户给定。工件参数的所有变量定义如图 6-59 所示。

```
l(int) :0
x(int) :0
y(int) :0
z(int) :0
a(int) :0
```

图 6-59　定义变量

对图 3-46 所示的脚本语言进行修改，对智能相机数据进行修正，如图 6-60 所示。

四、码垛机器人控制系统 PLC 编程

码垛机器人控制系统 PLC 编程参见项目一，在图 1-44 所示主程序中增加通信子程序模块。在此只增加码垛机器人 PLC 与主控 PLC 的通信编程。

1）程序段 1：利用“MB_SERVER”指令块实现码垛机器人控制系统 PLC 与主控 PLC 通信，如图 6-61a 所示。

2）程序段 2：将仓位信息传输给主控 PLC，如图 6-61b 所示。

码垛机器人 PLC 通过 Modbus/TCP 协议与主控 PLC 双向通信。“CONNECT_ID”为码垛机器人站号，为 15；“IP_PORT”默认为“502”；主控在码垛机器人中预留了 16 个输入寄存器，码垛机器人一次只能写入 16 个数据，且码垛机器人只接收和发送带符号的整型数据；

```
tool8.a=0;
tool8.l=0;
tool8.x=0;
tool8.y=0;
tool8.z=0;
if(tool1.Out.objectNum>0)
{
    tool8.l=1;
    tool8.z=320;
    tool8.x=((tool1.Out.centroidPoint[0].x-304)*10*102/194);
    tool8.y=((tool1.Out.centroidPoint[0].y-269)*10*102/194);
    tool8.a=(tool1.Out.centroidPoint[0].angle)*10;
}
if(tool2.Out.objectNum>0)
{
    tool8.l=2;
    tool8.z=550;
    tool8.x=((tool2.Out.centroidPoint[0].x-304)*10*80/158);
    tool8.y=((tool2.Out.centroidPoint[0].y-269)*10*80/158);
    tool8.a=(tool2.Out.centroidPoint[0].angle)*10;
```

图 6-60　脚本语言

```
}
if(tool3.Out.objectNum>0)
{
    if(tool3.Out.score[0]>90)
{
    tool8.l=3;
    tool8.z=80;
    tool8.x=((tool3.Out.centroidPoint[0].x-304)*10*80/142);
    tool8.y=((tool3.Out.centroidPoint[0].y-269)*10*80/142);
    tool8.a=(tool3.Out.centroidPoint[0].angle)*10;
}
else
{
    tool8.l=-3;
    tool8.z=80;
    tool8.x=((tool7.Out.circle.circlePoint.x-304)*10*80/142);
    tool8.y=((tool7.Out.circle.circlePoint.y-269)*10*80/142);
    tool8.a=(tool3.Out.centroidPoint[0].angle)*10;
}
}
if(tool4.Out.objectNum>0)
{
```

```
    if(tool4.Out.score[0]>90)
{
    tool8.l=4;
    tool8.z=160;
    tool8.x=((tool4.Out.centroidPoint[0].x-304)*10*94/169);
    tool8.y=((tool4.Out.centroidPoint[0].y-269)*10*94/169);
    tool8.a=(tool4.Out.centroidPoint[0].angle)*10;
}
else
{
    tool8.l=-4;
    tool8.z=160;
    tool8.x=((tool7.Out.circle.circlePoint.x-304)*10*94/169);
    tool8.y=((tool7.Out.circle.circlePoint.y-269)*10*94/169);
    tool8.a=(tool4.Out.centroidPoint[0].angle)*10;
}
}
if(tool3.Out.objectNum==0 && tool5.Out.objectNum>0)
{
    tool8.l=-3;
    tool8.z=80;
```

图 6-60 脚本语言（续）

```
    tool8.x=((tool7.Out.circle.circlePoint.x-304)*10*80/142);
    tool8.y=((tool7.Out.circle.circlePoint.y-269)*10*80/142);
    tool8.a=(tool3.Out.centroidPoint[0].angle)*10;
}
if(tool4.Out.objectNum==0 && tool6.Out.objectNum>0)
{
    tool8.l=-4;
    tool8.z=160;
    tool8.x=((tool7.Out.circle.circlePoint.x-304)*10*94/169);
    tool8.y=((tool7.Out.circle.circlePoint.y-269)*10*94/169);
    tool8.a=(tool4.Out.centroidPoint[0].angle)*10;
}
```

图 6-60　脚本语言（续）

“MB_DATA_LEN”用于读取数据长度；“MB_DATA_PTR”是 PLC 存放读入数据的缓存区，从 DB2 模块 0.0 开始。

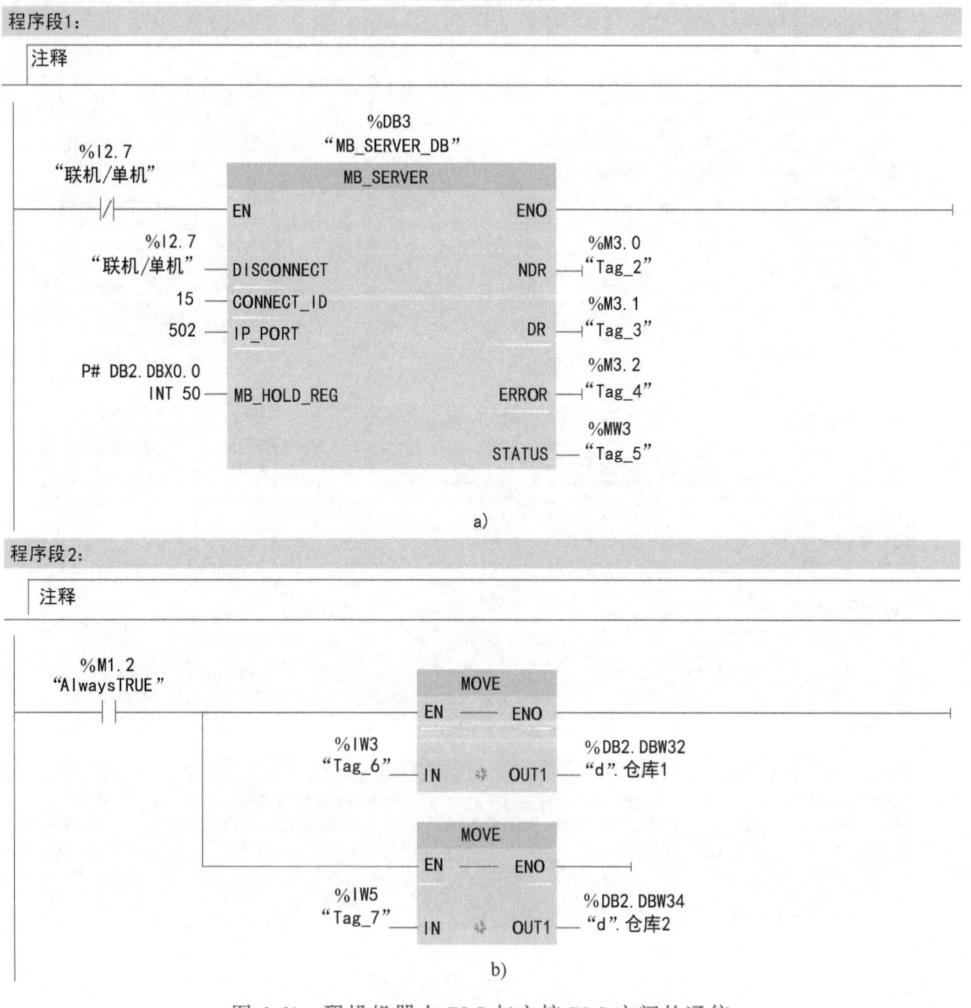

图 6-61　码垛机器人 PLC 与主控 PLC 之间的通信

a）“MB_SERVER_DB”指令　b）仓位信息传输给主控 PLC

五、六关节工业机器人的编程与调试

六关节工业机器人在整套设备中扮演着重要角色，六关节工业机器人要完成如下流程中的操作：

1）分拣与装配流程：①将工件 1 从托盘流水线转运至装配流水线装配区或成品库；②将 2 号、3 号和 4 号工件从托盘流水线转运至装配流水线装配区或备件库；③将装配流水线 4 个工件进行装配并转运至成品库；④将备件库 2 号、3 号或 4 号工件转运至装配流水线装配区；⑤将成品库 1 号工件转运至装配流水线装配区；⑥将托盘流水线空托盘回收。

2）入库流程：①将托盘从托盘库取出、转入托盘流水线工位 G1；②将成品从装配流水线成品库转入托盘流水线工位 G1 托盘上；③将 1 号工件从装配流水线成品库转入托盘流水线工位 G1 的托盘上；④将 2 号、3 号、4 号工件及缺陷工件从装配流水线备件库转入托盘流水线工位 G1 托盘上。此外，根据任务要求以及六关节工业机器人与主控 PLC 之间状态字的传递进行程序编写。

工业机器人运动轨迹规划、流程图设计以及示教前准备等过程参见项目五，工业机器人的运动轨迹依靠“基点+偏移”方式实现。即只需示教基点，再相对基点做偏移运动，便可实现所有动作，示教编程过程如下：

1）新建程序：开机后，设置权限等级，按住菜单键并选择“项目”，单击示教器屏幕右下方“文件”→“新建项目”→“新建程序”进入新建程序界面，在“目标程序”输入程序名“main”，然后复制程序，粘贴程序，再重新取程序名“in”。重复上述操作就建立了多个程序“tp”“ztp”“cp”“z1”“x1”“z2”“z3”和“z4”，如图 6-62 所示。

2）创建变量：在项目五中已经说明变量种类以及创建变量的方法，变量分为全局变量和局部变量。全局变量是在项目中建立的，所有程序可以共用；局部变量是在程序中建立的，只能在单个程序内使用。全局变量如图 6-63 所示，局部变量如图 6-64 所示。六关节工业机器人的变量见表 6-11。

图 6-62　程序建立界面图

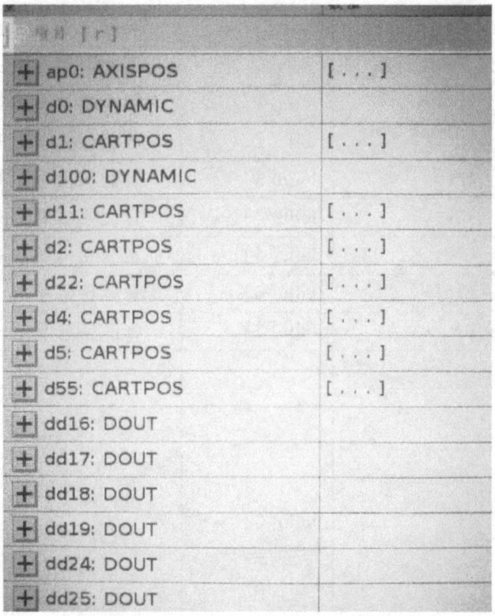

图 6-63　“全局”变量

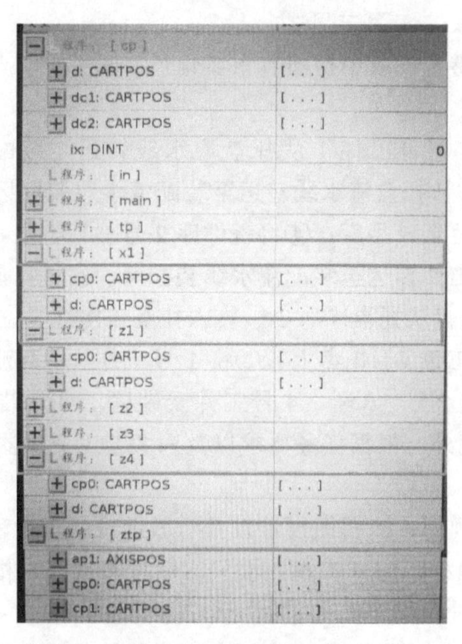

图 6-64 “局部”变量

表 6-11 变量表

变量名称	工业机器人内部地址	功能	变量解释
rx:REAL		实际抓取点中心坐标 x 值	
ry:REAL		实际抓取点中心坐标 y 值	
rz:REAL		实际抓取点中心坐标 z 值	
ra:REAL		实际抓取点中心坐标 a 值	
rfx:REAL		实际放置点中心坐标 x 值	
rfy:REAL		实际放置点中心坐标 y 值	
rfz:REAL		实际放置点中心坐标 z 值	
zx:IIN	IoIIn[1]	智能相机发送抓取点中心坐标 x 值	
zy:IIN	IoIIn[2]	智能相机发送抓取点中心坐标 y 值	
zz:IIN	IoIIn[3]	智能相机发送抓取点中心坐标 z 值	
za:IIN	IoIIn[4]	智能相机发送抓取点中心坐标 a 值	
fx:IIN	IoIIn[5]	智能相机发送放置点中心坐标 x 值	
fy:IIN	IoIIn[6]	智能相机发送放置点中心坐标 y 值	
fz:IIN	IoIIn[7]	智能相机发送放置点中心坐标 z 值	
kzz:IIN	IoIIn[0]	PLC 输入信号:控制字 (判断调用子程序类型)	控制字 101:调用吸或抓程序 控制字 102:调用抓托盘程序 控制字 103:调用装配 1 程序 控制字 104:调用装配 2 程序 控制字 105:调用装配 3 程序 控制字 106:调用成品程序 控制字 107:调用抓托盘程序 控制字 108:调用清空程序

（续）

变量名称	工业机器人内部地址	功能	变量解释
lx:IIN	IoIIn[8]	PLC输入信号:类型 (判断工件类型)	类型为1:1号工件 类型为2:2号工件 类型为3:3号工件 类型为4:4号工件
zh:IIN	IoIIn[9]	PLC输入信号:抓号 (判断抓取区域)	抓号为1:装配区 抓号为2:备件区 抓号为3:成品区(取备件工件) 抓号为4:托盘流水线区 抓号为5:成品区(取成品工件)
fh:IIN	IoIIn[10]	PLC输入信号:放号 (判断放下区域)	放号为1:装配区 放号为2:备件区 放号为3:成品区(放备件工件) 放号为4:托盘流水线区
iout0:IOUT	IoIOut[0]	机器人输出信号:状态字(传递给PLC机器人此时状态)	状态字为100:等待状态 状态字为200:调用子程序状态 状态字为201:多数子程序运行完毕 状态字为202:放托盘程序运行完毕 状态字为203:装配3程序运行完毕 状态字为206:成品程序运行完毕 状态字为205:准备抓工件 状态字为204:准备放工件 状态字为66:出库程序运行完毕,准备闪红灯
dd16:DOUT	IoDOut[16]	16号气缸	
dd17:DOUT	IoDOut[17]	17号气缸	
dd18:DOUT	IoDOut[18]	18号气缸	
dd19:DOUT	IoDOut[19]	19号气缸	
dd24:DOUT	IoDOut[24]	24号气缸(抓爪)	
dd25:DOUT	IoDOut[25]	25号气缸(吸盘)	
txp:Tool	x:=-2, y:=140, z:=130.7, a:=-90, b:=140, c:=90	吸盘工具坐标系	
tkz:Tool	x:=2, y:=-146.85, z:=165.7, a:=90, b:=140, c:=-90	抓爪工具坐标系	
d0:DYNAMIC		调节线性运动速度	速度:150°/s
d100:DYNAMIC		调节线性运动速度	速度:10°/s
kzd:AXISPOS		关节坐标	PTP:抓爪安全点

（续）

变量名称	工业机器人内部地址	功能	变量解释
xpd:AXISPOS		关节坐标	PTP:吸盘安全点
d4:CARTPOS		笛卡儿坐标	基点:托盘流水线取放工件(吸盘)
d1:CARTPOS		笛卡儿坐标	基点:装配区放工件(吸盘)
d11:CARTPOS		笛卡儿坐标	基点:装配区取工件(吸盘)用,3号工件靠紧定位爪,参考示教
d2:CARTPOS		笛卡儿坐标	基点:备件区取放工件(吸盘)
d22:CARTPOS		笛卡儿坐标	基点:备件区取放工件(单机吸盘)
d5:CARTPOS		笛卡儿坐标	基点:成品区放成品工件(吸盘)
d55:CARTPOS		笛卡儿坐标	基点:成品区放备件工件(吸盘)
dk4:CARTPOS		笛卡儿坐标	基点:托盘流水线取放工件(抓爪)
dk1:CARTPOS		笛卡儿坐标	基点:装配区放工件(抓爪)
dk2:CARTPOS		笛卡儿坐标	基点:成品区取放1号工件(抓爪)
dk22:CARTPOS		笛卡儿坐标	基点:成品区取放1号工件(单机抓爪)
dk44:CARTPOS		笛卡儿坐标	过渡点
dk11:CARTPOS		笛卡儿坐标	基点:装配区取工件(抓爪),1号工件靠紧定位爪,参考示教
d:CARTPOS		笛卡儿坐标	变量点
d555:CARTPOS		笛卡儿坐标	基点:成品区放工件(单机吸盘)
dt: CARTPOS		笛卡儿坐标	基点:托盘抓取点,在托盘库(10个托盘高度)
ap0: AXISPOS		关节坐标("main"局部变量)	原点
cp0: CARTPOS		笛卡儿坐标("z1"局部变量)	过渡点:将抓爪转换成吸盘。位于装配流水线上方
cp0:CARTPOS		笛卡儿坐标("z4"局部变量)	基点:装配旋转基点,4号工件装配以该点进行偏移旋转
x:DINT		整型变量("ztp"局部变量)	计算抓取托盘数
ix:DINT		整型变量("cp"局部变量)	用来判断两个放成品的位置:i=0时为第一个放置处,i=1时为第二个放置处

3）示教基点：在装配流水线上示教基点。项目六和项目五的区别在于：项目六需要运行主控程序，使装配流水线运动到相应的区域进行示教；项目五无需装配流水线运动，基点位置如图6-65所示。

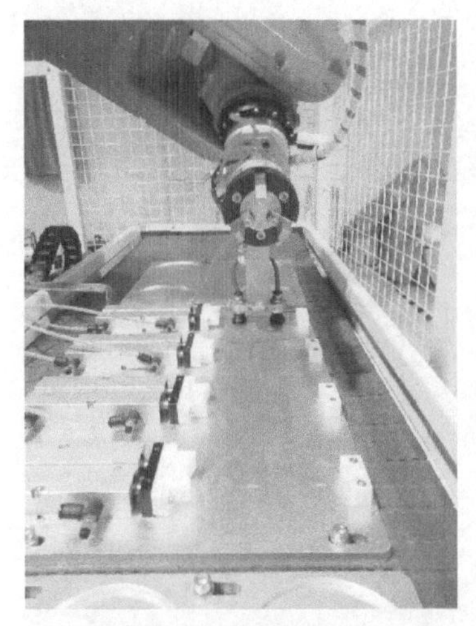
装配区吸盘放工件基点(d1)

装配区抓爪放工件基点(dk1)

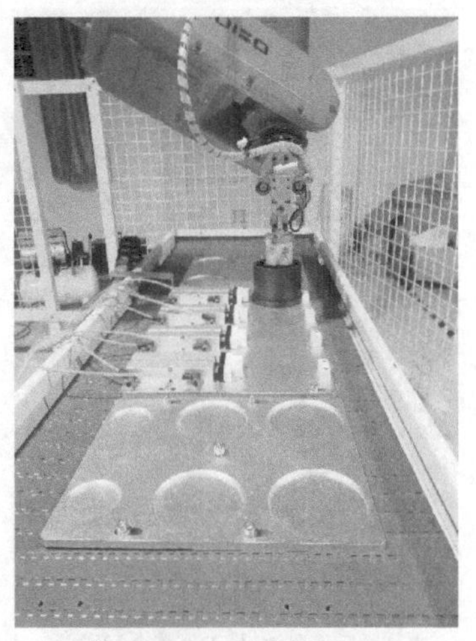
装配区抓爪取工件基点(dk11)

装配区抓爪取工件基点(dk11)

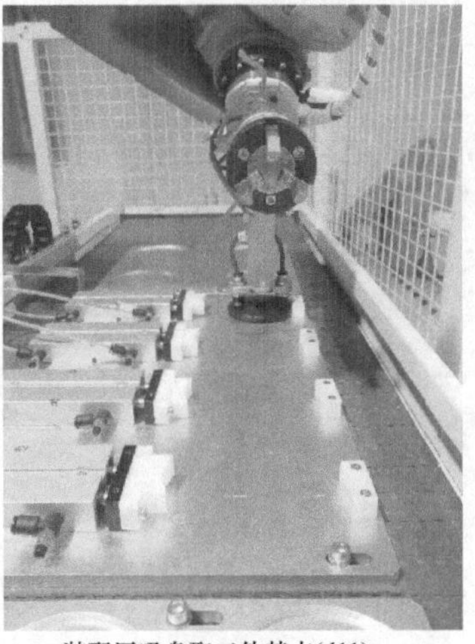
装配区吸盘取工件基点(d11)

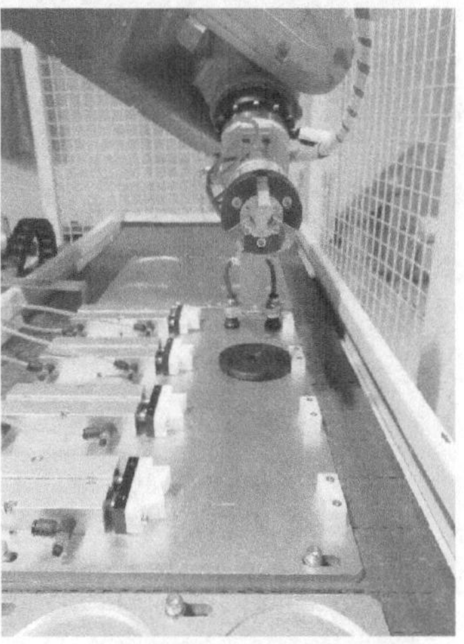
装配区吸盘取工件基点(d11)

备品区吸盘取放工件基点 (d2)

成品区吸盘放成品工件基点 (d5)

成品区吸盘放备件工件基点 (d55)

图 6-65　基点位置

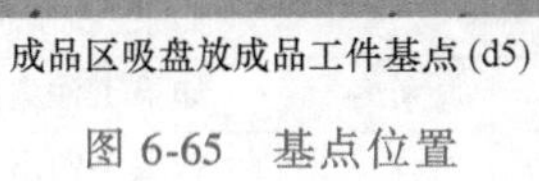

成品区抓爪取放1号工件基点(dk2)

托盘流水线吸盘取放工件基点(d4)

托盘流水线抓爪取放工件基点(dk4)

吸盘安全点(xpd)

抓爪安全点(kzd)

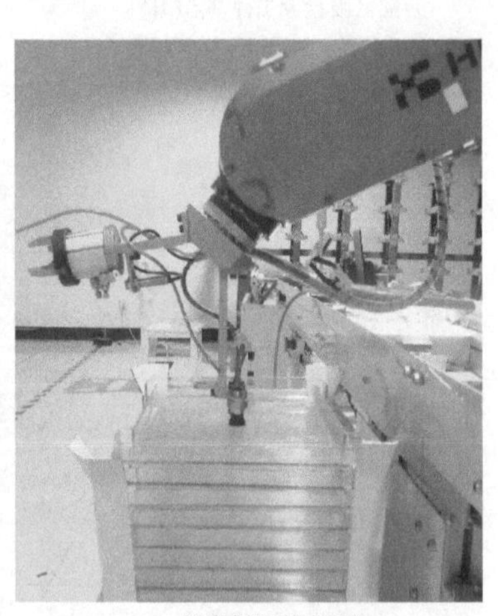
托盘抓取基点(dt)

图 6-65 基点位置(续)

4)程序编写:主程序及各个子程序解释见表 6-12~表 6-19。

表 6-12 主程序及各个子程序解释

主程序	解释
PTP(ap0)	原点位置
dd16. Set(FALSE)	16 号气缸关
dd17. Set(FALSE)	17 号气缸关
dd18. Set(FALSE)	18 号气缸关
dd19. Set(FALSE)	19 号气缸关
dd24. Set(FALSE)	24 号气缸关
dd25. Set(FALSE)	25 号气缸关
iout0. val:= 100	状态字输出 100;等待状态
WHILE TRUE DO	开始循环
IF kzz. val = 101 THEN	如果“控制字”=101,启动
IF lx. val = 1 THEN	如果工件类型是 1 号工件,启动
iout0. val:= 200	状态字输出 200;准备调用子程序

(续)

主程序	解释
WaitIsFinished()	时间等待完成
CALL in()	调用“数据转换程序”
WaitIsFinished()	时间等待完成
CALL z1()	调用“抓爪工件搬运程序”
WaitIsFinished()	时间等待完成
iout0. val:= 100	状态字输出 100:等待状态
ELSEIF(lx. val > 1) OR (lx. val < 0) THEN	如果工件类型不是 1 号工件
iout0. val:= 200	状态字输出 200:准备调用子程序
WaitIsFinished()	时间等待完成
CALL in()	调用“数据转换”程序
WaitIsFinished()	时间等待完成
CALL x1()	调用“吸盘工件搬运程序”
WaitIsFinished()	时间等待完成
iout0. val:= 100	状态字输出 100:等待状态
END_IF	结束嵌套 IF 语句
ELSIF kzz. val = 102 THEN	否则如果“控制字”=102,启动
iout0. val:= 200	状态字输出 200:准备调用子程序
WaitIsFinished()	时间等待完成
CALL tp()	调用“抓托盘”程序
WaitIsFinished()	时间等待完成
iout0. val:= 100	状态字输出 100:等待状态
ELSIF kzz. val = 103 THEN	如果“控制字”=103,启动
iout0. val:= 200	状态字输出 200:准备调用子程序
WaitIsFinished()	时间等待完成
CALL z2()	调用“2 号工件装配”程序
WaitIsFinished()	时间等待完成
iout0. val:= 100	状态字输出 100:等待状态
ELSIF kzz. val = 104 THEN	如果“控制字”=104,启动
iout0. val:= 200	状态字输出 200:准备调用子程序
WaitIsFinished()	时间等待完成
CALL z3()	调用“3 号工件装配”程序
WaitIsFinished()	时间等待完成
iout0. val:= 100	状态字输出 100:等待状态
ELSIF kzz. val = 105 THEN	如果“控制字”=105,启动
iout0. val:= 200	状态字输出 200:准备调用子程序
WaitIsFinished()	时间等待完成
CALL z4()	调用“4 号工件装配”程序
WaitIsFinished()	时间等待完成
iout0. val:= 100	状态字输出 100:等待状态
ELSIF kzz. val = 106 THEN	如果“控制字”=106,启动
iout0. val:= 200	状态字输出 200:准备调用子程序

（续）

主程序	解释
WaitIsFinished()	时间等待完成
CALL cp()	调用“成品放置”程序
WaitIsFinished()	时间等待完成
iout0. val:= 100	状态字输出100;等待状态
ELSIF kzz. val = 107 THEN	如果“控制字”=107,启动
iout0. val:= 200	状态字输出200;准备调用子程序
WaitIsFinished()	时间等待完成
CALL ztp()	调用“抓托盘”程序
WaitIsFinished()	时间等待完成
iout0. val:= 100	状态字输出100;等待状态
ELSIF kzz. val = 108 THEN	如果“控制字”=108,启动
iout0. val:= 200	状态字输出200;准备调用子程序
WaitIsFinished()	时间等待完成
PTP(ap0)	原点位置
dd16. Set(FALSE)	16号气缸关
dd17. Set(FALSE)	17号气缸关
dd18. Set(FALSE)	18号气缸关
dd19. Set(FALSE)	19号气缸关
dd24. Set(FALSE)	24号气缸关
dd25. Set(FALSE)	25号气缸关
WaitIsFinished()	时间等待完成
iout0. val:= 100	状态字输出100;等待状态
END_IF	结束IF语句
END_WHILE	结束循环语句

表6-13　数据转换及解释

程序	解释
rx:= zx. val/10	PLC传给工业机器人抓工件X方向上的数据,传给工业机器人要除10
ry:= zy. val/10	PLC传给工业机器人抓工件Y方向上的数据,传给工业机器人要除10
rz:= zz. val/10	PLC传给工业机器人抓工件Z方向上的数据,传给工业机器人要除10
ra:= za. val/10	PLC传给工业机器人的角度数据,传给工业机器人要除10
rfx:= fx. val/10	PLC传给工业机器人放工件X方向上的数据,传给工业机器人要除10
rfy:= fy. val/10	PLC传给工业机器人放工件Y方向上的数据,传给工业机器人要除10
rfz:= fz. val/10	PLC传给工业机器人放工件Z方向上的数据,传给工业机器人要除10

表6-14　吸盘搬运工件程序及解释

程序	解释
PTP(xpd)	吸盘安全点
Tool(txp)	吸盘工具坐标系
WaitIsFinished()	时间等待完成
iout0. val:= 205	状态字输出205;准备抓工件

（续）

程序	解释
WaitTime(2000)	时间等待 2s:让状态字输出完成
WaitTime(500)	时间等待 0.5s:防止 IF 语句预读
IF zh. val = 4 THEN	如果“抓号”=4,则启动
d:= d4	“d4”点赋值给“d”点
d. x:= d. x + rx	“d. x”等于“d. x”加上“rx”
d. y:= d. y + ry	“d. y”等于“d. y”加上“ry”
d. z:= d. z + rz + 150	“d. z”等于“d. z”加上“rz”加上 150mm
d. a:= d. a + ra	“d. a”等于“d. a”加上“ra”
ELSIF zh. val = 3 THEN	如果“抓号”=3,则启动
d:= d55	“d55”点赋值给“d”点
d. x:= d. x + rx	“d. x”等于“d. x”加上“rx”
d. y:= d. y + ry	“d. y”等于“d. y”加上“ry”
d. z:= d. z + rz + 150	“d. z”等于“d. z”加上“rz”加上 150mm
d. a:= d. a + ra	“d. a”等于“d. a”加上“ra”
ELSIF zh. val = 5 THEN	如果“抓号”=5,则启动
d:= d5	“d5”点赋值给“d”点
d. x:= d. x + rx	“d. x”等于“d. x”加上“rx”
d. y:= d. y + ry	“d. y”等于“d. y”加上“ry”
d. z:= d. z + rz + 150	“d. z”等于“d. z”加上“rz”加上 150mm
d. a:= d. a + ra	“d. a”等于“d. a”加上“ra”
ELSIF zh. val = 2 THEN	如果“抓号”=2,则启动
d:= d2	“d2”点赋值给“d”点
d. x:= d. x + rx	“d. x”等于“d. x”加上“rx”
d. y:= d. y + ry	“d. y”等于“d. y”加上“ry”
d. z:= d. z + rz + 150	“d. z”等于“d. z”加上“rz”加上 150mm
d. a:= d. a + ra	“d. a”等于“d. a”加上“ra”
ELSIF(zh. val =1) AND (lx. val =2) THEN	如果“抓号”=1 并且“类型”=2,则启动
d:= d11	“d11”点赋值给“d”点
d. x:= d. x + rx	“d. x”等于“d. x”加上“rx”
d. y:= d. y + ry + 18	“d. y”等于“d. y”加上“ry”加上 18mm
d. z:= d. z + rz + 150	“d. z”等于“d. z”加上“rz”加上 150mm
d. a:= d. a + ra	“d. a”等于“d. a”加上“ra”
ELSIF(zh. val =1) AND (lx. val =3) THEN	如果“抓号”=1 并且“类型”=3,则启动
d:= d11	“d11”点赋值给“d”点
d. x:= d. x + rx	“d. x”等于“d. x”加上“rx”
d. y:= d. y + ry	“d. y”等于“d. y”加上“ry”

（续）

程序	解释
d. z：= d. z + rz + 150	“d. z”等于“d. z”加上“rz”加上 150mm
d. a：= d. a + ra	“d. a”等于“d. a”加上“ra”
ELSIF(zh. val =1) AND (lx. val =4) THEN	如果“抓号”=1 并且“类型”=4,则启动
d：= d11	“d11”点赋值给“d”点
d. x：= d. x + rx	“d. x”等于“d. x”加上“rx”
d. y：= d. y + ry -7	“d. y”等于“d. y”加上“ry”减去 7mm
d. z：= d. z + rz + 150	“d. z”等于“d. z”加上“rz”加上 150mm
d. a：= d. a + ra	“d. a”等于“d. a”加上“ra”
END_IF	结束 IF 语句
Lin(d)	变量点“d”执行
d. z：= d. z -150	高度下降 150mm
IF(zh. val =1) AND (lx. val =2) THEN	如果“抓号”=1 并且“类型”=2,则启动(在入库之前要进行装配区工件清空)
dd16. Set(FALSE)	16 号气缸关闭
ELSIF(zh. val =1) AND (lx. val =3) THEN	如果“抓号”=1 并且“类型”=3,则启动(在入库之前要进行装配区工件清空)
dd19. Set(FALSE)	19 号气缸关闭
ELSIF(zh. val =1) AND (lx. val =4) THEN	如果“抓号”=1 并且“类型”=4,则启动(在入库之前要进行装配区工件清空)
dd18. Set(FALSE)	18 号气缸关闭
END_IF	结束 IF 语句
Lin(d, d0) DO dd25. Set(TRUE)	变量点“d”执行(1:速度为“d0”,2:吸盘打开):吸取工件
WaitTime(500)	时间等待 0.5s:给吸盘吸取留时间,保证准确吸取
d. z：= d. z + 150	高度上升 150mm
Lin(d)	变量点“d”执行
iout0. val：= 204	状态字输出 204:准备放工件
WaitTime(2000)	时间等待 2s:让状态字输出完成
IF fh. val = 1 THEN	如果“放号”=1,则启动
d：= d1	“d1”点赋值给“d”点
d. x：= d. x + rfx	“d. x”等于“d. x”加上“rfx”
d. y：= d. y + rfy	“d. y”等于“d. y”加上“rfy”
d. z：= d. z + rfz + 150	“d. z”等于“d. z”加上“rfz”加上 150mm
ELSIF fh. val = 2 THEN	如果“放号”=2,则启动
d：= d2	“d2”点赋值给“d”点
d. x：= d. x + rfx	“d. x”等于“d. x”加上“rfx”
d. y：= d. y + rfy	“d. y”等于“d. y”加上“rfy”
d. z：= d. z + rfz + 150	“d. z”等于“d. z”加上“rfz”加上 150mm

（续）

程序	解释
ELSIF fh. val = 4 THEN	如果“放号”=4，则启动
d:= d4	“d4”点赋值给“d”点
d. x:= d. x + rfx	“d. x”等于“d. x”加上“rfx”
d. y:= d. y + rfy	“d. y”等于“d. y”加上“rfy”
d. z:= d. z + rfz + 150	“d. z”等于“d. z”加上“rfz”加上 150mm
ELSIF fh. val = 3 THEN	如果“放号”=3，则启动
d:= d55	“d55”点赋值给“d”点
d. x:= d. x + rfx	“d. x”等于“d. x”加上“rfx"
d. y:= d. y + rfy	“d. y”等于“d. y”加上“rfy”
d. z:= d. z + rfz + 150	“d. z”等于“d. z”加上“rfz”加上 150mm
END_IF	结束 IF 语句
Lin(d)	变量点“d”执行：位于放工件处正上方，准备放置工件
d. z:= d. z -150	高度下降 150mm
Lin(d, d0) DO dd25. Set(FALSE)	变量点“d”执行(1：速度为“d0”，2：吸盘关闭)：放置工件
WaitTime(500)	时间等待 0.5s：给吸盘吸取留时间，保证准确吸取
d. z:= d. z + 150	高度上升 150mm
Lin(d)	变量点“d”执行
IF(fh. val =1) AND (lx. val =2) THEN	如果“放号”=1 并且“类型”=2，则启动
WaitTime(500)	时间等待 0.5s：防止气缸打开预读，从而导致气缸提前打开
dd16. Set(TRUE)	16 号定位气缸打开
ELSIF(fh. val =1) AND (lx. val =3) THEN	如果“放号”=1 并且“类型”=3，则启动
WaitTime(500)	时间等待 0.5s：防止气缸打开预读，从而导致气缸提前打开
dd19. Set(TRUE)	19 号定位气缸打开
ELSIF(fh. val =1) AND (lx. val =4) THEN	如果“放号”=1 并且“类型”=4，则启动
WaitTime(500)	时间等待 0.5s：防止气缸打开预读，从而导致气缸提前打开
dd18. Set(TRUE)	18 号定位气缸打开
END_IF	结束 IF 语句
iout0. val:= 201	状态字输出 201：结束吸程序
WaitTime(2000)	时间等待 2s：让状态字输出完成

表 6-15 抓爪搬运工件程序及解释

程序	解释
PTP(kzd)	抓爪安全点
Tool(tkz)	抓爪工具坐标系

（续）

程序	解释
WaitIsFinished( )	时间等待完成
iout0. val:= 205	状态字输出 205:准备抓工件
WaitTime(2000)	时间等待 2s:让状态字输出完成
IF zh. val = 4 THEN	如果“抓号”=4,则启动
d:= dk4	“dk4”点赋值给“d”点
d. x:= d. x + rx	“d. x”等于“d. x”加上“rx”
d. y:= d. y + ry	“d. y”等于“d. y”加上“ry”
d. z:= d. z + rz + 150	“d. z”等于“d. z”加上“rz”加上 150mm
d. a:= d. a + ra	“d. a”等于“d. a”加上“ra”
ELSIF zh. val = 3 THEN	如果“抓号”=3,则启动
d:= dk2	“dk2”点赋值给“d”点
d. x:= d. x + rx	“d. x”等于“d. x”加上“rx”
d. y:= d. y + ry	“d. y”等于“d. y”加上“ry”
d. z:= d. z + rz + 150	“d. z”等于“d. z”加上“rz”加上 150mm
d. a:= d. a + ra	“d. a”等于“d. a”加上“ra”
ELSIF zh. val = 1 THEN	如果“抓号”=1,则启动
d:= dk11	“dk11”点赋值给“d”点
d. x:= d. x + rx	“d. x”等于“d. x”加上“rx”
d. y:= d. y + ry	“d. y”等于“d. y”加上“ry”
d. z:= d. z + rz + 150	“d. z”等于“d. z”加上“rz”加上 150mm
d. a:= d. a + ra	“d. a”等于“d. a”加上“ra”
END_IF	结束 IF 语句
Lin(d)	变量点“d”执行;位于抓取点正上方,准备抓工件
d. z:= d. z -150	高度下降 150mm
IF zh. val = 1 THEN	如果“抓号”=1(在入库之前要进行装配区工件清空)
dd17. Set(FALSE)	17 号气缸关闭
END_IF	结束 IF 语句
Lin(d, d0) DO dd24. Set(TRUE)	变量点“d”执行(1:速度为“d0”,2:抓爪打开):抓取工件
WaitTime(500)	时间等待 0. 5s:给抓爪抓取留时间,保证准确抓取无误
d. z:= d. z + 150	高度上升 150mm
Lin(d)	变量点“d”执行
iout0. val:= 204	状态字输出 204:准备放工件
WaitTime(2000)	时间等待 2s:让状态字输出完成
IF fh. val = 1 THEN	如果“放号”=1,则启动
d:= dk1	“dk1”点赋值给“d”点
d. x:= d. x + rfx	“d. x”等于“d. x”加上“rfx”

（续）

程序	解释
d.y:= d.y + rfy	“d.y”等于“d.y”加上“rfy”
d.z:= d.z + rfz + 150	“d.z”等于“d.z”加上“rfz”加上 150mm
ELSIF fh.val = 3 THEN	如果“放号”=3,则启动
d:= dk2	“dk2”点赋值给“d”点
d.x:= d.x + rfx	“d.x”等于“d.x”加上“rfx”
d.y:= d.y + rfy	“d.y”等于“d.y”加上“rfy”
d.z:= d.z + rfz + 150	“d.z”等于“d.z”加上“rfz”加上 150mm
ELSIF fh.val = 4 THEN	如果“放号”=4,则启动
d:= dk4	“dk4”点赋值给“d”点
d.x:= d.x + rfx	“d.x”等于“d.x”加上“rfx”
d.y:= d.y + rfy	“d.y”等于“d.y”加上“rfy”
d.z:= d.z + rfz + 150	“d.z”等于“d.z”加上“rfz”加上 150mm
END_IF	结束 IF 语句
Lin(d)	变量点“d”执行:位于放工件处正上方,准备放工件
d.z:= d.z -150	高度下降 150mm
Lin(d, d0) DO dd24.Set(FALSE)	变量点“d”执行(1:速度为“d0”,2:抓爪关闭):放工件
WaitTime(500)	时间等待 0.5s
d.z:= d.z + 150	高度上升 150mm
Lin(d)	变量点“d”执行
IF fh.val = 1 THEN	如果“放号”=1,则启动
WaitTime(500)	时间等待 0.5s:防止气缸打开预读,从而导致气缸提前打开
dd17.Set(TRUE)	17 号定位气缸打开
END_IF	结束 IF 语句
Lin(cp0)	过渡点执行:抓爪转换成吸盘,位于装配流水线上方
WaitTime(500)	时间等待 0.5s
iout0.val:= 201	状态字输出 201:结束抓程序
WaitTime(2000)	时间等待 2s:让状态字输出完成

表 6-16　2 号工件装配程序及解释

程序	解释
Tool(txp)	吸盘工具坐标系
d:= d11	“d11”点赋值给“d”点
d.z:= d.z + 150	“d.z”等于“d.z”加上 150mm
d.y:= d.y + 18	“d.y”等于“d.y”加上 18mm
Lin(d)	变量点“d”执行
d.z:= d.z -96	“d.z”等于“d.z”减去 96mm

（续）

程序	解释
Lin(d, d0) DO dd25. Set(TRUE)	变量点“d”执行(1:速度为“d0”,2:吸盘打开):吸取工件
WaitTime(500) DO dd16. Set(FALSE)	时间等待 0.5s(16 号定位气缸关闭)
d. z:= d. z + 150	“d. z”等于“d. z”加上 150mm
Lin(d)	变量点“d”执行:抓取 2 号工件上升
d. x:= d. x + 110	“d. x”等于“d. x”加上 110mm
d. y:= d. y -30	“d. y”等于“d. y”减去 30mm
Lin(d)	变量点“d”执行:位于 1 号工件正上方,准备装配 2 号工件
d. z:= d. z -110	“d. z”等于“d. z”减去 110mm
Lin(d, d0) DO dd25. Set(FALSE)	变量点“d”执行(1:速度为“d0”,2:吸盘关闭):放工件
WaitTime(500)	时间等待 0.5s
d. z:= d. z + 150	“d. z”等于“d. z”加上 150mm
Lin(d)	变量点“d”执行
iout0. val:= 201	状态字输出 201:结束装配 1 程序
WaitTime(1000)	时间等待 1s:让状态字输出完成

表 6-17　3 号工件装配程序及解释

程序	解释
Tool(txp)	吸盘工具坐标系
d:= d11	“d11”点赋值给“d”点
d. z:= d. z + 150	“d. z”等于“d. z”加上 150mm
d. x:= d. x + 330	“d. x”等于“d. x”加上 330mm
Lin(d)	变量点“d”执行:位于 3 号工件正上方,准备吸取 3 号工件
d. z:= d. z -141	“d. z”等于“d. z”减去 141mm
Lin(d, d0) DO dd25. Set(TRUE)	变量点“d”执行(1:速度为“d0”,2:吸盘打开):吸取 3 号工件
WaitTime(500) DO dd19. Set(FALSE)	时间等待 0.5s(19 号定位气缸关闭)
d. z:= d. z + 150	“d. z”等于“d. z”加上 150mm
Lin(d)	变量点“d”执行
d. x:= d. x -220	“d. x”等于“d. x”减去 220mm
d. y:= d. y -12	“d. y”等于“d. y”减去 12mm
Lin(d)	变量点“d”执行:位于 1 号工件正上方,准备装配 3 号工件
d. z:= d. z -80	“d. z”等于“d. z”减去 80mm
Lin(d, d0) DO dd25. Set(FALSE)	变量点“d”执行(1:速度为“d0”,2:吸盘关闭):放工件
WaitTime(500)	时间等待 0.5s
d. z:= d. z + 150	“d. z”等于“d. z”加上 150mm

（续）

程序	解释
Lin(d)	变量点“d”执行
iout0. val:= 201	状态字输出201:结束装配2程序
WaitTime(1000)	时间等待1s:让状态字输出完成

表6-18　4号工件装配程序及解释

程序	解释
Tool(txp)	吸盘工具坐标系
d:= d11	“d11”点赋值给“d”点
d. z:= d. z + 150	“d. z”等于“d. z”加上150mm
d. x:= d. x + 220	“d. x”等于“d. x”加上220mm
d. y:= d. y -7	“d. y”等于“d. y”减去7mm
Lin(d)	变量点“d”执行:位于4号工件正上方,准备吸取4号工件
d. z:= d. z -133	“d. z”等于“d. z”减去133mm
Lin(d, d0) DO dd25. Set(TRUE)	变量点“d”执行(1:速度为“d0”,2:吸盘打开):吸取4号工件
WaitTime(500) DO dd18. Set(FALSE)	时间等待0.5s(18号定位气缸关闭)
d. z:= d. z + 150	“d. z”等于“d. z”加上150mm
Lin(d)	变量点“d”执行
d. x:= d. x -110	“d. x”等于“d. x”减去110mm
d. y:= d. y -4	“d. y”等于“d. y”减去4mm
d. a:= d. a + 90	“d. a”等于“d. a”加上90°
Lin(d)	变量点“d”执行:位于4号工件正上方,并且逆时针旋转90°,让4号工件的装配口对准1号工件入口
Lin(cp0, d0)	4号工件旋转起点(速度为d0):4号工件已放入1号工件中,准备旋转装配
d:= cp0	“cp0”点赋值给“d”点
d. a:= d. a -90	“d. a”等于“d. a”减去90°(顺时针方向旋转90°)
Lin(d, d100) DO dd25. Set(FALSE)	变量点“d”执行(1:速度为“d100”,2:吸盘关闭):以cp0为基点,姿态上偏移90°,装配4号工件
d. z:= d. z + 50	“d. z”等于“d. z”加上50mm
Lin(d) DO dd17. Set(FALSE)	变量点“d”执行(17号定位气缸关闭):吸盘上升,调整姿态
d. z:= d. z -50	“d. z”等于“d. z”减去50mm
Lin(d) DO dd25. Set(TRUE)	变量点“d”执行(吸盘打开):重新吸取成品
WaitTime(500)	时间等待0.5s
d. z:= d. z + 150	“d. z”等于“d. z”加上150mm
Lin(d)	变量点“d”执行

（续）

程序	解释
WaitTime(500)	时间等待 0.5s
WaitIsFinished()	时间等待完成：防止状态字输出预读
iout0.val:= 203	状态字输出 203：结束装配 3 程序
WaitTime(1000)	时间等待 1s：让状态字输出完成

表 6-19　托盘放回程序及解释

程序	解释
PTP(xpd)	吸盘安全点
Tool(txp)	吸盘工具坐标系
d:= d4	“d4”点赋值给“d”点
d.z:= d.z + 150	“d.z”等于“d.z”加上 150mm
d.a:= d.a +90	“d.a”等于“d.a”加上 90°
Lin(d)	变量点“d”执行：位于托盘正上方
d.z:= d.z -150	“d.z”等于“d.z”减去 150mm
Lin(d, d0) DO dd25.Set(TRUE)	变量点“d”执行（1：速度为“d0”，2：吸盘打开）：吸取托盘
WaitTime(500)	时间等待 0.5s
d.y:= d.y -2	“d.y”等于“d.y”减去 2mm
Lin(d)	变量点“d”执行：将托盘往左移动一点距离，防止上升时脱落
d.z:= d.z + 150	“d.z”等于“d.z”加上 150mm
Lin(d)	变量点“d”执行：上升
d.x:= d.x + 340	“d.x”等于“d.x”加上 340mm
d.y:= d.y -224	“d.y”等于“d.y”减去 224mm
d.a:= d.a -90	“d.a”等于“d.a”减去 90°
Lin(d)	变量点“d”执行：位于托盘库正上方
d.z:= d.z -120	“d.z”等于“d.z”减去 120mm
Lin(d, d0) DO dd25.Set(FALSE)	变量点“d”执行（1：速度为“d0”，2：吸盘关闭）：放托盘
WaitTime(500)	时间等待 0.5s
d.z:= d.z + 150	“d.z”等于“d.z”加上 150mm
Lin(d)	变量点“d”执行
PTP(xpd)	返回吸盘安全点
iout0.val:= 202	状态字输出 202：结束放托盘程序
WaitTime(1000)	时间等待 1s：让状态字输出完成

表 6-20　成品放回程序及解释

程序	解释
Tool(txp)	吸盘工具坐标系
IF ix = 0 THEN	如果 ix=0，则启动（选择第一个成品放置处）

（续）

主程序	解释
d:= d5	“d5”点赋值给“d”点;dc1 点为成品吸取点
d.z:= d.z + 230	“d.z”等于“d.z”加上 230mm
Lin(d)	变量点“d”执行;位于成品放置处正上方
d.z:= d.z -150	“d.z”等于“d.z”减去 150mm
Lin(d, d0) DO dd25.Set(FALSE)	变量点“d”执行(1:速度为“d0”,2:吸盘关闭);放成品
WaitTime(500)	时间等待 0.5s
d.z:= d.z + 150	“d.z”等于“d.z”加上 150mm
Lin(d)	变量点“d”执行;上升
ELSIF ix = 1 THEN	如果“类型”=1,则启动(选择第二个成品放置处)
d:= d5	“d5”点赋值给“d”点
d.z:= d.z + 230	“d.z”等于“d.z”加上 230mm
d.x:= d.x + 170	“d.x”等于“d.x”加上 170mm
Lin(d)	变量点“d”执行;位于成品放置处正上方
d.z:= d.z -150	“d.z”等于“d.z”减去 150mm
Lin(d, d0) DO dd25.Set(FALSE)	变量点“d”执行(1:速度为“d0”,2:吸盘关闭);放成品
WaitTime(500)	时间等待 0.5s
d.z:= d.z + 150	“d.z”等于“d.z”加上 150mm
Lin(d)	变量点“d”执行;上升
iout0.val:= 66	状态字输出 66;传给 PLC 信号,让面板闪红色状态指示灯
WaitTime(500)	时间等待 0.5s
END_IF	结束 IF 语句
ix:= ix + 1	整型变量计数加 1
iout0.val:= 206	状态字输出 206;成品程序结束
WaitTime(1000)	时间等待 1s

六、程序调试与运行

程序编写完成后，需要保存项目。打开设备电源，建立编程计算机与 PLC 及 HMI 连接，将 PLC 程序和界面分别下载至相应设备中。工业机器人自动加载程序，外部自动运行。加载智能相机程序，加载码垛机器人 PLC 程序，准备仓库仓位托盘。打开博途软件监控功能，按下 HMI 中各个功能进行调试运行，同时注意以下事项：

1）调整气动部分，检查气路是否正确、气压是否合理、气缸动作速度是否合理。

2）光电接近开关安装位置是否到位，灵敏度是否合适，保证检测的可靠性。

3）按任务要求测试程序。

4）优化程序。

问题探究

一、工件识别与定位简介

工件识别与定位是工业机器人抓取工件的前提和基础，其识别的结果正确与否和定位的精准度直接影响工业机器人操作结果的准确性。工件识别依赖于工业机器人视觉的图像匹配过程，是通过比较工件图像与模板图像实现的。工件识别的方法有很多，根据所使用特征的不同可以大致分为基于灰度、颜色、形状、边缘、角点和 SIFT 特征点的多种识别方法。针对规则的几何形体工件，如表面呈多边形（三角形、菱形、正方形、矩形、五边形和六边形），易通过形状来进行识别工件。工件的形状可以依据顶点或者边的个数来识别，顶点可采用角点检测的方法，边可采用边缘检测或者 Hough 变换等方法识别。如可以采用 Hough 变换检测边缘直线，并以直线夹角为参数形成 Hough-链码，通过匹配目标与模板的 Hough-链码来实现工件识别。工件定位包括工件位置定位和工件姿态定位。工件位置定位可通过质心确定，工件姿态定位可通过长轴方向确定。总而言之，工件识别与定位是一个复杂的过程，需要经历图像采集、图像预处理、工件提取、形状识别、位置和姿态定位一系列步骤。

二、如何实现本项目机器人、视觉系统和 PLC 之间的通信

视觉识别系统为 SV4-30ML 型智能相机，机器人为 HR20-1700-C10 型工业机器人，PLC 则是西门子公司的 S7-1200 系列，CPU 型号为 1215C DC/DC/DC。智能相机与 PLC 之间采用 Modbus/TCP 协议通信，其中智能相机是服务器端，PLC 是客户端，即 PLC 主动读取智能相机的数据，约定 PLC 的 IP 地址是 192. 168. 8. 13，智能相机的 IP 地址为 192. 168. 8. 3。工业机器人与 PLC 之间也采用 Modbus/TCP 协议通信，其中工业机器人是服务器端，PLC 是客户端，即 PLC 主动读取和写入数据，约定工业机器人的 IP 地址是 192. 168. 8. 103。

1. 计算机 IP 地址设置

因为智能相机的 IP 地址是 192. 168. 8. 3，已经固定在 8 网段，所以工业机器人与 PLC 等的 IP 地址也是在 8 网段，例如 192. 168. 8. *，但是 IP 地址不能一样，否则会有冲突。计算机 IP 地址如图 6-66 所示。

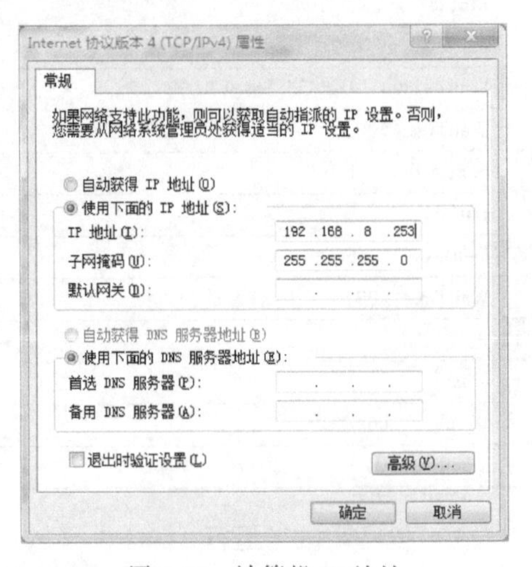

图 6-66 计算机 IP 地址

2. 智能相机与主控 PLC 的通信流程

Modbus/TCP 是一种标准通信协议，其通信规范已经固化到智能相机底层，因此只需在智能相机的上位机软件 X-SIGHT STUDIO 中做相应的配置即可，智能相机与 PLC 通信的流程如图 6-67 所示。

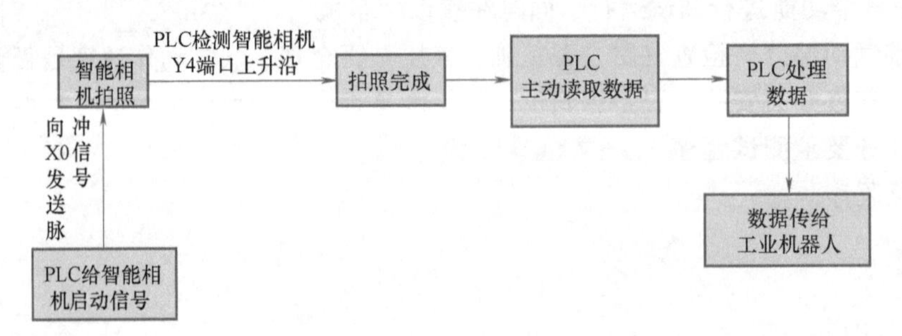

图 6-67 智能相机与 PLC 通信的流程

3. 主控 PLC 中编程实现与智能相机 Modbus/TCP 通信

由图 6-67 所示的流程图可知，主控 PLC 只需要通过 Modbus/TCP 通信协议读取智能相

机数据即可，不需要向智能相机中写入数据。详细的程序见本项目“实践操作”环节。编程时注意以下几点：

1）“MB_CLIENT”模块设置如下：“CONNECT_ID”是智能相机的站号，为3；IP地址是智能相机的地址，为192.168.8.3；“IP_PORT”是默认的，为502；“MB_MODE”是工作模式，1表示“写”，0表示“读”；“MB_DATA_ADDR”是智能相机存放数据的起始地址，为41001；“MB_DATA_LEN”用于读取数据的长度；“MB_DATA_PTR”是PLC存放读入的数据的缓存区，从MW400开始。

2）设置参数时，注意将“MB_UNIT_ID”与“CONNECT_ID”对应。

3）智能相机数据需要处理，因为PLC从智能相机读入的数据是高低位颠倒的，所以需要将其调整过来。

4）智能相机的数据是浮点型，占4个字节。工业机器人的数据格式为带符号整型数据，占用2个字节，因此PLC需要将浮点型数据转换成带符号的整型数据。

4. 主控PLC中编程实现与工业机器人的Modbus/TCP通信

由图6-68所示的流程图可知，主控PLC需要通过Modbus/TCP通信协议与工业机器人双向通信。详细的程序见本项目“实践操作”环节。编程时注意以下几点：

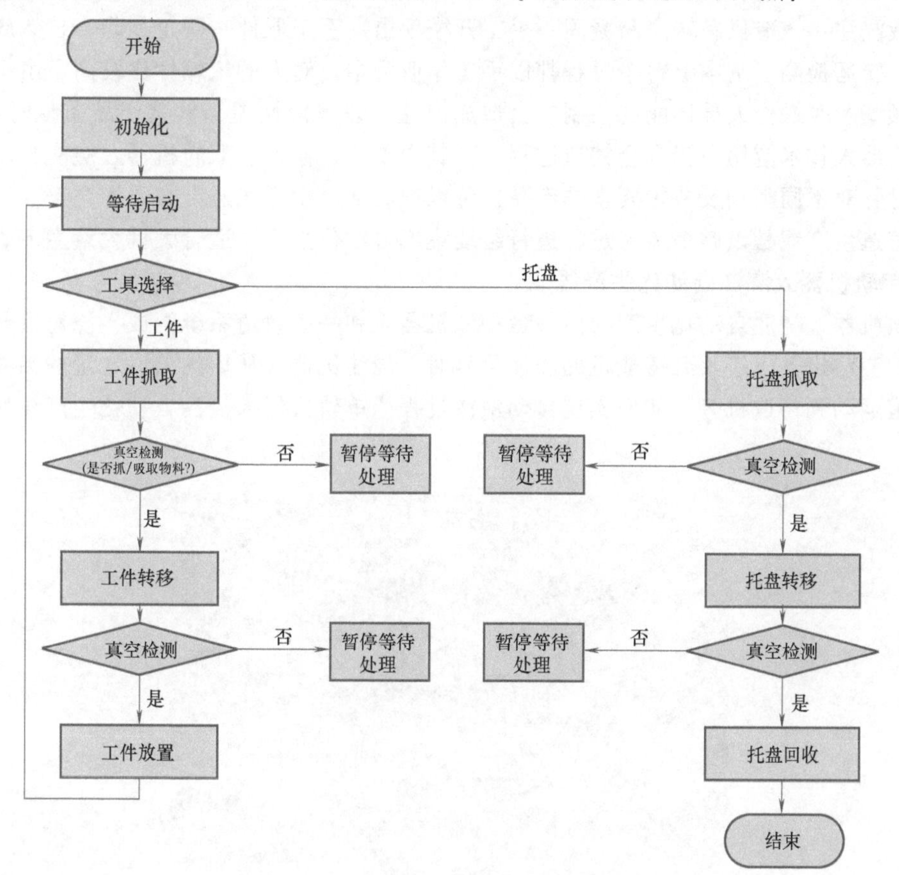

图6-68 工业机器人与PLC的通信流程

1）通信模块“MB_CLIENT”设置如下“CONNECT_ID”是智能相机的站号，为1；IP地址是智能相机的地址，为192.168.8.103；“IP_PORT”是默认的，为502；“MB_MODE”

是工作模式，1 表示“写”，0 表示“读”；“MB_DATA_ADDR”是工业机器人写入数据的起始地址，为 40001，在工业机器人中预留了 16 个输入寄存器，所以一次最多只能向工业机器人写入 16 个数据，且工业机器人只接收和发送带符号的整型数据；“MB_DATA_LEN”用于读取数据的长度；“MB_DATA_PTR”是 PLC 存放读入的数据的缓存区，从 MW100 开始。

2）设置参数时，注意将“MB_UNIT_ID”与“CONNECT_ID”对应。

3）读数据将“MB_MODE”的工作模式改写为 0 即可；“MB_DATA_ADDR”是读取工业机器人数据的起始地址，为 40017，在工业机器人中预留了 16 个输出寄存器，所以一次最多只能读取工业机器人 16 个数据，且工业机器人只接收和发送带符号的整型数据；“MB_DATA_LEN”用于读取数据的长度；“MB_DATA_PTR”是 PLC 存放读入的数据的缓存区，从 MW200 开始。

知识拓展

一、工业机器人集成技术在铝合金铸造工艺中的应用

轻合金重力铸造的传统生产模式（铝合金铸造工艺）是手工下芯→铸造机合模→手工勺取铝液浇注→铸造机翻转产品凝固→手工开模顶出→手工取件→手工打码→自然冷却→手工清理→转运检测。基本上整个过程都以手工作业为主，对人的依赖性比较高，由于操作人员更替频繁及受操作人员体能的限制，会造成浇注工艺稳定性差，铸造产品质量时有波动。将工业机器人技术应用在铝合金铸造过程中，其中单轨机器人、双轨机器人浇注自动化生产线主要是针对不同类别及节拍要求的产品，可以很灵活对生产线进行布局和调整。高架天轨机器人铸造生产线是以整个铸造过程进行组线集成自动化生产，适合大批大量生产。

1. 单轨机器人浇注自动化生产线

单轨机器人浇注自动化生产线由一台浇注机器人和一条轨道系统组成，浇铸机分布在轨道两边。浇注机器人接收到铸造机的浇注信号时，浇注机器人从熔炉勺取定量的铝液，然后通过轨道运动到铸造机旁，从而实现自动浇注过程。单轨机器人浇注自动化生产线如图 6-69 所示 。

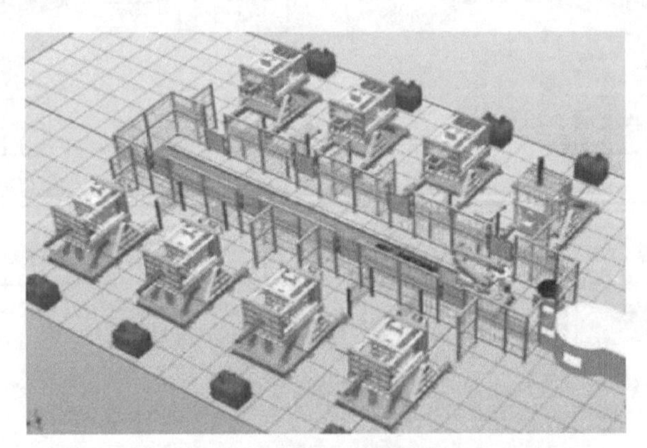

图 6-69　单轨机器人浇注自动化生产线

2. 双轨机器人浇注自动化生产线

双轨机器人浇注自动化生产线与单轨机器人浇注自动化生产线相似，它由两台浇注机器

人和两条轨道系统组成，浇铸机分布在轨道两边，一台浇注机器人负责一边的铸造机。浇注机器人接收到铸造机的浇注指令，浇注机器人从熔炉勺取定量的铝液，然后通过轨道运动到铸造机旁，进行自动浇注，由于两台浇注机器人共用一台熔炉，之间会有一个信号集成。双轨机器人浇注自动化生产线如图 6-70 所示。

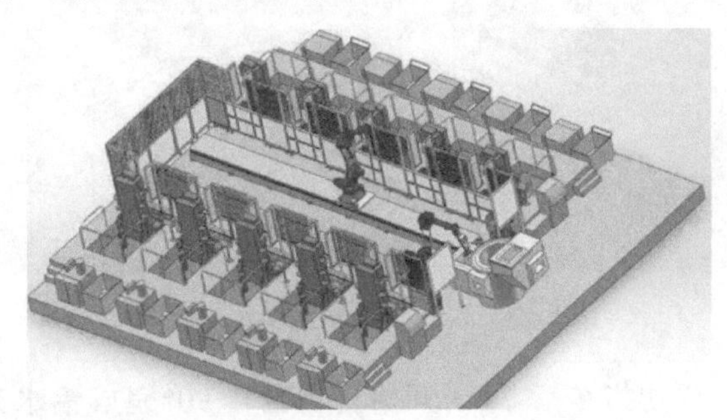

图 6-70　双轨机器人浇注自动化生产线

3. 高架天轨机器人铸造自动化生产线

融入工业机器人集成技术的铝合金铸造工艺生产模式是手工下芯→铸造机合模→浇注机器人勺取铝液浇注→铸造机翻转产品凝固→自动开模顶出→取件机器人取件→取件机器人抓取工件打码→取件机器人抓取工件放传送带冷却→取件机器人抓取工件清理→取件机器人抓取工件放传送带→取件机器人抓取工件进行 X 射线检测。

高架天轨机器人铸造自动生产线包括 1 套七轴浇注机器人、1 套 7 轴取件机器人、1 套六轴清理机器人、1 套检测机器人、1 套龙门高架轨道系统、4 台大回转伺服电动机齿轮传动倾转铸造机、1 条冷却传送带、1 条转运传送带、1 台清理及柔性打磨台，取件机器人安装在龙门高架上端，浇注机器人安装在龙门高架下端，方便地面的清理且节约空间，如图 6-71 和图 6-72 所示。按如下几个步骤实现铸造过程的自动化：

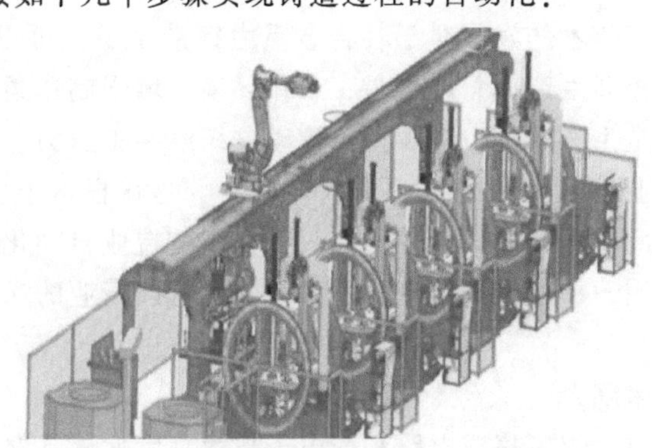

图 6-71　高架天轨机器人铸造自动化生产线

1）当操作人员手工完成模具气动清理及下芯后，按下铸造机电控柜面板上的“工作”按钮，浇注机器人从熔炉中根据工艺设置的剂量参数精准提取相应的铝水，输送并完成对发出信号的相应模具的自动浇注。浇注完成后，浇注机器人向已浇注铸造机发出浇注成功指令，并回到浇包清理站进行浇包清理，然后再返回到熔炉炉口上方保温和待命，准备进行下一次浇注操作。浇注机器人浇注可实现在铸造机器人和重力倾转铸造机之间进行同步运动，由浇注机器人引导铝液浇包，可实时获得浇注的确切位置。

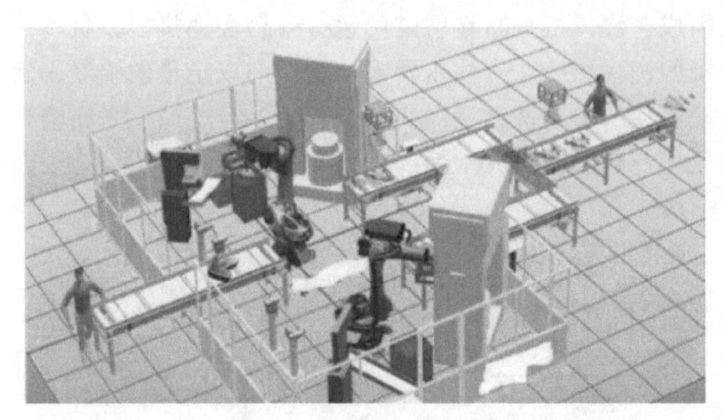

图 6-72 铸造后处理自动化生产线

2）铸造机得到浇注成功指令后 2s 内开始自动翻转 90°完成铝水充型，铸件到达冷却凝固时间后，铸造机回转并顺序开模，同时向取件机器人发出取件请求。

3）取件机器人将铸件由模具中夹取出、输送并打码，然后放置于冷却传送带上进行冷却。

4）传送带终点处的机器人取件，并将铸件放置在振砂机中。振砂完毕后取件，放入切锯清理机器中，等待切锯和清理完毕。

5）取件机器人抓取工件然后放在传送带上，检测机器人对传送来的零件进行检测和 X 射线检测。检测机器人将不合格的零件取出放置在不合格品区，合格产品通过取件机器人放置在热处理区域。

在一流硬件装备集成的基础上，生产车间还集成了先进的制造管理系统（MES），通过物联网、互联网和工业自动化等信息技术，实现车间内人、机、料、法环等全方位集成，实现铸造生产的智能化作业。

工业机器人集成系统技术的发展对于轻合金重力铸造来说，可以降低投资和运营成本，提高产品质量一致性，提高生产率，改善员工工作环境，增强制造柔性，减少原料浪费，提高成品率，改善健康安全生产条件，减少人员流动，缓解招工压力。在工业化、信息化发展的同时，智能制造是工业技术和信息技术的高度融合，是从根本上实现企业制造模式的变更。在工业化和信息化两化融合的大背景下，只有提高铸造业自动化水平，加强工业机器人在铸造业中的深层次应用，加速推进信息化技术与传统铸造行业的深度融合，才能提升铸造企业的竞争力。

二、机电一体化技术简介

机电一体化技术是以大规模集成电路和微电子技术高度发展并向传统机械工业领域迅速渗透，以机械、电子技术高度结合的现代工业为基础，将机械技术、电力电子技术、微电子技术、信息技术、传感测试技术和接口技术等有机结合并综合应用的技术。

1. 理论基础

系统论、信息论和控制论无疑是机电一体化技术的理论基础，是机电一体化技术的方法论。开展机电一体化技术研究时，无论在工程的构思、规划、设计方面，还是在实施或实现方面，都不能只着眼于机械或电子，不能只看到传感器或计算机，而是要用系统的观点合理解决信息流与控制机制问题，只有有效地综合各有关技术，才能形成所需要的系统或产品。

给定机电一体化系统的功能要求与规格后，机电一体化技术人员利用机电一体化技术进行设计、制造的整个过程称为机电一体化工程。实施机电一体化工程的结果是新型的机电一体化产品。图 6-73 所示为机电一体化工程的构成因素。

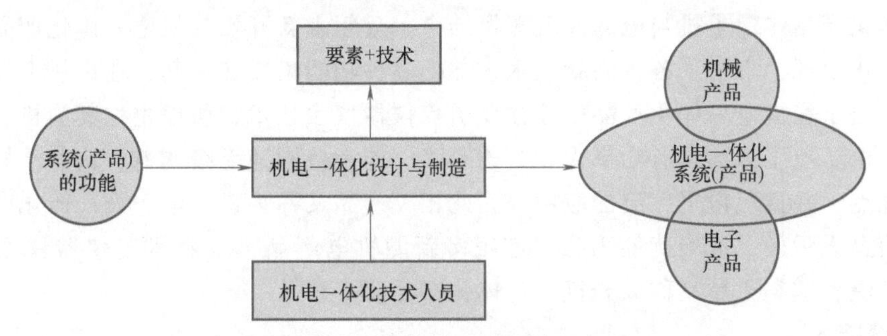

图 6-73　机电一体化工程的构成因素

系统工程是系统科学的一个工作领域，而系统科学本身是一门关于“针对目的要求而进行合理的方法学处理”的学科。系统工程的概念不仅包括“系统”，即具有特定功能的、相互之间具有有机联系的众多要素所构成的一个整体，也包括“工程”，即产生一定效能的方法。机电一体化技术是系统工程在机械电子工程中的具体应用。具体地讲，机电一体化技术就是以机械电子系统或产品为对象，以数学方法和计算机等为工具，对系统的构成要素、组织结构、信息交换和反馈控制等进行分析、设计、制造和服务，从而达到最优设计、最优控制和最优管理的目标，以便充分发挥人力、物力和财力，并通过各种组织管理技术，使局部与整体之间协调配合，实现系统的综合最优化。

机电一体化系统是一个包括物质流、能量流和信息流的系统，而有效地利用各种信号所携带的丰富信息资源依赖于信号处理和信号识别技术。机电一体化产品可以体现准确的信息获取、处理和利用在系统中所起的实质性作用。

机械控制工程是将工程控制论应用于机械工程技术派生而来的，为机械技术引入了崭新的理论、思想和语言，把机械设计技术由原来静态的、孤立的传统设计思想引向动态的、系统的设计理念，使科学的辩证法在机械技术中得以体现，为机械设计技术提供了丰富的现代设计方法。

2. 分类

随着科学技术的发展，机电一体化产品的概念不再局限在某一具体产品的范围，已扩大到由控制系统和被控制系统相结合的产品制造和过程控制的大系统。目前，世界上普遍认为机电一体化有两大分支，即生产过程的机电一体化和机电产品的机电一体化。

生产过程的机电一体化意味着整个工业体系的机电一体化，如机械制造过程的机电一体化、冶金生产的机电一体化、化工生产的机电一体化和纺织工业的机电一体化等。生产过程的机电一体化根据生产过程的特点（如生产设备和生产工艺是否连续）又可划分为离散制造过程的机电一体化和连续生产过程的机电一体化。前者以机械制造业为代表，后者以化工生产流程为代表。生产过程的机电一体化包含产品设计、加工、装配和检验的自动化，生产过程自动化，经营管理自动化等，其中包含多个自动化生产线，其高级形式是计算机集成制造系统（Computer Integrated Manufacturing System，CIMS），具体包括计算机辅助设计（Computer Aided Design，CAD）、计算机辅助制造（Computer Aided Manufacturing，CAM）、计算机辅助工艺过程设计（Computer Aided Process Planning，CAPP）、CAD/CAM 集成系统、柔性制造系统（Flexible Manufacturing System，FMS）。

机电产品的机电一体化是机电一体化的核心，是生产过程机电一体化的物质基础。典型的机电一体化产品体现了机与电的深度有机结合。近年来新开发的机电一体化产品大都采用了全新的工作原理，集中了各种高新技术，并把多种功能集成在一起，在市场上具有极强的竞争能力。由于在机电一体化产品中往往要引入仪器仪表技术，所以也称其为机、电、仪一体化产品。由于液压传动具有功率大、结构紧凑、能大范围地无级调速、快速性好、便于自动控制等优点，并且获得了广泛的应用，因此相关产品又称为机、电、液一体化产品。由于用光传递信息无污染，抗干扰能力强，在很多新型机电产品中（特别是仪器仪表中）的应用越来越广泛，这类产品又称为光机电一体化产品。

3. 关键技术

发展机电一体化技术所面临的共性关键技术包括精密机械技术、传感检测技术、伺服驱动技术、计算机与信息处理技术、自动控制技术、接口技术和系统总体技术等。现代的机电一体化产品甚至还包含了光、声、化学和生物等技术的应用。

（1）机械技术　机械技术是机电一体化的基础。随着高新技术引入机械行业，机械技术面临着挑战和变革。在机电一体化产品中，它不再是单一地完成系统间的连接，而是要优化设计系统结构、质量、体积、刚性和寿命等参数对机电一体化系统的综合影响。机械技术的着眼点在于如何与机电一体化的技术相适应，利用其他高新技术来更新概念，实现结构上、材料上、性能上以及功能上的变更，满足减小质量、缩小体积、提高精度、提高刚度、改善性能和增加功能的要求。尤其那些关键零部件，如导轨、滚珠丝杠、轴承、传动部件等的材料、精确度对机电一体化产品的性能、控制精度影响很大。

在制造过程的机电一体化系统中，经典的机械理论与工艺应借助于计算机辅助技术，同时采用人工智能与专家系统等，形成新一代的机械制造技术，原有的机械技术以知识和技能的形式存在。如计算机辅助工艺过程设计（CAPP）是目前 CAD/CAM 系统研究的瓶颈，其关键问题在于如何将各行业、企业、技术人员中的标准、习惯和经验进行表达和陈述，从而实现计算机的自动工艺设计与管理。

（2）传感与检测技术　传感与检测装置是系统的“感受器官”，它与信息系统的输入端相连，并将检测到的信息输送到信息处理部分。传感与检测是实现自动控制、自动调节的关键环节，它的功能越强，系统的自动化程度就越高。传感与检测的关键元件是传感器。

机电一体化系统或产品的柔性化、功能化和智能化都与传感器的品种多少、性能好坏密切相关。传感器的发展正进入集成化、智能化阶段。传感器技术本身是一门多学科、知识密集的应用技术。传感原理、传感材料及加工制造装配技术是传感器开发的三个重要方面。

传感器是将被测量（包括各种物理量、化学量和生物量等）变换成系统可识别的、与被测量有确定对应关系的有用电信号的一种装置。现代工程技术要求传感器能快速、精确地获取信息，并能经受各种严酷环境的考验。与计算机技术相比，传感器的发展显得缓慢，难以满足技术发展的要求。不少机电一体化装置不能达到满意的效果或无法设计的关键原因在于没有合适的传感器。因此大力开展传感器的研究，对于机电一体化技术的发展具有十分重要的意义。

（3）伺服驱动技术　伺服系统是实现电信号到机械动作的转换装置或部件，对系统的动态性能、控制质量和功能具有决定性的影响。伺服驱动技术主要是指机电一体化产品中执行元件和驱动装置涉及的设备执行操作的问题，它涉及设备执行操作的技术，对所加工产品的质量具有直接的影响。机电一体化产品中的伺服驱动执行元件包括电动、气动和液压等各种类型，其中电动式执行元件居多。驱动装置主要是各种电动机的驱动电源电路，目前多由电力电子器件及集成化的功能电路构成。在机电一体化系统中，通常微型计算机通过接口电路与驱动装置相连接，控制执行元件的运动，执行元件通过机械接口与机械传动和执行机构相连，带动工作机械做回转、直线以及其他各种复杂的运动。常见的伺服驱动执行装置有电液马达、脉冲液压缸、步进电动机、直流伺服电动机和交流伺服电动机等。随着变频技术的发展，交流伺服驱动技术取得了突破性进展，为机电一体化系统提供了高质量的伺服驱动单元，极大地促进了机电一体化技术的发展。

（4）信息处理技术　信息处理技术包括信息的交换、存取、运算、判断和决策，实现信息处理的工具大都采用计算机，因此计算机技术与信息处理技术是密切相关的。计算机技术包括计算机的软件技术和硬件技术、网络与通信技术和信息处理技术等。机电一体化系统主要采用工业控制计算机（包括单片机、PLC 等）进行信息处理。人工智能技术、专家系统技术和神经网络技术等都属于计算机信息处理技术。

在机电一体化系统中，计算机信息处理部分指挥整个系统的运行。信息处理是否正确、及时，直接影响系统工作的质量和效率。因此，计算机应用及信息处理技术已成为促进机电一体化技术发展和变革的最活跃的因素。

（5）自动控制技术　自动控制技术范围很广，机电一体化的系统设计是在基本控制理论的指导下，对具体控制装置或控制系统进行设计；对设计后的系统进行仿真，现场调试；最后使研制的系统可靠地投入运行。由于控制对象种类繁多，所以控制技术的内容极其丰富，例如高精度定位控制、速度控制、自适应控制、自诊断、校正、补偿、再现以及检索等。

随着微型计算机的广泛应用，自动控制技术越来越多地与计算机控制技术联系在一起，成为机电一体化中十分重要的关键技术。

（6）接口技术　机电一体化系统是机械、电子和信息等性能各异的技术融为一体的综合系统，其构成要素和子系统之间的接口极其重要，主要有电气接口、机械接口和人机接口等。电气接口实现系统间的信号联系，机械接口则完成机械与机械部件、机械与电气装置的连接，人机接口提供了人与系统间的交互界面。接口技术是机电一体化系统设计的关键环节。

（7）系统总体技术　系统总体技术是一种从整体目标出发，用系统的观点和全局的角度将总体分解成相互有机联系的若干单元，找出能完成各个功能的技术方案，再把功能和技术方案组成方案组进行分析、评价和优选的综合应用技术。系统总体技术解决的是系统的性能优化问题和组成要素之间的有机联系问题，即使各个组成要素的性能和可靠性很好，如果整个系统不能很好地协调，系统也很难保证正常运行。

在机电一体化产品中，机械、电气和电子是性能、规律截然不同的物理模型，因而存在匹配困难的问题；电气、电子又有强电与弱电及模拟与数字之分，必然遇到相互干扰和耦合的问题；系统的复杂性会带来可靠性问题；产品的小型化产生了状态监测与维修困难的问题；多功能化造成诊断技术的多样性等问题。因此要考虑产品整个寿命周期的总体综合技术。

为了开发出具有较强竞争力的机电一体化产品，系统总体设计除考虑优化设计外，还包括可靠性设计、标准化设计、系列化设计以及造型设计等。

4. 主要特征

（1）整体结构最优化　在传统的机械产品中，为了增加一种功能或实现某一种控制规律，往往用增加机械机构的办法来实现。例如，为了达到变速的目的，出现了由一系列齿轮组成的变速箱；为了控制机床的走刀轨迹，出现了各种形状的靠模；为了控制柴油发动机的喷油规律，出现了凸轮机构等。随着电子技术的发展，人们逐渐发现，过去笨重的齿轮变速箱可以用轻便的变频调速电子装置来代替，准确的运动规律可以通过计算机的软件来调节。因此现在可以从机械、电子、硬件和软件四个方面来实现同一种功能。

这里所指的“最优”不一定是尖端技术，而是指满足用户的要求。它可以是以高效、节能、节材、安全、可靠、精确、灵活和价廉等许多指标中用户最关心的一个或几个指标为主进行衡量的结果。机电一体化技术的实质是从系统的功能出发，应用机械技术和电子技术进行有机的组合、渗透和综合，实现系统的最优化。

（2）系统控制智能化　系统控制智能化是机电一体化技术与传统的工业自动化最主要的区别之一。电子技术的引入显著地改变了传统机械单纯靠操作人员按照规定的工艺顺序或节拍频繁、紧张、单调、重复的工作状况。可以靠电子控制系统，按照预定的程序一步一步地协调各相关机构的动作及功能关系。目前大多数机电一体化系统都具有自动控制、自动检测、自动信息处理、自动修正、自动诊断、自动记录和自动显示等功能。在正常情况下，整个系统按照人的意图（通过给定指令）进行自动控制，一旦出现故障，就自动采取应急措施，实现自动保护。在某些情况下，单靠人的操纵是难以应付的，特别是在危险、有害、高速和精确的应用条件下，应用机电一体化技术不但是有利的，而且是必要的。

（3）操作性能柔性化　计算机软件技术的引入使机电一体化系统的各个传动机构的动作通过预先给定的程序，一步一步地由电子系统来协调。在生产对象变更需要改变传动机构的动作规律时，无须改变其硬件机构，只要调整由一系列指令组成的软件，就可以达到预期的目的。这种软件可以由软件工程人员根据控制要求事先编好，通过磁盘或数据通信装入机电一体化系统里的存储器中，进而对系统机构动作实施控制和协调。

5. 机电一体化技术的发展

（1）发展的三个阶段　机电一体化技术的发展大体上可分为三个阶段。20 世纪 60 年代以前为第一阶段，这一阶段称为初期阶段。特别是在第二次世界大战期间，战争刺激了机械产品与电子技术的结合，这些机电结合的军用技术在战后转为民用，对战后经济的恢复起到了积极的作用。20 世纪 70~80 年代为第二阶段，可称为蓬勃发展阶段。这一时期，计算机技术、控制技术和通信技术的发展为机电一体化技术的发展奠定了技术基础。20 世纪 90 年代后期开始了机电一体化技术向智能化方向迈进的新阶段。人工智能技术、神经网络技术及光纤通信技术等领域取得的巨大进步为机电一体化技术开辟了广阔的发展天地。

（2）向光机电一体化方向发展　科学技术的迅猛发展，特别是光电子技术的蓬勃发展，促使机电一体化逐渐向光机电一体化方向发展。

光电子技术是在 20 世纪 60 年代激光技术问世之后，将传统光学技术与现代激光技术、光电转换技术、微电子技术、信息处理技术和计算机技术紧密结合在一起的一门高新技术，是获取光信息或者借助光来提取其他信息的重要手段。众所周知，21 世纪是信息爆炸的世纪，随着高容量和高速度的信息发展，电子学和微电子学展现出其局限性。由于光子速度比电子速度快得多，光的频率比无线电的频率高得多，所以光子比电子具有更优良的性能，如超大容量（如利用一根比头发丝还细的光纤，用一束激光理论上可同时传递近100亿路电话和1000万路电视节目，一张光盘可以存储6亿多个汉字）、超高速度、高保密性（激光在光纤中传播几乎不漏光，无信息扩散）、抗干扰性强、更高精度、更高分辨率、信息的可视性、应用领域广等。为提高传输速度和载波密度，信息的载体由电子过渡到光子是发展的必然趋势，它会使信息技术产生突破性的发展。目前，信息的探测、传输、存储、显示、运算和处理已由光子和电子共同参与来完成。此外，由于激光具有高相干性、高单色性、高方向性和高亮度的特点，能够在万亿分之一秒积聚数百万亿千瓦的功率，温度高达数千万摄氏度。这使它成为一种非常有效的加工方法而被广泛应用于手术、切割、焊接、清洗、打孔、刻槽、标记、三维雕刻、光化学沉积、快速成形及金属塑性成形等领域。

由于光电子技术的蓬勃发展和无与伦比的优点，以及光电子技术与机电一体化技术的不断融合，机电一体化的内涵和外延不断地得到丰富和拓展。国内外许多专家学者已将机电一体化更名为光机电一体化，并且将光机电一体化技术誉为21世纪最具魅力的朝阳产业。

（3）未来发展方向　机电一体化技术是集机械、电子、光学、控制、计算机和信息等多学科的交叉融合技术，它的发展和进步有赖于相关技术的发展和进步，其主要发展方向有数字化、智能化、模块化、网络化、微型化、集成化、人格化和绿色化。

1）数字化。微处理器和微控制器的发展奠定了单机数字化的基础，如不断发展的数控机床和机器人；而计算机网络的迅速崛起，为数字化制造铺平了道路，如计算机集成制造。数字化要求机电一体化产品的软件具有高可靠性、可维护性以及自诊断能力，其人机界面对用户更加友好，更易于使用，用户能根据需要参与改进。数字化的实现将便于远程操作、诊断和修复。

2）智能化。智能化是21世纪机电一体化技术发展的主要方向。赋予机电一体化产品一定的智能，使它模拟人类智能，具有人的判断推理、逻辑思维、自主决策等能力，以求得到更高的控制目标。随着人工智能技术、神经网络技术及光纤通信技术等领域取得了巨大进步，大量智能化的机电一体化产品不断涌现。现在，模糊控制技术已经相当普遍，甚至还出现了混沌控制的产品。

3）模块化。由于机电一体化产品的种类和生产厂家繁多，研制和开发具有标准机械接口、动力接口和环境接口的机电一体化产品单元是一项十分复杂和有前途的事情。利用标准单元迅速开发出新的产品，缩短开发周期，扩大生产规模，将给企业带来巨大的经济效益和美好的发展前景。

机电一体化水平的提高使纺织机械的分部传动得以实现，这也使模块化设计成为可能。不仅机械部分，电气控制部分也采用模块化的设计思想，各功能单元都采用插槽式的结构，不同功能模块的组合能满足千变万化的用户需求。模块化的产品设计是今后技术发展的必然趋势。

4）网络化。20世纪90年代，计算机技术的突出成就就是网络技术。各种网络将全球经济、生产连成一片，企业间的竞争也具有全球化特点。由于网络的普及和优化，基于网络的各种远程控制和状态监控技术方兴未艾，而远程控制的终端设备就是机电一体化产品。随着网络技术的发展和广泛运用，一些制造企业正向着更高的管理信息系统层次企业资源计划

(Enterprise Resource Planning，ERP）迈进。

5）微型化。微型化指的是机电一体化向微型化和微观领域发展的趋势。微型化是精密加工技术发展的必然，也是提高效率的需要。微机电一体化发展的瓶颈在于微机械技术，微机电一体化产品的加工采用精细加工技术，即超精密技术，它包括光刻技术和蚀刻技术。

6）集成化。集成化既包含各种技术的相互渗透、相互融合，又包含在生产过程中同时处理加工、装配、检测和管理等多种工序。为了实现多品种、小批量生产的自动化与高效率，应使系统具有更广泛的柔性，如特吕茨勒新型梳棉机就集成了一体化并条机(Integrated Draw Frame，IDF)，可节省并条机台数，简化工序，增加柔性，提高效率。

7）人格化。机电一体化产品的最终使用对象是人，如何在机电一体化产品里赋予人的智能、情感和人性显得越来越重要，特别是在以人为本的思想已深入人心的今天，机电一体化产品除了完善的性能外，还要求在色彩、造型等方面都与环境相协调，柔和一体，小巧玲珑，使用这些产品对人来说还是一种艺术享受，如家用机器人的最高境界就是人机一体化。

8）绿色化。机电一体化产品的绿色化主要是指使用时不污染生态环境。绿色化是时代的趋势，绿色产品在其设计、制造、使用和销毁的过程中符合特定的环境保护和人类健康的要求，对生态环境无害或危害极小，资源利用率极高。

评价反馈

表 6-21 评价表

基本素养(30分)				
序号	评估内容	自评	互评	师评
1	纪律(无迟到、早退、旷课)(10分)			
2	安全规范操作(10分)			
3	团结协作能力、沟通能力(10分)			
理论知识(30分)				
序号	评估内容	自评	互评	师评
1	码垛机器人与主控系统联机编程与调试(10分)			
2	视觉系统与主控系统联机编程与调试(5分)			
3	AGV与主控系统联机编程与调试(5分)			
4	托盘流水线的编程与调试(3分)			
5	装配流水线的编程与调试(2分)			
6	六关节工业机器人的编程与调试(5分)			
技能操作(40分)				
序号	评估内容	自评	互评	师评
1	各模块通信程序的编写(5分)			
2	主控系统程序的编写(15分)			
3	系统联调联试(20分)			
综合评价				

练习与思考题

一、填空题

1. 工业机器人技术应用平台由________、________、________、________、________和________六部分组成。

2. 主控界面包含黄、绿、红三种状态指示灯，________指示灯指示初始状态正常，________指示灯指示初始状态不正常，________指示灯指示任务完成。

3. ________是工业机器人抓取工件的前提和基础，其识别的结果正确与否和定位的精度直接影响工业机器人操作结果的准确性。

4. 通过“MB_CLIENT”指令，可以在客户端和服务器之间________、________、________并控制 Modbus TCP 服务器的连接终端。

5. MB_SERVER”指令将处理 Modbus TCP 客户端的________、________并发送响应。

二、简答题

1. 如何实现 S7-1200CPU 与六关节工业机器人之间的通信？

2. 如何实现两个 S7-1200CPU 之间的以太网通信？

3. 简述工业机器人的初始状态。

4. 简述出库和装配流程。

5. 简述主控 PLC 与智能相机之间的通信。

6. 简述机电一体化和光机电一体化的相同点和不同点。

三、操作题

将本项目中的装配位置与成品放置位置改为图 6-74 所示的位置，其他条件和技术要求不变，编写人机界面和主控 PLC 程序，控制码垛机器人、AGV、装配作业流水线和工业机器人等设备，自动完成工件仓位信息判别和工件取出、识别、空托盘回收、不同工件分类、搬运以及装配。

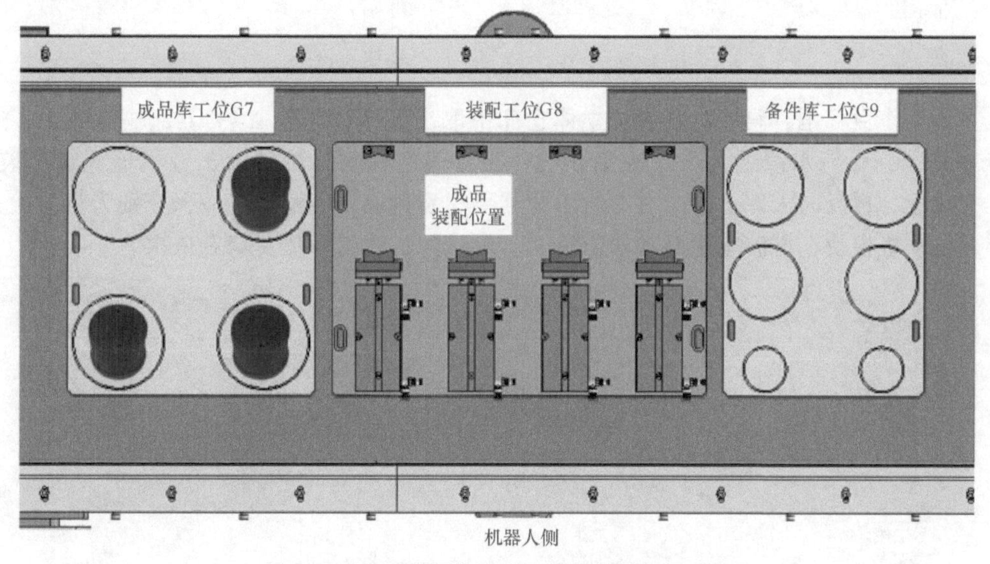

图 6-74　工件装配位置以及成品放置位置要求

附　　录

附录A　竞赛任务书

2018年全国职业院校技能大赛

工业机器人技术应用赛项（高职组）竞赛任务书

竞赛设备描述：

“工业机器人技术应用”竞赛在“工业机器人技术应用实训平台”上进行，该设备由工业机器人、AGV、托盘流水线、装配流水线、视觉系统以及码垛机器人与立体仓库六大系统组成，竞赛平台结构图如附图A-1所示。

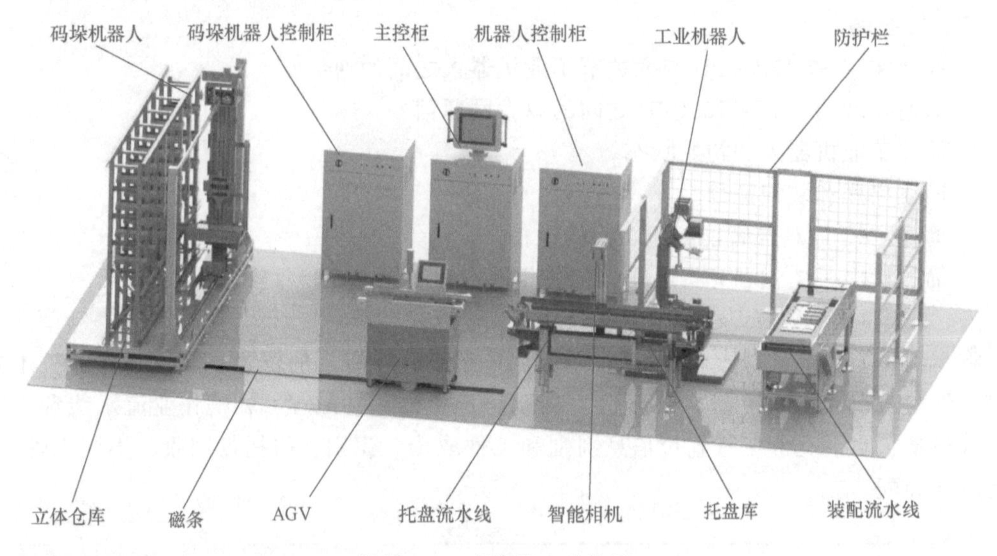

附图A-1　竞赛平台结构图

主要工作目标是：码垛机器人从立体仓库中取出工件放置于AGV上部输送线上，通过AGV输送至托盘流水线上，通过视觉系统对工件进行识别，然后由工业机器人进行装配，装配完成后，再反向入库。附图A-2所示为需要识别抓取和装配的工件，分别为机器人关节底座、电动机模块、谐波减速器和输出法兰，默认的工件编号从左至右依次为1~4号。

1号工件
关节底座

2号工件
电动机模块

3号工件
谐波减速器

4号工件
输出法兰

附图A-2　需要识别抓取和装配的工件

任务中 3A 号和 4A 号工件为存在缺陷的工件，类型编号分别为 3A、4A，并且各缺陷工件编号如附图 A-3 所示。

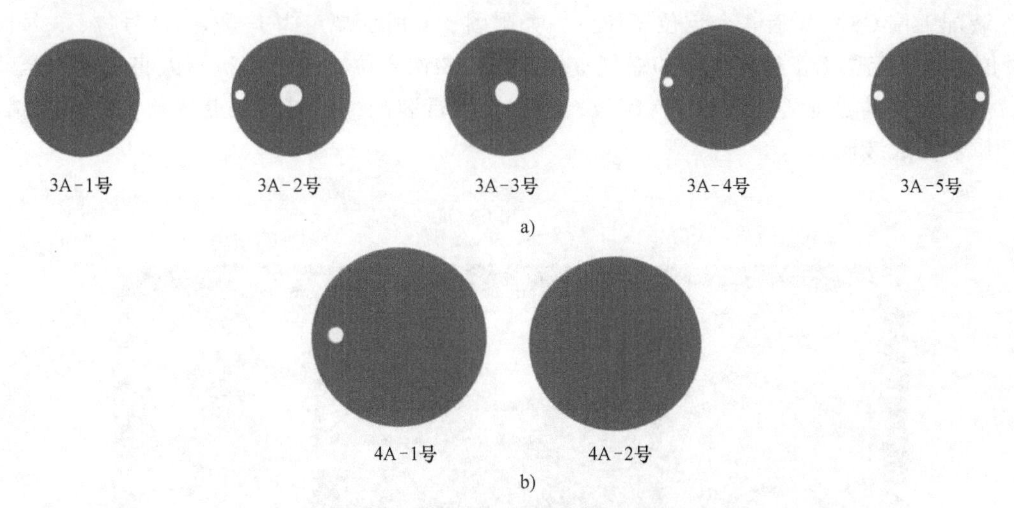

附图 A-3　3A 和 4A 号缺陷工件图示

a）3A 号缺陷工件　b）4A 号缺陷工件

托盘结构以及托盘放置工件的状态如附图 A-4 所示，托盘两侧设计有挡条，两挡条的中间区域为工件放置区。

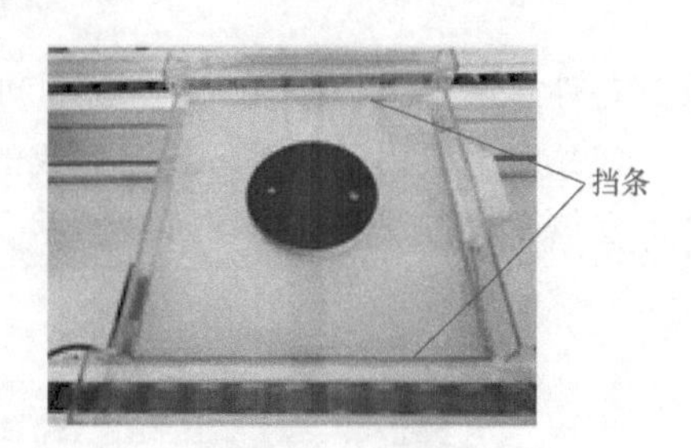

附图 A-4　待装配的工件放置于托盘中的状态

系统中托盘流水线和工件装配生产线的工位分布如附图 A-5 所示。

装配流水线如附图 A-6 所示，由成品库工位 G7、装配工位 G8 和备件库工位 G9 三个部分组成。定义成品库工位 G7 的工作位置为装配流水线回原点后，向中间运动 200mm 的位置；装配工位 G8 的工作位置为

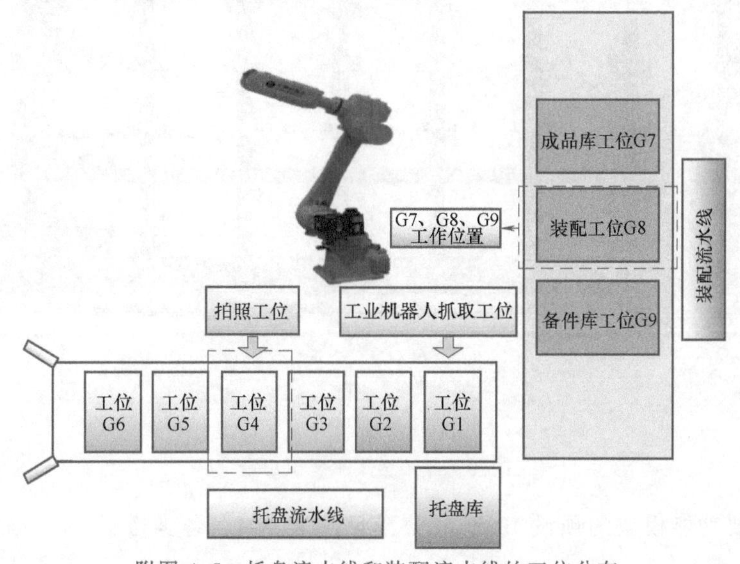

附图 A-5　托盘流水线和装配流水线的工位分布

在装配流水线中间位置；备件库工位 G9 的工作位置为装配流水线回原点后，向中间运动 200mm 的位置。

装配工位 G8 配置有 4 个定位工作位，如附图 A-6 所示规定为 1 号位、2 号位、3 号位和 4 号位。每个定位工作位安装了伸缩气缸用于工件二次定位，当工业机器人将工件送至装配工位后，先将其通过气缸进行二次定位，然后再进行装配，以提高工业机器人的抓取精度，保证顺利完成装配。

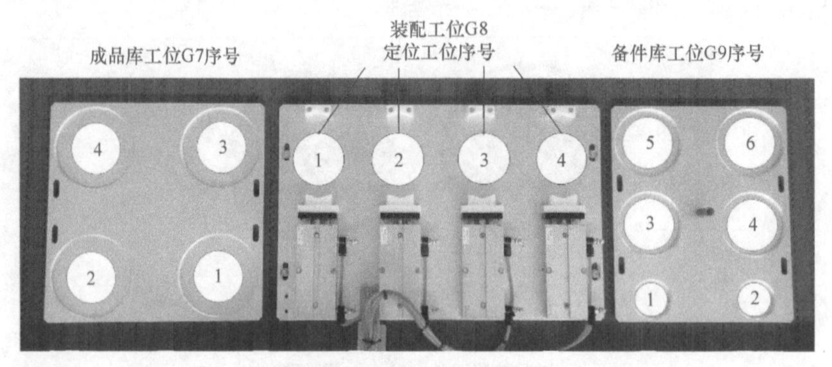

附图 A-6　装配流水线

备件库主要用于存放 2 号、3 号和 4 号工件，也可以用于缺陷工件的临时存放。

成品库主要用于存放已装配完成的工件，也可以用于其他工件临时存放。

立体库仓位规定如附图 A-7 所示。

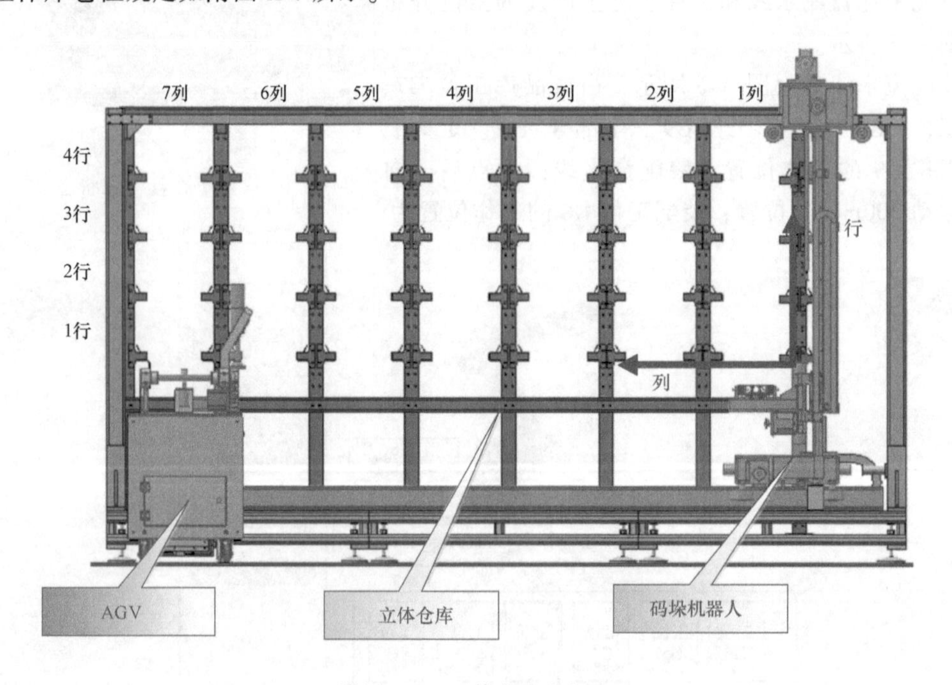

附图 A-7　立体库仓位规定

系统中主要功能模块的预设 IP 地址分配见附表 A-1，各参赛队可根据实际情况自行修改。

附表 A-1 主要功能模块的预设 IP 地址分配表

序号	名称	IP 地址分配	备注
1	工业机器人	192.168.8.103	预设
2	智能相机	192.168.8.3	预设
3	主控系统 PLC	192.168.8.11	预设
4	主控 HMI 触摸屏	192.168.8.111	预设
5	编程计算机 1	192.168.8.21	预设
6	编程计算机 2	192.168.8.22	预设
7	码垛机器人系统 PLC	192.168.8.12	预设
8	码垛机器人 HMI 触摸屏	192.168.8.112	预设

任务一 机械和电气安装

(一)传感器的安装

1. 安装并调试托盘流水线上的传感器

安装托盘流水线上的入口光电接近开关、拍照工位光电接近开关以及抓取工位光电接近开关到托盘流水线上的正确位置。

托盘流水线传感器安装完毕后，效果如附图 A-8 所示。

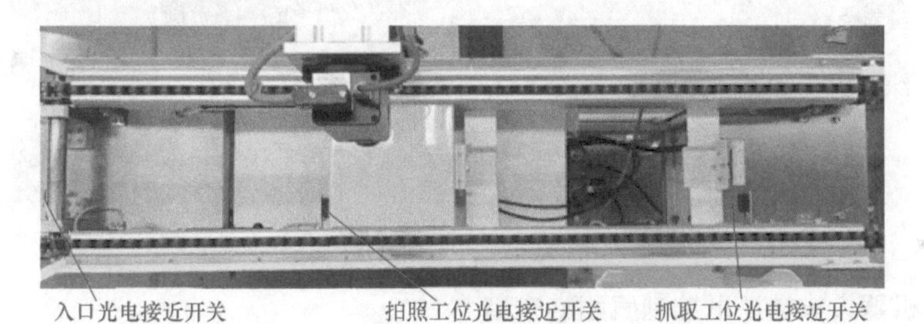

附图 A-8 托盘流水线上的传感器布置

2. 安装安全护栏传感器

将安全护栏传感器安装在安全护栏门的正确位置，使后续编程时能够实现：当安全门打开时，机器人停止运动。

在安全护栏中安装安全护栏传感器完成后，效果如附图 A-9 所示。

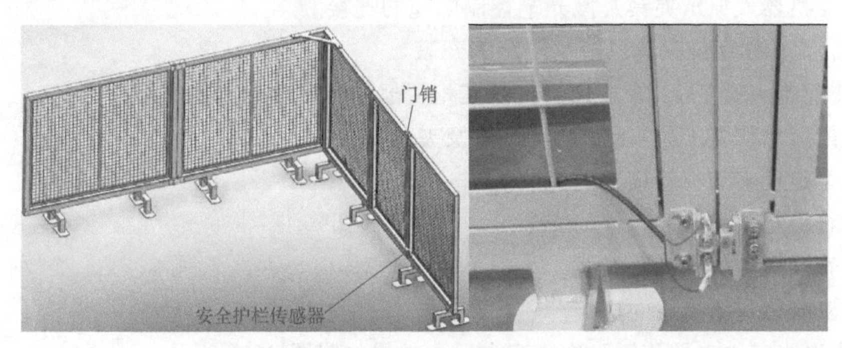

附图 A-9 安全护栏传感器位置

完成任务一（一）的步骤1和2后，举手示意裁判进行评判！

（二）工业机器人气路及外部工装的安装

1. 工业机器人外部工装安装

完成工业机器人末端真空吸盘、气动三爪卡盘以及部分气路连接。

1）吸盘与吸盘支架的安装，气管接头的安装。

2）三爪卡盘与支架的安装，气管接头的安装。

3）支架与连接杆的安装。

4）连接杆与末端法兰的安装。

5）末端法兰与机械手本体固连（连接法兰圆端面与机械手本体J6关节输出轴末端法兰）。

6）气管与气管接头的连接。

7）激光笔的安装。

气动抓爪与真空吸盘安装连接完成后，效果如附图A-10所示。

附图A-10　末端执行器连接后的效果

2. 工业机器人末端抓爪控制气路的安装

完成工业机器人一轴底座真空发生器气路、三爪卡盘和双吸盘控制电磁阀的部分气路连接。

1）工业机器人主气路接头的连接。

2）三爪卡盘与吸盘电磁阀的安装及气路的连接。

3）吸盘真空发生器的安装与连接。

4）工业机器人抓爪夹具及激光笔控制电缆的连接。

3. 装配流水线定位夹具及控制气路的安装

完成装配流水线工位G8定位夹具及其相关部件的安装和整体气路连接。

1）装配流水线上工位G8三个定位块及夹具的安装。

2）三个定位夹具气管接头的安装。

3）气管拖链及其相关部件的安装。

4）气管到电磁阀的气路布线。

5）电磁阀体气管接头的连接。

装配流水线定位夹具及气路连接完成后，效果如附图A-11所示。

附图 A-11　装配流水线定位夹具及吸盘电磁阀气路连接后的效果

完成任务一（二）的步骤 1~3 后，举手示意裁判进行评判！

(三)视觉及网络系统的连接

完成智能相机、编程计算机、主控 PLC 单元、码垛机器人单元和触摸屏的连接。

1）安装连接智能相机的电源线、通信线于正确位置。

2）按照系统网络拓扑图（附图 A-12）完成系统组网。

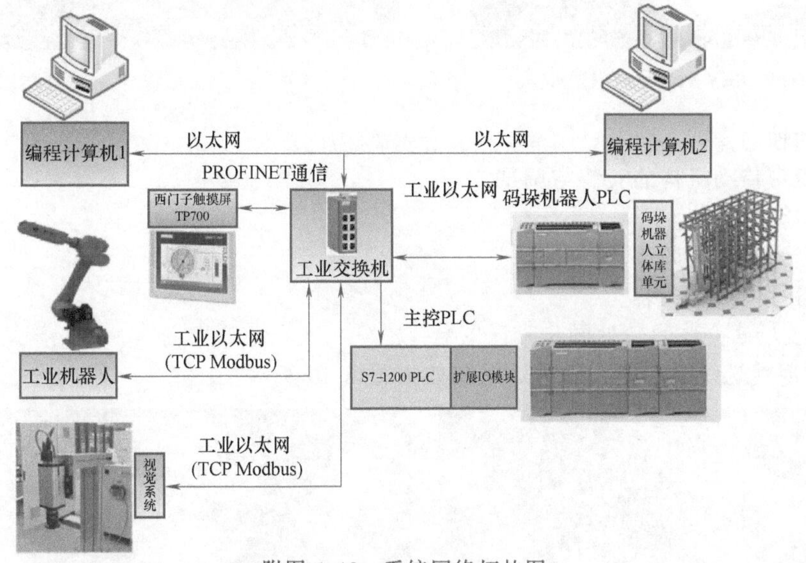

附图 A-12　系统网络拓扑图

智能相机连接完成后，效果图如附图 A-13 所示。

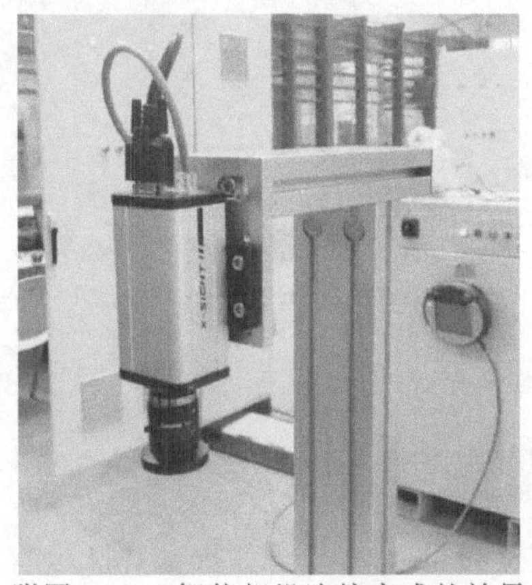

附图 A-13　智能相机连接完成的效果

完成任务一（三）后，举手示意裁判进行评判！

（四）AGV 上部输送线的安装与调试

完成 AGV 上部输送线部分部件的安装，AGV 上部输送线结构爆炸图及结构图如附图 A-14 和附图 A-15 所示：

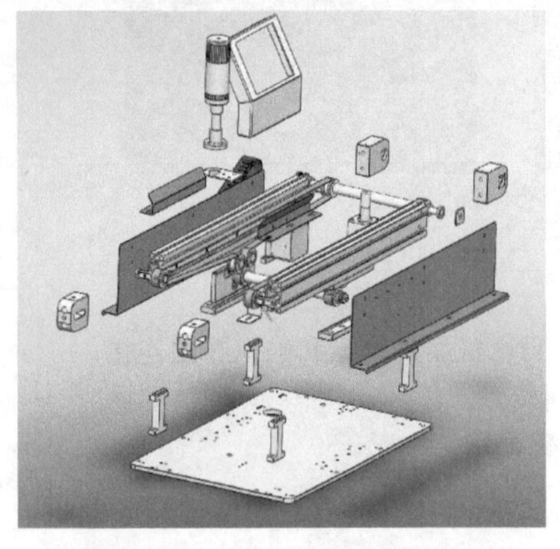

附图 A-14　AGV 上部输送线爆炸图

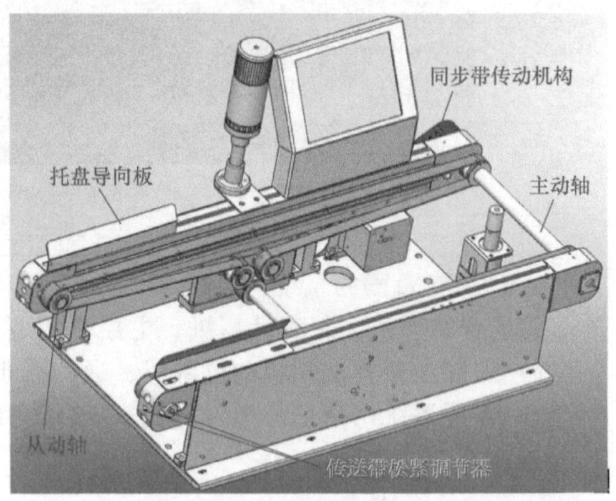

附图 A-15　AGV 上部输送线结构图

1）主动轴的安装。
2）同步带传动机构的安装与调试。
3）从动轴的安装。
4）平带张紧度的调节。
5）托盘导向板的安装。

注意：现场 3 个张紧轮处同步带已安装。

AGV 上部输送线安装完成后，效果图如附图 A-16 所示。

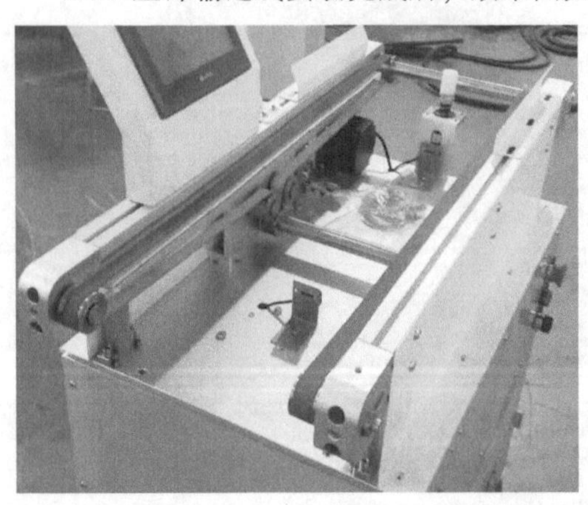

附图 A-16　AGV 上部输送线安装完成效果图

完成任务一（四）后，举手示意裁判进行评判！

任务二：视觉系统的编程与调试

在完成任务一中视觉系统连接的基础上（如果参赛队没有完成任务一（三），由裁判通知技术人员完成，参赛队任务一（三）不得分，并扣 2 分，所花费时间不补时)，完成如下工作。

（一）视觉软件的设定

打开安装在编程计算机上的 X-SIGHT STUDIO 信捷智能相机软件，连接和配置智能相机，通过调整智能相机镜头焦距及亮度，使智能相机稳定、清晰地摄取图像信号。

测试要求为：在软件中能够正确实时地查看到现场放置于智能相机下方托盘中的工件 1 的图像，要求工件 1 图像清晰。实现后的界面效果如附图 A-17 所示。

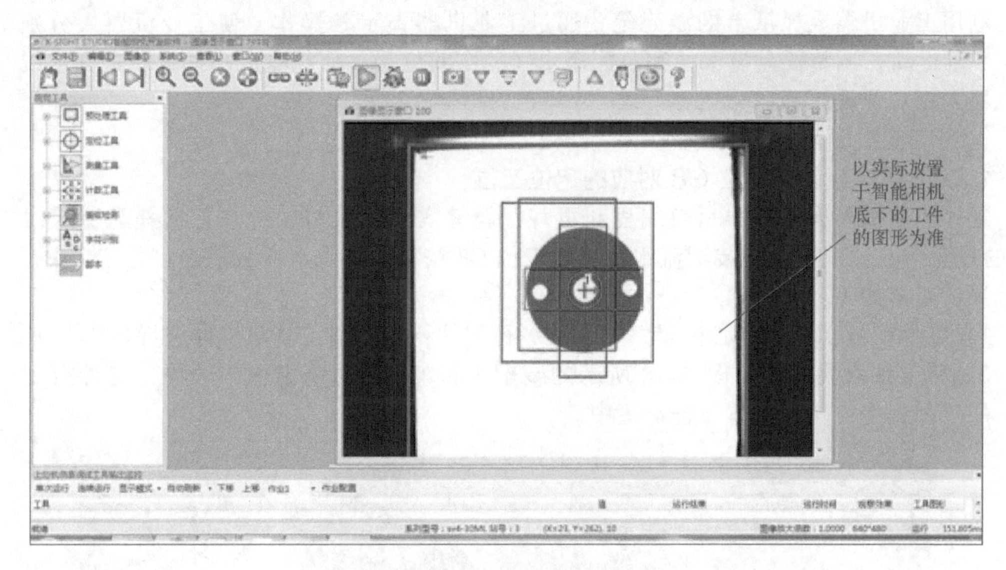

附图 A-17　实现后的界面效果

完成任务二（一）后，举手示意裁判进行评判！

（二）智能相机的编程与调试

1）设置视觉控制器触发方式、Modbus 参数，设置视觉控制器与主控 PLC 的通信。

2）图像的标定、样本的学习任务要求如下：

① 对图像进行标定，实现智能相机中出现的尺寸和实际的物理尺寸一致。

② 对托盘内的单一工件进行拍照，获取该工件的形状、位置和角度偏差，利用视觉工具编写智能相机视觉程序对工件进行学习。规定智能相机镜头中心为位置零点，智能相机学习的工件角度为 0°。

③ 编写 4 种工件及缺陷工件脚本文件，规定每个工件地址空间的第 1 个信息为工件位置 X 坐标，第 2 个信息为工件位置 Y 坐标，第 3 个信息为角度偏差。

测试要求为：参赛选手依次手动放置有附图 A-2 中的 1 号、2 号、3 号、4 号工件以及附图 A-3 中的 3A、4A 号的缺陷工件（3A-4 号和 4A-1 号）的托盘（每一个托盘放置 1 个工件）于拍照区域，在软件中能够得到和正确显示 4 种工件及 2 种缺陷工件的位置、角度和类型编号。

注意事项：

1）在样本学习和编写脚本程序时现场不提供 3A 或 4A 号的缺陷工件。

2）在编写智能相机视觉脚本程序时，智能相机程序中对应工件的通信地址可自行定义。

完成任务二（二）后，举手示意裁判进行评判！

任务三　工业机器人的设定与示教编程

(一)工业机器人的设定

1. 工业机器人工具坐标系的设定

1）设定抓爪1（双吸盘）的工具坐标系。

2）设定抓爪2（三爪卡盘）的工具坐标系，参考值为（0，-144.8，165.7，90，140，-90）。

2. 托盘流水线和装配流水线的位置调整

利用工业机器人抓爪上的激光笔，通过工业机器人示教操作，使工业机器人分别沿X轴、Y轴运动，调整托盘流水线和装配流水线的空间位置，使托盘流水线、装配流水线与工业机器人相对位置正确。

(二)工业机器人的示教编程

1. 工件摆放至装配工位G8对应的定位工位

通过工业机器人示教器示教编程和再现，能够实现依次将4种工件从托盘流水线工位G1的托盘中心位置搬运到装配流水线装配工位G8按指定要求对应放置的定位工位中。

测试要求如下：

1）工件摆放于托盘中心位置，每次放一种工件，用末端工具对工件进行取放操作。

2）将工件取放在如附图A-18所示的装配工位G8的对应定位工位中，工件放到位置后，用双吸盘将空托盘放置于托盘库中。

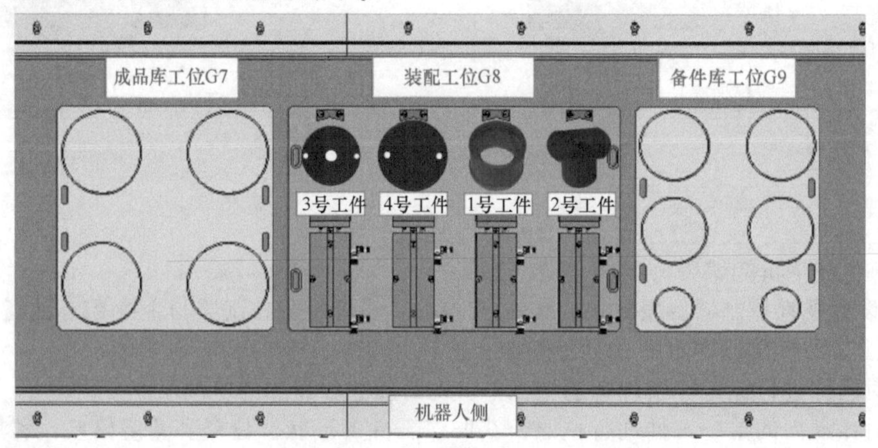

附图A-18　工件摆放位置

2. 工件的二次定位、装配、放入成品库和拆解

通过工业机器人示教器示教编程和再现，能够实现自动将装配流水线工位G7和G9的1~4号工件搬运到装配工位G8指定位置进行二次定位、工件装配、放入成品库和拆解，拆解后将工件摆放到装配工位G8对应的指定位置。

测试要求如下：

1）装配流水线工位G7和工位G9的工件为参赛选手人工按照附图A-19所示放置。

2）工业机器人自动将装配流水线工位G7和G9中的工件，按照装配次序1→2→3→4依次抓取并放置于工位G8的指定位置，每放置完一个工件，夹紧气缸应立即动作，进行二次定位，定位完成后，工业机器人抓取并完成装配，装配结果如附图A-20所示。

3）装配完成后，工业机器人将装配的成品放入工位G7，放置结果如附图A-21所示。

4）成品放置完成后，工业机器人对成品工件进行自动拆解，拆解后的放置结果如附图

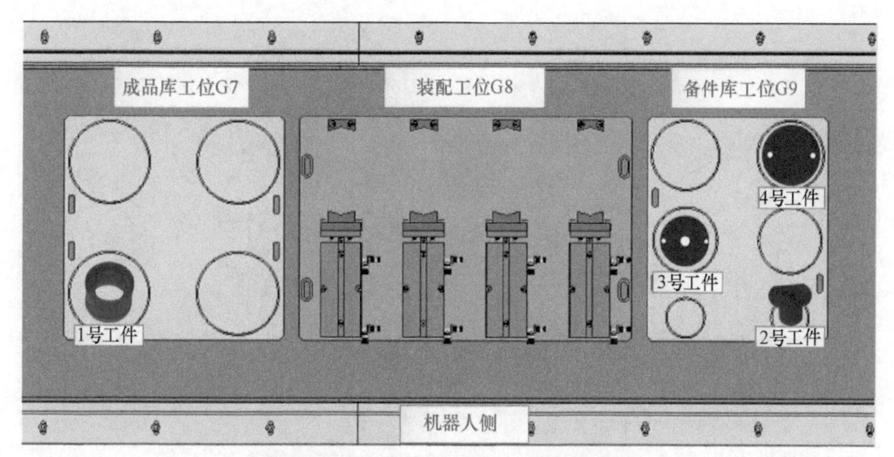

附图 A-19 工件装配前人工摆放位置

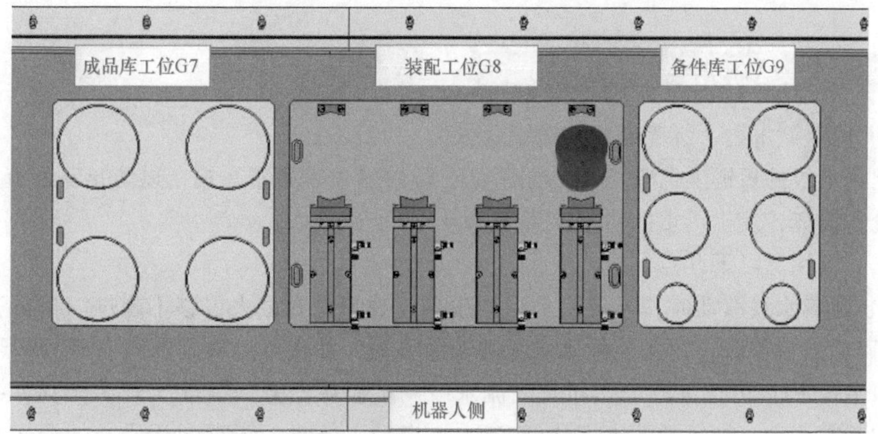

附图 A-20 工件装配结果

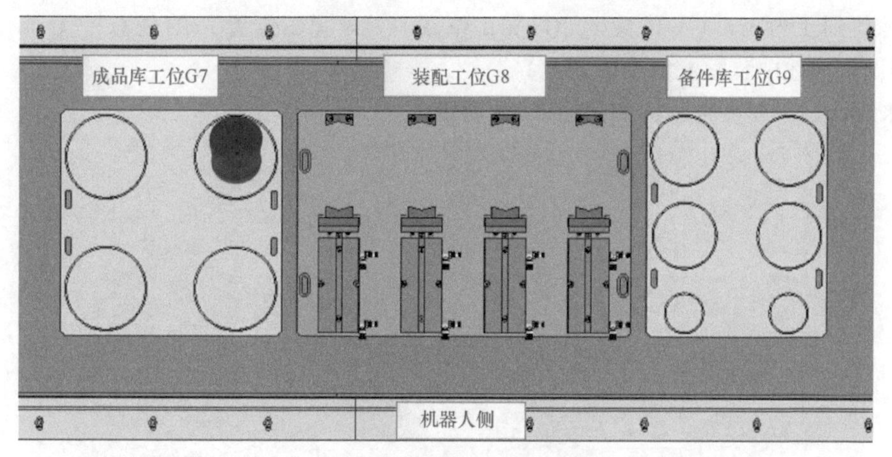

附图 A-21 装配后成品放置结果

A-22 所示。

完成任务三（一）、（二）后，举手示意裁判进行评判！

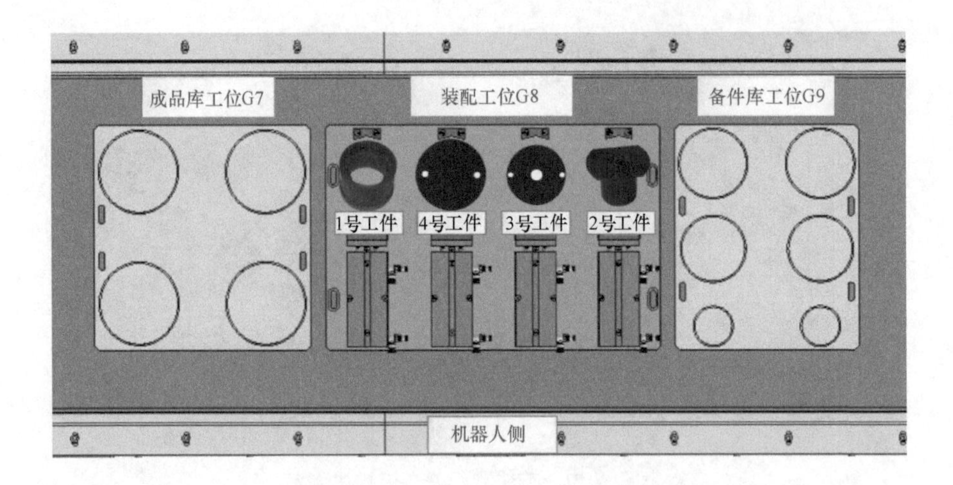

附图 A-22　工件拆解后配件摆放位置

任务四　工业机器人系统模块的调试

（一）托盘流水线、装配流水线调试模块

装配流水线的板链上已安装了装配工位、备件库和成品库底板，以防止装配流水线移动时导致设备损坏，发生严重的机械碰撞事故。

操作时应注意以下几点：

1）装配流水线移动时，不要超出运动边界（建议左右最大位移不超过 260mm）。

2）回原点操作时，注意装配流水线的运动方向，并在可运动范围内完成回原点操作。

编写主控 PLC 中托盘流水线和装配流水线调试模块任务，能够实现装配流水线和托盘流水线的基本运动，包括手动控制托盘流水线启动、停止、正反向运动、拍照工位气缸点动、抓取工位气缸点动，以及手动控制装配流水线正反向点动、回原点运动，手动控制装配流水线运动到工位 G7（A 位置）、G8（B 位置）、G9（C 位置）的任意一个工作位置等（见竞赛设备描述中装配流水线的规定）。

流水线调试界面参考示例如附图 A-23 所示。

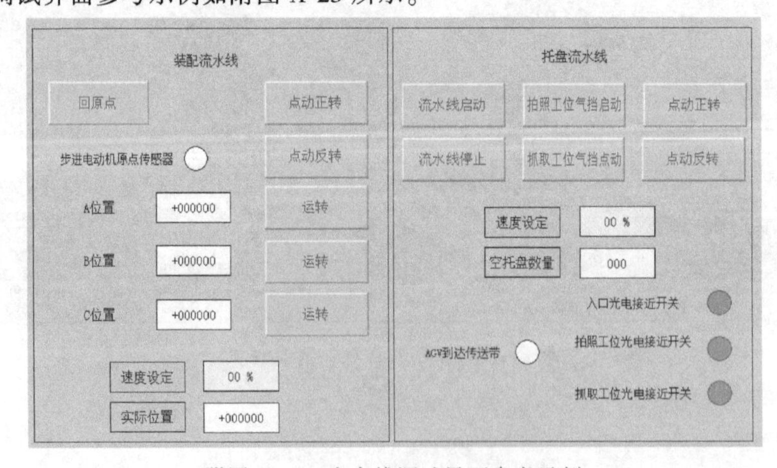

附图 A-23　流水线调试界面参考示例

完成任务四（一）后，举手示意裁判进行评判！

（二）视觉系统调试模块

编写主控 PLC 中视觉系统调试模块任务，能够自动识别智能相机识别工位上托盘中的工件，并将工件信息包括位置、角度和工件编号等显示在人机界面中。

视觉调试界面参考示例如附图 A-24 所示。

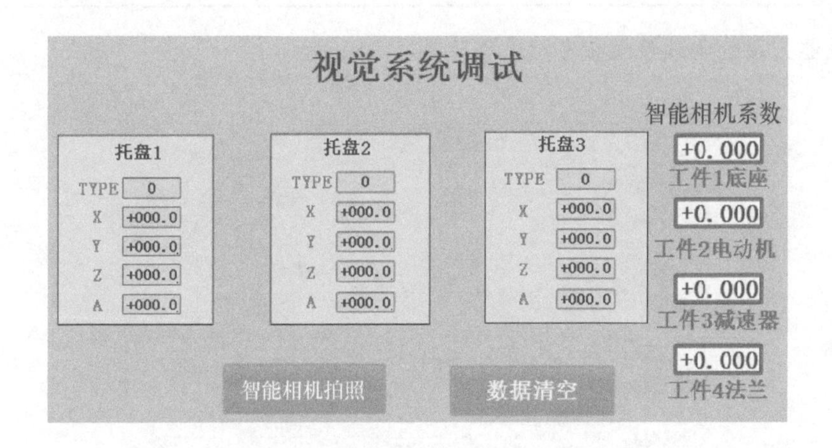

附图 A-24　视觉调试界面参考示例

测试要求如下：

1）参赛选手人工放置装有工件的托盘于智能相机识别工位。

2）在主控 PLC 人机界面启动智能相机拍照后，在人机界面上正确显示识别工件信息，包括位置、角度和工件编号。当放置缺陷工件时，要求对应托盘 TYPE 一栏显示 3A 或者 4A 字样，用来指示缺陷工件类型。

3）测试工件为附图 A-2 所示的 1、2 号工件以及附图 A-3 所示的 3A 号（3A-4 号）缺陷工件。3 种工件人工随机放置于 3 个托盘内，1 个托盘装有 1 个工件。

完成任务四（二）后，举手示意裁判进行评判！

（三）工业机器人系统调试模块

编写主控 PLC 中工业机器人程序系统调试模块任务，能够自动实现对托盘流水线上托盘中的工件进行识别、抓取以及放置于指定位置，并且能够把空托盘放置于托盘库中，包含如下功能：

1）能够实现智能相机坐标系到工业机器人坐标系的转换，要求人机界面上显示在工业机器人坐标系中的抓取相对坐标值。

2）具有工业机器人启动、停止、暂停以及复位等功能。在工业机器人运行过程中，能够实现安全护栏操作门打开、工业机器人暂停运行的功能。

3）工业机器人运行状态号传输到主控 PLC，并在人机界面显示，工业机器人的运行状态分为工业机器人处于待机、运行、抓取错误等状态，工业机器人状态号及对应的工业机器人状态见附表 A-2。

附表 A-2　工业机器人运行状态示例

序号	工业机器人状态号	工业机器人状态
1	100	待机
2	200	运行
3	300	抓取错误

工业机器人系统调试界面参考示例如附图 A-25 所示。

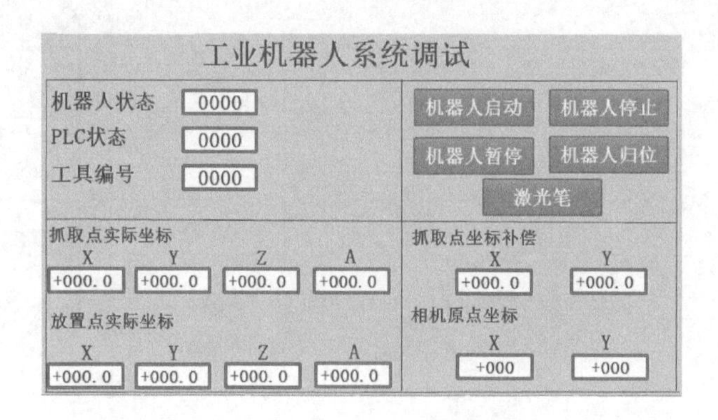

附图 A-25　工业机器人系统调试界面参考示例

测试要求如下：

1）启动托盘流水线，在工件作业流水线入口处，参赛选手依次手动放入 3 个托盘，托盘中分别放置 1 号、3 号和 4A-1 号工件，工件位置随机放置。

2）在智能相机拍照工位对托盘上的工件进行识别，把识别结果传输给主控 PLC。

3）主控 PLC 经过处理，传输视觉识别的数据给工业机器人，工业机器人根据 PLC 传输的数据在工位 G1 抓取识别后的托盘上的工件。

4）抓取工件后，放置于装配流水线工位 G8 的工件装配位如附图 A-26 所示规定的对应位置。

5）托盘为空时，工业机器人把空托盘放入空托盘库中。

完成任务四（三）后，举手示意裁判进行评判！

（四）码垛机器人立体库系统调试模块

编写码垛机器人立体仓库系统调试程序，能够实现码垛机器人的基本运动和状态显示，包括手动控制码垛机器人每一个运动轴、码垛机器人的复位功能、码垛机器人停止功能；显示码垛机器人各个轴的限位、定位和原点传感器状态；实现立体仓库中有无托盘信息显示。码垛机器人具有出库和入库两种模式：

1）出库模式：码垛机器人从指定库位取出托盘并放置于 AGV 上部输送线上。

2）入库模式：码垛机器人能从 AGV 取回托盘并送入指定的立体仓库仓位。

码垛机器人立体仓库的调试界面参考示例如附图 A-27 所示。

测试要求如下：

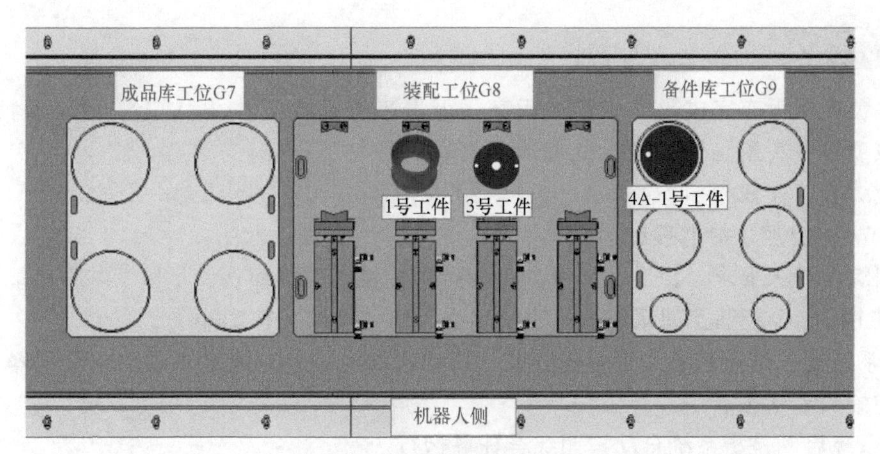

附图 A-26 工件摆放位置

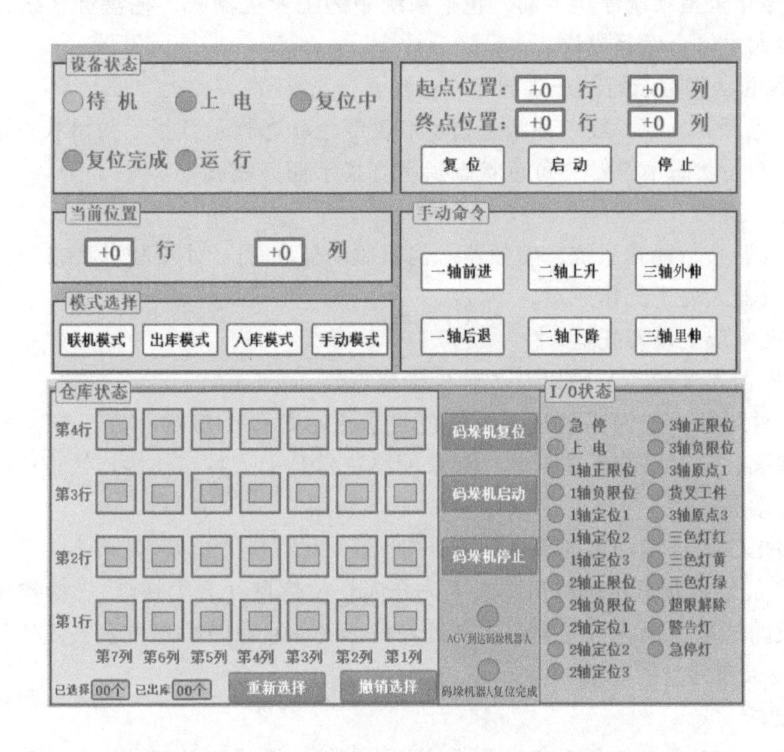

附图 A-27 码垛机器人立体仓库的调试界面参考示例

1）正确手动控制码垛机器人 1 轴的前进与后退、2 轴的上升与下降和 3 轴的外伸与里伸运动。

2）正确实现码垛机器人的复位。

3）根据评判要求，参赛选手手动放置 2 个托盘于立体仓库，在调试界面显示仓位信息，码垛机器人正确从立体仓库取托盘放置在 AGV 上部输送线上。

4）根据评判要求，参赛选手手动将托盘放置在码垛机器人端的 AGV 上部输送线上，码垛机器人正确地从 AGV 上取回托盘并送入立体仓库仓位。

完成任务四（四）后，举手示意裁判进行评判！

任务五　系统综合编程与调试

如果参赛队没有完成码垛机器人程序，可人工将托盘放在 AGV 上，但必须报告裁判，参赛队该项目中关于码垛机器人和 AGV 的相关任务均不得分。

系统综合工作任务如下：

(一)人机交互功能的设计

根据综合任务要求，由参赛选手自行设计主控触摸屏界面，满足以下基本功能。

1. 主控 PLC 能够实现系统的复位、启动、暂停及停止等功能

1）系统复位是指系统中工业机器人、托盘流水线、装配流水线以及码垛机器人立体仓库处于初始归零状态。

2）系统启动是指系统自动按照综合任务运行。

3）系统停止是指系统停止运动，包括系统中的工业机器人、托盘流水线、装配流水线以及码垛机器人立体仓库等模块。

2. 主控界面状态指示灯的正确显示

主控界面包含黄、绿、红三种状态指示灯：绿色状态指示灯指示初始状态正常，红色状态指示灯指示初始状态不正常，黄色状态指示灯指示任务完成。

初始状态是指如下状态：

1）工业机器人、视觉系统、变频器、伺服驱动器和 PLC 处于联机状态。

2）工业机器人处于工作原点。

3）托盘流水线上没有托盘。

4）码垛机器人 X 轴、Y 轴以及 Z 轴处于原点。

若上述条件中任一条件不满足，则红色状态指示灯以 1Hz 的频率闪烁，黄色和绿色状态指示灯均熄灭，这时系统不能启动。如果网络正常且上述各工作站均处于初始状态，则绿色状态指示灯常亮。

3. 主控 PLC 可以实现其他基本功能

主控 PLC 能够同步显示码垛机器人立体仓库仓位信息（有无托盘），操控码垛机器人立体仓库的仓位的选取、码垛机器人启动、码垛机器人停止以及码垛机器人复位等功能。

(二)系统综合任务的实现

1. 任务要求

1）合格工件 11 个，包含 2 套成品所包含的工件、不成套的工件以及缺陷工件 2 个；所有工件存放于立体仓库和备件库中，立体仓库中的每个托盘中放置一个工件。

2）工业机器人在装配工位 G8 指定位置进行装配。

3）工业机器人装配过程中抓取的工件为缺陷工件时，红色指示灯亮，摆放完毕后红色指示灯灭。

4）按工件号 1→2→3→4 的次序在装配工位 G8 规定的位置依次进行装配；当 4 号工件装配到位后，工业机器人带动 4 号工件顺时针旋转 90°扣紧，整套工件组装完成；再将装配好的工件整体移至成品库工位 G7。然后进行下一套机器人关节的装配。

5）所有待装配工件必须经气缸二次定位后，才可进行装配。

6）工业机器人摆放工件时，必须将该工位移动至装配流水线规定的工位位置（见竞赛

设备描述中装配流水线的规定)。

7）装配完成后，装配工位 G8 不能有工件、缺陷工件以及成品件，并且绿色状态指示灯以 1Hz 的频率闪烁。

8）入库时，参赛选手可操作主控 PLC 界面和 AGV 界面启动入库流程。

9）入库时，需将所有的成品件、剩余不成套的工件以及缺陷工件放到立体仓库指定的区域。

10）入库时，工业机器人从托盘库中每次取出一个托盘，将所有待入库物品依次放到托盘流水线，每个托盘只放一个物品。

11）入库完成后，设备处于初始状态，并且绿色状态指示灯以 0.5Hz 的频率闪烁。

12）在入库过程中，托盘在从倍速链流向小车的过程中，可以人工辅助工件顺利运送到小车上，其他情况下不允许人工干预系统的正常运行。

13）安全门打开时设备停止工作，安全门关上并进行复位后重新运行设备，安全门打开时红色状态指示灯亮，关闭时红色状态指示灯灭。

2. 编程实现任务流程

根据现场提供的编程环境编写人机界面、主控 PLC、码垛机器人以及工业机器人等程序；完成工件的出库、识别、空托盘的回收、不同工件的分类、缺陷检测、搬运、装配以及入库等任务。具体任务流程如下：

（1）出库和装配流程

1）从立体仓库中按照“从第 1 列到第 7 列，每 1 列从第 1 行到第 4 行”的顺序取出装有工件的托盘，码垛机器人依次放入 AGV，AGV 初始位置在立体仓库端。

2）AGV 自动运行至托盘流水线位置进行对接，自动对接完成后，AGV 上的托盘将被输送至托盘流水线上。托盘输送完毕，AGV 自动返至立体仓库端，继续放托盘，如此循环直至所有托盘输送完毕。

3）在托盘流水线上，利用智能相机对工件进行识别，在抓取工位，工业机器人根据智能相机识别结果进行抓取，并根据任务要求放置于相应位置，工件放置完后，抓取并放置空托盘于托盘库中。

4）按照任务要求对整个机器人关节进行装配，装配完成后将成品摆放至成品库。

5）完成所有成套机器人关节装配、不成套配件和缺陷工件摆放任务后，装配流程结束。

（2）入库流程

1）在主控 PLC 界面和 AGV 界面设置入库模式，启动入库流程。

2）反向入库时，倍速链反向进行运动，工业机器人从空托盘库取空托盘于倍速链工位 G1 上，从装配流水线工位 G7、G8 或者 G9 上每次抓取一个物品放到空托盘中。

3）当托盘运送到倍速链工位 G6 后，输送至 AGV 传送带上。

4）AGV 将托盘输送至码垛机器人端后自动停止，码垛机器人对该托盘进行入库操作，并放到立体仓库指定区域。

5）循环完成所有物品的入库操作。

综合任务工作流程如附图 A-28 所示。

测试要求如下：

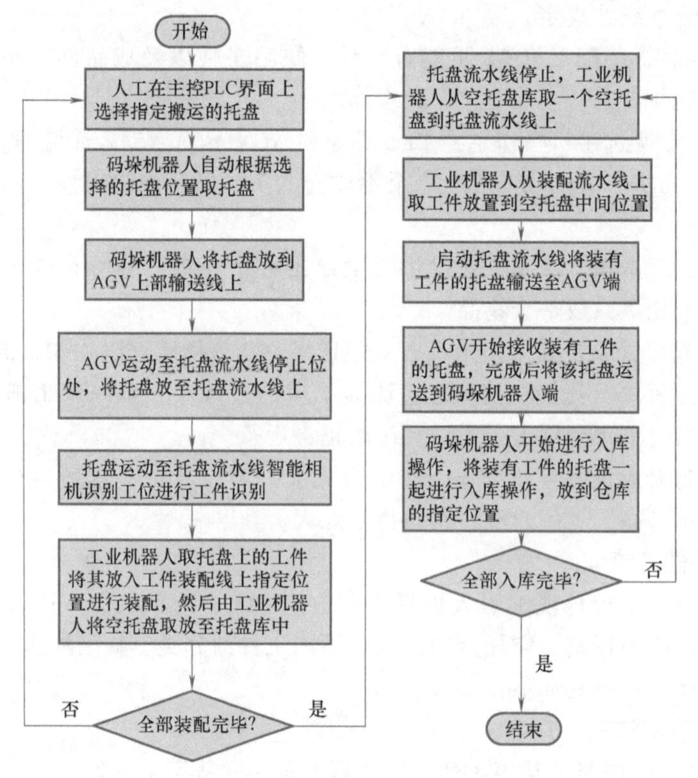

附图 A-28　综合任务工作流程

1）成品装配位置如附图 A-29 所示。

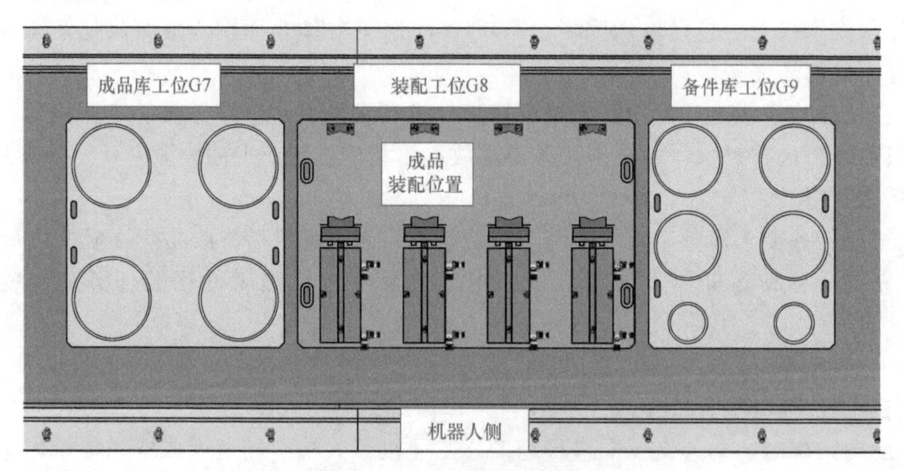

附图 A-29　成品装配位置

2）存放于立体仓库和备件库中的托盘、工件位置和区域根据评判要求摆放。

3）按照出库和装配流程自动完成两套完整机器人关节的装配。

4）按照入库流程完成所有工位 G7、G9 区域的物品全部入库。

5）入库摆放区域根据评判要求指定。

完成任务五后，举手示意裁判进行评判！

附录B 竞赛评分表

2018 年全国职业院校技能大赛

工业机器人技术应用赛项（高职组）

评分记录表

场次：________________工位：______________

评分表

任务号	一	二	三	四	五	六	合计
得分							

裁判员审核确认____________ 裁判长复核确认____________

工业机器人技术应用赛项任务配分表				
序号	任务	项目内容	配分	备注
1	任务一	机械和电气安装	16	
2	任务二	视觉系统的编程与调试	6	
3	任务三	工业机器人的设定与示教编程	20	
4	任务四	工业机器人系统模块的调试	24	
5	任务五	系统综合编程与调试	24	
6	任务六	职业素养与安全意识	10	
	合 计			

工业机器人技术应用赛项评分记录表

任务	序号	评分内容	评分细节 记录完成的情况，单项：正确打“√”，不正确打“×”；多项：需要文字记录，描述实际完成情况			配分	扣分要求	得分
一、硬件安装	1	传感器的安装	正确安装入口光电接近开关	0.5		2	漏装一个螺钉、平垫、弹垫扣 0.2 分，最多扣 1 分	
			正确安装拍照工位光电接近开关	0.5				
			正确安装抓取工位光电接近开关	0.5				
			正确安装安全护栏传感器	0.5				
	举手示意裁判进行评判时间							

（续）

任务	序号	评分内容	评分细节 记录完成的情况，单项：正确打“√”，不正确打“×”；多项：需要文字记录，描述实际完成情况			配分	扣分要求	得分
一、硬件安装	2	工业机器人外部工装安装	正确安装吸盘与吸盘支架	0.5		6	1)漏装一个螺钉、平垫、弹垫扣0.2分，最多扣1分 2)气路有漏气，每处扣0.2分，最多扣1分	
			正确安装三爪卡盘与支架	0.5				
			正确安装吸盘支架与连接杆	0.5				
			正确安装连接杆与法兰	0.5				
			正确连接吸盘抓爪法兰与机械手末端法兰	0.5				
			正确连接气管与气管接头	0.5				
			正确安装激光笔	0.5				
		装配流水线定位夹具及气路安装	正确安装装配流水线上工位G8三个定位块及夹具	0.5				
			正确安装装配流水线三个定位夹具气管接头	0.5				
			正确安装装配流水线气管拖链及相关部件	0.5				
			正确安装并布线装配流水线气管到电磁阀的气路	0.5				
			正确安装装配流水线电磁阀体气管接头的连接	0.5				
			举手示意裁判进行评判时间					
	3	视觉及网络系统的连接	正确安装连接智能相机的电源线	0.5		4		
			正确安装连接智能相机的通信线	0.5				
			正确连接编程计算机1网线到交换机	0.5				
			正确连接编程计算机2网线到交换机	0.5				
			正确连接主控PLC通信线	0.5				
			正确连接码垛机器人PLC通信线	0.5				
			正确连接工业主控触摸屏通信线	0.5				
			正确连接工业机器人通信线	0.5				
			举手示意裁判进行评判时间					
	4	AGV上部输送线的安装与调试	正确安装主动轴	1		4	1)漏装一个螺钉扣0.2分，漏装一个垫片扣0.1分，最多扣2分 2)同步带传动机构没有张紧扣0.5分	
			正确安装同步带传动机构	1				
			正确安装从动轴	1				
			正确调节平带张紧度	0.5				
			正确安装托盘导向板	0.5				
			举手示意裁判进行评判时间					
			得分小计					

（续）

<table>
<tr><th>任务</th><th>序号</th><th>评分内容</th><th colspan="3">评分细节
记录完成的情况，单项：正确打“√”，不正确打“×”；多项：需要文字记录，描述实际完成情况</th><th>配分</th><th>扣分要求</th><th>得分</th></tr>
<tr><td rowspan="11">二、视觉系统的编程与调试</td><td>1</td><td>视觉软件设定</td><td>在软件中能够实时清晰查看现场放置于智能相机下方托盘中的工件图像（1分）</td><td>1</td><td></td><td>1</td><td></td><td></td></tr>
<tr><td colspan="5">举手示意裁判进行评判时间</td><td></td><td></td><td></td></tr>
<tr><td rowspan="7">2</td><td rowspan="7">智能相机的编程与调试</td><td>编写4种工件及缺陷工件脚本文件，要明确看到4种工件及缺陷工件的脚本文件</td><td>1</td><td></td><td rowspan="7">5</td><td rowspan="7"></td><td rowspan="7"></td></tr>
<tr><td>正确显示规定的第1个工件的类型编号、位置（X、Y坐标）、角度偏差</td><td>0.5</td><td></td></tr>
<tr><td>正确显示规定的第2个工件的类型编号、位置（X、Y坐标）、角度偏差</td><td>0.5</td><td></td></tr>
<tr><td>正确显示规定的第3个工件的类型编号、位置（X、Y坐标）、角度偏差</td><td>0.5</td><td></td></tr>
<tr><td>正确显示规定的第4个工件的类型编号、位置（X、Y坐标）、角度偏差</td><td>0.5</td><td></td></tr>
<tr><td>正确显示3号缺陷工件的类型编号、位置（X、Y坐标）、角度偏差</td><td>1</td><td></td></tr>
<tr><td>正确显示4号缺陷工件的类型编号、位置（X、Y坐标）、角度偏差</td><td>1</td><td></td></tr>
<tr><td colspan="5">举手示意裁判进行评判时间</td><td></td><td></td><td></td></tr>
<tr><td colspan="7">得分小计</td><td></td></tr>
<tr><td rowspan="13">三、工业机器人的设定与示教编程</td><td rowspan="4">1</td><td rowspan="4">工业机器人的设定</td><td>正确设定双吸盘的工具坐标系</td><td>2</td><td></td><td rowspan="4">7</td><td rowspan="4"></td><td rowspan="4"></td></tr>
<tr><td>正确设定三爪卡盘的工具坐标系</td><td>1</td><td></td></tr>
<tr><td>打开激光笔，正确调整托盘流水线的空间位置</td><td>2</td><td></td></tr>
<tr><td>打开激光笔，正确调整装配流水线的空间位置</td><td>2</td><td></td></tr>
<tr><td rowspan="9">2</td><td rowspan="9">工业机器人的示教编程</td><td>正确示教再现完成第1个工件放入装配流水线装配工位的指定位置</td><td>0.5</td><td></td><td rowspan="9">6</td><td rowspan="9">能够成功抓取工件，但放置位置不正确，每一个扣0.25分</td><td rowspan="9"></td></tr>
<tr><td>正确完成第1个工件托盘放入空托盘库中</td><td>0.5</td><td></td></tr>
<tr><td>正确示教再现完成第2个工件放入装配流水线装配工位的指定位置</td><td>0.5</td><td></td></tr>
<tr><td>正确完成第2个工件托盘放入空托盘库中</td><td>0.5</td><td></td></tr>
<tr><td>正确示教再现完成第3个工件放入装配流水线装配工位的指定位置</td><td>0.5</td><td></td></tr>
<tr><td>正确完成第3个工件托盘放入空托盘库中</td><td>0.5</td><td></td></tr>
<tr><td>正确示教再现完成第4个工件放入装配流水线装配工位的指定位置</td><td>0.5</td><td></td></tr>
<tr><td>正确完成第4个工件托盘放入空托盘库中</td><td>0.5</td><td></td></tr>
<tr><td>正确示教再现完成将工位G7、G9中的工件搬运到工位G8对应位置，正确搬运一个工件得0.5分，共4个工件，合计2分</td><td>2</td><td></td></tr>
</table>

（续）

任务	序号	评分内容	评分细节 记录完成的情况，单项：正确打“√”，不正确打“×”；多项：需要文字记录，描述实际完成情况			配分	扣分要求	得分
三、工业机器人的设定与示教编程	2	工业机器人的示教编程	每放置一个工件完成，夹紧气缸应立即动作，进行二次定位；共4个工件，每个0.5分，合计2分	2		7	能够成功抓取工件，但放置位置不正确，每一个扣0.25分	
			定位完成后，机器人再次抓取并完成整套工件的装配，装配成功	2				
			装配成功后，放置成品至成品库工位G7指定的工位	0.5				
			成功取成品库工位G7的成品到工位G8	0.5				
			成功拆解4号工件，并放置于正确指定位置	1				
			成功拆解3号工件，并放置于正确指定位置	0.5				
			成功拆解2号工件，并放置于正确指定位置	0.5				
	举手示意裁判进行评判时间							
	得分小计							
四、工业机器人系统模块的调试	1	托盘流水线、装配线调试模块	正确实现托盘流水线的手动启动正向运动	0.5		5		
			正确实现托盘流水线的手动启动反向运动	0.5				
			正确实现托盘流水线的手动停止运动	0.5				
			正确实现托盘流水线的拍照工位气缸点动功能	0.5				
			正确实现装配流水线正向点运动功能	0.5				
			正确实现装配流水线反向点运动功能	0.5				
			正确实现装配流水线回原点功能	1				
			正确实现手动选择3个装配流水线3个工位中的任意一个，使其位于装配流水线工作位置功能（裁判可以选择任意一个，停止在其工作位置）	1				
	2	视觉系统调试模块	人机界面上正确显示第一个工件识别后工件的位置、角度和工件编号	2		6		
			人机界面上正确显示第二个工件识别后工件的位置、角度和工件编号	2				
			人机界面上正确显示第三个工件识别后工件的位置、角度和工件编号	2				
	3	工业机器人系统调试模块	在调试界面上能够实现工业机器人启动	0.5		7		
			在调试界面上能够实现工业机器人停止	0.5				
			在调试界面上能够实现工业机器人暂停	1				
			在调试界面上能够实现工业机器人归位	1				
			实现工业机器人运行和待机状态正确显示在人机界面上	1				
			实现安全护栏操作门打开，工业机器人暂停运行	1				
			正确实现工件1号放置于指定位置	0.5				
			正确实现工件2号放置于指定位置	0.5				
			正确实现工件3号放置于指定位置	0.5				
			正确实现3个空托盘放入空托盘库中	0.5				

（续）

任务	序号	评分内容	评分细节 记录完成的情况，单项：正确打“√”，不正确打“×”；多项：需要文字记录，描述实际完成情况	评分细节 记录完成的情况，单项：正确打“√”，不正确打“×”；多项：需要文字记录，描述实际完成情况	评分细节 记录完成的情况，单项：正确打“√”，不正确打“×”；多项：需要文字记录，描述实际完成情况	配分	扣分要求	得分
四、工业机器人系统模块的调试	4	码垛机器人立体仓库系统调试模块	正确实现1轴前进与后退运动的手动控制功能	0.5		6		
			正确实现2轴上升与下降运动的手动控制功能	0.5				
			正确实现3轴外伸与里伸运动的手动控制功能	0.5				
			正确实现码垛机器人回原点功能	0.5				
			正确实现码垛机器人启动	0.5				
			正确实现码垛机器人停止	0.5				
			正确显示货架上货物的有无，能够正确显示所放第一个托盘在货架中指定的位置	0.5				
			正确显示货架上货物的有无，能够正确显示所放第二个托盘在货架中指定的位置	0.5				
			出库模式下，正确取送第一个指定仓位托盘送入AGV上部输送线上（指定仓位由裁判现场指定）	0.5				
			出库模式下，正确取送第二个指定仓位托盘送入AGV上部输送线上（指定仓位由裁判现场指定）	0.5				
			入库模式下，AGV运送到码垛机器人仓库端，正确从AGV取回托盘并送入立体仓库指定仓位（指定仓位由裁判现场指定）	0.5				
			入库模式下，入库模式完成后，调试界面上绿色状态指示灯以1Hz频率闪烁	0.5				
	举手示意裁判进行评判时间							
	得分小计							
五、系统综合编程与调试	1	人机交互功能设计	在主控PLC界面上正确实现系统复位	0.5		4		
			在主控PLC界面上正确实现系统启动	0.5				
			在主控PLC界面上正确实现系统停止	0.5				
			在主控PLC界面上正确显示货架上货物的有无，能够正确显示托盘的在货架中的位置	0.25				
			在主控PLC界面上正确实现码垛机器人复位	0.25				
			在主控PLC界面上正确实现码垛机器人启动	0.25				
			在主控PLC界面上正确实现码垛机器人停止	0.25				
			在主控PLC界面上启动系统时绿色状态指示灯常亮	0.25				
			初始状态不正常，红色状态指示灯以1Hz频率闪烁	0.25				
			安全门打开时设备停止工作，安全门关上后，进行复位后重新运行设备	0.5				
			安全门打开时红色状态指示灯常亮，关闭后熄灭	0.5				

（续）

任务	序号	评分内容	评分细节 记录完成的情况,单项:正确打“√”,不正确打“×”;多项:需要文字记录,描述实际完成情况				配分	扣分要求	得分
五、系统综合编程与调试	2	系统联机程序编写	出库和装配任务	码垛机器人成功取得裁判指定仓库位置装有工件的托盘并放置于AGV 第一个成功取出得0.5分 剩余的每成功取放一个装有工件的托盘得0.15分,合计10个 共计11个托盘,合计2分	2		11.5	1)采用人工放置托盘到AGV上,码垛机器人和AGV该部分任务不得分 2)出库时未按规定的顺序取货扣1分 3)在评判阶段,参赛队员人为干预或者人为协助完成任务,每次扣1分。累积扣分不超过6分 4)不在裁判现场指定装配位置装配,装配不得分	
				AGV成功运送11个托盘 第一个成功运送的得0.5分 剩余的每成功运送1个托盘得0.15分,合计10个 共计11个托盘,合计2分	2				
				正确实现把托盘合格工件分拣到规定位置放置 第一个正确放置工件得0.3分 剩余的每成功1个得0.15分,合计8个 共计9个工件,合计1.5分	1.5				
				正确将第一个缺陷工件放于规定的位置	0.5				
				正确将第二个缺陷工件放于规定的位置	0.5				
				机器人抓取缺陷工件红色状态指示灯亮,摆放完毕后红色状态指示灯灭	0.5				
				第一套装配:2号工件装配到位(不在现场指定装配位置装配,该项不得分)	0.5				
				第一套装配:3号工件装配到位(不在现场指定装配位置装配,该项不得分)	0.5				
				第一套装配:4号工件装配到位,顺时针转90°扣紧(不在现场指定装配位置装配,该项不得分)	0.5				
				第一套成品移至成品库正确位置	0.5				
				第二套装配:2号工件装配到位(不在现场指定装配位置装配,该项不得分)	0.5				
				第二套装配:3号工件装配到位(不在现场指定装配位置装配,该项不得分)	0.5				
				第二套装配:4号工件装配到位,顺时针转90°扣紧(不在现场指定装配位置装配,该项不得分)	0.5				
				第二套成品移至成品库正确位置	0.5				
				任务完成后绿色状态指示灯以1Hz频率闪烁	0.5				

（续）

任务	序号	评分内容	评分细节 记录完成的情况，单项：正确打“√”，不正确打“×”；多项：需要文字记录，描述实际完成情况				配分	扣分要求	得分
五、系统综合编程调试	2	系统联机程序编写	入库任务	工业机器人从托盘库中成功取出托盘放置到工位G6，并且工业机器人将成品成功放置到托盘，共2个，每个得分0.5分	1		8.5	评判过程中，在入库流程时，托盘在从倍速链流向AGV的过程中，可以人工辅助工件顺利运送到AGV上；其他情况下不允许人工干预系统的正常运行，参赛队员人为干预或者人为协助完成任务，每次扣1分。累积扣分不超过6分	
				工业机器人从托盘库中成功取出托盘放置到工位G6，并且工业机器人将不成套工件成功放置到托盘，共3个，每个得分0.5分	1.5				
				工业机器人从托盘库中成功取出托盘放置到工位G6，并且工业机器人将缺陷工件成功放置到托盘，共2个，每个得分0.5分	1				
				AGV成功运送托盘到码垛机器人侧，码垛机器人将第1个成品送入指定正确立体仓库仓位	0.5				
				AGV成功运送托盘到码垛机器人侧，码垛机器人将第2个成品送入指定正确立体仓库仓位	0.5				
				AGV成功运送托盘到码垛机器人侧，码垛机器人将不成套的工件放置指定正确仓位，共3个，每个得分0.5分	1.5				
				AGV成功运送托盘到码垛机器人侧，码垛机器人将第一缺陷工件放置到指定正确仓位	0.5				
				AGV成功运送托盘到码垛机器人侧，码垛机器人将第二缺陷工件放置到指定正确仓位	0.5				
				入库任务完成后，绿色状态指示灯以0.5Hz频率闪烁	1.5				
	举手示意裁判进行评判时间								
	得分小计								
六、职业素养与安全意识	1	职业素养与安全意识	公平竞赛、遵守赛场纪律、操作规范、无事故 1）违反竞赛规则，每次扣1分，扣完为止 2）安装过程掉落工具，野蛮安装，每次扣1分，扣完为止				3		
			着装规范整洁、爱护设备、保持环境清洁有序 1）未穿工作服扣1分；未穿工作鞋扣1分 2）未戴安全帽每发现1次扣0.5分，扣完为止 3）损坏工具每把扣0.5分，扣完为止 4）工作台表面遗留工具、零件，每个扣0.5分，扣完为止 5）比赛结束，未整理清扫场地，扣1分				3		
			团队分工合理、冷静、高效、一丝不苟 1）分工不明确，没有统筹安排，现场混乱，扣1分 2）工具、零件摆放混乱，扣1分				2		
			文明参赛，尊重其他参赛选手及工作人员 竞赛中顶撞、辱骂裁判、工作人员及其他人员，每次扣1分，扣完为止				2		
	得分小计								
得分总计									

参考文献

[1] 邓三鹏，岳刚，权利红，等．移动机器人技术应用［M］．北京：机械工业出版社，2018.

[2] 邓三鹏，周旺发，祁宇明．ABB 工业机器人编程与操作［M］．北京：机械工业出版社，2018.

[3] 何用辉等．自动化生产线安装与调试［M］．2 版．北京：机械工业出版社，2015.

[4] 孙宏昌，邓三鹏，祁宇明．机器人技术及应用［M］．北京：机械工业出版社，2017.

[5] 许怡赦，邓三鹏．KUKA 工业机器人编程与操作［M］．北京：机械工业出版社，2019.